计算机科学与技术专业核心教材体系建设——建议使用时间

课程系列	基础系列	电类系列	程序系列	系统系列	应用系列	选修系列
四年级下						
四年级上			软件工程综合实践	计算机体系结构	计算机图形学	机器学习 物联网导论 大数据分析技术 数字图像技术
三年级下			软件工程 编译原理		人工智能导论 数据库原理与技术 嵌入式系统	
三年级上			算法设计与分析	计算机网络		
二年级下			数据结构	计算机系统综合实践		
二年级上	离散数学(下)	数字逻辑设计 数字逻辑设计实验	面向对象程序设计 程序设计实践	操作系统		
一年级下	离散数学(上) 信息安全导论	电子技术基础	计算机程序设计	计算机原理		
一年级上	大学计算机基础					

面向新工科专业建设计算机系列教材

HarmonyOS ArkTS 语言程序设计

主　编
张兴森
副主编
殷立峰　李海涛
马敬贺　王金飞

清华大学出版社
北京

内容简介

本书以 HarmonyOS 生态的应用开发语言 ArkTS 为核心，是一本专门介绍 ArkTS 程序设计语言的教材。本书旨在帮助读者学习 ArkTS 开发语言，以及利用 ArkTS 开发 HarmonyOS 应用程序。通过学习，读者能够熟练掌握 ArkTS 开发语言的基础语法，并能够进行独立项目开发，解决实际问题。

本书是一本 HarmonyOS 应用开发的入门书籍，内容包括 HarmonyOS 概述、HarmonyOS 应用开发环境、ArkTS 语言基础、搭建第一个基于 ArkTS 的 HarmonyOS 应用、ArkTS 语言概述、基于 ArkTS 的 UI 基本语法、基于 ArkTS 的 UI 状态管理、基于 ArkTS 的 UI 渲染控制、基于 ArkTS 的基础类库、方舟开发框架、基于 ArkTS 的 HarmonyOS 应用开发和应用开发综合案例。

本书结合了大量开发实例，实用性强，适合计算机科学与技术、软件工程、计算机应用技术以及相关理工科专业的本科生、研究生使用，也可以作为 HarmonyOS 应用开发爱好者的参考书。

图书在版编目（CIP）数据

HarmonyOS ArkTS 语言程序设计/张兴森主编. -- 北京：清华大学出版社，
2025. 4. --（面向新工科专业建设计算机系列教材）. -- ISBN 978-7-302-68660-6

Ⅰ. TN929.53

中国国家版本馆 CIP 数据核字第 2025X0E874 号

策划编辑：白立军
责任编辑：杨 帆 薛 阳
封面设计：刘 键
责任校对：王勤勤
责任印制：沈 露

出版发行：清华大学出版社
网 址：https://www.tup.com.cn，https://www.wqxuetang.com
地 址：北京清华大学学研大厦 A 座 **邮 编**：100084
社 总 机：010-83470000 **邮 购**：010-62786544
投稿与读者服务：010-62776969，c-service@tup.tsinghua.edu.cn
质量反馈：010-62772015，zhiliang@tup.tsinghua.edu.cn
课件下载：https://www.tup.com.cn，010-83470236
印 装 者：三河市铭诚印务有限公司
经 销：全国新华书店
开 本：185mm×260mm **印 张**：26 **插 页**：1 **字 数**：634 千字
版 次：2025 年 5 月第 1 版 **印 次**：2025 年 5 月第 1 次印刷
定 价：79.00 元

产品编号：108318-01

出版说明

一、系列教材背景

人类已经进入智能时代，云计算、大数据、物联网、人工智能、机器人、量子计算等是这个时代最重要的技术热点。为了适应和满足时代发展对人才培养的需要，2017 年 2 月以来，教育部积极推进新工科建设，先后形成了"复旦共识"、"天大行动"和"北京指南"，并发布了《教育部高等教育司关于开展新工科研究与实践的通知》《教育部办公厅关于推荐新工科研究与实践项目的通知》，全力探索形成领跑全球工程教育的中国模式、中国经验，助力高等教育强国建设。新工科有两个内涵：一是新的工科专业；二是传统工科专业的新需求。新工科建设将促进一批新专业的发展，这批新专业有的是依托于现有计算机类专业派生、扩展而成的，有的是多个专业有机整合而成的。由计算机类专业派生、扩展形成的新工科专业有计算机科学与技术、软件工程、网络工程、物联网工程、信息管理与信息系统、数据科学与大数据技术等。由计算机类学科交叉融合形成的新工科专业有网络空间安全、人工智能、机器人工程、数字媒体技术、智能科学与技术等。

在新工科建设的"九个一批"中，明确提出"建设一批体现产业和技术最新发展的新课程""建设一批产业急需的新兴工科专业"。新课程和新专业的持续建设，都需要以适应新工科教育的教材作为支撑。由于各个专业之间的课程相互交叉，但是又不能相互包含，所以在选题方向上，既考虑由计算机类专业派生、扩展形成的新工科专业的选题，又考虑由计算机类专业交叉融合形成的新工科专业的选题，特别是网络空间安全专业、智能科学与技术专业的选题。基于此，清华大学出版社计划出版"面向新工科专业建设计算机系列教材"。

二、教材定位

教材使用对象为"211 工程"高校或同等水平及以上高校计算机类专业及相关专业学生。

三、教材编写原则

(1) 借鉴 *Computer Science Curricula* 2013(以下简称 CS2013)。CS2013 的核心知识领域包括算法与复杂度、体系结构与组织、计算科学、离散结构、图形学与可视化、人机交互、信息保障与安全、信息管理、智能系统、网络与通信、操作系统、基于平台的开发、并行与分布式计算、程序设计语言、软件开发基础、软件工程、系统基础、社会问题与专业实践等内容。

（2）处理好理论与技能培养的关系，注重理论与实践相结合，加强对学生思维方式的训练和计算思维的培养。计算机专业学生能力的培养特别强调理论学习、计算思维培养和实践训练。本系列教材以“重视理论，加强计算思维培养，突出案例和实践应用”为主要目标。

（3）为便于教学，在纸质教材的基础上，融合多种形式的教学辅助材料。每本教材可以有主教材、教师用书、习题解答、实验指导等。特别是在数字资源建设方面，可以结合当前出版融合的趋势，做好立体化教材建设，可考虑加上微课、微视频、二维码、MOOC等扩展资源。

四、教材特点

1. 满足新工科专业建设的需要

系列教材涵盖计算机科学与技术、软件工程、物联网工程、数据科学与大数据技术、网络空间安全、人工智能等专业的课程。

2. 案例体现传统工科专业的新需求

编写时，以案例驱动，任务引导，特别是有一些新应用场景的案例。

3. 循序渐进，内容全面

讲解基础知识和实用案例时，由简单到复杂，循序渐进，系统讲解。

4. 资源丰富，立体化建设

除了教学课件外，还可以提供教学大纲、教学计划、微视频等扩展资源，以方便教学。

五、优先出版

1. 精品课程配套教材

主要包括国家级或省级的精品课程和精品资源共享课程的配套教材。

2. 传统优秀改版教材

对于已经出版、得到市场认可的优秀教材，由于新技术的发展，计划给图书配上新的教学形式、教学资源的改版教材。

3. 前沿技术与热点教材

反映计算机前沿和当前热点的相关教材，例如云计算、大数据、人工智能、物联网、网络空间安全等方面的教材。

六、联系方式

联系人：白立军

联系电话：010-83470179

联系和投稿邮箱：bailj@tup.tsinghua.edu.cn

面向新工科专业建设计算机系列教材编委会

2019年6月

面向新工科专业建设计算机系列教材编委会

FOREWORD

前言

在数字化、智能化日益深入的今天，操作系统作为连接硬件与软件的核心桥梁，其重要性不言而喻。随着 HarmonyOS 生态系统的不断完善以及近年来各大应用纷纷启动了 HarmonyOS 原生应用的开发工作，ArkTS 作为首推的应用开发语言，业界对于其需求正呈现出爆发式增长。此外，随着人工智能、物联网等技术的深度融合，ArkTS 语言也将与这些技术更加紧密地结合，对于构建高效、安全的智能设备应用具有关键作用。因此，无论是开发人员还是研究人员，都对其展现出了浓厚的兴趣。

当前，多数高校开设了移动应用开发课程，并将其作为专业实践选修课或是专业核心必修课程。部分高校逐步将 HarmonyOS 应用开发作为移动应用开发课程核心。但是，目前的 HarmonyOS 移动应用开发类教材还不够丰富，ArkTS 程序设计语言专题介绍方面的教材开发仍处于空白阶段。本书旨在为广大开发者提供一本系统、全面、深入的 ArkTS 语言学习指南，从基础语法到高级应用，从理论知识到实践案例，全方位、多角度地阐述 ArkTS 语言的编程技巧与最佳实践，满足市场对于深入了解 ArkTS 语言及其程序设计的需求，为开发人员提供宝贵的学习资源，同时也将为培养更多具备相关技能的开发者，推动 HarmonyOS 生态系统的健康发展做出重要贡献。

在编写过程中，我们力求语言简洁明了、条理清晰、内容丰富实用。即使对移动应用开发一无所知的“小白”，通过本书的学习，也可以快速掌握 ArkTS 语言的编程技巧，成为 HarmonyOS 应用开发的行家里手。

本书在编写过程中，具备如下 4 个特色。

(1) 以 ArkTS 程序设计语言为核心，瞄准当前 HarmonyOS 应用开发最前沿知识，实现了 ArkTS 开发语言与 HarmonyOS 应用开发的有机整合。系统、全面地展示 HarmonyOS 应用开发体系。

(2) 从 HarmonyOS、ArkTS 语言基础、ArkTS 基础语法出发，逐渐延伸至 HarmonyOS 应用开发，循序渐进地引导读者学习 ArkTS 语言及 HarmonyOS 应用开发知识。

(3) 包含大量的编程实例、项目案例和业界应用，强调理论到实践的转换，指导读者如何在实际项目开发过程中编写合理的代码。

(4) 以独特的价值引领、系统的编写逻辑、创新的编写思路、鲜明的特色和明确的创新点，为读者提供一个全面、深入、实用的学习资源。

本书包括4篇共12章，内容安排如下。

在第1篇基础知识篇（第1～3章）中，第1章概述HarmonyOS的诞生、设计理念与安全性；第2章介绍HarmonyOS应用开发环境及SDK；第3章简述ArkTS语言基础，包括JavaScript语法和TypeScript语法。在第2篇核心技术篇（第4～9章）中，第4章详述基于ArkTS的HarmonyOS应用搭建流程；第5章概述ArkTS语言，包括ArkTS基础语法、ArkTS编程规范和声明式UI；第6章详述UI基本语法；第7章详述UI状态管理，包括组件拥有的状态和应用拥有的状态；第8章阐述UI渲染控制，包括条件渲染、循环渲染和数据懒加载；第9章概述并发、容器类库和XML生成、解析与转换相关类库。在第3篇高级应用篇（第10、11章）中，第10章概述方舟开发框架；第11章详述基于ArkTS的HarmonyOS应用开发。在第4篇项目实践篇（第12章）中，通过实践案例详细讲解了HarmonyOS应用开发流程。

HarmonyOS本身也在不断地迭代演化之中，随着其SDK和IDE版本的更新，API及应用开发特性也在不断地更新丰富。本书编写时选取的版本配置如下。

- HarmonyOS NEXT Developer Preview2。
- DevEco Studio 4.1.3.500。
- 仅针对Stage模型，API 11 Release，SDK4.1.0(11)版本。

但是实际使用中依然可能会出现本书代码与实际代码不同的情况，在这种情况下，读者可以跟踪最新代码并获取最新信息。

本书的内容和素材主要来源于华为开发者联盟平台与作者的工程实践课题。本书配有电子教案及相关教学资源，采用本书作为教材的教师可从清华大学出版社官方网站下载。

虽然作者在本书的写作过程中投入了大量的心血，但限于水平，力有不逮，书中难免存在疏漏之处。恳请各位专家和读者为本书提出宝贵的意见和建议，如蒙告知，将不胜感激。

作　者

2024年12月

CONTENTS

目录

第 1 篇　基础知识篇

第 2 篇 核心技术篇

第3篇 高级应用篇

第 4 篇　项目实践篇

第 1 篇　基础知识篇

第1章

HarmonyOS 概述

在万物智联时代，操作系统在智能设备中扮演着重要的角色。华为作为全球领先的科技公司，推出了自己的鸿蒙操作系统（HarmonyOS），旨在构建全场景智慧生态。鸿蒙的本意是指远古时代开天辟地之前的混沌之气，而 HarmonyOS 则代表了华为从零开始开天辟地的决心和勇气。2019 年，HarmonyOS 宣告问世，在全球引起了强烈反响。人们相信，这款由中国电信巨头打造的操作系统在技术上是先进的，并且具有逐渐建立起自己生态的成长力。

1.1 HarmonyOS 的诞生与设计理念

1.1.1 HarmonyOS 的诞生

2012 年，华为开始规划自有操作系统“鸿蒙”。2019 年 8 月，华为公司在东莞举行的华为开发者大会上正式发布了鸿蒙操作系统（HarmonyOS）。2020 年 9 月，华为公司将 HarmonyOS 升级至 2.0 版本，即 HarmonyOS 2.0。2023 年 2 月，华为公司发布了 HarmonyOS 3.1 系统。2023 年 8 月，HarmonyOS 4 操作系统正式发布。2024 年 1 月，华为在深圳举行鸿蒙生态千帆启航仪式，HarmonyOS NEXT 鸿蒙星河版面向开发者全面开放申请。2023 年 12 月，HarmonyOS 入选中国工程院发布的 2023 全球十大工程成就。

OpenHarmony 是由开放原子开源基金会孵化及运营的开源项目，由开放原子开源基金会 OpenHarmony 项目群工作委员会负责运作，是由全球开发者共建的开源分布式操作系统。2020 年 9 月，华为公司发布了 HarmonyOS 的开源版本 OpenHarmony。2021 年 6 月，开放原子开源基金会（OpenAtom Foundation）正式发布了 OpenHarmony 2.0 Canary。2023 年 4 月，开放原子开源基金会在 OpenHarmony 开发者大会 2023 上正式发布了 OpenHarmony 3.2 Release 版本。

开发一套完整的操作系统并不是一件容易的事情。作为国人期待已久的操作系统，HarmonyOS 不仅承载着华为软件生态的未来，也代表了中国在操作系统领域的一次重要尝试和突破，它的诞生将拉开永久性改变操作系统全球格局的序幕，终将走出一条全新的生态之路。HarmonyOS 是“面向未来”的操作系统，针对物联网时代的来临而拥有了众多优秀特性，具有大量其他操作系统所不具备的革命性的技术特性与创新，如分布式架构、微内核等。这些创新支撑着 HarmonyOS

的未来,也是 HarmonyOS 诞生的意义所在。

1.1.2 HarmonyOS 的设计理念

在万物互联的时代,人们每天都会接触到很多不同形态的设备,每种设备在特定的场景下能够为人们解决一些特定的问题,表面看起来人们能够做的事情更多了,但每种设备在使用时都是孤立的,提供的服务也都局限于特定的设备,容易陷入"竖井效应",人们的生活并没有变得更好更便捷,反而因设备之间的不连通问题而变得非常烦琐。HarmonyOS 的诞生旨在解决这些问题,在纷繁复杂的世界中回归本源,建立平衡,连接万物。HarmonyOS 是基于微内核的全场景分布式操作系统,而"微内核"、"全场景"和"分布式"这三项创新性理念恰好迎合了物联网设备的需求。

1. 微内核

内核是操作系统最基本的部分,是基于硬件的第一层软件扩充,提供操作系统的最基本功能,是连接应用层和硬件层的资源管理系统,负责管理系统的进程、内存、设备驱动程序、文件和网络系统,决定着系统的性能和稳定性。简单来说,内核就是管理软件和硬件,使得软件能够在硬件上运行。从内核架构来划分,内核一般分为宏内核、微内核和混合内核。

1) 宏内核

宏内核(Monolithic Kernel,又称单内核),包含一个非常完整的内核所要具备的所有功能,包括进程管理、内存管理、硬盘管理、各种 I/O 设备管理等,这些功能统统被集成在宏内核中。在运行的时候,它是一个单独的二进制大映像,其模块间的通信是通过直接调用其他模块中的函数实现的,而非消息传递。这样的结构会使得宏内核非常庞大,同时调度时也会更加方便。常见的如苹果、安卓等复杂庞大的操作系统核心都被称为宏内核。宏内核的功能虽然完善,其中 92%以上的功能却是不经常使用的。

2) 微内核

微内核(Micro Kernel)包含内核所需要的最基本的功能,由一个非常简单的硬件抽象层和一组比较关键的原语或系统调用组成,这些原语仅包括建立一个系统必需的几部分,如任务调度、中断处理等,其他功能全部模块化,这样不仅速度快,安全性也高。

3) 混合内核

混合内核很像微内核结构,只不过它的组件更多的是在核心态中运行,以获得更快的执行速度。

三种内核结构的优缺点比较如表 1-1 所示。

表 1-1 三种内核结构的优缺点比较

	优　点	缺　点
宏内核	性能高	代码庞大,结构混乱,耦合性过高,难以维护
微内核	内核功能少,结构清晰,方便维护	性能低,在内核态和用户态来回切换
混合内核	宏内核的微内核化	

基于微内核的高稳定性、高安全性、高可维护性和高实时性的特点,以及轻便的内核设计使得系统保持低功耗和低内存占用,因此,HarmonyOS 采用了微内核的设计理念。

2. 全场景

目前，基于硬件的各种设备（如手机、手表、电视、车机等）都有各自独立的生态，各生态之间的相互割裂严重影响了用户的体验。用户期望能够打破各设备之间的孤岛，获得多设备之间的无缝连接体验。未来，随着人均持有的终端设备的数量越来越多，全场景将是赢取未来的关键点。HarmonyOS 成为一款面向全场景智慧生活方式的分布式操作系统。在传统的单设备系统能力（System Capability，SysCap）的基础上，HarmonyOS 提出了基于同一套系统能力、适配多种终端形态的分布式理念，能够支持手机、平板、PC、智慧屏、智能穿戴、智能音箱、车机、耳机、AR/VR 眼镜等多种终端设备。对消费者而言，HarmonyOS 能够将生活场景中的各类终端进行能力整合，形成超级终端（One Super Device），实现不同终端设备之间的极速连接、能力互助、资源共享，匹配合适的设备，提供流畅的全场景体验。

全场景操作系统的一大优势就是可以利用其分布式的特征整合硬件资源。例如，在一个区域内（如家庭中），实现分布式任务调度、分布式数据管理等。跨地区的物联网设备也能形成集群提供统一服务。在物联网技术的推动下，HarmonyOS 可以实现跨设备的无缝协同和一次开发多端部署的要求。

3. 分布式

得益于微内核，HarmonyOS 从底层就具备了分布式操作系统的特性，包括分布式软总线、分布式设备虚拟化、分布式数据管理、分布式任务调度等关键技术。

1）分布式软总线

传统的设备是由设备内部的硬总线连接在一起的，硬总线是设备内部的部件之间进行通信的基础。如果想让多个设备之间分布式地通信和共享数据，并让多个设备融为一体，仅通过硬总线是很难实现的。分布式软总线是 HarmonyOS 分布式能力的最为基础的特性，其设计理念参考了计算机硬总线：以手机为中心，将总线分为任务总线（传输指令）和数据总线（同步数据），具体结构如图 1-1 所示。

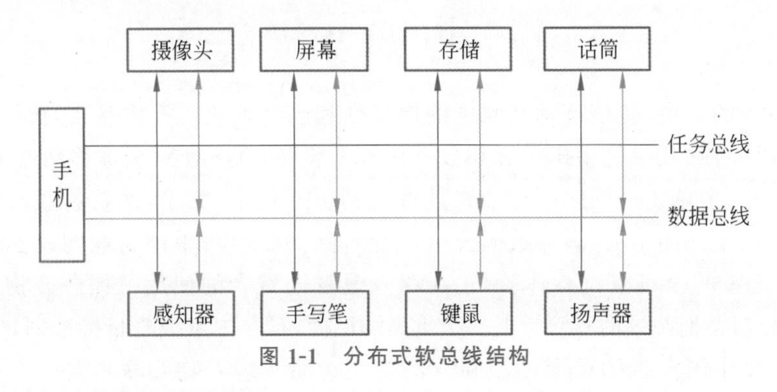

图 1-1　分布式软总线结构

分布式软总线的主要特征如下。

（1）针对不稳定的无线环境进行了优化，相对于传统的传输协议具有高带宽、低时延、高可靠、开放、标准等特点。

（2）可以实现设备间的快速自动发现（同一网络且登录同一华为账号）。

（3）支持并可以整合 Wi-Fi、蓝牙、USB 等多种有线/无线传输协议。通过手机等中转设备，可以打通蓝牙设备与 Wi-Fi 设备之间的隔离，使其互联互通。

（4）具有极简 API 和极简协议，不仅方便了开发人员，而且有效地提高了网络传输能力。开发人员只需面对一个逻辑协议，而不感知其具体的传输协议。

通过分布式软总线，HarmonyOS 可以为处在统一网络内的设备提供高效通信能力，实现万物互联。

2）分布式设备虚拟化

分布式设备虚拟化建立在分布式软总线的基础上，可以实现多个 HarmonyOS 设备性能和资源的整合，形成超级虚拟终端。例如，同一个家庭中的手机、路由器和智慧屏可以以单一的超级虚拟终端的方式共享硬件资源。

3）分布式数据管理

分布式数据管理建立在分布式软总线的基础上，可以实现多个 HarmonyOS 设备之间进行高效数据同步和管理。

4）分布式任务调度

分布式任务调度建立在分布式软总线和分布式数据管理之上，可以在多个 HarmonyOS 设备之间高效地进行应用流转和协同。

应用流转是指同一个应用程序在不同设备上的迁移和迁回。例如，用户正在使用手机进行视频通话，但是此时不方便拿手机了，在此种应用情景下可以将该应用界面迁移到智慧屏上继续进行视频通话。当然，用户还可以再将视频通话界面迁回到手机上。

应用协同是指在不同的 HarmonyOS 设备上显示同一个应用程序的不同功能组件。例如，在手机上显示新闻列表，在智慧屏上显示新闻内容，通过手机的新闻列表就可以流畅地切换智慧屏上的新闻内容。

综上，HarmonyOS 响应了时代的召唤，微内核是前提，分布式是手段，全场景是目的。HarmonyOS 的上述特性让其本身不仅是现有移动操作系统的替代品，而且是一种全新的分布式操作系统，为 HarmonyOS 的发展提供动力源泉。

1.2 HarmonyOS 生态

经过十多年的发展，传统移动互联网的增长红利已经见顶。万物互联的时代正在开启，应用的设备底座将从几十亿手机扩展到数百亿 IoT 设备。GSMA（全球移动通信系统协会）预测，到 2025 年，全球物联网终端连接数量将达到 246 亿个，其中，消费物联网终端连接数量将达到 110 亿个。而 IDC（国际数据公司）预测，到 2025 年，中国物联网总连接量将达到 102.7 亿个。全新的全场景设备体验，正在深入改变消费者的使用习惯。万物互联这种新型的互联网模式，会把中国的经济带上一个更高的层面，符合国家战略目标规划，也是 2035 年远景目标和数字中国实现的重要途径和方法之一。而实现万物互联需要一个强有力的工具，这个工具就是 HarmonyOS 生态。

HarmonyOS 生态是基于 HarmonyOS 建立的一种全场景分布式生态系统，是为实现数字中国、数字家庭、产业数字化转型提升提供的一系列解决方案。它包括政策支持、国家层面的战略目标、政府主导市场运作，以及终端＋平台＋系统的建设模式，旨在创造一个超级虚拟终端互联的世界，通过万物互联将人、设备、场景有机地联系在一起，将消费者在全场景生活中接触的多种智能终端实现极速发现、极速连接、硬件互助、资源共享，用合适的设备提供场景体验，实现智慧交通、智慧工厂、智慧城市等，推动城乡一体化发展。

HarmonyOS 的生态可以概括为 1＋8＋N，能够根据不同的内存级别的设备进行弹性组装和适配，并且跨设备交互信息。HarmonyOS 生态如图 1-2 所示。1＋8＋N 战略的核心：1 指的是智能手机，智能手机作为 HarmonyOS 生态的核心部分，凭借华为海思自研的麒麟芯片，为其他设备终端提供相应的通信支撑。正是因为万物互联的场景中手机的重要性，华为始终以全球手机市场作为第一目标。8 指的是手机外围的 8 类设备，包括智慧屏、音箱、眼镜、手表、车机、耳机、平板、PC 等。这 8 项将由华为公司亲自研发和参与市场，并且会追求市场领先地位。N 指的是围绕 8 类设备，周边还有能够搭载 HarmonyOS 的物联网设备，这些设备涵盖了包括移动办公、智能家居、运动健康、影音娱乐以及智能出行 5 大场景模式在内的各种各样的应用场景，为人们提供了无限的想象和创造空间。针对各种各样场景的设备有智能秤、打印机、摄像头、扫地机、投影仪等。

图 1-2　HarmonyOS 生态

1. HarmonyOS＋智慧屏

2019 年 8 月，全球第一款搭载华为 HarmonyOS 的荣耀智慧屏正式发布。该智慧屏突破了传统电视的概念，搭载鸿鹄 818 等三颗华为自研芯片和升降式 AI 摄像头，内置华为系统级视频通话功能，开创了大屏和手机的新交互方式，除了可联控智能家居，还能实现智慧双投、魔法闪投、魔法控屏等功能。

2. HarmonyOS ＋ 智能家电

2020 年 7 月，华为与美的集团在智慧家居领域达成“全方位战略合作关系”。2021 年 4 月，作为首批支持 HarmonyOS 的家电产品，美的家用智能蒸烤箱 S5mini 正式上市，该智能蒸箱搭载了 HarmonyOS，同时搭配了该系统的一碰连特性，可以快速完成配网。配网成功后，手机会自动跳转到 HarmonyOS 内置的轻量化产品页面，用户可以在页面中获取跟产品搭配的定制食谱，根据菜谱准备食材，即可一键启动机器，机器自动烹饪。

3. HarmonyOS + 智能座舱

2021 年 4 月,华为的 HarmonyOS 智能座舱正式发布。该智能座舱搭载有一芯多屏、多用户并发、运行时确定性保障、分布式外设、车载网络、多部件等多种应用,提供差异化启动恢复、极速启动、多用户切换、声场控制、多部件协同等功能,实现人、车、家的全场景协同。

总的来说,HarmonyOS 生态的核心特点如下。

(1) 分布式操作系统:HarmonyOS 是一款面向全场景的分布式操作系统,支持多种智能终端设备之间的极速发现、极速连接、硬件互助和资源共享。

(2) 面向未来:HarmonyOS 设计考虑了未来社会和用户需求的变化,不受传统操作系统的限制,具有不确定性和想象性。

(3) 全场景连接:通过 HarmonyOS,构建了一个以人为中心的万物互联智慧新世界,信息技术突破的综合应用使得各种设备和应用服务能够无缝流转与融合。

(4) 无处不在的连接:HarmonyOS 生态支持各种智能设备与应用服务能力的协同、协调、无缝流转与融合,使得服务能够触手可及。

HarmonyOS 生态的建立旨在满足未来社会和用户的需求,提供更加便捷、智能的体验。截止到 2024 年年初,HarmonyOS 生态设备已超过 8 亿台,开发者达到 220 余万,API 日调用 590 余亿次,开发工具 DevEco 活跃用户数 40 余万人。

1.3 HarmonyOS 技术特性

本节主要从技术层面剖析 HarmonyOS 的技术架构和开发框架,并与常见的移动操作系统进行对比分析。

1.3.1 HarmonyOS 的技术架构

本节将详细介绍 HarmonyOS 的技术架构。HarmonyOS 整体遵从分层设计,从下向上依次为内核层、系统服务层、框架层和应用层。系统功能按照"系统→子系统→功能/模块"逐级展开,在多设备部署场景下,支持根据实际需求裁剪某些非必要的子系统或功能/模块。HarmonyOS 的具体技术架构如图 1-3 所示。

1. 内核层

内核层包括内核子系统和驱动子系统两部分。

1) 内核子系统

内核子系统采用多内核(Linux 内核或者 LiteOS)设计,支持针对不同资源受限设备选用适合的操作系统内核。内核抽象层(Kernel Abstract Layer,KAL)通过屏蔽多内核差异,为上层提供基础的内核能力,包括进程/线程管理、内存管理、文件系统、网络管理和外设管理等。

2) 驱动子系统

驱动框架(HDF)是系统硬件生态开放的基础,提供统一外设访问能力和驱动开发、管理框架。

2. 系统服务层

系统服务层是 HarmonyOS 的核心能力集合,通过框架层对应用程序提供服务。该层包含以下几部分。

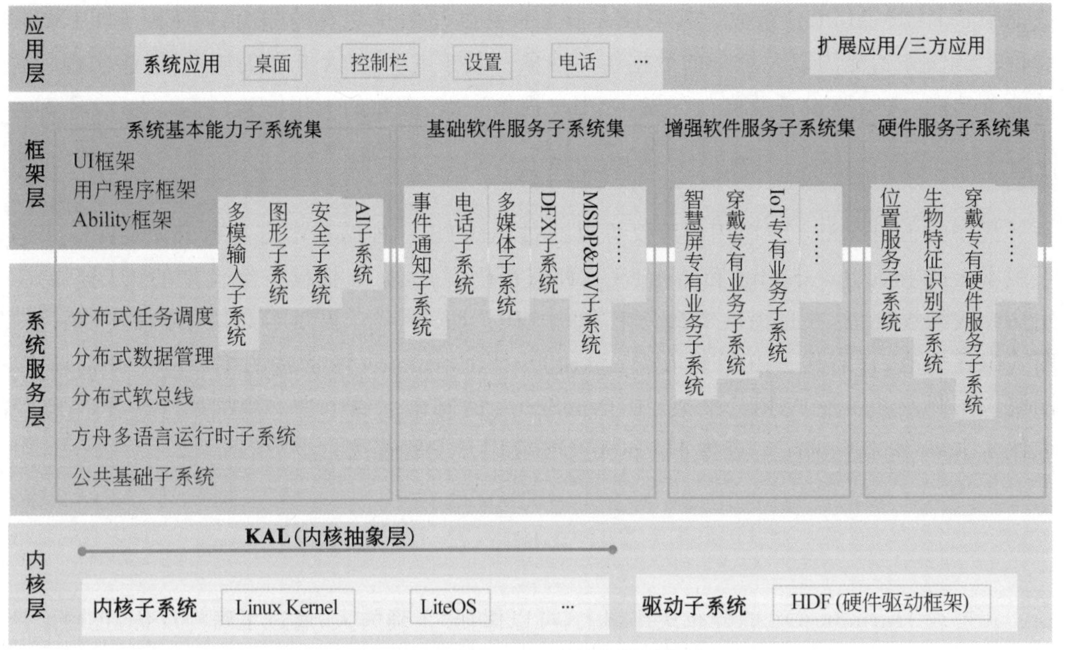

图 1-3 HarmonyOS 的具体技术架构

1）系统基本能力子系统集

系统基本能力子系统集为分布式应用在多设备上的运行、调度、迁移等操作提供了基础能力，由分布式软总线、分布式数据管理、分布式任务调度、公共基础库、多模输入、图形、安全、AI 等子系统组成。

2）基础软件服务子系统集

基础软件服务子系统集提供公共的、通用的软件服务，由事件通知、电话、多媒体、DFX(Design For X)等子系统组成。

3）增强软件服务子系统集

增强软件服务子系统集提供针对不同设备的、差异化的能力增强型软件服务，由智慧屏专有业务、穿戴专有业务、IoT 专有业务等子系统组成。

4）硬件服务子系统集

硬件服务子系统集提供硬件服务，由位置服务、生物特征识别、穿戴专有硬件服务等子系统组成。

根据不同设备形态的部署环境，基础软件服务子系统集、增强软件服务子系统集、硬件服务子系统集内部可以按子系统粒度裁剪，每个子系统内部又可以按功能粒度裁剪。

3. 框架层

框架层为应用开发提供了 Java/C/C++/JavaScript 等多语言的用户程序框架和 Ability 框架，两种 UI 框架(包括适用于 Java 语言的 Java UI 框架、适用于 JavaScript 语言的 JavaScript UI 框架)，以及各种软硬件服务对外开放的多语言框架 API。根据系统的组件化裁剪程度，设备支持的 API 也会有所不同。

4. 应用层

应用层包括系统应用和第三方非系统应用。应用由一个或多个 FA(Feature Ability)

或 PA(Particle Ability)组成。其中,FA 有 UI,提供与用户交互的能力;而 PA 无 UI,提供后台运行任务的能力以及统一的数据访问抽象。基于 FA / PA 开发的应用,能够实现特定的业务功能,支持跨设备调度与分发,为用户提供一致、高效的应用体验。

1.3.2 HarmonyOS 应用程序的编程语言

最新的 HarmonyOS 应用程序仅可以通过 ArkTS 一种编程语言进行开发(API9 及以下版本支持 Java、JavaScript 和 ArkTS 三种编程语言)。Java 提供了细粒度的 UI 接口,采用命令式编程规范,并且提供了最为丰富的 API。JavaScript 提供了高层 UI 描述,采用声明式编程规范,目前其 API 较为有限。ArkTS 是 HarmonyOS 优选的主力应用开发语言,围绕应用开发并匹配 ArkUI 框架,在 TypeScript 的基础上做了进一步扩展。现在,ArkTS 取代了 Java 和 JavaScript,成为 HarmonyOS 应用开发的首选。

1.4 HarmonyOS 的安全性

在搭载 HarmonyOS 的分布式终端上,可以保证"正确的人,通过正确的设备,正确地使用数据"。通过"分布式多端协同身份认证"保证"正确的人";通过"在分布式终端上构筑可信运行环境"保证"正确的设备";通过"分布式数据在跨终端流动的过程中,对数据进行分类分级关联"保证"正确地使用数据"。

1.4.1 正确的人

在分布式终端场景下,"正确的人"是指通过身份认证的数据访问者和业务操作者。"正确的人"是在确保用户数据不被非法访问、用户隐私不泄露的前提下,HarmonyOS 通过零信任模型、多因素融合认证、协同互助认证三方面实现协同身份认证。

1. 零信任模型

基于零信任模型,实现对用户的认证和对数据的访问控制。当用户需要跨设备访问数据资源或者发起高安全等级的业务操作(安防设备)时,HarmonyOS 会对用户进行身份认证,确保其可靠性。

2. 多因素融合认证

通过用户身份关联,将不同设备上标识同一用户的认证凭据关联,用于标识一个用户,提高认证的准确度。

3. 协同互助认证

通过将硬件和认证能力解耦(信息采集和认证可以在不同的设备上完成),实现不同设备的资源池化及能力的互助与共享,使高安全等级的设备协助低安全等级的设备完成用户身份认证。

1.4.2 正确的设备

在分布式终端场景下,只有保证用户的设备是安全可靠的,才能保证用户数据在虚拟终端上得到有效保护,避免用户隐私泄露。

1. 安全启动

确保源头每个虚拟设备运行的系统固件和应用程序是完整的、未经篡改的。通过安全启动,各设备厂商的镜像包就不易被非法替换为恶意程序,从而保护用户的数据和隐私安全。

2. 可信执行环境

提供基于硬件的可信执行环境(Trusted Execution Environment,TEE)保护用户个人敏感数据的存储和处理,确保数据不泄露。由于分布式终端硬件的安全能力不同,对于用户的敏感个人数据,需要使用高安全等级的设备进行存储和处理。HarmonyOS 使用基于数据可证明的形式化开发和验证的 TEE 微内核,获得商用操作系统内核 CC EAL5+的认证评级。

3. 设备证书认证

支持为具备 TEE 的设备预置证书,用于向其他虚拟终端证明自己的安全能力。对于有 TEE 的设备,通过预置公钥基础设施(Public Key Infrastructure,PKI)给设备身份提供证明,确保设备是合法制造生产的。对产线进行预置,将设备证书的私钥写入并安全保存至 TEE 中,且只在 TEE 内进行使用。在必须传输用户的敏感数据(密钥、加密的生物特征等)时,会在使用设备证书进行安全环境验证后,建立从一台设备的 TEE 到另一台设备的 TEE 之间的安全通道,实现安全传输,如图 1-4 所示。

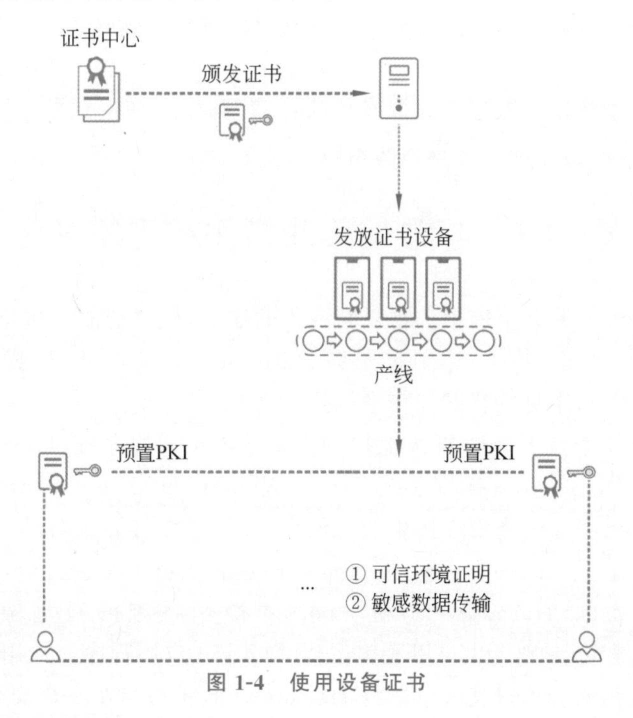

图 1-4　使用设备证书

1.4.3　正确使用数据

在分布式终端场景下,需要确保用户能够正确使用数据。HarmonyOS 围绕数据的生成、存储、使用、传输及销毁过程进行全生命周期的保护,从而保证个人数据与隐私及系统的机密数据(密钥)不泄露。

1. 数据生成

根据数据所在的国家或组织的法律法规与标准规范,对数据进行分类分级,并且根据分类设置相应的保护等级。每个保护等级的数据从生成开始，在其存储、使用、传输的整个生命周期都需要根据对应的安全策略提供不同强度的防护。虚拟超级终端的访问控制系统支持依据标签的访问控制策略，保证数据只能在可以提供足够安全防护的虚拟终端之间存储、使用和传输。

2. 数据存储

通过区分数据的安全等级，存储到不同安全防护能力的分区，对数据进行安全保护，并提供密钥全生命周期的跨设备无缝流动和跨设备密钥访问控制能力，支撑分布式身份认证协同、分布式数据共享等业务。

3. 数据使用

通过硬件为设备提供可信执行环境。用户的个人敏感数据仅在分布式虚拟终端的可信执行环境中进行使用，确保用户数据的安全和隐私不泄露。

4. 数据传输

为了保证数据在虚拟超级终端之间安全流转，需要各设备是正确可信的，建立了信任关系（多个设备通过华为账号建立配对关系），并能够在验证信任关系后，建立安全的连接通道，按照数据流动的规则，安全地传输数据。当设备之间进行通信时，需要基于设备的身份凭据对设备进行身份认证，并在此基础上，建立安全的加密传输通道。

5. 数据销毁

销毁密钥即销毁数据。数据在虚拟终端的存储，都建立在密钥的基础上。当销毁数据时，只需要销毁对应的密钥即完成数据的销毁。

1.5 与常见移动操作系统的对比

即使 HarmonyOS 的诞生依赖了物联网设备的崛起，但是智能手机仍然会是 IoT（物联网）智能设备的核心枢纽。因此，本节首先将 HarmonyOS 与 Android 操作系统进行对比，然后通过列表的方式与常见的移动操作系统进行对比。

基于开发人员和消费者能够更快地接受 HarmonyOS 的考虑，HarmonyOS 的初始研发很大程度上参考了 Android 操作系统。由于 Windows Phone、Ubuntu Touch 等移动操作系统的前车之鉴已经逐渐淹没在历史的长河中，经验教训告诉我们，另辟蹊径从零开始研发操作系统需要付出巨大的资源成本，并且难以构建和维持生态。目前，运行 HarmonyOS 的手机实际上具备了 HarmonyOS 和 Android 操作系统的双重架构，既可以运行 HarmonyOS 应用程序，原则上也可以完美运行 Android 应用程序。从用户体验角度来讲，这种双重架构是透明的。用户完全可以将 HarmonyOS 手机当作一个普通的 Android 手机来使用。通过这一优势，HarmonyOS 完全可以杀出一条血路，逐步构建 HarmonyOS 的软件生态，并最终剥离 Android 体系架构。

但是，HarmonyOS 的设计并非完全照搬 Android 操作系统，而是取其精华去其糟粕。

(1) HarmonyOS 摒弃了 Android 存在的部分缺陷设计。

Android 存在性能低下、框架复杂的固有缺陷，而 HarmonyOS 经过底层的重新设计避免了这些问题。在 Android 体系中，使用 Java/Kotlin 语言开发的应用程序无法直接编译成机器代码，因此需要 Dalvik、ART 等虚拟机的支持。虽然这些虚拟机针对移动设备进行过改造，但是其效率仍然远不及由C、Objective-C等语言编写的程序。HarmonyOS 的方舟运行时可以直接将 ArkTS 程序编译成方舟字节码，运行时直接运行方舟字节码，从而大大提高了其运行效率。此外，Android 设计之初为了快速迭代适应潮流，对框架内许多模块的性能进行了妥协，因此造就了如今复杂的 Android 系统框架。HarmonyOS 针对移动设备、物联网设备重新进行了框架设计，从而在性能上、功耗上都优于 Android。

(2) HarmonyOS 参考了 Android 的优势设计。

在 HarmonyOS 应用程序开发中，无论是集成开发环境的设计还是 Ability 的设计，都在很大程度上参考了 Android。例如，DevEco Studio 集成开发环境的使用方法类似于 Android Studio，Ability 的概念类似于 Android 中的 Activity。这使得现有的 Android 应用程序开发人员能够迅速地进行角色转换，以极低的学习成本参与到 HarmonyOS 应用程序开发中。另外，为了保证 HarmonyOS 能够迅速建立软件生态，占据一定的市场优势，虽然当前 HarmonyOS 生态取得了爆发式增长，实现了创新力和凝聚力的全面进阶，截止到2024年3月底，已有超过4000个应用加入 HarmonyOS 生态，但是，现阶段的 HarmonyOS 仍然包含许多 Android 操作系统的特征，使得 Android 应用程序原则上可以直接运行在 HarmonyOS 之上。

当前，在移动操作系统领域，Android 和 iOS 是目前占据最大市场份额的两个操作系统。根据国际市场调查机构 StatCounter 发布的数据显示，截至2023年第四季度，Android 在全球移动操作系统的市场份额约为74%，iOS 的市场份额约为23%，它们是全球排名前两位的移动操作系统。包括 HarmonyOS 在内的其他所有操作系统的全球份额总和约为3%。但是，HarmonyOS 的市场份额一直在增长，且在2023年的市场份额实现了大幅度的增长。2023年第四季度，HarmonyOS 在中国的市场份额已经达到16%，成为继 Android 和 iOS 之后的第三大移动操作系统，展现了强劲的竞争力。

具体来说，在国内市场，安卓系统虽然一直占据着主导地位，但其市场份额出现了巨大的下降。2022年第一季度，安卓系统的市场份额高达79%，而到了2023年第四季度，仅剩下64%。这一数据显示出，安卓系统在国内市场面临着来自如 HarmonyOS 在内的其他操作系统的激烈竞争。同时，iOS 系统在国内市场的份额却稳步增长。从2022年第一季度的18%上升到了2023年第四季度的20%。这一数据表明，苹果公司在国内市场的用户吸引力不断提升。当然，最值得关注的是 HarmonyOS 在国内市场的突破。从2022年第一季度的3%上升到了2023年第四季度的16%。这一数据显示出，HarmonyOS 凭借其独特的优势和创新，成功吸引了大量的用户，并在国内市场占得一席之地。HarmonyOS、Android 和 iOS 在开发环境及平台等各方面的对比情况见表1-2。

表1-2 HarmonyOS、Android 和 iOS 对比

对比项目	HarmonyOS	Android	iOS
开发环境	DevEco Studio	Android Studio	XCode
开发语言	ArkTS	Java、Kotlin	Objective-C、Swift
开发系统平台	Windows、macOS	Windows、Linux、macOS	macOS
是否需要虚拟机支持	否	是	否
是否开源	是	是	否

续表

对比项目	HarmonyOS	Android	iOS
设备的支持能力	开放，包括手机、手表等常见移动设备及各类物联网设备	开放，多用于移动设备	仅 iOS 设备
分发平台	AppGallery Connect	各类应用商店	iTunes Connect

小　　结

本章介绍了 HarmonyOS 的基本概况。HarmonyOS 开发设计的初衷是用于物联网，现在已演变成为一款全新的面向全场景的分布式操作系统，实现将人、设备、场景有机地联系在一起，将消费者在全场景生活中接触的多种智能终端，实现极速发现、极速连接、硬件互助、资源共享，用合适的设备提供场景体验。本章通过对 HarmonyOS 的设计理念、HarmonyOS 生态、操作系统的技术特性以及系统安全性的介绍，详细解读了 HarmonyOS 比常见移动操作系统具有的优势。本章工作任务与知识点关系的思维导图如图 1-5 所示。

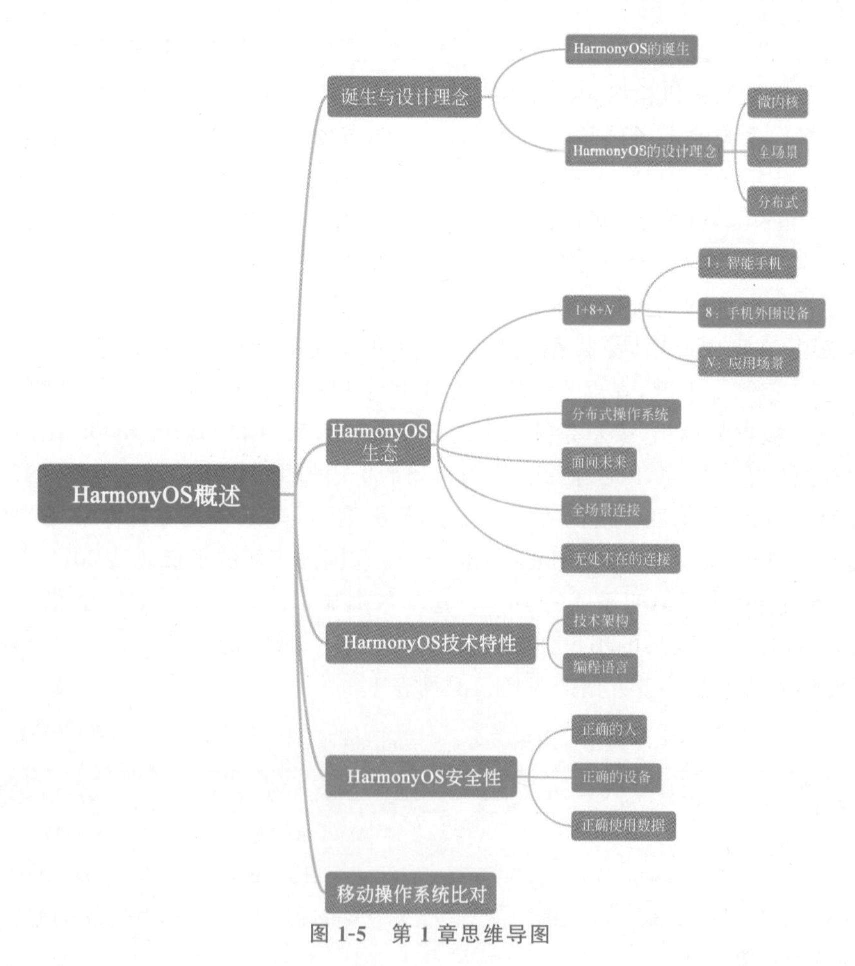

图 1-5　第 1 章思维导图

思考与实践

第一部分：练习题

练习 1. HarmonyOS 应用开发的首选编程语言是哪一个？（　　）

A. Java　　B. JavaScript　　C. TypeScript　　D. ArkTS

练习 2. 以下哪一年，华为开始规划自有操作系统"鸿蒙"？（　　）

A. 2010 年　　B. 2012 年　　C. 2016 年　　D. 2019 年

练习 3. HarmonyOS 生态中 1＋8＋N 战略中的"1"指的是什么？（　　）

A. 手机　　B. 手表　　C. PC　　D. 平板

练习 4. 以下哪个是 HarmonyOS 的特点？（　　）

A. 跨平台开发　　B. 支持安卓应用

C. 支持 iOS 应用　　D. 原生代码开发

练习 5. 在搭载 HarmonyOS 的分布式终端上，可以保证"正确的人，通过正确的设备，正确地使用数据。"以下哪个描述为"正确的设备"？（　　）

A. 零信任模型　　B. 可信执行环境　　C. 协同互助认证　　D. 多因素融合认证

练习 6. HarmonyOS 整体遵从分层设计，从下向上依次为（　　）。

A. 内核层→框架层→系统服务层→应用层

B. 框架层→内核层→系统服务层→应用层

C. 内核层→系统服务层→框架层→应用层

D. 框架层→系统服务层→内核层→应用层

练习 7. HarmonyOS 整体遵从分层设计，其中，内核层包含以下哪些子系统？（　　）

A. 内核子系统　　B. 图形子系统　　C. 驱动子系统　　D. DFX 子系统

练习 8. HarmonyOS 的核心理念是________。

练习 9. 简述 HarmonyOS 的特点和优势。

练习 10. 简述 HarmonyOS 从初创到现在全球领先的历程。

练习 11. 简述 HarmonyOS 如何确保用户能够正确使用数据。

练习 12. 简述 HarmonyOS 与传统操作系统的区别。

练习 13. 举例说明 HarmonyOS 支持的设备类型。

练习 14. 近年来，越来越多的应用加入 HarmonyOS 生态当中，截至 2024 年 3 月底，HarmonyOS 原生应用已超过 4000 个，吹响了 HarmonyOS 生态建设的"冲锋号"。请自行上网搜索已加入 HarmonyOS 生态的应用，并试着分析 HarmonyOS 生态获得成功的原因。

第二部分：实践题

通过华为开发者联盟等网站关于 HarmonyOS 的生态描述，了解 HarmonyOS 如何促进开发者生态的建设。

第2章 HarmonyOS 应用开发环境

2.1 集成开发环境概述

集成开发环境(Integrated Development Environment,IDE)是为程序开发提供开发环境的应用程序,通常包括代码编辑器、编译器、调试器和图形用户界面等工具。HarmonyOS 应用/服务开发的集成环境为 HUAWEI DevEco Studio(以下简称 DevEco Studio)。DevEco Studio 是基于 IntelliJ IDEA Community 开源版本打造,面向全场景多设备,提供一站式的分布式应用开发平台,支持分布式多端开发、分布式多端调测、多端模拟仿真,提供全方位的质量与安全保障。DevEco Studio 开发环境主页面如图 2-1 所示。

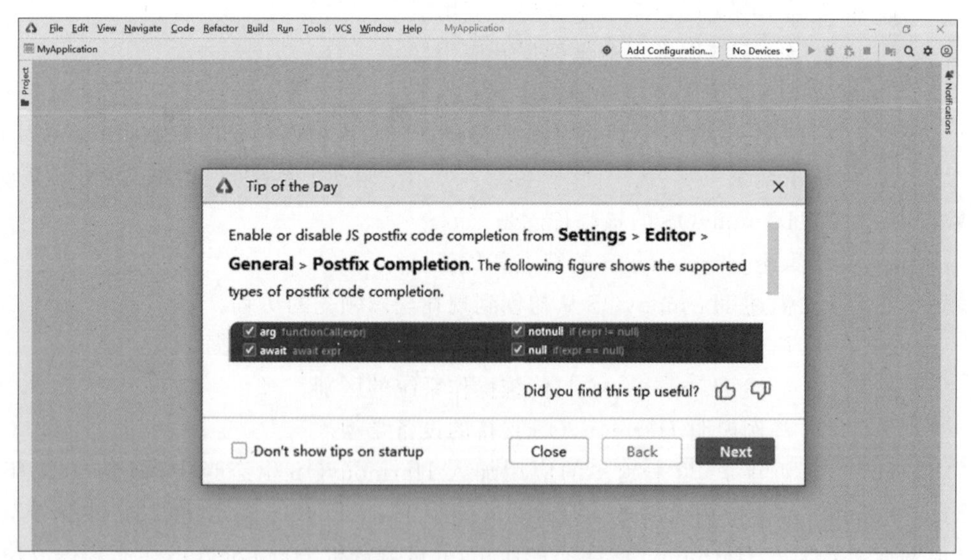

图 2-1 DevEco Studio 主页面

作为一款强大的 HarmonyOS 应用开发工具,除了其具备的基本功能(如代码开发、编译构建以及调试等)以外,DevEco Studio 还具备如高效智能代码编辑功能、多端双向实时预览、手机设备模拟仿真、DevEco Profiler 性能调优等优秀的特点。

1. 高效智能代码编辑功能

DevEco Studio 支持 ArkTS、C/C++ 等多种开发语言的代码高亮、智能补齐、错误检查、自动跳转、格式化、查找等功能，有效提升了代码编写的效率。

1）代码高亮

DevEco Studio 支持对代码关键字、运算符、字符串、类、标识符、注释等进行高亮显示，开发人员可以打开 File→Settings（macOS 中为 DevEco Studio→Preferences）面板，在 Editor→Color Scheme 中自定义各字段的高亮显示颜色。默认情况下，开发人员可以在 Language Defaults 中设置源代码中的各种高亮显示方案，该设置将对所有语言生效；如果开发人员需要针对具体语言的源码高亮显示方案进行定制，可以在左侧边栏选择对应的语言，然后取消 Inherit values from 选项后设置对应的颜色即可。

2）智能补齐

DevEco Studio 提供了代码的智能补齐能力，编辑器工具会分析上下文并理解项目内容，并根据输入的内容，提示可补齐的类、方法、字段和关键字的名称等。

3）错误检查

如果输入的语法不符合编码规范，或者出现语义语法错误，DevEco Studio 编辑器会实时地进行代码分析，并在代码中突出显示错误或警告，将鼠标放置在错误代码处，会提示详细的错误信息。

4）自动跳转

在 DevEco Studio 编辑器中，开发人员可以按住 Ctrl 键，用鼠标单击代码中的类、方法、参数、变量等名称，自动跳转到定义处。

5）格式化

代码格式化功能可以帮助开发人员快速地调整和规范代码格式，提升代码的美观度和可读性。默认情况下，DevEco Studio 已预置了代码格式化的规范，开发人员也可以个性化地设置各个文件的格式化规范，设置方式如下：在 File→Settings→Editor→Code Style 下，选择需要定制的文件类型，如 ArkTS，然后自定义格式化规范即可。

6）折叠

支持对代码块的快速折叠和展开，既可以单击编辑器左侧边栏的折叠和展开按钮对代码块进行折叠和展开操作，还可以对选中的代码块单击鼠标右键选择折叠方式，包括折叠、递归折叠、全部折叠等操作。

7）快速注释

支持对选择的代码块进行快速注释，使用快捷键 Ctrl + /（macOS 中为 Command + /）进行快速注释。对于已注释的代码块，再次使用快捷键 Ctrl+/（macOS 中为 Command + /）取消注释。

8）结构树

使用快捷键 Alt + 7 / Ctrl + F12（macOS 中为 Command + 7）打开代码结构树，可快速查看文件代码的结构树，包括全局变量和函数、类成员变量和方法等，并可以跳转到对应代码行。

9）引用查找

提供 Find Usages 代码引用查找功能，帮助开发人员快速查看某个对象（变量、函数或者类等）被引用的地方，用于后续的代码重构，可以极大地提升开发人员的开发效率。具体使用方法为：在要查找的对象上，单击鼠标右键→Find Usages 或使用快捷键 Alt + F7 (macOS 中为 Command ＋ F7)。

10) 查找

通过对符号、类或文件的即时导航来查找代码。检查调用或类型层次结构,轻松地搜索工程里的所有内容。通过连续按两次 Shift 快捷键,打开代码查找界面,双击查找的结果可以快速打开所在文件的位置。

2. 多端双向实时预览

DevEco Studio 支持 UI 代码的多种预览方式(如双向预览、实时预览、动态预览、组件预览以及多端设备预览等),便于实时地查看代码的运行效果。

在 HarmonyOS 应用/服务开发过程中,由于设备类型繁多,需要查看在不同设备上的界面显示效果。对此,DevEco Studio 的预览器提供了 Profile Manager 功能,支持开发人员自定义预览设备 Profile(包含分辨率和语言),从而可以通过定义不同的预览设备 Profile,查看 HarmonyOS 应用或原子化服务在不同设备上的预览显示效果,具体切换不同设备界面如图 2-2 所示。

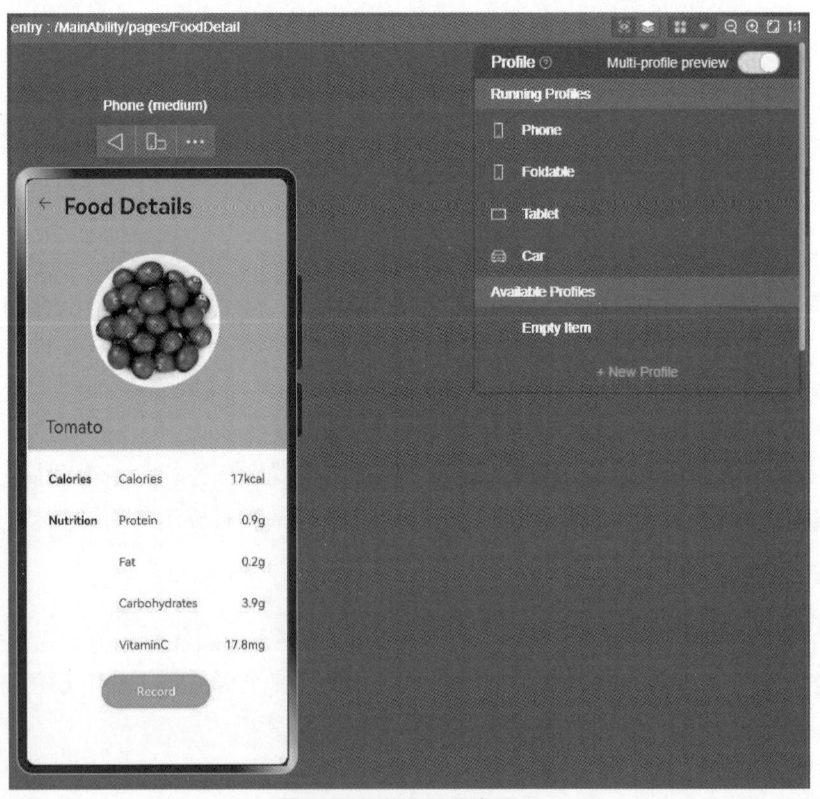

图 2-2 切换不同设备界面

3. 手机设备模拟仿真

DevEco Studio 提供了 HarmonyOS 本地模拟器,支持手机设备的模拟仿真,便捷获取调试环境。

4. DevEco Profiler 性能调优

DevEco Studio 提供了实时监控能力和场景化调优模板,便于全方位的设备资源监测,其采集的数据覆盖了多个维度，为开发人员提供高效、直通代码行的调优体验。

DevEco Studio 同时支持 HarmonyOS 和 OpenHarmony 应用/服务开发，但在部分功能（如编程语言、模拟器、签名等）的使用上存在差别，具体请参考表 2-1。

表 2-1 HarmonyOS 和 OpenHarmony 开发主要功能区别

功　能	HarmonyOS	OpenHarmony
支持的编程语言	ArkTS、JavaScript、C/C++ 和 Java	ArkTS、JavaScript 和 C/C++
支持的设备类型	搭载 HarmonyOS 系统的终端设备，如 Phone（手机）、Tablet（平板）、TV（智慧屏）、Wearable（智能穿戴）、Lite Wearable（轻量级智能穿戴）、Smart Vision（智慧视觉）和 Router（路由器）	搭载 OpenHarmony 系统的开发板，如 RK3568、Hi3516DV300 等
工程结构	API 4～7：采用 Gradle 编译构建体系，其配置文件为 build.gradle。 API 8～11：采用 Hvigor 编译构建体系，其配置文件为 build-profile.json5、package.json	采用 Hvigor 编译构建体系，其配置文件为 build-profile.json5、package.json
模拟器	支持 Local Emulator 和 Remote Emulator，包括 Phone、Tablet、TV 等设备	—
远程真机	支持 Phone、Tablet、TV 等设备	—
编译构建	API 4～7：使用 Gradle 编译构建工具。 API 8～11：使用 Hvigor 编译构建工具	使用 Hvigor 编译构建工具
签名	使用 DevEco Studio 自动化签名功能，或通过 AppGallery Connect 申请签名文件	使用 DevEco Studio 自动化签名功能，或使用 SDK 包中携带的签名工具进行签名
调试	支持跨语言、跨设备的分布式调试	支持单语言、单设备调试
性能分析	支持 CPU、内存、网络活动、能耗分析	支持 CPU、内存分析
发布	应用支持发布到 AppGallery Connect，服务支持发布到 HUAWEI Ability Gallery	支持 OpenHarmony 应用/服务发布到应用市场

2.2 开发环境搭建

在开发 HarmonyOS 应用/服务前，需要配置 HarmonyOS 应用/服务的开发环境。主要的环境配置流程如图 2-3 所示。首先，要在装有合适的操作系统的开发用机中安装 DevEco Studio，DevEco Studio 支持 Windows 系统和 macOS 系统。然后，需要配置 Proxy（可选）、安装 Node.js 和配置 SDK。完成软件的安装与环境的配置后，就可以启动开发环境进行应用/服务的开发了。

2.2.1 安装环境要求

HarmonyOS 应用开发工具目前仅支持 Windows 和 macOS 两种操作系统环境。两种操作系统环境下的软硬件配置建议如下。

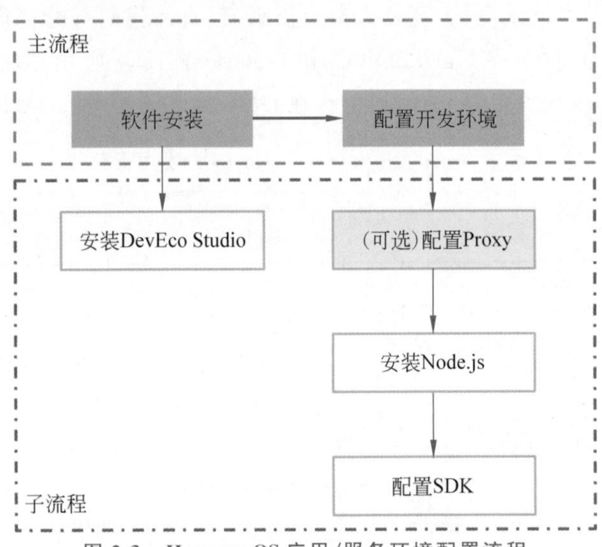

图 2-3　HarmonyOS 应用/服务环境配置流程

1. Windows

操作系统：Windows 10/11 64 位。

内存：8GB 及以上。

硬盘：100GB 及以上。

分辨率：1280×800px 及以上。

2. macOS

操作系统：macOS(x86)10.15/11/12/13 macOS(ARM)11/12/13。

内存：8GB 及以上。

硬盘：100GB 及以上。

分辨率：1280×800px 及以上。

2.2.2　下载开发工具

本节仅介绍在 Windows 环境下 DevEco Studio 的下载。首先，进入“华为开发者联盟”平台提供的工具下载页，找到最新的 DevEco Studio 环境下载区域，该页面中在提供最新的开发版本的同时，也提供了部分 DevEco Studio 的历史版本，供开发人员下载使用。注意，在下载前需要使用华为开发者账号登录“华为开发者联盟”平台。

在如图 2-4 所示的下载页面中，根据自己的开发用机的操作系统类型(如 Windows 64 位操作系统)，选择合适的开发版本后单击相应的链接，将 DevEco Studio 的压缩包下载至本机的默认下载路径中。下载完成后，打开压缩包，可以看到一个以 deveco-studio 开头的扩展名为.exe 的 Windows 安装包，证明 DevEco Studio 下载完成。

2.2.3　开发环境搭建流程

本节介绍在 Windows 环境下 DevEco Studio 的安装及配置。DevEco Studio 开发环境依赖于网络环境，需要连接上网络才能确保工具的正常使用。

图 2-4　DevEco Studio 下载页面

1. 安装 DevEco Studio

第 1 步，将下载之后的压缩包解压至本地文件目录下，提取出以 deveco-studio 开头且扩展名为.exe 的 Windows 安装包。

第 2 步，双击第一步解压缩得到的“deveco-studio-××××.exe”，进入 DevEco Studio 安装向导，如图 2-5 所示。

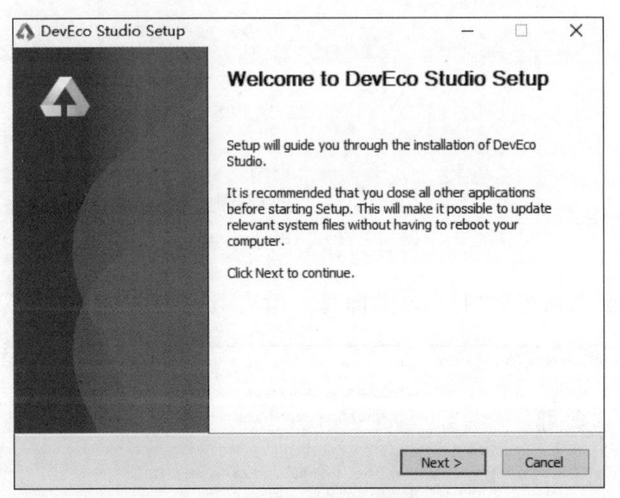

图 2-5　安装欢迎界面

第 3 步，单击如图 2-5 所示的 Next 按钮，进入如图 2-6 所示的选择安装路径界面。系统默认将 DevEco Studio 安装于 C:\Program Files 路径下。在图 2-6 的 Destination Folder 位置处输入安装路径，也可以单击 Browse 按钮指定其他安装路径。完成路径选择后，单击 Next 按钮，进入下一步操作。

第 4 步，在如图 2-7 所示的安装选项界面中选择创建桌面快捷方式(在 Create Desktop Shortcut 区域勾选 DevEco Studio 复选框)，单击 Next 按钮，进入下一步操作。

第 5 步，在如图 2-8 所示的界面中，为 DevEco Studio 的快捷方式选择一个“开始”菜单

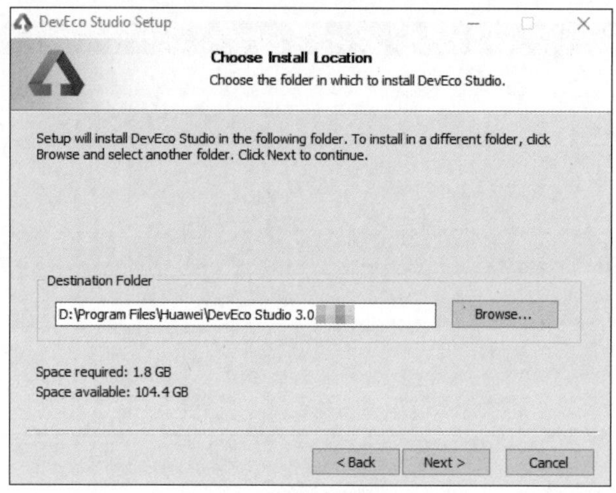

图 2-6　选择安装路径界面

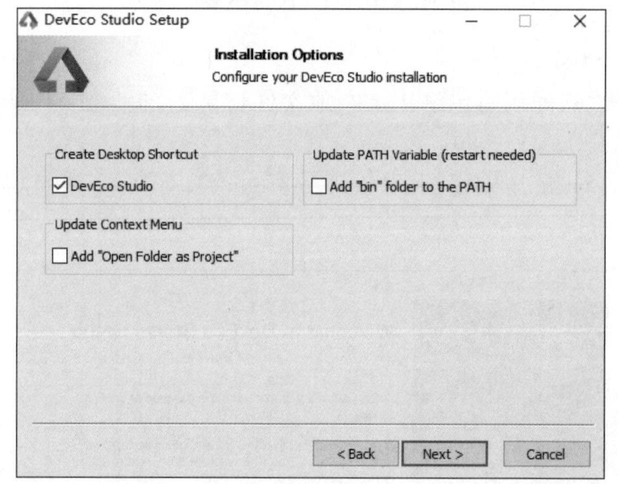

图 2-7　安装选项界面

的文件夹。这里使用默认名称"Huawei"即可。单击 Install 按钮,进入下一步操作。

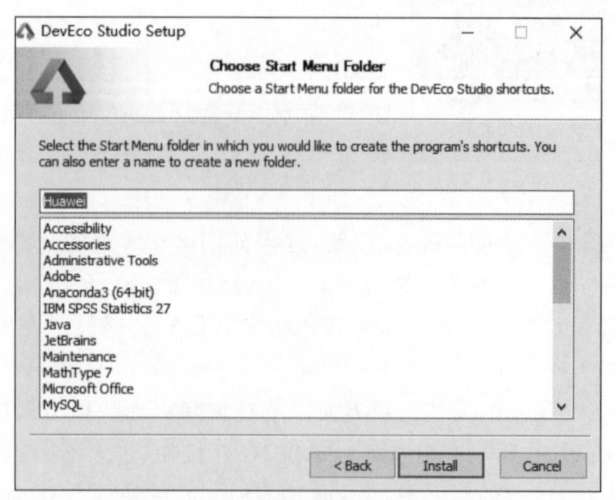

图 2-8　选择"开始"菜单的文件夹界面

第 6 步,自动安装完成后,进入如图 2-9 所示界面。单击 Finish 按钮,退出安装界面,完成 DevEco Studio 的安装。

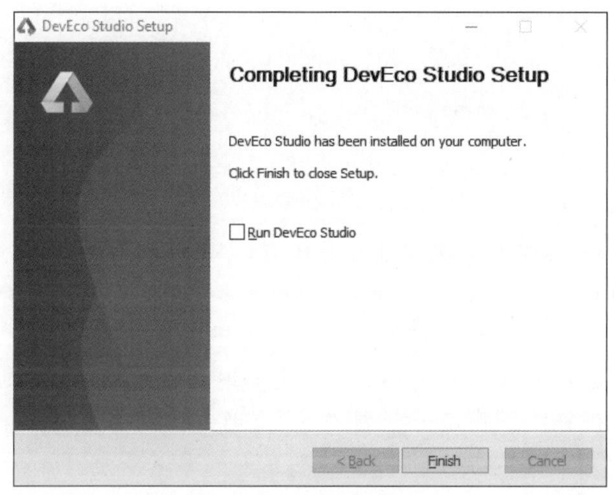

图 2-9 完成安装界面

成功完成安装之后,可以在开发用机的桌面上看到 DevEco Studio 的快捷方式图标,在"开始"菜单中也出现了 DevEco Studio 的快捷方式。

2. 配置 DevEco Studio

接下来介绍第 1 次启动 DevEco Studio 的配置向导(含 Node.js 的下载与配置)。

第 1 步,双击桌面的快捷方式图标,打开 DevEco Studio,弹出如图 2-10 所示的欢迎使用 DevEco Studio 界面。其中,图 2-10 中包含 DevEco Studio 使用许可协议(HUAWEI DevEco Studio License Agreement)和 DevEco Studio 平台隐私声明(Statement About HUAWEI DevEco Studio Platform and Privacy)。确认已经阅读并且接受了用户许可协议中的条款和条件后,单击 Agree 按钮,进入下一步操作。

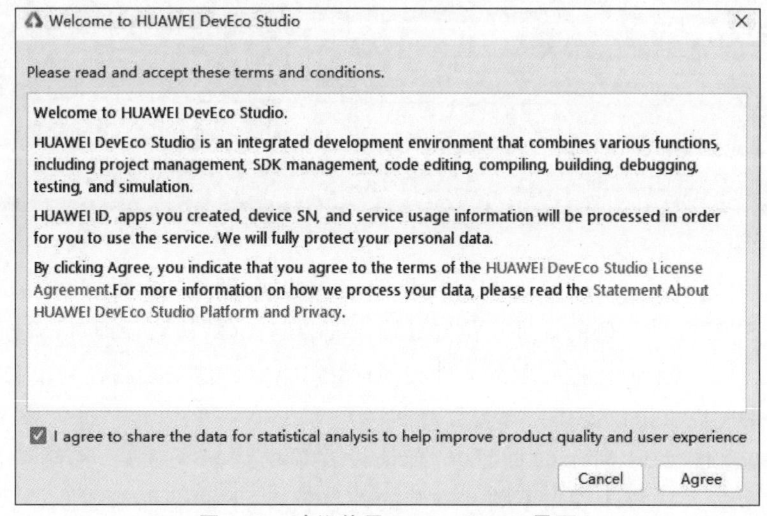

图 2-10 欢迎使用 DevEco Studio 界面

第 2 步,在如图 2-11 所示的页面中选择 Do not import settings 单选按钮,单击 OK 按钮,进入下一步操作。

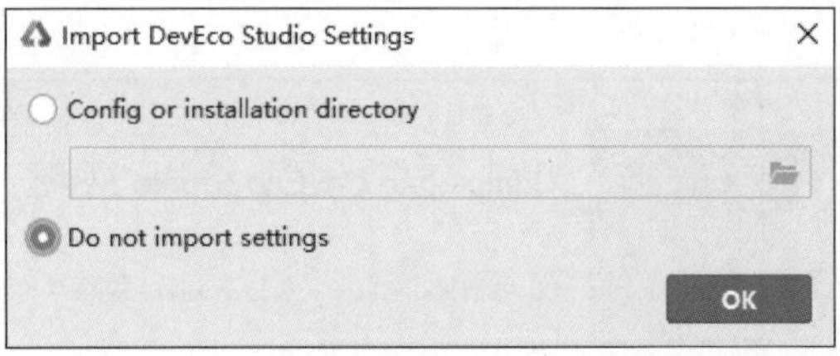

图 2-11 引入 DevEco Studio 设置界面

第 3 步,指定 Node.js 路径。为保证开发环境正常运行,要求若本地自行安装 Node.js 时,Node.js 的版本为 v14.19.1 及以上。如果本地已安装合适版本的 Node.js,则在如图 2-12 所示的界面中,Node.js setup from 区域选择 Local 单选按钮,为开发环境指定本地已安装的 Node.js 路径位置。如果本地未安装 Node.js 或本地无合适的版本,则可以通过 DevEco Studio 进行 Node.js 的在线下载和安装(注意:需要连接上网络才能确保 Node.js 的正常下载和安装)。

在如图 2-12 所示的界面中,Node.js setup from 区域选择 Install 单选按钮,在右侧的下拉框中选择 from Huawei Mirror ××××(当前最新的版本为 18.14.1),在下侧的地址栏位置处输入安装路径,也可以单击地址栏右侧的文件夹图标,指定其他安装路径(需要选择一个空盘,否则无法进行下一步)。单击 Next 按钮,进入下一步操作。

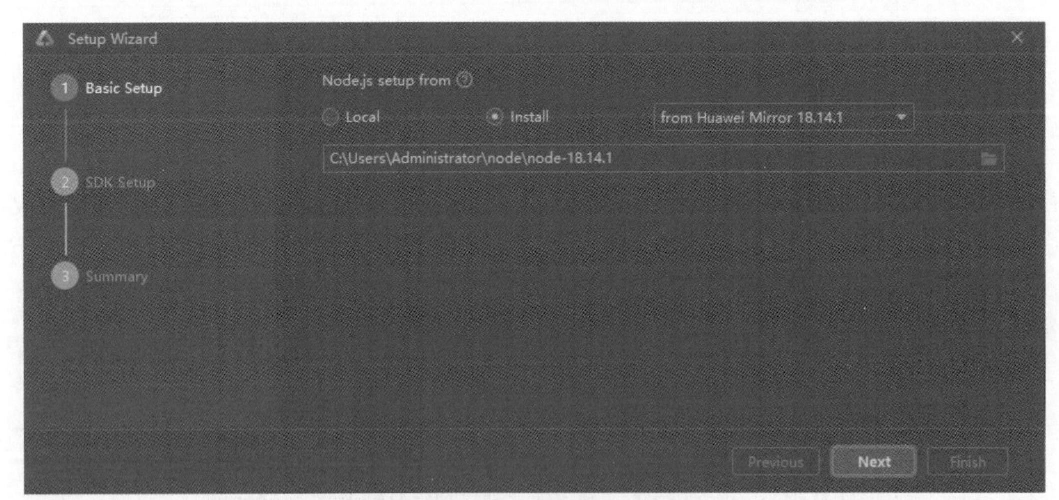

图 2-12 Node.js 安装引导页面

第 4 步,指定 HarmonyOS SDK 下载路径。在如图 2-13 所示的页面中 Config HarmonyOS SDK 区域下侧的地址栏位置处输入安装路径(默认路径即可,路径中不能包含中文字符),也可以单击地址栏右侧的文件夹图标,指定其他安装路径。单击 Next 按钮,进入下一步 SDK 许可协议操作。

第 5 步,在如图 2-14 所示的页面中,确认设置项的信息无误后,继续单击右下角的 Next 按钮,开始安装。该步骤需下载并安装的内容较多,下载过程如图 2-15 所示,需要耐心等待下载完成。

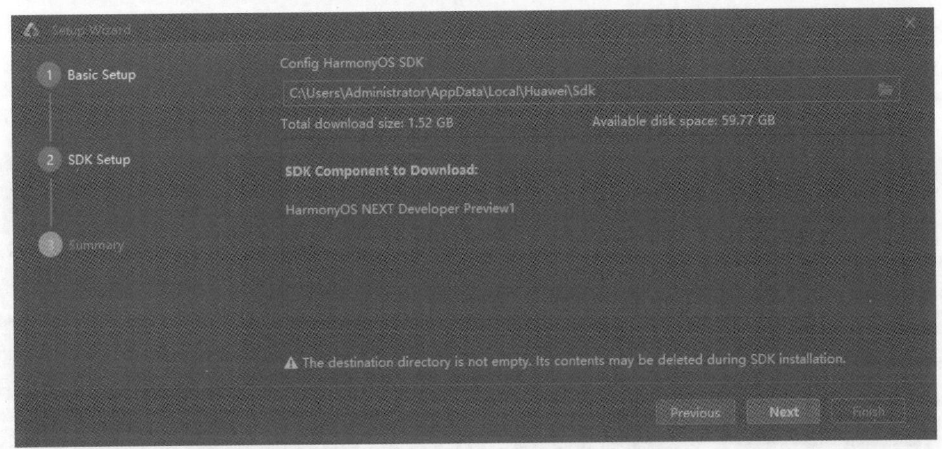

图 2-13　HarmonyOS SDK 安装引导页面

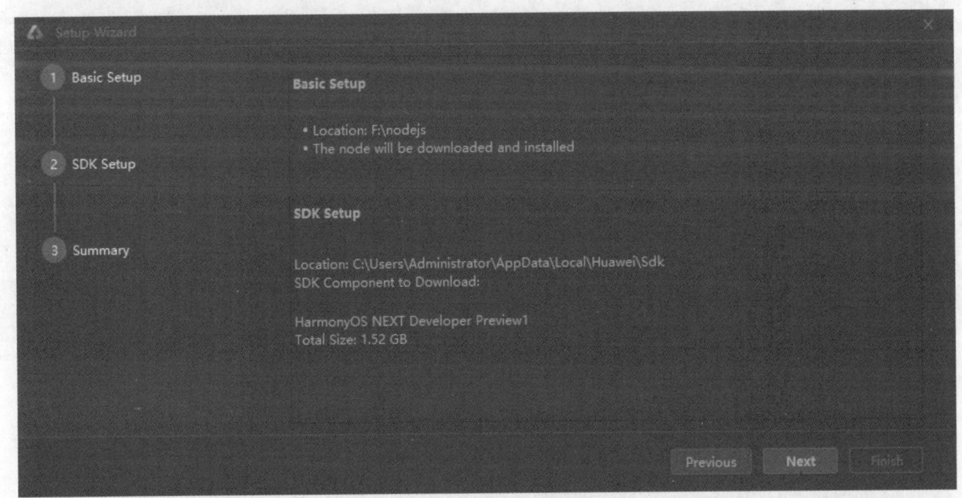

图 2-14　确认信息界面

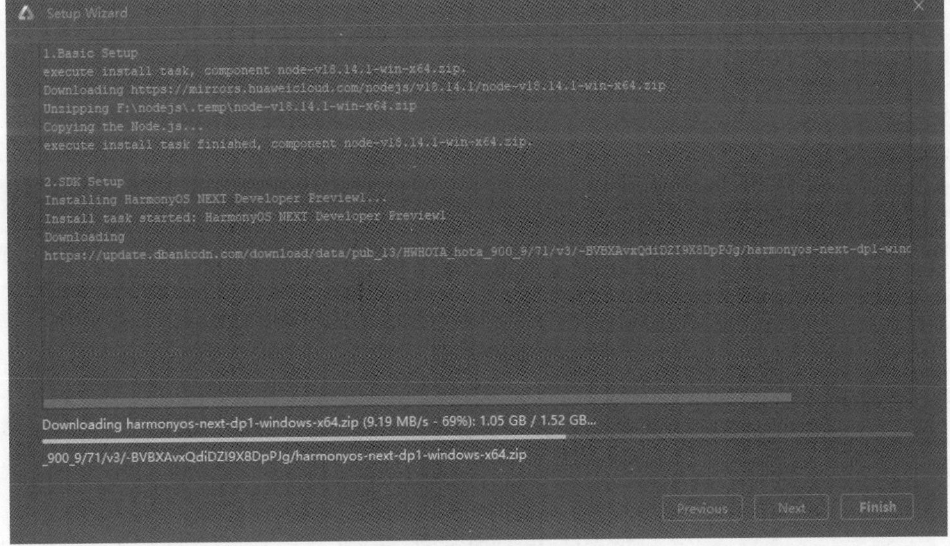

图 2-15　下载进行中界面

第 6 步，完成 Node.js、HarmonyOS SDK 等的下载和安装后，会出现如图 2-16 所示提示。

单击图 2-16 中的 Finish 按钮，会进入如图 2-17 所示的 DevEco Studio 欢迎页。

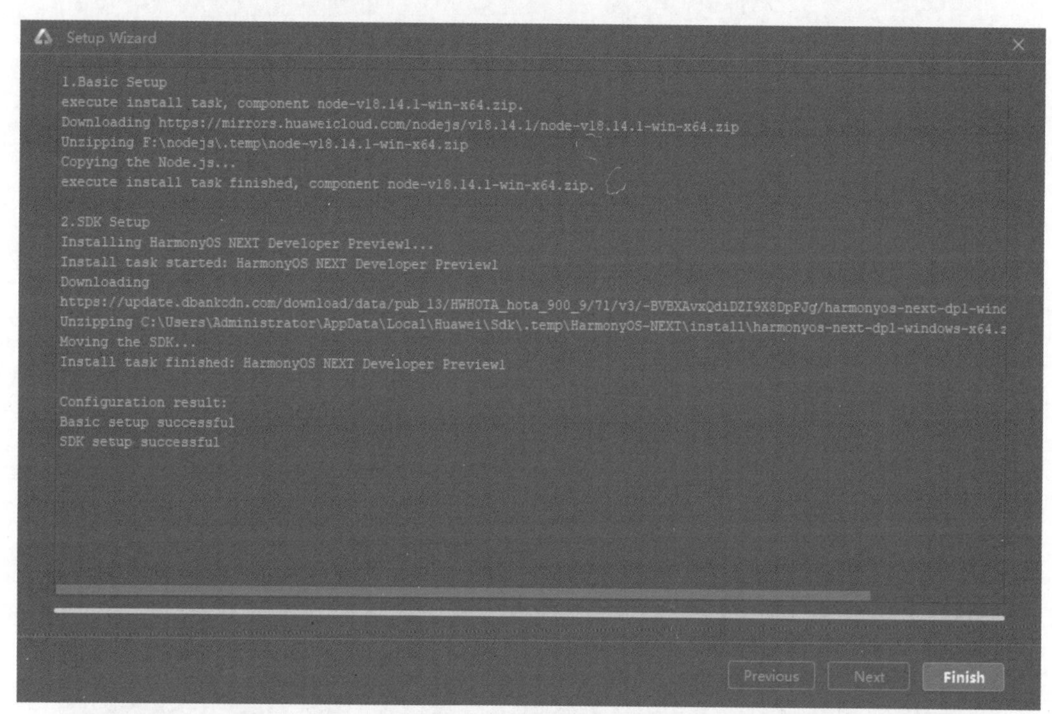

图 2-16 设置导向完成界面

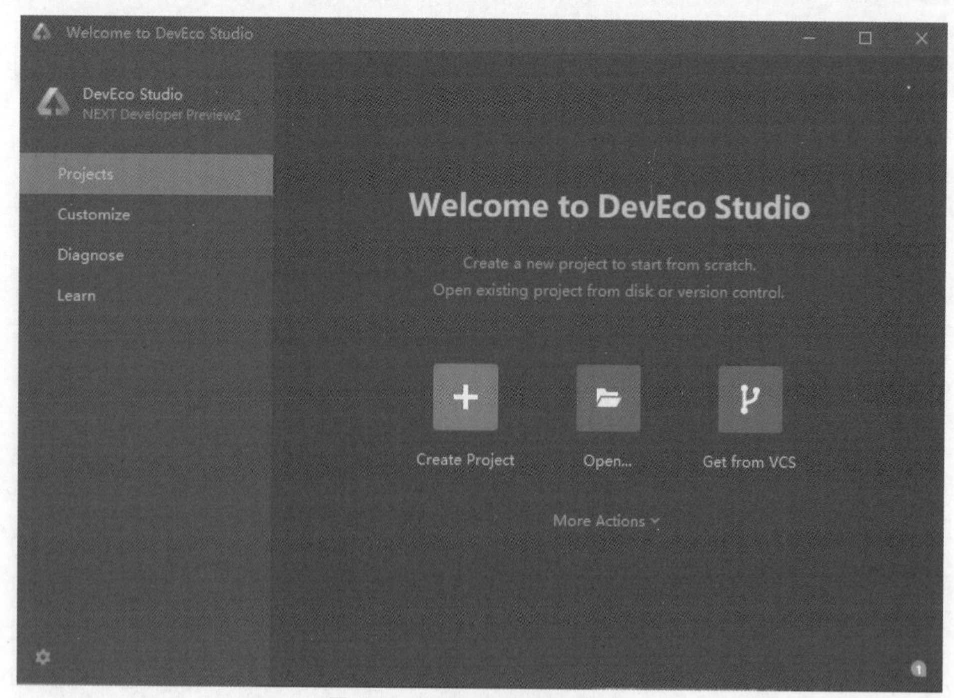

图 2-17 DevEco Studio 欢迎页

2.2.4 诊断开发环境

为了开发应用/服务的良好体验，DevEco Studio 提供了开发环境诊断的功能，帮助开发人员识别开发环境是否完备。

在欢迎页单击 Diagnose 进行诊断，如图 2-17 所示。或者，如果已经打开了工程开发界面，也可以在菜单栏单击 Help→Diagnostic Tools→Diagnose Development Environment 进行诊断。

DevEco Studio 开发环境诊断项包括计算机的配置、网络的连通情况、依赖的工具或 SDK 是否安装等。如果检测结果为未通过，可以根据检查项的描述和修复建议进行处理。诊断结果如图 2-18 所示。

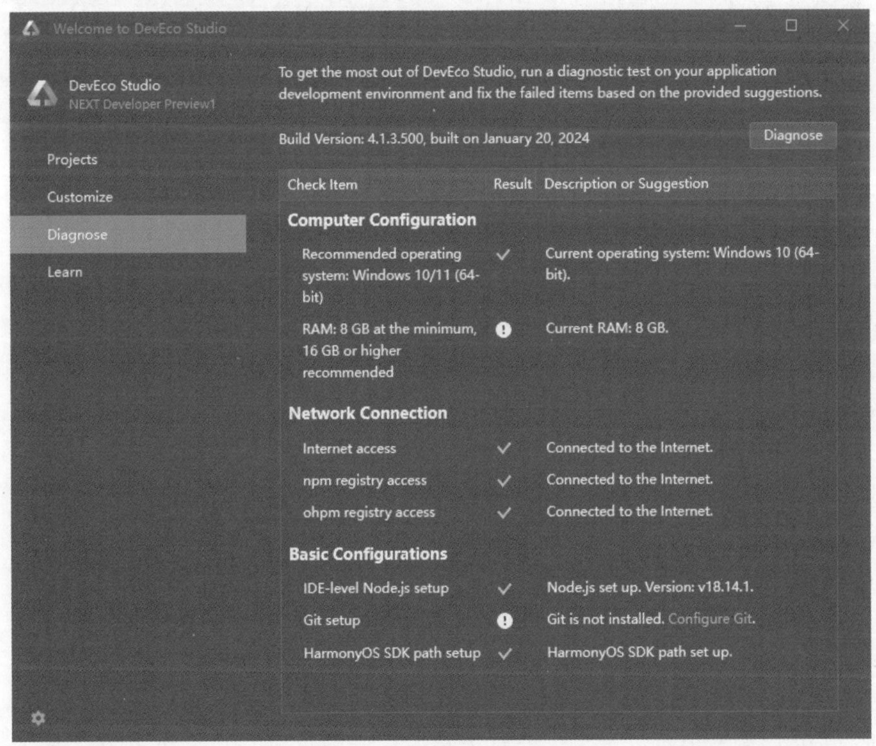

图 2-18　开发环境诊断结果

2.2.5 启用中文化插件

在 DevEco Studio 的开发主页面中，单击页面左上角的 File 菜单，在下拉列表中选择 Settings 选项，打开 Settings 对话框(如图 2-19 所示)。然后，选择对话框左侧的 Plugins 选项，在对话框中间上方的搜索框中输入“Chinese”，搜索结果中将会出现“Chinese (Simplified)”，鼠标右击该搜索得到的结果，然后单击弹出的“Enable”，最后单击对话框右下角的 OK 按钮。随后，在弹出的对话框中单击 Restart 按钮，重启 DevEco Studio 后即可实现中文菜单汉化。

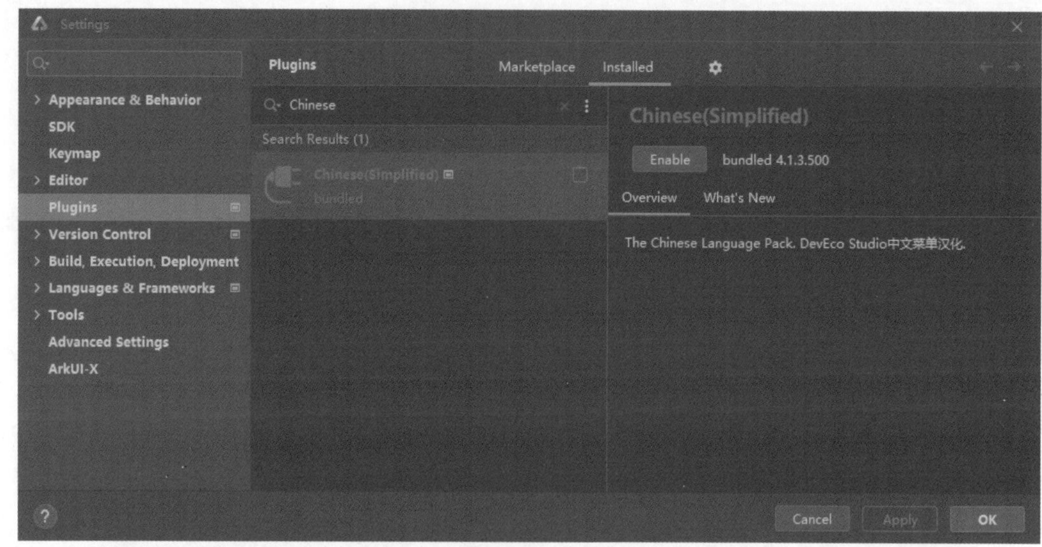

图 2-19 Settings 对话框

2.2.6 配置 HDC 工具环境变量

HDC(OpenHarmony Device Connector)是为开发人员提供的 HarmonyOS 应用/服务的命令行调试工具,通过该工具可以在 Windows/Linux/Mac 系统上与真机设备进行交互。HDC 工具通过 SDK 获取,存放于 SDK 的 toolchains 目录下(SDK 路径查看方式参考 2.3.2 节)。

为方便使用 HDC 工具,需要为 HDC 工具及其端口号设置环境变量。本节介绍在 Windows 环境下 HDC 工具的环境变量配置。步骤如下。

第 1 步,找到并单击本地机器的"高级系统设置"按钮,打开"系统属性"页面。在"系统属性"页面的"高级"选项卡中,找到"环境变量"按钮并单击,打开本地机器的"环境变量"页面。

第 2 步,在"环境变量"页面的"系统变量"区域中,单击"新建"菜单,弹出"新建系统变量"对话框。

第 3 步,添加 HDC 端口变量,变量名分别为 HDC_SERVER_PORT 和 OHOS_HDC_SERVER_PORT,变量值可以设置为任意未被占用的端口,如 7035 和 7036。如图 2-20 和图 2-21 所示分别为新建 HDC_SERVER_PORT 和 OHOS_HDC_SERVER_PORT 的页面。完成输入后,分别单击"确定"按钮,保存新建的系统变量。

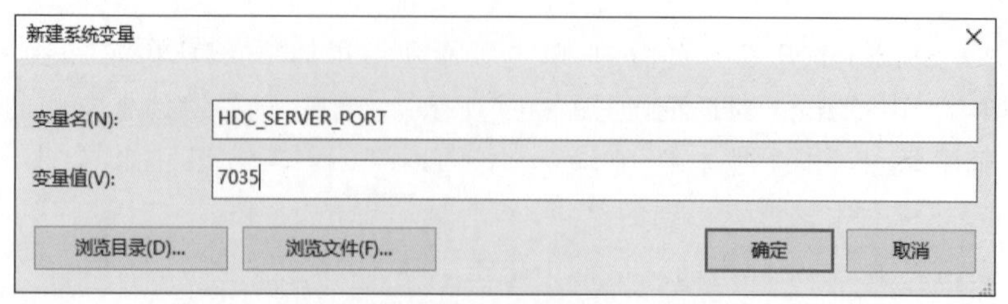

图 2-20 新建 HDC_SERVER_PORT

第 4 步,在"环境变量"页面中,在"系统变量"区域中,选中 Path 一行,然后单击下方的

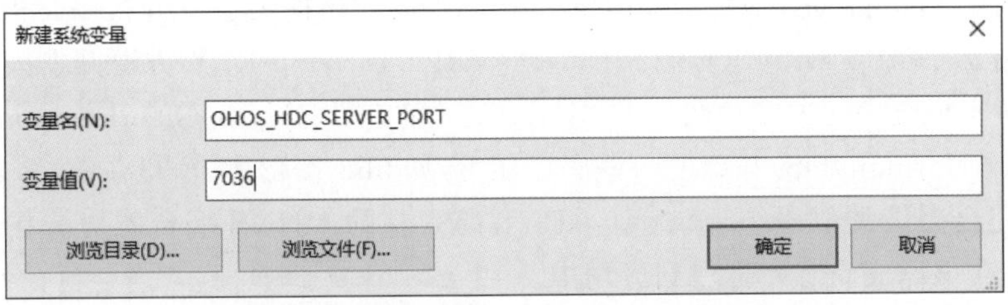

新建系统变量

变量名(N): OHOS_HDC_SERVER_PORT

变量值(V): 7036

浏览目录(D)... 浏览文件(F)... 确定 取消

图 2-21 新建 OHOS_HDC_SERVER_PORT

“编辑”按钮，打开“编辑环境变量”页面。

第 5 步，单击“编辑环境变量”页面右侧的“新建”菜单，在左侧的列表中输入 HDC 工具路径，HDC 工具路径为：HarmonyOS SDK 安装目录/hmscore/{版本号}/toolchains（例如：C:\Users\Administrator\AppData\Local\Huawei\Sdk\hmscore\4.1.3\toolchains），单击“确定”按钮。

第 6 步，单击“环境变量”页面的“确定”按钮，然后再单击“系统属性”页面的“确定”按钮，关闭并重启 DevEco Studio。

2.3 SDK 概述

2.3.1 SDK 简介

SDK(Software Development Kit，软件开发工具包)一般都是一些软件工程师为特定的软件包、软件框架、硬件平台、操作系统等建立应用软件时的开发工具的集合。简单地说就是第三方服务商或个人提供的实现软件产品某项功能的工具包。HarmonyOS SDK 是面向 HarmonyOS 原生应用和元服务开发的开放能力合集。HarmonyOS SDK 具备丰富完备的开放能力，覆盖应用框架、应用服务、系统、媒体、图形、AI 6 大领域，提供了共计超过 6 万个 API。从 API 11 开始，HarmonyOS SDK 基于特定业务场景，量身定制的场景化控件，将多个能力打包成组，将开放能力以 Kit 维度呈现给开发人员，开发人员可以按 Kit 查找和使用能力特性，一接即用，助力开发人员使用场景化的开放能力构建焕然一新的 HarmonyOS 原生应用和元服务，体验更清晰的编程逻辑，带来颠覆性的全场景体验。同时，借助 HarmonyOS SDK 构筑的全链路工具，面向多设备的开发、部署和维护将变得简单而高效。

HarmonyOS SDK 包含 HarmonyOS 应用开发所需的 API 集合和基础工具集。HarmonyOS 提供给开发者的 API 绝大部分是 ArkTS 语言的，称为 ArkTS API。HarmonyOS 提供的 API 范围非常全面，包括应用服务、声明式 UI、多媒体、图形窗口、通信、安全、Web 和 AI 等诸多能力。HarmonyOS 是分布式操作系统，一套 SDK 可适配多设备的开发。开发人员在 IDE 中创建的工程适配哪些设备，在工程中就可以使用这些设备支持的 API，而不需要下载多个 SDK。对于某些设备不支持的 API 的情况，开发者可通过 canIUse()函数判断。随着时间的推移，HarmonyOS 会发布新的版本，每个版本都会有配套的 API 更新。有些 API 会随着版本的更新而废弃，为了保证兼容性，废弃的 API 会根据其重要程度继续保留多个版本，给开发人员留出时间进行应用升级和适配。推荐开发人员使用最新版本的 SDK 进行开发，已经上架的应用也应当定期地进行 SDK 升级，使得应用程序获得卓越用户体验。此外，在 OpenHarmony SDK 上还提供了一组 Native 开发接口与工具集合，被称为 Native API（也称为 NDK，即 Native Develop Kit），方便开发人员使用 C 或者 C++ 语言实现应用的关键功能。Native API 只覆盖了 OHOS（OpenHarmony Operating System，开放 HarmonyOS）基础的一些底层能力，如 libc、图形库、窗口系统、多媒体、压缩库等，并没有完全提供类似于 JavaScript API 上的完整的 OHOS 平台能力。在应用中使用 Native API 会编译成动态库打包到应用中。

2.3.2 SDK 管理

通过 2.2.3 节的介绍，我们知道了在 DevEco Studio 开发环境下可以实现 HarmonyOS SDK 的自动下载安装。当然，也可以通过 DevEco Studio 开发环境实现 HarmonyOS SDK 的管理，方便了开发人员使用 SDK 中的 API 和各种工具，以便快速完成开发。下面讲解如何通过 DevEco Studio 进行 SDK 的管理。

在 DevEco Studio 中进入 SDK 管理界面有两种方式：方式一，在主界面上方的菜单栏中，选择 Tools→SDK Manager，进入 SDK 管理界面；方式二，在主界面上方的菜单栏中，选择 File→Settings→SDK，进入 SDK 管理界面。SDK 管理界面如图 2-22 所示。

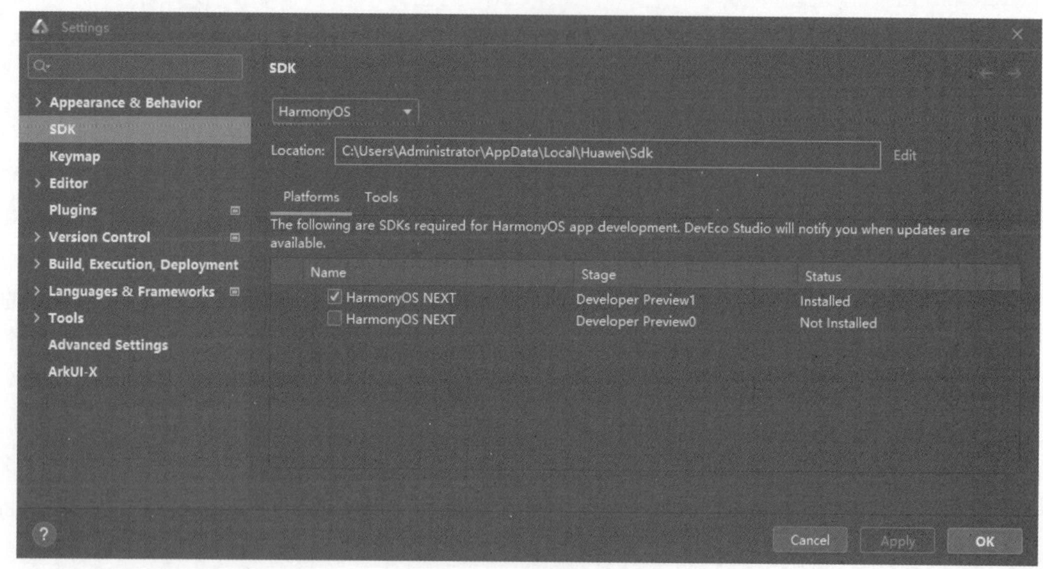

图 2-22 SDK 管理界面

小 结

本章介绍了 HarmonyOS 应用开发环境，主要包括环境基本情况、开发环境的搭建、SDK 等。开发环境的搭建是进入 HarmonyOS 应用开发的第一步。HarmonyOS 应用开发环境提供了一系列完善的工具和资源，为开发人员提供了快速、高效的开发平台。而 SDK 是 HarmonyOS 应用开发的核心组件之一，包括丰富的 API。开发环境与 SDK 能够助力开发人员构建功能丰富、性能优越的应用程序，在 HarmonyOS 生态中实现更多样化、更具竞争力的应用产品。本章工作任务与知识点关系的思维导图如图 2-23 所示。

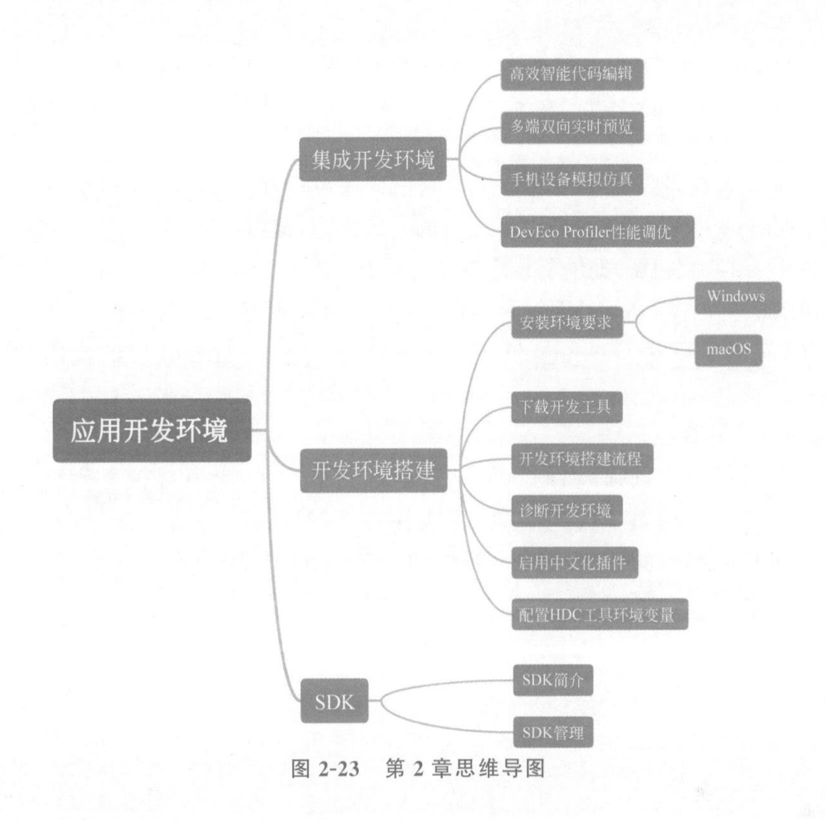

图 2-23 第 2 章思维导图

思考与实践

第一部分：练习题

练习 1. HDC 工具通过 SDK 获取，存放于 SDK 的（ ）目录下。

A. toolchains　　B. native　　C. ets　　D. previewer

练习 2. DevEco Studio 支持使用多种语言进行应用/服务的开发，包括 ArkTS、JavaScript 和 C/C++。在编写应用/服务阶段，可以通过以下哪些方法提升编码效率？（ ）

A. 提供代码的智能补齐能力，编辑器工具会分析上下文并理解项目内容，并根据输入的内容，提示可补齐的类、方法、字段和关键字的名称等

B. 在编辑器中调用 ArkTS API 或 ArkTS/JavaScript 组件时，支持在编辑器中快速、精准调取出对应的参考文档

C. 代码格式化功能可以帮助用户快速地调整和规范代码格式，提升代码的美观度和可读性

D. 如果输入的语法不符合编码规范，或者出现语义语法错误，编辑器会显示错误或警告

练习 3. 以下操作系统版本中，不支持 HarmonyOS 应用开发的是（ ）。

A. Windows 7　　B. Windows 10　　C. Mac(x86)10.15　　D. macOS(ARM)12

练习 4. 在欢迎页单击（ ）可以帮助开发人员识别开发环境是否完备。

A. Diagnose　　B. Learn　　C. Customize　　D. Projects

练习 5. DevEco Studio 是开发 HarmonyOS 应用的一站式集成开发环境。（ ）

练习 6. DevEco Studio 开发环境下无法实现 HarmonyOS SDK 的自动下载安装。(　　)

练习 7. 在 Windows 系统下安装 DevEco Studio 工具时,安装路径可以包含中文名。(　　)

练习 8. 开发人员开发的 HarmonyOS 应用程序可以在________工具中进行调试。

练习 9. HarmonyOS SDK 具备丰富完备的开放能力,覆盖________、________、________、________、图形、AI 6 大领域,提供了共计超过 6 万个 API。

练习 10. 简述在 Windows 环境下 HDC 工具的环境变量配置的步骤。

练习 11. 简述在开发 HarmonyOS 应用/服务前,配置 HarmonyOS 应用/服务的开发环境的流程。

第二部分:实践题

DevEco Studio 是一款强大的 HarmonyOS 应用开发工具,既提供了代码开发、编译构建以及调试的功能,还提供了代码高亮、智能补齐、错误检查、自动跳转、格式化、查找等功能,有效提升了代码编写的效率。请打开 DevEco Studio 后尝试使用以上功能。

第3章

ArkTS 语言基础

3.1 JavaScript 入门

学习 ArkTS 语言编程，JavaScript 是基础。本书的后续章节都需要读者具备一定的 JavaScript 基础。JavaScript 是一种基于对象(Object)和事件驱动(Event Driven)并具有安全性能的解释性脚本语言，采用小程序段的方式进行编程。如果想要深入学习 JavaScript，可能需要一本书的厚度来介绍，这并不是本书的重点。本节将重点介绍 JavaScript 核心、基础的一些概念。

3.1.1 JavaScript 语言概述

JavaScript 是一门面向对象的强大的前端脚本语言。使用 JavaScript 语言编写的小程序段可以嵌入 HTML 网页文件中，由客户端的浏览器(Internet Explorer 等)解释执行，不需要占用服务器端的资源，不需要经过 Web 服务器就可以对用户操作做出响应，使网页更好地与用户交互，能适当减小服务器端的压力，并减少用户等待时间。当然 JavaScript 也可以做到与服务器的交互响应，而且功能也很强大。而相对的服务器语言如 ASP、ASP.NET、PHP、JSP 等需要将命令上传服务器，由服务器处理后回传处理结果。对象和事件是 JavaScript 的两个核心。

JavaScript 与 HTML、Java 脚本语言(Java 小程序)一起实现 Web 页面中多个对象的链接。JavaScript 最主要的应用是创建动态网页(即网页特效)，目前流行的 AJAX 也是依赖于 JavaScript 而存在的。它的出现弥补了 HTML 的缺陷，是 Java 与 HTML 折中的选择，具有简单易学、安全性、动态性、跨平台性、资源占用少等基本特点。

1. 简单易学

JavaScript 是一种基于 Java 语言基本语句和控制流的简单而紧凑的设计，变量类型采用弱类型，对变量的定义和使用不做严格的类型检查，并未使用严格的数据类型。实现简单方便，入门简单，程序设计新手也可以非常快速容易地学习使用 JavaScript 进行简单的编程。

2. 安全性

JavaScript 是一种安全性良好的语言，它只允许通过浏览器实现信息浏览或动态交互。不允许访问本地计算机的硬盘，不允许将数据存入服务器上，也不允许对网络文档进行修改和删除，能有效地防止数据被篡改和丢失。

3. 动态性

JavaScript 可以动态地在浏览器端对用户或客户的输入做出响应，无须经过 Web 服务程序。采用事件驱动的方式对用户的输入做出响应进行。所谓事件驱动，是指在主页(Home Page)中执行了如按下鼠标、移动窗口、选择菜单等某种操作所产生的动作，这些动作的发生就称为“事件”(Event)。当事件发生后，会引起相应的事件响应。实际上鼠标双击 Windows 操作系统桌面上的“我的电脑”图标，将其打开就是典型的事件驱动。

4. 跨平台性

JavaScript 编写的程序依靠浏览器的解释器解释执行，而与具体的操作系统无关，实现了跨平台的操作。

5. 资源占用少

JavaScript 的杰出之处还在于用很小的程序做大量的事。软件的开发与运行只需一个字处理软件和一浏览器，不需要有高性能的计算机，不需要 Web 服务器。客户端就可以完成所有的事情。

3.1.2 JavaScript 语法简介

JavaScript 语言的语法非常简单，入门很容易，对于开发人员来说上手也非常快。JavaScript 语言的语法不像某些强类型语言那样严格，语句格式和变量类型都非常灵活。

1. 一个简单的包含 JavaScript 语言的网页

编写嵌有 JavaScript 语言程序段的简单网页。网页文件名为 example3_01.html，网页的核心代码见例 3-1。

【例 3-1】 包含 JavaScript 语言的网页。

```
<!--程序清单 3-1 example3_01.html-->
<html>
<head>
</head>
<body>
    <p>这是一个使用 JavaScript 语言编写的网页,计算 a + b 的和,其中 a=5,b=2</p>
    <script type="text/javascript">
        //计算 a + b 的和
        a = 5;                                    //给变量 a 赋值
        b = 2;                                    //给变量 b 赋值
        c = a + b;                                //c 为 a + b 的和
        document.write(a + "+" + b + "=" + c);    //输出 c 的值
    </script>
</body>
</html>
```

例 3-1 的代码是使用 JavaScript 与 HTML 编写的一个简单的网页，其中，粗体部分(第 8～12 行)是采用 JavaScript 语言编写的一段小程序(也叫脚本)。代码中的“document”称为对象，“write”是对象“document”的方法，这里所说的方法实际上是一段实现特定功能的程序。双击文件(example3_01.html)后在浏览器中看到的效果如图 3-1 所示。

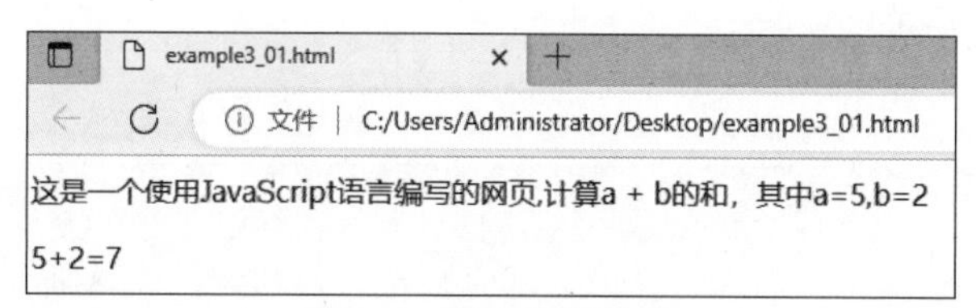

图 3-1　程序执行效果

2. 变量

变量是指为了在程序中用来暂时存放数据而命名的存储单元，是暂时存放数据的容器，不同类型的变量占用的内存字节个数不一样。变量一般都有一个名字，叫变量名，变量名的命名必须符合下列规定。

(1) 变量名必须以字母或者下画线开头，中间可以是字母、数字或者下画线，但是不能有"＋"、"－"或者"＝"等运算符号。

(2) JavaScript 语言的保留字不能作变量名，JavaScript 语言的保留字如下：

abstract, arguments, boolean, break, byte, case, catch, char, class, const, continue, debugger, default, delete, do, double, else, enum, eval, export, extends, false, final, finally, float, for, function, goto, if, implements, import, in, instanceof, int, interface, let, long, native, new, null, package, private, protected, public, return, short, static, super, switch, synchronized, this, throw, throws, transient, true, try, typeof, var, void, volatile, while, with, yield。

JavaScript 语言中，使用命令 var 来声明变量，语法形式如下。

(1) 只作变量声明。

```
var  variableName;
```

其中，var 是 JavaScript 语言的保留字，variableName 是变量的名字。

(2) 声明变量的同时对变量进行赋值。

```
var  rectangleLeng = 18;                     //定义矩形边长为 18
var  studentName = "王爱国"                  //声明了一个 string 型变量
var  yesNo = true                            //声明了一个 boolean 型变量 yesNo
```

由于 JavaScript 语言采用弱类型，所以在声明变量时不需要指定变量的类型，变量的类型会根据赋给变量的值确定。虽然 JavaScript 的变量可以任意命名，但变量名最好便于记忆且有意义，以便于程序的阅读和维护。

3. 表达式

几乎在任何编程语言中都存在表达式，表达式由运算符与运算数构成。运算数可以是任意类型的数据，也可以是任意的变量，只要其能支持我们指定的运算。JavaScript 支持很多常规的运算符，包括算术运算符、关系运算符、逻辑运算符、赋值运算符、字符串运算符、位操作运算符和条件运算符 7 种。下面分别详细介绍。

1) 算术运算符

算术运算符是指在程序中进行加、减、乘、除等算术运算的符号。JavaScript 中常用的算术运算符有 7 个，如表 3-1 所示。

表 3-1 JavaScript 算术运算符一览表

运算符	说　明	示　例
+	加运算符	2+5 //返回 7
−	减运算符	9−2 //返回 7
*	乘运算符	2*8 //返回 16
/	除运算符	12/2 //返回 6
%	求模运算符	8%3 //返回 2

++	自增运算符。分为前置运算符(++i;先使 i 增 1,然后 i 再参与运算)和后置运算符(i++;i 先参与运算,然后 i 再增 1)两种	i=2;j=i++ //j 的值是 2,i 的值为 3
		i=2;j=++ i //j 的值是 3,i 的值为 3

−−	自减运算符。分为前置运算符(−−i;先使 i 减 1,然后 i 再参与运算)和后置运算符(i−−;i 先参与运算,然后 i 再减 1)两种	i=2;j=i−− //j 的值是 2,i 的值为 1
		i=2;j=−−i //j 的值是 1,i 的值为 1

2）关系运算符

关系运算符用于程序中对操作数的比较运算，比较运算的返回结果是布尔值 true 或 false，参与关系运算的操作数可以是数字也可以是字符串。JavaScript 支持的常用关系运算符如表 3-2 所示。

表 3-2 JavaScript 关系运算符一览表

运算符	说　明	举　例	结果	运算符	说　明	举　例	结　果
>	大于	200>199	true	<=	小于或等于	1.77f<=1.77f	true
<	小于	'c'<'b'	False	==	等于	1.0==1	true
>=	大于或等于	11.1>=11.1	true	!=	不等于	'学'!='学'	false

3）逻辑运算符

逻辑运算符返回一个要么“真”要么“假”的布尔值，通常和比较运算符一起使用，常用于 if、while 和 for 语句中。JavaScript 中常用的逻辑运算符如表 3-3 所示。

表 3-3 JavaScript 逻辑运算符一览表

运　算　符	说　明	运　算　符	说　明	运　算　符	说　明
&&	逻辑与	||	逻辑或	!	逻辑非

4）赋值运算符

“=”是最基本的赋值运算符，用于对变量的赋值，赋值运算符“=”和其他的运算符可以联合使用，构成组合赋值运算符。JavaScript 支持的常用赋值运算符如表 3-4 所示。

表 3-4　JavaScript 赋值运算符一览表

运算符	说明	运算符	说明
=	简单赋值	&=	进行与运算后赋值
+=	相加后赋值	|=	进行或运算后赋值
-=	相减后赋值	^=	进行异或运算后赋值
*=	相乘后赋值	<<=	左移后赋值
/=	相除后赋值	>>=	带符号右移后赋值
%=	求余后赋值	>>>=	填充零右移后赋值

5）字符串运算符

字符串运算符是程序中对字符型数据进行运算的符号，有比较运算符、“+”和“+=”等。其中，“+”运算符用于连接两个字符串，例如，"ch"+"ina"的结果是"china"；而“+=”运算符则连接两个字符串，并将结果赋给第一个字符串，例如，var country="ch";country+="ina";则运算完成后 country 变量的值为"china"。

6）位操作运算符

位操作运算符用于在程序中对数值型数据进行向左或向右移位等操作，JavaScript 中常用的位操作运算符如表 3-5 所示。

表 3-5　JavaScript 位操作运算符一览表

运算符	说明	运算符	说明	运算符	说明
&	位与运算符	|	位或运算符	^	位异或运算符
<<	位左移	>>	带符号位右移	>>>	填 0 右移

7）条件运算符

条件运算符是 JavaScript 支持的一种特殊的 3 目运算符，和 C++ 语言及 Java 语言中的 3 目运算符类似，其语格式如下。

```
表达式?结果 1:结果 2
```

如果“表达式”的值为 true，则整个表达式的结果为“结果 1”，否则为“结果 2”。

4. 函数的定义与调用

用 JavaScript 语言编写如下具有函数的简单网页程序。文件命名为“example3_02.html”，网页的核心代码见例 3-2。

【例 3-2】　具有函数的网页。

```
<!--程序清单 3-2 example3_02.html-->
<html>
<head>
<script language=javascript>
    function add(x, y)                  //定义一个名称为 add 的函数，函数有 x 和 y 两个参数
    {
```

```
            sum = x + y;
            alert(sum);
        }
    </script>
    </head>
    <body>
        <p>创建一个按钮,按钮名称为"2+3=?",鼠标左键单击该按钮时,弹出一个对话框,显示结果
    信息。</p>
        <form>
            <input type="button" value="2+3=?" onclick="add(2,3)">
        </form>
    </body>
    </html>
```

例 3-2 的代码是使用 JavaScript 与 HTML 编写的一个简单的网页,其中粗体部分(第 5～9 行)是采用 JavaScript 语言编写的一段小程序。本程序展示了 JavaScript 函数的定义与调用方法。

在 JavaScript 语言中,函数的使用分为定义和调用两部分。

1) 函数的定义

函数定义通常用 function 语句实现,语法格式如下。

```
function functionName([parameter1,parameter2,…])
  {
        Statements
       [return expression]
      }
```

说明:

(1) function 是 JavaScript 语言的保留字,用于定义函数。

(2) functionName 是函数名,它的命名必须符合 JavaScript 语言关于标识符的规定。

(3) [parameter1,parameter2,…]用于定义函数的参数,放在方括号里表示是可选项,意味着函数可以没有参数,可以有一个或者多个参数,实际定义函数时并不出现方括号。具体函数有几个参数视实际需要而定。当函数具有多个参数时,参数间必须使用逗号进行分隔。一个函数最多可以有 255 个参数。

(4) statements 是函数体,是实现函数功能的程序语句。

(5) [return expression] 用于返回函数值,放在方括号里表示是可选项,在实际函数里方括号并不出现。expression 为任意的表达式、变量或常量。

2) 函数的调用

函数的调用比较简单,如果函数不带参数,则直接用函数名加上括号调用即可;如果函数带参数,则在括号中加上需要传递的参数,当函数包含多个参数时,各参数间要用逗号分隔。如果函数有返回值,则需使用赋值语句将函数的返回值赋给一个变量。在 JavaScript 语言中,由于函数名区分大小写,所以在调用函数时,也需要注意函数名的大小写之分。

5. 条件分支语句

条件语句是 JavaScript 进行逻辑控制的重要语句,当程序需要根据条件是否成立来分

别执行不同的逻辑时，就需要使用条件语句。JavaScript 中的条件语句有 if＋else 关键字和 switch＋case 关键字两种实现方式。

1）if＋else 关键字

编写具有 if 条件判断结构 JavaScript 语言程序段的简单网页，在网页上根据当天的时间段，显示不同的信息。网页文件名为 example3_03.html，网页核心代码见例 3-3。

【例 3-3】 包含 if 判断条件的网页。

```
<!--程序清单 3-3 example3_03.html-->
<html>
<head>
</head>
<body>
   <p>这是一个使用 JavaScript 语言编写的网页，主要用于演示 if 语句的用法、展示条件判
断结构的程序架构</p>
   <script type="text/javascript">
        var message = "";                          //定义一个新变量 message
       document.write("<center><font color='#AB12A2' size=6><b>")
       day = new Date()
       //使用 new 运算符生成一个日期 Date 类的新对象 day
       hour = day.getHours()
       //使用新对象 day 的方法 getHours 获取当前日期的小时
       if ((hour >= 0) && (hour < 6))              //条件判断结构开始
          message = "现在是凌晨，是睡眠时间！"
       if ((hour >= 6) && (hour < 8))
          message = "清晨好，一天之计在于晨！"
       if ((hour >= 8) && (hour < 12))
          message = "珍惜时光！努力工作！"
       if ((hour >= 12) && (hour < 13))
          message = "该吃午饭啦！！！"
       if ((hour >= 13) && (hour < 17))
          message = "下午工作愉快！！ "
       if ((hour >= 17) && (hour < 18))
          message = "夕阳无限好，只是近黄昏！"
       if ((hour >= 18) && (hour < 19))
          message = "该吃晚饭了！"
       if ((hour >= 19) && (hour < 23))
          message = "美丽的夜色！"                 //条件判断结构结束
       document.write(message)
       document.write("</b></font></center>")
   </script>
</body>
</html>
```

例 3-3 的代码是使用 JavaScript 与 HTML 编写的一个简单的网页，其中粗体部分（第 8～31 行）是采用 JavaScript 语言编写的一段小程序。代码中的“document”“day”称为对象，“write”是对象“document”的方法，“getHours”是对象“day”的方法，本程序主要展示了 if 条件判断结构。

从上面的网页代码可以看出，if 条件判断结构语法形式为

```
if(条件表达式)
    { 可执行语句序列 1
    } else
    { 可执行语句序列 2
}
```

执行 if 条件判断结构的程序语句时，首先对条件表达式的布尔值进行判断，当条件表达式的值为 true 时，执行“可执行语句序列 1”的程序语句，然后结束该 if 语句；否则执行“可执行语句序列 2”的程序语句，然后结束该 if 语句。

2）switch＋case 关键字

编写具有 switch 多路分支结构 JavaScript 语言程序段的简单网页，在网页上显示当天日期和星期几。网页文件名为 example3_04.html，网页核心代码见例 3-4。

【例 3-4】 包含 switch 多路分支结构的网页。

```
<!--程序清单 3-4 example3_04.html-->
<html>
<head>
</head>
<body>
    <p>这是一个使用 JavaScript 语言编写的网页，主要用于演示 switch 语句的用法、展示
switch 多路分支结构的程序架构</p>
    <script type="text/javascript">
        document.write("<center><font color='#FF00FF' size=8><b>")
                                        //设置字体颜色和大小，输出内容居中显示
        todayDate = new Date();         //使用 new 运算符创建 Date 类的对象 todayDate
        date = todayDate.getDate();     //使用对象 todayDate 的方法 getDate()获得当前
                                        //日期
        month= todayDate.getMonth() +1;
        //getMonth()是 Date 对象的一个方法，其功能是获得当前的月份，由于月份是从 0 开始
        //的，所以这里要"+1"
        year= todayDate.getYear();  //getYear()是 Date 对象获得当前的年份的方法
        document.write("今天是")    //输出"今天是"
        document.write("<hr>")
        if(navigator.appName == "Netscape")
        {
            document.write(1900+year);
            document.write("年");
            document.write(month);
            document.write("月");
            document.write(date);
            document.write("日");
            document.write("<br>")
        }
        //如果浏览器是 Netscape，则输出今天是"year"+"年"+"month"+"月"+"date"+"日"，
        //其中年要加 1900
        if(navigator.appVersion.indexOf("MSIE") != -1)
        {
            document.write(year);
```

```
            document.write("年");
            document.write(month);
            document.write("月");
            document.write(date);
            document.write("日");
            document.write("<br>")
        }
        //如果浏览器是 IE,则直接输出今天是"year"+"年"+"month"+"月"+"date"+"日"
        //以下是 switch 多路分支机构
        switch (todayDate.getDay())
        {
            case 0: document.write("星期日");
                break;
            case 1: document.write("星期一");
                break;
            case 2: document.write("星期二");
                break;
            case 3: document.write("星期三");
                break;
            case 4: document.write("星期四");
                break;
            case 5: document.write("星期五");
                break;
            case 6: document.write("星期六");
                break;
        }
        //switch 多路分支机构结束
        document.write("</b></font></center>")
    </script>
</body>
</html>
```

例 3-4 的代码是使用 JavaScript 与 HTML 编写的一个简单的网页,其中粗体部分(第 8～57 行)是采用 JavaScript 语言编写的一段小程序。本程序主要展示了程序的 switch 多路分支结构。

switch 多路分支结构语法形式为

```
switch(表达式) {
case 值 1:
可执行语句序列 1;
break;
case 值 2:
可执行语句序列 2;
break;
⋮
case 值 n:
可执行语句序列 n;
break;
    }
```

执行 switch 多路分支结构的程序语句时，首先计算 switch 语句“表达式”的值，当表达式的值为“值 1”时，执行“可执行语句序列 1”的程序语句，然后结束该 switch 语句；当表达式的值为“值 2”时，执行“可执行语句序列 2”的程序语句，然后结束该 switch 语句；照此规律，当表达式的值为“值 n”时，执行“可执行语句序列 n”的程序语句，然后结束该 switch 语句；其中，break 用于结束 switch 语句的分支语句，如果没有 break，则 switch 语句中的所有分支都将被执行。

6. 循环语句

循环语句用来重复执行某段代码逻辑，JavaScript 中支持 for 循环、while 循环和 do while 循环三种类型的循环实现方式。

1）for 循环

编写具有 for 循环控制结构的 JavaScript 语言程序段的简单网页，在网页上显示当天日期和星期几。网页文件名为 example3_05.html，网页核心代码见例 3-5。

【例 3-5】 具有 for 循环控制结构的网页。

```
<!--程序清单 3-5 example3_05.html-->
<html>
<head>
</head>
<body>
    <p>这是一个使用 JavaScript 语言编写的网页，主要用于演示 for 循环语句的用法、展示
for 循环结构的程序架构</p>
    <script type="text/javascript">
        function colorArray()                    //定义数组 colorArray
        {
            this.length = colorArray.arguments.length;
                                                 //把数组元素个数的值赋给 this.length
            for ( var i = 0; i <this.length; i++) {
                this[i] = colorArray.arguments[i];
            }
        }
        var couplet = "月明风清、三月里春风沐北国;堤柳烟翠、四月里梅雨浴江南。";
                                                 //声明一个字符串变量
        var speed = 1000;                        //声明一个变量
        var x = 0;                               //声明一个变量
        var color = new colorArray("red", "blue", "green", "black", "gray",
                "pink");          //构建颜色数组 color 的值为数组 initArray 中的元素
        if (navigator.appVersion.indexOf("MSIE") != -1) {
            document.write("<div id='container'><center><font size=6><b>"
                    + couplet + "</center></div>");
        } //如果浏览器是 IE,则建一个容器,输出变量 couplet 的值
        function changeColor()                   //定义一个函数 chcolor
        {
            if (navigator.appVersion.indexOf("MSIE") != -1) {
                document.all.container.style.color = color[x];
            } //如果浏览器是 IE,则直接按颜色输出文本
            (x < color.length - 1) ? x++ : x = 0; //如果颜色都变化完了,则重新开始
```

```
        }
        setInterval("changeColor()", 1000);  //每一秒调用一次 changeColor 函数,改
//变容器 container 的前景色,从而引起对联 couplet 内容颜色的变化
        document.write("</font></b>")
    </script>
</body>
</html>
```

例 3-5 的代码是使用 JavaScript 与 HTML 编写的一个简单的网页,其中粗体部分(第 8～32 行)是采用 JavaScript 语言编写的一段小程序。本程序展示了程序的 for 循环控制结构。

for 循环控制结构语法形式为

```
for(循环变量赋初值表达式; 循环条件表达式; 循环变量值修改表达式)
{ 可执行语句序列 }
```

for 语句是普遍存在于多种程序设计语言中的程序循环控制语句,JavaScript 语言也不例外,for 语句通过判断循环变量的值是否满足特定条件作为是否循环执行特定程序段的依据,在上述 for 循环控制结构中,循环变量赋初值表达式用于给循环变量初始化赋值;循环条件表达式用来判定循环变量的值是否满足一个特定的条件,当满足条件时,循环继续,不满足时,循环终止;循环变量值修改表达式用于修改循环变量的值。for 循环控制结构举例如下。

```
for( i=1; i<9; i++)
    {
    document.write("hello");
}
```

上述程序段执行的效果是连续输出 8 行 hello。

2) while 循环

编写具有 while 循环控制结构的 JavaScript 语言程序段的简单网页,在网页上创建一个名为“窗口震动”的按钮。当用鼠标左键单击该按钮时,窗口呈现剧烈震动的效果。网页文件名为 example3_06.html,网页核心代码见例 3-6。

【例 3-6】 具有 while 循环控制结构的网页。

```
<!--程序清单 3-6 example3_06.html-->
<html>
<head>
<script LANGUAGE="JavaScript">
    function windowQuake(num)
    //定义函数,名为 windowQuake,该函数参数为 num,本程序中参数值设为 3,自己可以更改参
    //数值
    {
        if (self.moveBy)                    //如果当前窗口存在,则执行以下循环
        {
            i = 10
            while (i->0)    //i 的初值为 10,当 i 大于 0 时,执行外循环,每次循环后 i=i-1
```

```
            {
                j = num
                while (j->0)
                            //j的初值为num,当j大于0时,执行内循环,每次循环后j=j-1
                {
                    self.moveBy(0, i);   //窗口向下移动i个像素,产生震动的效果
                    self.moveBy(i, 0);   //窗口向左移动i个像素,产生震动的效果
                    self.moveBy(0, -i);  //窗口向上移动i个像素,产生震动的效果
                    self.moveBy(-i, 0);  //窗口向右移动i个像素,产生震动的效果
                    j--;
                }
                i--;
            }
        }
    }
</script>
</head>
<body>
    <p>这是一个使用JavaScript语言编写的网页,主要用于演示while循环语句的用法、展示
while循环结构的程序架构。在页面中鼠标左键单击"窗口震动"按钮,窗口剧烈震动,呈现地震
效果
    </p>
    <form>
        <input type="button" onClick="windowQuake(3)" value="窗口震动">
        <!-创建"窗口震动"按钮,鼠标单击此按钮调用windowQuake函数>
    </form>
</body>
</html>
```

例3-6的代码是使用JavaScript与HTML编写的一个简单的网页,其中粗体部分(第5～25行)是采用JavaScript语言编写的一段小程序。本程序展示了程序的while循环控制结构。

while循环控制结构语法形式为

```
while (条件表达式)
{
循环体程序语句
};
```

while循环也是常用的程序设计语言循环控制语句,在执行while循环时,首先判断"条件表达式"的值是否为true,如果为true则执行循环体程序语句,否则停止执行循环体,使用while循环时,必须先声明循环变量并且给循环变量赋初值,在循环体中修改循环变量的值,否则会造成循环一直进行下去。例如:

```
i=1;
while (i<=8)
{
   document.write("hello");
```

```
    i++;                                                    //修改循环变量的值
};
```

上述程序段执行的效果是连续输出 8 行 hello。

3）do…while

编写具有 do…while 循环控制结构的 JavaScript 语言程序段的简单网页，使网页上的菜单呈现动态循环显示效果。网页文件名为 example3_07.html，网页核心代码见例 3-7。

【例 3-7】 具有 do…while 循环控制结构的网页。

```
<!--程序清单 3-07 example3_07.html-->
<html>
<head>
</head>
<body>
    <script language=javascript>
      link = new Array(6);   //定义一个数组 link,数组元素的内容为菜单所要链接的内容
       link[0] = 'http://www.xinhuanet.com/'
       link[1] = 'http://www.ifeng.com/'
       link[2] = 'http://www.sohu.com/'
       link[3] = 'http://www.163.com/'
       link[4] = 'http://www.renren.com/'
       link[5] = 'http://www.baidu.com/'
       link[6] = 'http://www.sina.com.cn/'
       text = new Array(6); //定义一个数组 text,数组元素的内容为菜单内容
       text[0] = '新华网'
       text[1] = '凤凰网'
       text[2] = '搜  狐'
       text[3] = '网  易'
       text[4] = '人人网'
       text[5] = '百  度'
       text[6] = '新  浪'
       document
              .write("<marquee scrollamount='1' scrolldelay='100' direction=
'up' width='150' height='150'>");
       //HTML 中的<marquee> 标签标记网页的滚动内容,该标签的 scrolldelay 属性表示菜
//单滚动速度,direction 表示菜单滚动方向,可以有 up,dowm,left,right
       var index = 7
       //定义一个控制循环次数的变量,控制循环 7 次
       i = 0
       do {
          document.write(" <a href="+link[i]+"   target='_blank'>");
          document.write(text[i] + "</A><br>");
                                                     //和上一行一起生成循环显示的菜单
          i++;
       } while (i < index)                           //do…while 循环体
       document.write("</marquee>")
    </script>
</body>
</html>
```

例 3-7 的代码是使用 JavaScript 与 HTML 编写的一个简单的网页，其中粗体部分（第 7

～34 行)是采用 JavaScript 语言编写的一段小程序。本程序展示了程序的 do…while 循环控制结构。

do…while 循环控制结构语法形式为

```
do {
循环体程序语句
} while (条件表达式)
```

do…while 循环和 while 循环非常相似,不同的是,它首先执行循环体程序语句,然后判断条件表达式的值是否为 true,当条件表达式的值为 true 时,就继续执行循环体程序语句,否则停止执行循环体,do…while 循环的循环体至少执行一次。例如:

```
i=1;
do
{
   document.write("hello");
   i++;
} while (i<=8);
```

7. 对象字面量

对象字面量是 JavaScript 中创建对象的一种方式,可以在一个代码块中创建或初始化一个对象,对象字面量通常由花括号包围,并且由零个或多个键值对组成。它在某些情况下更方便,可以用来代替 new 表达式。

对象字面量可以用来创建简单的对象或者自定义对象,可以通过它来构建 JSON 格式数据。

对象字面量的形式有两种,一种是键值对形式,另一种是函数形式。

键值对形式代码示例如下。

```
let person = {
    name: '张三',
    age: 18,
    gender: '男',
    sayName: function() {
    console.log(this.name);
    }
};
```

函数形式代码示例如下。

```
let person = function(name, age, gender) {
    this.name = name;
    this.age = age;
    this.gender = gender;
    this.sayName = function() {
      console.log(this.name);
    };
};
```

3.2　TypeScript 入门

由于 JavaScript 是弱类型语言，一个变量先后可以保存不同类型的数据，这样极不可靠。同时，JavaScript 是解释执行语言，边解释边执行，导致一些低级错误无法提前检查和预警。此外，JavaScript 对对象要求不够严格，开发人员书写较为随意，不便于大项目协助。

基于上述原因，TypeScript 语言诞生了。TypeScript 诞生在微软的大家庭，由微软技术院士 Steve Lucco 和 C# 及 Turbo Pascal 编程语言之父 Anders Hejlsberg 带领团队历时两年的时间，在 2012 年正式对外发布了 TypeScript 编程语言。

3.2.1　TypeScript 语言概述

TypeScript 是 JavaScript 的一个超集，包含 JavaScript 的全部功能，并且使用了和 JavaScript 相同的语法和语义，设计的目的就是开发大型应用。TypeScript 本身不能被浏览器直接执行，因为 JavaScript 引擎并不认识 TypeScript。但是 TypeScript 可以先编译成 JavaScript，再在浏览器或 Node.js 上运行。

TypeScript 提供了更详细的数据类型的支持，这样不用再为 JavaScript 的变量声明进行特别管理。并且 TypeScript 是一个静态类型语言，但是又不强制必须使用静态类型。同时，由于 JavaScript 的跨平台性，所以 TypeScript 程序编译之后，也可以在任意浏览器和 JavaScript 宿主环境下运行使用。

JavaScript 语言遵守由 TC39 委员会制定的 ECMAScript(ES)标准，因为 JavaScript 就是 ECMAScript 标准的实现之一。但是由于 ECMAScript 在标准修订的过程中，JavaScript 的运行环境的支持响应不及时，因此需要兼容很多版本的浏览器。使用了 TypeScript 之后，就不用担心太多兼容性的问题了。因为 TypeScript 会把代码编译成兼容 ECMAScript 版本的 JavaScript 代码。

基于上述诸多优势，TypeScript 已逐渐成为开发人员认可的编程语言，并且开发出了很多优秀的产品。成功的案例主要有如下几个。

1. VS Code

微软的文本编辑器 VS Code 就是使用 TypeScript 编程语言，基于 Electron 框架进行开发的。现在 VS Code 已经成为前端工程师开发使用的首选编辑器，不容置疑，其灵活的插件系统基本上使其可以媲美 IDE。

2. Angular

Angular 是 Google 推出的开源的 Web 应用框架。并且 Angular 团队也推荐使用 TypeScript 语言开发 Angular 应用。

3. Vue.js

国内开源的响应式框架，Vue.js 3 版本也使用 TypeScript 进行重构，并原生支持 TypeScript。

3.2.2　TypeScript 运行环境安装

本节将介绍 TypeScript 运行环境的安装。很多 IDE 都有支持 TypeScript 的插件，如

Visual Studio、Sublime Text 2、WebStorm / PHPStorm、Eclipse 等。由于在 2.2.3 节中安装了 Node.js，而安装 Node.js 的过程中会自动安装 npm 工具，npm 工具也可以完成 TypeScript 的安装，因此本书使用 npm 工具进行 TypeScript 的安装。

1. 配置 npm

首先，打开 cmd 窗口，如图 3-2 所示。在 cmd 窗口中输入如下指令并按 Enter 键，验证 npm 是否可以正常使用。

```
npm config ls
```

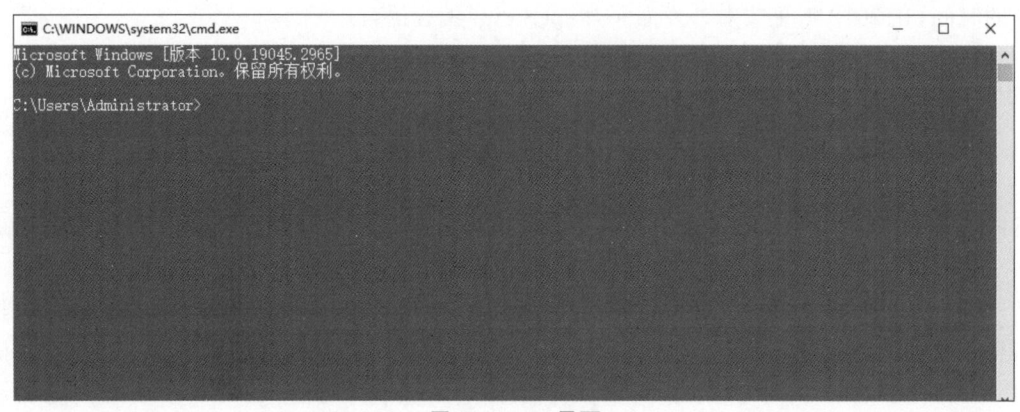

图 3-2 cmd 界面

若出现如图 3-3 所示的结果，则证明 npm 配置正常，直接进入下一步(使用国内镜像)。若出现了"'npm'不是内部或外部命令，也不是可运行的程序的处理方法"的提示，则需要手动配置 npm 环境变量。步骤如下。

```
C:\WINDOWS\system32\cmd.exe
Microsoft Windows [版本 10.0.19045.2965]
(c) Microsoft Corporation。保留所有权利。

C:\Users\Administrator>npm config ls
; "user" config from C:\Users\Administrator\.npmrc

registry = "https://registry.npmmirror.com/"

; node bin location = D:\nodejs\node.exe
; node version = v16.19.1
; npm local prefix = C:\Users\Administrator
; npm version = 8.19.3
; cwd = C:\Users\Administrator
; HOME = C:\Users\Administrator
; Run `npm config ls -l` to show all defaults.

C:\Users\Administrator>
```

图 3-3 npm 配置信息

第 1 步，找到并单击本地机器的"高级系统设置"按钮，打开"系统属性"页面。在"系统属性"页面的"高级"选项卡中，找到"环境变量"按钮并单击，打开本地机器的"环境变量"页面。

第 2 步，在"环境变量"页面中，在"Administrator 的用户变量"区域中，选中 Path 一行，然后单击下方的"编辑"按钮，打开"编辑环境变量"页面。

第 3 步，单击“编辑环境变量”页面右侧的“新建”菜单，在左侧的列表中输入 2.2.3 节中安装的 Node.js 的路径(如 D:\nodejs)，单击“确定”按钮。

第 4 步，单击“环境变量”页面的“确定”按钮，然后再单击“系统属性”页面的“确定”按钮，重启机器后即可使用 npm 命令。

2. 使用国内镜像

在 CMD 窗口内输入如下指令并按 Enter 键：

```
npm config set registry https://registry.npmmirror.com
```

3. 安装 TypeScript

在 CMD 窗口内输入如下指令并按 Enter 键：

```
npm install -g typescript
```

4. 查看版本号

上述步骤执行完成后，可以使用 tsc 命令来执行 TypeScript 的相关代码。在窗口内输入如下指令并按 Enter 键：

```
tsc -v
```

上述指令中，tsc 指的是 TypeScript 语言的编译器，v 指的是 Version(版本号)。出现如图 3-4 所示的结果，证明安装成功。

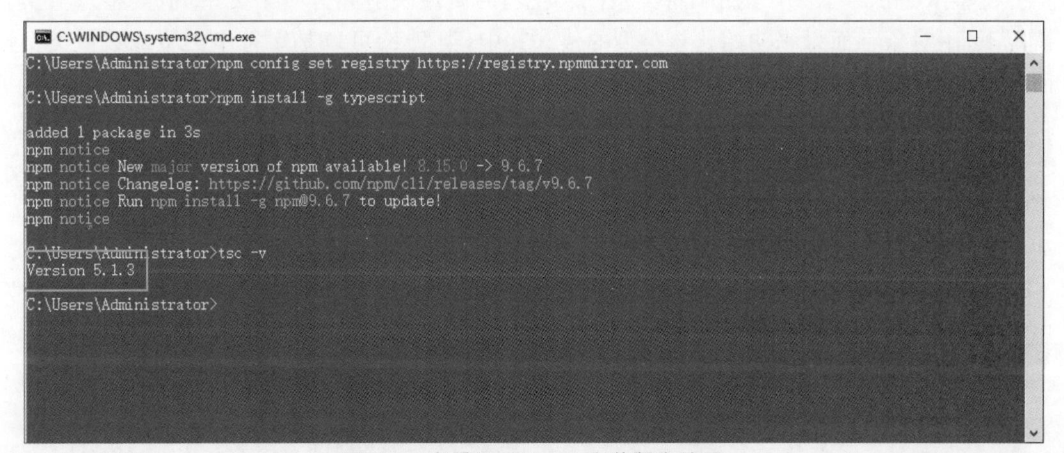

图 3-4　查看 TypeScript 安装版本结果

5. 新建一个 TypeScript 代码文件并运行

1) 新建一个扩展名为.ts 的文件

新建的文件名为 example3_08.ts，文件核心代码见例 3-8。

【例 3-8】 简单的 TypeScript 代码文件。

```
//程序清单 3-08 example3_08.ts
var message:string = "Hello World"
console.log(message)
```

通常使用.ts 作为 TypeScript 代码文件的扩展名。

2）将 TypeScript 代码转为 JavaScript 代码

在窗口内输入如下指令并按 Enter 键(将 example3_08.ts 文件放置在 D 盘根目录下)：

```
tsc D:/example3_08.ts
```

此时，在当前目录(D 盘根目录)下，会生成一个 example3_08.js 文件。打开该文件，可以看到，文件中的代码如下。

```
//程序清单 3-08 example3_08.ts
var message = "Hello World";
console.log(message);
```

3）使用 node 命令来执行 example3_08.js 文件

在窗口内输入如下指令并按 Enter 键：

```
node D:/example3_08.js
```

执行完成后的效果是窗口中输出了"Hello World"。

3.2.3 TypeScript 基础语法

1. 泛型

泛型 Record<K, V>用于将类型(键类型)的属性映射到另一个类型(值类型)。通常情况下，用对象字面量来初始化该类型的值。其中，类型 K 可以是字符串类型或数值类型，而 V 可以是任何类型。泛型的使用示例如下。

```
const person: Record<string, string> = {name: '张三', gender: '男'};
console.log(person.name);                         //张三
```

2. 基础类型

TypeScript 支持一些基础的数据类型，如布尔型、数组、字符串等，下面列举几个较为常用的数据类型，来了解基础数据类型的基本使用。

1）布尔值

TypeScript 中可以使用 boolean 来表示这个变量是布尔值，可以赋值为 true 或者 false。

```
let isDone: boolean = false;
```

2）数字

TypeScript 里的所有数字都是浮点数，这些浮点数的类型是 number。除了支持十进制，还支持二进制、八进制、十六进制。

```
let decLiteral: number = 2024;
let binaryLiteral: number = 0b11111101000;
```

```
let octalLiteral: number = 0o3750;
let hexLiteral: number = 0x7E8;
```

3）字符串

TypeScript 里使用 string 表示文本数据类型，可以使用双引号（"）或单引号（'）表示字符串。

```
let nam: string = "王五";
nam = "张三";
nam = '李四';
```

4）数组

TypeScript 有两种方式可以定义数组。

第 1 种方式是可以在元素类型后面接[]，表示由此类型元素组成的一个数组。

```
let list: number[] = [1, 2, 3];
```

第 2 种方式是使用数组泛型：Array＜元素类型＞。

```
let list: Array<number> = [1, 2, 3];
```

5）元组

元组类型允许表示一个已知元素数量和类型的数组，各元素的类型不必相同。

元组的使用示例如下。

```
let x: [string, number];
x = ['hello', 10];                                        //编译通过
x = [10, 'hello'];                                        //编译报错
```

该示例定义了一对值分别为 string 和 number 类型的元组，当为 x 赋值[10，'hello']时，由于将 number 类型数据赋值给了 string 类型，而将 string 类型数据赋值给了 number 类型，所以编译报错。

6）枚举

enum 类型是对 JavaScript 标准数据类型的一个补充，使用枚举类型可以为一组数值赋予友好的名字。

```
enum Color {Red, Green, Blue};
let c: Color = Color.Green;
```

7）unknown

在编程阶段还不能确定某些变量的真实类型，但是又要为该变量指定一个类型的情况下，如果不希望类型检查器对这些值进行检查而是直接让它们通过编译阶段的检查，那么可以使用 unknown 类型来标记这些变量。

```
let notSure: unknown = 4;
notSure = 'maybe a string instead';
notSure = false;
```

8）void

当一个函数没有返回值时，通常会将其返回值类型设置为 void。

```
function test(): void {
    console.log('This is function is void');
}
```

9）null 和 undefined

TypeScript 里，undefined 和 null 两者各自有自己的类型分别叫作 undefined 和 null。undefined 类型的变量只是被声明了，但是没有赋值，这时候它的值就是 undefined。而 null 用于表示空值，即该处应该有一个值，但是目前为空。

```
let u: undefined = undefined;
let n: null = null;
```

10）联合类型

联合类型(Union Types)表示取值可以为多种类型中的一种。联合类型的使用示例如下。

```
let myFavoriteNumber: string | number;
myFavoriteNumber = 'seven';
myFavoriteNumber = 7;
```

以上示例代码中，变量 myFavoriteNumber 的类型可以是 string 或 number。因此，可以将其赋值为“seven”，也可以将其赋值为 7。

3. 条件语句

条件语句用于基于不同的条件来执行不同的动作。TypeScript 条件语句是通过一条或多条语句的执行结果(True 或 False)来决定执行的代码块。

1）if 语句

TypeScript 中的 if 语句由一个布尔表达式后跟一个或多个语句组成。

```
var num:number = 5
if (num > 0) {
console.log('数字是正数')
}
```

2）if…else 语句

一个 if 语句后可跟一个可选的 else 语句，else 语句在布尔表达式为 false 时执行。

```
var num:number = 12;
if (num % 2==0) {
```

```
    console.log('偶数');
} else {
    console.log('奇数');
}
```

3）if…else if…else 语句

if…else if…else 语句在执行多个判断条件的时候很有用。

```
var num:number = 2
if(num > 0) {
console.log(num + ' 是正数')
} else if(num < 0) {
console.log(num + ' 是负数')
} else {
console.log(num + ' 为 0')
}
```

4）switch…case 语句

一个 switch 语句允许测试一个变量等于多个值时的情况。每个值称为一个 case，且被测试的变量会对每个 switch case 进行检查。

```
var grade:string = 'A';
switch(grade) {
    case 'A': {
        console.log('优');
        break;
}
    case 'B': {
        console.log('良');
        break;
    }
    case 'C': {
        console.log('及格');
        break;
    }
case 'D': {
        console.log('不及格');
        break;
    }
    default: {
        console.log('非法输入');
        break;
    }
}
```

4. 函数

函数是一组一起执行一个任务的语句，函数声明要告诉编译器函数的名称、返回类型和参数。TypeScript 可以创建有名字的函数和匿名函数，其创建方法如下。

```
//有名函数
function add(x, y) {
    return x + y;
}

//匿名函数
let myAdd = function (x, y) {
    return x + y;
};
```

1）为函数定义类型

为了确保输入/输出的准确性，可以为上面示例的函数添加类型。

```
//有名函数:给变量设置为 number 类型
function add(x: number, y: number): number {
    return x + y;
}

//匿名函数:给变量设置为 number 类型
let myAdd = function (x: number, y: number): number {
    return x + y;
};
```

2）可选参数

在 TypeScript 里可以在参数名旁使用“?”实现可选参数的功能。通过“?”实现可选参数设置的示例如下。

```
//有名函数:给变量设置为 number 类型
function buildName(firstName: string, lastName? : string) {
    if (lastName) {
        return firstName + ' ' + lastName;
    } else {
        return firstName;
    }
}

let result1 = buildName('Bob');
let result2 = buildName('Bob', 'Adams');
```

在上面的示例中，buildName 函数的 lastName 参数旁边有一个“?”，表明 lastName 参数是可选的。

3）剩余参数

剩余参数会被当作个数不限的可选参数。可以一个都没有，同样也可以有任意个。可以使用省略号(…)定义剩余参数。

```
function getEmployeeName(firstName: string, …restOfName: string[]) {
    return firstName + ' ' + restOfName.join(' ');
}

let employeeName = getEmployeeName('张三', '李四', '王五', '赵六');
```

4）箭头函数

ES6 版本的 TypeScript 提供了一个箭头函数，它是定义匿名函数的简写语法，用于函数表达式，它省略了 function 关键字。箭头函数的定义如下，其函数是一个语句块。

```
( [param1, parma2,…,paramn] )=> {
    //代码块
}
```

其中，括号内是函数的入参，可以有 0 到多个参数，箭头后是函数的代码块。可以将这个箭头函数赋值给一个变量，代码如下。

```
let arrowFun = ([param1, parma2, …, paramn])=> {
    //代码块
}
```

如果要主动调用这个箭头函数，可以按如下方法去调用。

```
arrowFun(param1, parma2, …, paramn)
```

根据箭头函数的定义及调用方法，假如有一个名为 testNumber 的判断正负数的函数：

```
function testNumber(num: number) {
    if (num > 0) {
      console.log(num + ' 是正数');
    } else if (num < 0) {
      console.log(num + ' 是负数');
    } else {
      console.log(num + ' 为 0');
    }
}
```

testNumber 函数的调用方法如下。

```
testNumber(1)                                               //输出日志:1 是正数
```

如果将 testNumber 函数定义为箭头函数，定义如下。

```
let testArrowFun = (num: number) => {
    if (num > 0) {
  console.log(num + ' 是正数');
    } else if (num < 0) {
      console.log(num + ' 是负数');
    } else {
      console.log(num + ' 为 0');
    }
}
```

其调用方法如下。

```
testArrowFun(1)                                    //输出日志:1 是正数
```

后面,在应用 ArkTS 语言编写 HarmonyOS 应用程序时会经常用到箭头函数。例如,给一个按钮添加单击事件,其中,onClick 事件中的函数就是箭头函数。

```
Button("Click Now")
  .onClick(() => {
    console.info("Button is click")
  })
```

5. 类

TypeScript 支持基于类的面向对象的编程方式,定义类的关键字为 class,后面紧跟类名。类描述了所创建的对象共同的属性和方法。

1) 类的定义

例如,可以声明一个 Person 类,这个类有三个成员：一个是属性(包含 name 和 age),一个是构造函数,一个是 getPersonInfo 方法,其定义如下。

```
class Person {
    private name: string
    private age: number

    constructor(name: string, age: number) {
      this.name = name;
      this.age = age;
    }

    public getPersonInfo(): string {
      return `My name is ${this.name} and age is ${this.age}`;
    }
}
```

通过上面的 Person 类,可以定义一个人物“张三”并获取他的基本信息,其定义如下。

```
let person1 = new Person('张三', 19);
person1.getPersonInfo();
```

2) 继承

继承就是子类继承父类的特征和行为,使得子类具有父类相同的行为。TypeScript 中允许使用继承来扩展现有的类,对应的关键字为 extends。

```
class Employee extends Person {
    private department: string
    constructor(name: string, age: number, department: string) {
      super(name, age);
      this.department = department;
    }

    public getEmployeeInfo(): string {
```

```
        return this.getPersonInfo() + ` and work in ${this.department}`;
    }
}
```

通过上面的 Employee 类，可以定义一个人物“李四”，这里可以获取他的基本信息，也可以获取他的雇主信息，其定义如下。

```
let person2 = new Employee('李四', 32, 'SDUPSL');
person2.getPersonInfo();
person2.getEmployeeInfo();
```

在 TypeScript 中，有 public、private、protected 修饰符，其功能和具体使用场景可以参考 TypeScript 的相关学习资料，进行拓展学习。

6. 模块

随着应用越来越大，通常要将代码拆分成多个文件，即所谓的模块。模块可以相互加载，并可以使用特殊的指令 import 和 export 来交换功能，从另一个模块调用一个模块的函数。

两个模块之间的关系是通过在文件级别上使用 import 和 export 建立的。模块里面的变量、函数和类等在模块外部是不可见的，除非明确地使用 export 导出它们。类似地，必须通过 import 导入其他模块导出的变量、函数、类等。

1）导出

任何声明（如变量、函数、类、类型别名或接口）都能够通过添加 export 关键字来导出。导出的代码示意如下。

```
//导出一个接口
export interface Person {
    name: string;
    age: number;
}

//导出一个函数
export function greet(person: Person) {
    console.log(`Hello, ${person.name}! You are ${person.age} years old.`);
}
```

以上示例代码中，可以将其放置到一个 TypeScript 文件（扩展名为.ts）中，例如，将其放置到名为 myModule.ts 的文件中。该示例代码定义了一个名为 Person 的接口和一个名为 greet 的函数，然后分别使用 export 关键字导出了 Person 接口和 greet 函数。

2）导入

模块的导入操作与导出一样简单。

可以在不同于导出操作的 TypeScript 文件的其他 TypeScript 文件中导入并使用已导出的内容。例如，在与 myModule.ts 相同的路径下新建一个名为 main.ts 的 TypeScript 文件，可以使用以下 import 形式之一来导入其他模块中导出的内容。

（1）导入整个模块。

```
//导入方式 1:导入整个模块
```

```
import * as myModule from './myModule';

//使用导入的接口
const john: myModule.Person = {
    name: '张三',
    age: 30
};

//使用导入的函数
myModule.greet(john);                              //输出: Hello, 张三! You are 30 years old.
```

在上述示例中,使用了 import * as myModule 来导入前面导出的整个模块。这样,可以通过 myModule.Person 和 myModule.greet 来访问导出的接口和函数。

(2) 导入需要的部分。

```
//导入方式 2:只导入需要的部分
import { Person, greet } from './myModule';

//使用导入的接口
const john: Person = {
    name: '张三',
    age: 30
};

//使用导入的函数
greet(john);                                       //输出: Hello, 张三! You are 30 years old.
```

在上述示例中,使用了 import { Person, greet }来按需导入前面导出的模块。这样,也可以通过 Person 和 greet 来直接访问导出的接口和函数,而不需要前缀 myModule。

7. 迭代器

当一个对象实现了 Symbol.iterator 属性时,我们认为它是可迭代的。一些内置的类型如 Array、Map、Set、String、Int32Array、Uint32Array 等都具有可迭代性。

1) for…of 语句

for…of 会遍历可迭代的对象,调用对象上的 Symbol.iterator 方法。下面是一个在数组上使用 for…of 的简单例子。

```
let someArray = [1, "string", false];

for (let entry of someArray) {
    console.log(entry);                    //1, "string", false
}
```

2) for…of 和 for…in 语句

for…of 和 for…in 均可迭代一个列表,但是用于迭代的值却不同: for…in 迭代的是对象的键,而 for…of 则迭代的是对象的值。

```
let list = [4, 5, 6];

for (let i in list) {
```

```
    console.log(i);                                  //"0", "1", "2",
}

for (let i of list) {
    console.log(i);                                  //"4", "5", "6"
}
```

小　　结

本章介绍了 JavaScript 和 TypeScript 两种开发语言。在进入 ArkTS 开发语言的正式学习之前，首先需要熟练掌握 JavaScript 和 TypeScript。JavaScript 作为一种动态脚本语言，广泛应用于 Web 前端开发和服务器端开发领域，具有灵活、简洁的特点。而 TypeScript 则是 JavaScript 的超集，通过添加静态类型支持和其他新特性，提供了更强的类型检查和代码提示功能，使得代码更加健壮、易于维护。通过对本章两种开发语言的学习和实践，不断积累经验和提升技能，才能在 ArkTS 编程语言的学习与开发领域中游刃有余，创造出高质量的应用和解决方案。本章工作任务与知识点关系的思维导图如图 3-5 所示。

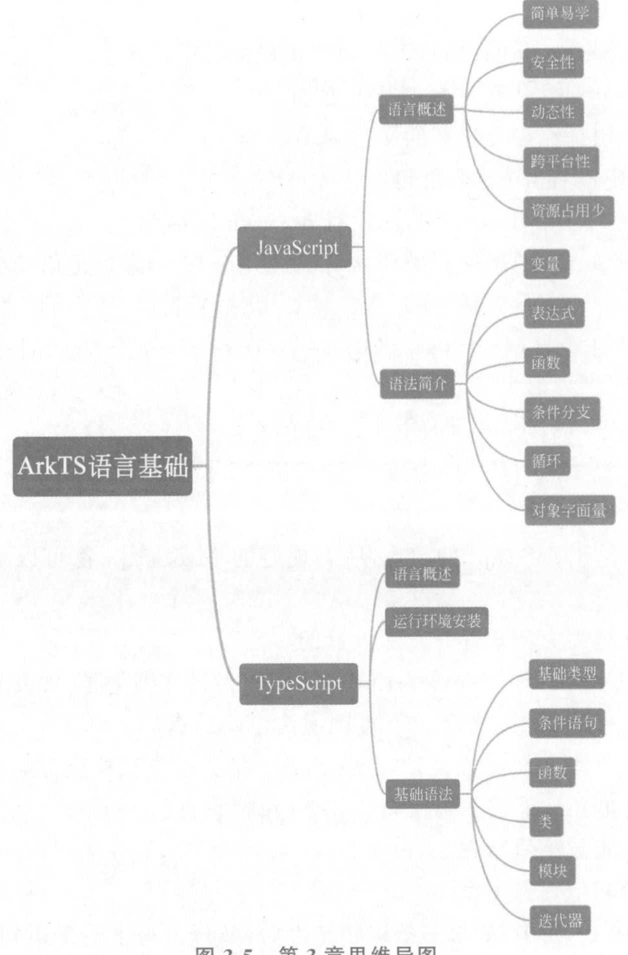

图 3-5　第 3 章思维导图

思考与实践

第一部分：练习题

练习 1. JavaScript 的数据类型主要有哪些？（　　）

A. 字符串值　　B. 整数　　C. 浮点数　　D. 逻辑值

E. 布尔值

练习 2. 在 JavaScript 中，有关变量的命名规则，下列说法正确的有（　　）。

A. 首字符必须是大写、小写的字母、下画线或美元符号($)

B. 后续的字符可以是字母、数字、下画线或美元符号

C. 变量名称不能是保留字

D. 长度是任意的，且区分大小写

练习 3. 在 JavaScript 中定义了以下生成对象的方法，其中正确的有（　　）。

A. var z = new Boolean(a);

B. var str ="JavaScript";

C. today = new Date("October 8, 2023");

D. today = new Date(2024, 10, 8);

练习 4. 有关 JavaScript 的语句，下列说法正确的有（　　）。

A. 单行注释语句是在需要注释的行前面加//

B. 多行注释语句是在需要注释的文字两端加/*…*/

C. JavaScript 中没有 if…else 语句

D. JavaScript 中只有 while 语句，而没有 do…while 语句

练习 5. 在 JavaScript 的条件和循环语句中，使用（　　）来标记语句组。

A. 圆括号()　　B. 方括号[]　　C. 花括号{}　　D. 大于号和小于号

练习 6. 循环语句“for(var i=0, j=10; i=j=10; i++, j--)”的循环次数是（　　）。

A. 0　　B. 1　　C. 10　　D. 无限

练习 7. 下面关于 TypeScript 的说法，正确的有（　　）。

A. TypeScript 是微软开发的一款开源编程语言，本质上是向 JavaScript 增加静态类型系统

B. TypeScript 是 JavaScript 的超集，所有现有的 JavaScript 都可以不加改变就在其中使用

C. TypeScript 是为大型软件开发而设计的

D. TypeScript 最终编译产生 JavaScript，所以可以运行在浏览器、Node.js 等运行时环境

练习 8. 在 TypeScript 中，关于 any 类型说法正确的有（　　）。

A. 提供给一个类型系统的“后门”，TypeScript 将会把类型检查关闭

B. 在类型系统里 any 能够兼容所有的类型(包括它自己)

C. 所有类型都能被赋值给它

D. 能被赋值给其他任何类型

练习 9. 在 JavaScript 中，如果一条语句结束后，换行书写下一条语句，后面的分号可以

省略。(　　)

练习 10. 在 JavaScript 中,age 与 Age 代表了不同的变量。(　　)

练习 11. 在 JavaScript 中,任何一种循环结构的程序段,都可以用 while 循环实现。(　　)

练习 12. 在 TypeScript 中,用于声明函数返回值类型的关键字是________。

练习 13. 表达式(−5) % 3 的运行结果为________。

练习 14. 表达式"vara = 1,b = 1; console.log(++a)"的输出结果是________。

练习 15. 现在有代码片段如下。开发人员在运行该代码片段时提示出现了错误。请分析错误出现的原因,并给出解决问题的方案。

```
type User = {
  id: number;
  kind: string;
};

function makeCustomer<T extends User>(u: T): T {
  //Error(TypeScript 编译器版本:v4.4.2)
  //Type '{ id: number; kind: string; }' is not assignable to type 'T'.
  //'{ id: number; kind: string; }' is assignable to the constraint of type 'T',
  //but 'T' could be instantiated with a different subtype of constraint 'User'.
  return {
    id: u.id,
    kind: 'customer'
  }
}
```

练习 16. 简述 JavaScript 的基本编程规范有哪些。

练习 17. 举例说明 TypeScript 中的接口是什么。

练习 18. 利用 JavaScript 随机生成两个小数并赋给变量 x、y,显示这两个数中的较大值(提示:语句"var x = Math.random();"可以为变量生成一个随机小数)。

练习 19. 利用 JavaScript 写出一个函数,该函数能够实现判断一个字符串是否为回文字符串。例如,字符串"racecar"是回文字符串。

练习 20. 利用 TypeScript 编写一个程序,实现移出数组 arr "[1,2,3,2,5.6,2,7,2]"中与 2 相等的元素,将剩余的元素放置到一个新数组中,且保证不改变原数组。

第二部分:实践题

实践 1. 根据所学的 JavaScript 开发知识,自主设计一个简单的网页开发项目,独立完成其设计和实现。项目可以是一个简单的表单验证页面、一个动态导航菜单等,目的是通过该项目的实际操作巩固所学的知识。

实践 2. 随着 TypeScript 的流行,越来越多的开发者开始使用 TypeScript 来解决算法问题。当前的算符问题涵盖了各种各样的主题,包括数组、字符串、链表、树、排序和搜索等。现在,需要利用 TypeScript 编程语言,实现从上到下打印二叉树。其中,从上到下打印出二叉树的每个节点,同一层的节点按照从左到右的顺序打印。例如,给定二叉树[3,9,20,null,null,15,7],返回[3,9,20,15,7]。

```
    3
   / \
  9   20
     /  \
    15   7
```

图 3-6　输出的二叉树的结构

输出的二叉树的结构如图 3-6 所示。

第 2 篇　核心技术篇

第4章 搭建第一个基于 ArkTS 的 HarmonyOS 应用

实际的项目搭建过程有助于开发人员更好、更深入地理解 ArkTS 语言的编程环境和具体实现方式，帮助开发人员更好地理解和掌握 ArkTS 开发语言，使得开发人员能够逐步加深对 ArkTS 开发语言的理解和应用能力。因此，在正式学习 ArkTS 语言的语法之前，先通过学习如何搭建一个基于 ArkTS 的 HarmonyOS 应用，熟悉 ArkTS 语言的编写过程和运行环境。

4.1 创建新的 ArkTS 工程

本节将以创建一个 Phone 设备的工程为例介绍如何创建 ArkTS 工程。

1. 创建一个新工程

若首次打开 DevEco Studio，需要单击图 2-17 中间区域最左侧的 Create Project 选项，创建一个新工程。如果已经打开了一个工程，须在 DevEco Studio 主页面的菜单栏中依次选择 File→New→Create Project 来创建一个新工程。

进入如图 4-1 所示的选择 HarmonyOS 模板库界面后，单击选中模板 Empty Ability 选项，单击界面右下角的 Next 按钮进行下一步配置。

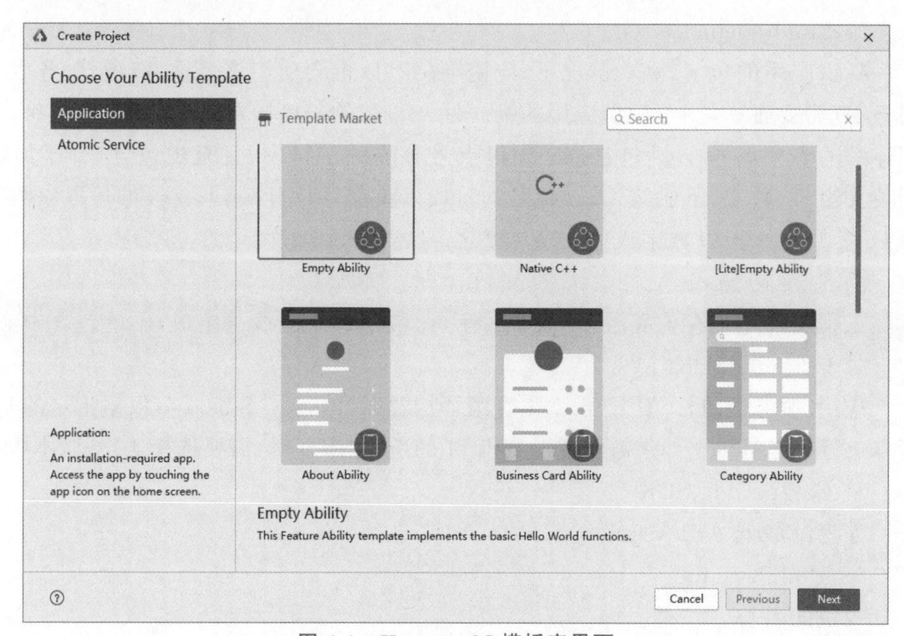

图 4-1 HarmonyOS 模板库界面

2. 工程信息配置

在工程配置页面(见图 4-2),需要根据向导配置工程的基本信息。

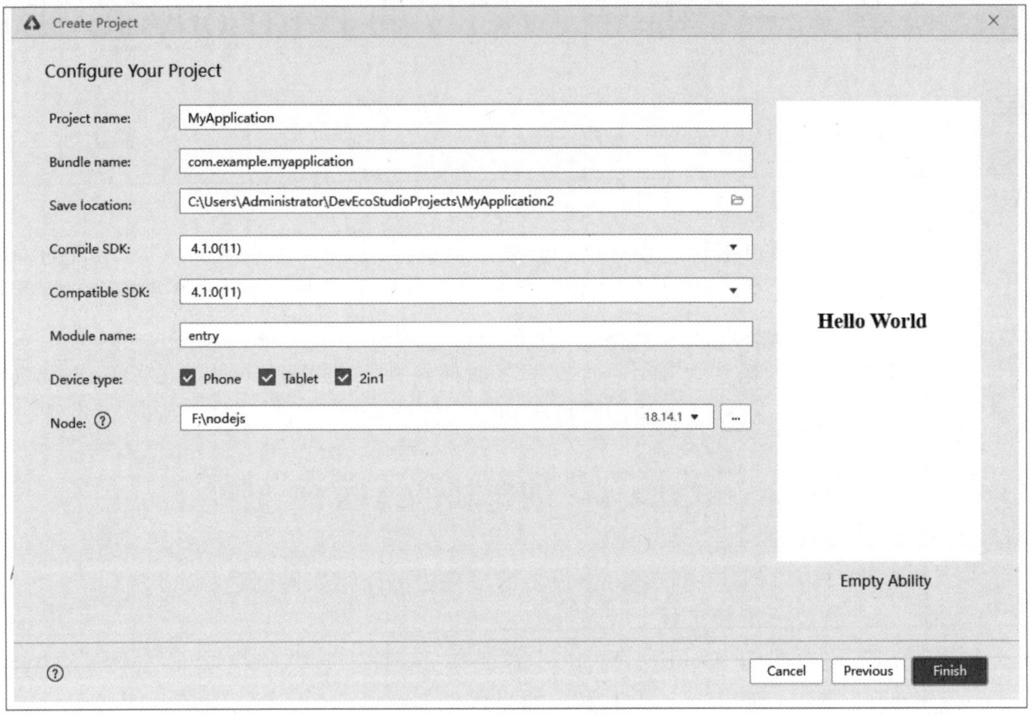

图 4-2 工程信息配置界面

1) Project name

工程的名称,可以自定义,由大小写字母、数字和下画线组成。

2) Bundle name

标识应用的包名,默认情况下,应用/服务 ID 也会使用该名称,应用/服务发布时,应用/服务 ID 需要唯一,用于标识应用的唯一性。包名的长度限制为 7~128 个字符,且不允许出现连续的多个点号(.)。包名是必须以点号分隔的字符串,且至少包含三段,每段仅允许使用英文字母、数字、下画线(_)。包名的首段以英文字母开头,非首段的可以以数字或英文字母开头,且每一段以数字或英文字母结尾。

3) Save location

工程文件本地存储路径,由大小写字母、数字和下画线等组成,不能包含中文字符。

4) Compile SDK

应用/服务的目标 API Version,在编译构建时,DevEco Studio 会根据指定的 Compile API 版本进行编译打包。如果需要开发 API 11 的应用/服务时,需要选择 4.1.0 版本(API 11)。

5) Compatible SDK

兼容的最低 API Version。

6) Module name

模块的名称。

7）Device type

该工程模板支持的设备类型（本章以 Phone 设备为例，因此此处仅勾选第一个 Phone）。

8）Node

配置当前工程运行的 Node.js 版本，可以选择使用已有的 Node.js 或者是下载新的 Node.js 版本。

3. 完成工程创建

单击图 4-2 中右下角的 Finish 按钮，DevEco Studio 会自动生成示例代码和相关资源，基于 ArkTS 开发语言的工程创建完成。

4.2　搭建基于 ArkTS 的 HarmonyOS 应用

本节将使用 ArkTS 编写一个程序，构建一个简单的具有页面跳转/返回功能的应用，实现如下功能。

（1）该程序有两个页面，分别为页面一和页面二。

（2）页面一要求在手机屏幕上显示“Hello World”字样，并且有一个单击后可以跳转至页面二的按钮，按钮的文本为“Next”。

（3）页面二要求在手机屏幕上显示“Hi there”字样，并且有一个单击后可以跳转至页面一的按钮，按钮的文本为“Back”。

该程序的最终实现的效果如图 4-3 所示。

按照上述要求，可以将开发流程大致分为三步：第一步是构建页面一，添加 Text 组件和 Button 组件；第二步是构建页面二，添加 Text 组件和 Button 组件；第三步是实现页面间的跳转。

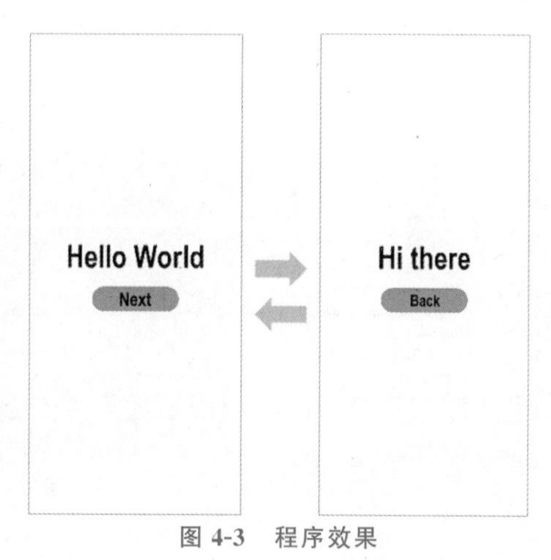

图 4-3　程序效果

4.2.1　构建页面一

1. 使用文本组件

按 4.1 节的流程完成工程创建与同步后，在 Project 窗口（见图 4-4）中，依次双击 entry→src→main→ets→pages，然后双击 Index.ets 打开该文件。可以看到，该页面由一个 Text 组件（文本内容为“Hello World”）组成。Index.ets 文件中的示例代码如下。

```
//Index.ets
@Entry
@Component
struct Index {
  @State message: string = 'Hello World'

  build() {
    Row() {
      Column() {
```

```
          Text(this.message)
            .fontSize(50)
            .fontWeight(FontWeight.Bold)
        }
        .width('100%')
      }
      .height('100%')
    }
  }
```

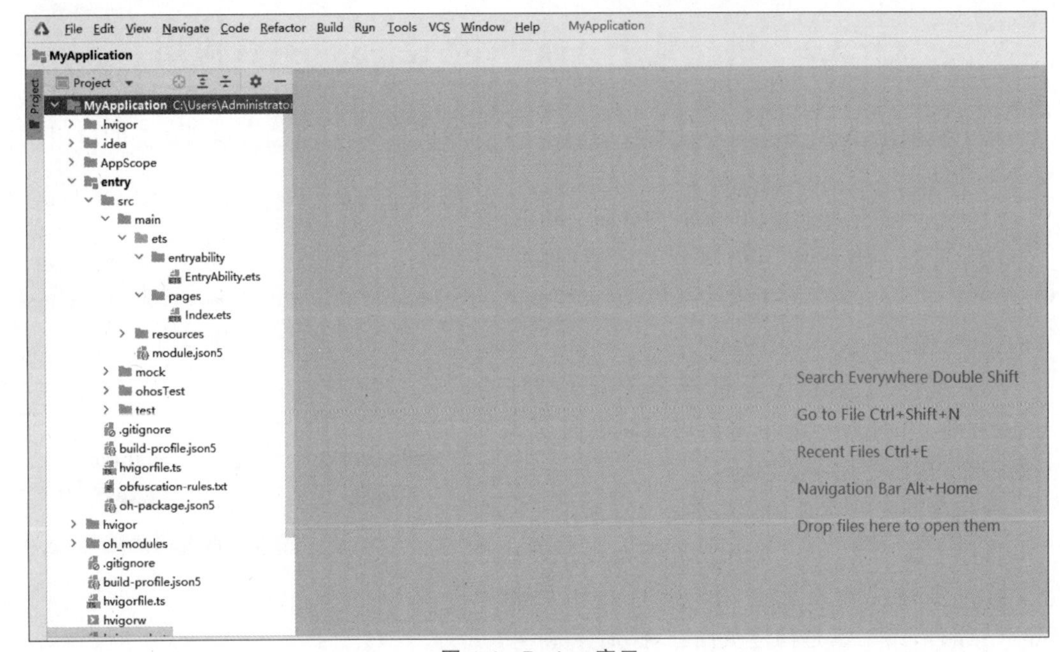

图 4-4　Project 窗口

2. 添加按钮

在默认页面基础上，添加一个 Button 组件（文本内容为“Next”），作为按钮响应用户单击，从而实现跳转到另一个页面。修改后的 Index.ets 文件的代码示例如下（新添加的代码底色为灰色）。

```
//Index.ets
@Entry
@Component
struct Index {
  @State message: string = 'Hello World'

  build() {
    Row() {
      Column() {
        Text(this.message)
          .fontSize(50)
          .fontWeight(FontWeight.Bold)
```

```
        //添加按钮,以响应用户单击
        Button() {
          Text('Next')
            .fontSize(30)
            .fontWeight(FontWeight.Bold)
        }
        .type(ButtonType.Capsule)
        .margin({
          top: 20
        })
        .backgroundColor('#0D9FFB')
        .width('40%')
        .height('5%')
      }
      .width('100%')
    }
    .height('100%')
  }
}
```

3. 预览

在编辑窗口右上角的侧边工具栏,单击页面最右侧的 Previewer,打开预览器。在打开预览器前,界面展示效果如图 4-5 所示。完成预览资源的编译后,第一个页面效果正常展示,页面效果如图 4-6 所示。

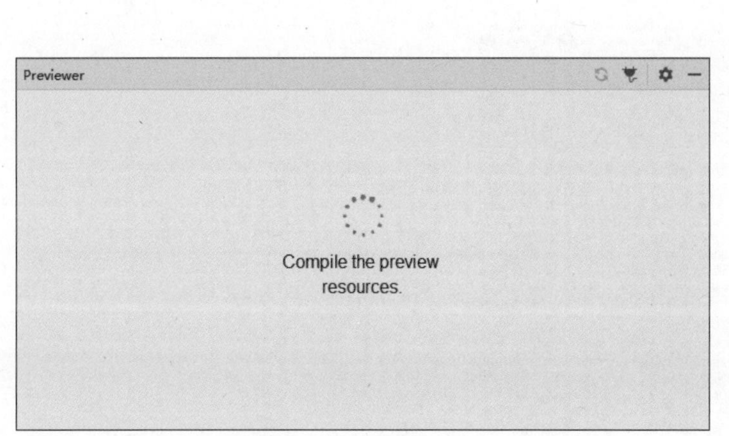

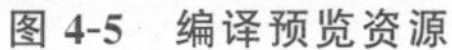

图 4-5　编译预览资源

图 4-6　页面一预览

4.2.2　构建页面二

1. 创建第二个页面

第 1 步,新建第二个页面文件。新建页面文件有以下两种方式。方式一,在 Project 窗口中依次双击 entry→src→main→ets,右键单击 pages 文件夹,依次选择 New→ArkTS File,在 Name 输入框中输入“Second”,按 Enter 键,此时会生成一个文件名称为“Second.ets”的空文件。方式二，右键单击 pages 文件夹时，依次选择 New→Page，在弹出的对话框中，Page name 一行右侧的输入框中输入"Second"，然后单击对话框右下角的 Finish 按钮，此时会生成一个文件名称为"Second.ets"的文件，且无须手动配置相关页面路由，直接跳过第二步。完成新建第二个页面文件的操作后，文件目录结构如图 4-7 所示。

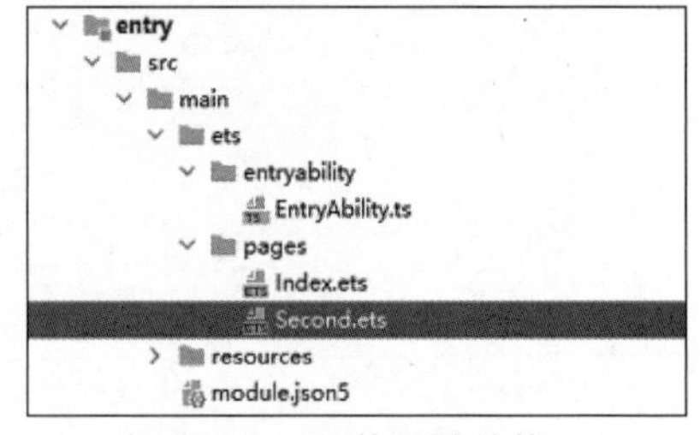

图 4-7 文件目录结构

第 2 步，配置第二个页面的路由。在 Project 窗口中依次双击 entry→src→main→resources→base→profile，双击 main_pages.json，打开该文件。在该文件中的 src 下配置第二个页面的路由 pages/Second。示例如下(新添加的代码底色为灰色)。

```
//main_pages.json (该行不应出现在 JSON 文件中，仅展示用)
{
  "src": [
    "pages/Index",
    "pages/Second"
  ]
}
```

2. 添加文本及按钮

参照第一个页面，在第二个页面中添加 Text 组件(文本内容为"Hi there")、Button 组件(文本内容为"Back")等，并设置与第一个页面相同的样式。Second.ets 文件的示例如下(新添加的代码底色为灰色)。

```
//Second.ets
@Entry
@Component
struct Second {
  @State message: string = 'Hi there'

  build() {
    Row() {
      Column() {
        Text(this.message)
          .fontSize(50)
          .fontWeight(FontWeight.Bold)
        Button() {
          Text('Back')
            .fontSize(25)
            .fontWeight(FontWeight.Bold)
        }
        .type(ButtonType.Capsule)
        .margin({
          top: 20
        })
        .backgroundColor('#0D9FFB')
        .width('40%')
        .height('5%')
```

```
      }
      .width('100%')
    }
    .height('100%')
  }
}
```

3. 预览

单击预览器(Previewer)右上角的“刷新”按钮 ，完成预览资源的编译后，第二个页面效果正常展示，页面效果如图 4-8 所示。

图 4-8　页面二预览

4.2.3　页面间跳转

页面间的跳转可以通过页面路由 router 来实现。页面路由 router 根据页面 URL 找到目标页面，从而实现跳转。使用页面路由需要导入 router 模块。本节将介绍具体的实现方式。

1. 第一个页面跳转到第二个页面

在第一个页面中，为 Next 按钮绑定 onClick 事件，单击该按钮时可以实现应用从第一个页面跳转到第二个页面。修改后的 Index.ets 文件的代码示例如下(新添加的代码底色为灰色)。

```
//Index.ets
//导入页面路由模块
import router from '@ohos.router';
import { BusinessError } from '@ohos.base';

@Entry
@Component
struct Index {
  @State message: string = 'Hello World'

  build() {
    Row() {
      Column() {
        Text(this.message)
          .fontSize(50)
          .fontWeight(FontWeight.Bold)
        //添加按钮，以响应用户单击
        Button() {
          Text('Next')
            .fontSize(30)
            .fontWeight(FontWeight.Bold)
        }
        .type(ButtonType.Capsule)
        .margin({
          top: 20
        })
        .backgroundColor('#0D9FFB')
        .width('40%')
```

```
        .height('5%')
        //跳转按钮绑定 onClick 事件,单击时跳转到第二个页面
        .onClick(() => {
          console.info(`Successfully clicked the Next button.`)
          //跳转至第二个页面
          router.pushUrl({ url: 'pages/Second' }).then(() => {
            console.info(`Successfully redirected to the Second page.`)
          }).catch((err: BusinessError) => {
            console.error(`Failed to redirect to the second page. Code is $
{err.code}, message is ${err.message}`)
          })
        })
      }
      .width('100%')
    }
    .height('100%')
  }
}
```

2. 第二个页面返回到第一个页面

在第二个页面中,为 Back 按钮绑定 onClick 事件,单击该按钮时可以实现应用从第二个页面返回到第一个页面。修改后的 Second.ets 文件的代码示例如下(新添加的代码底色为灰色)。

```
//Second.ets
//导入页面路由模块
import router from '@ohos.router';
import { BusinessError } from '@ohos.base';

@Entry
@Component
struct Second {
  @State message: string = 'Hi there'

  build() {
    Row() {
      Column() {
        Text(this.message)
          .fontSize(50)
          .fontWeight(FontWeight.Bold)
        Button() {
          Text('Back')
            .fontSize(25)
            .fontWeight(FontWeight.Bold)
        }
        .type(ButtonType.Capsule)
```

```
        .margin({
          top: 20
        })
        .backgroundColor('#0D9FFB')
        .width('40%')
        .height('5%')

        //返回按钮绑定 onClick 事件,单击按钮时返回到第一个页面
        .onClick(() => {
          console.info(`Successfully clicked the Back button.`)
          try {
            //返回第一个页面
            router.back()
            console.info(`Successfully redirected to the Index page.`)
          } catch (err) {
            let code = (err as BusinessError).code;
            let message = (err as BusinessError).message;
            console.error(`Failed to redirect to the Index page. Code is ${code},
message is ${message}`)
          }
        })
      }
      .width('100%')
    }
    .height('100%')
  }
}
```

单击预览器(Previewer)右上角的“刷新”按钮，完成预览资源的编译后，最终效果如图 4-9 所示，实现了页面一和页面二的来回切换。

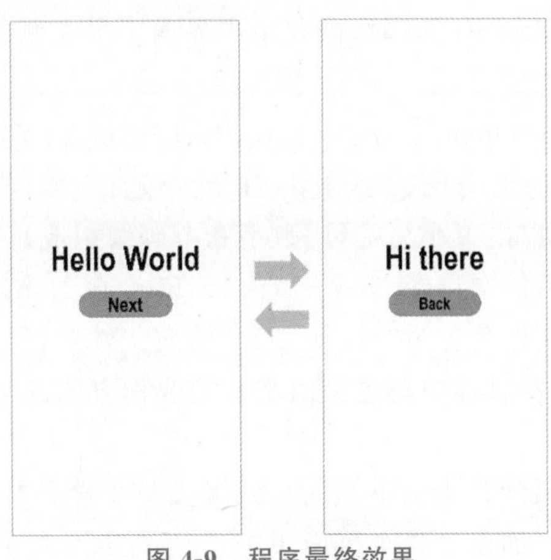

图 4-9　程序最终效果

小　　结

本章介绍了项目创建的过程以及应用开发的基本流程，主要是在正式介绍 ArkTS 开发语言的语法之前，一步步地详细描述如何创建一个新的 ArkTS 工程。此外，基于 ArkTS 开发语言，搭建了一个含有两个页面的 HarmonyOS 应用。本章的知识是后续学习与开发的基础。工作任务与知识点关系的思维导图如图 4-10 所示。

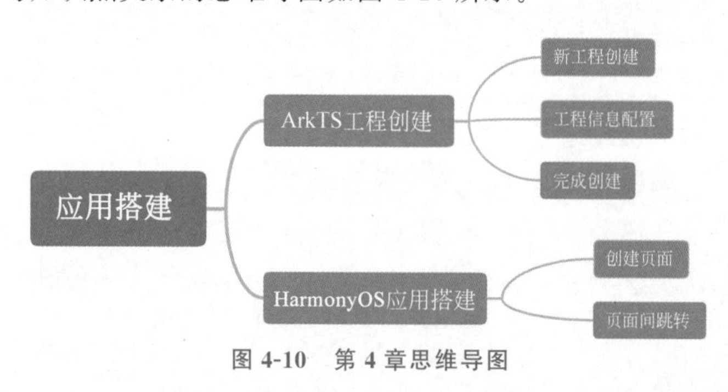

图 4-10　第 4 章思维导图

思考与实践

第一部分：练习题

练习 1. 在 Stage 模型下使用 ArkTS 语言进行应用开发时，往往需要创建多个页面。开发人员可以在以下(　　)文件中查看页面的路由信息。

A. build-profile.json　　B. string.json
C. main_pages.json　　D. hvigorfile.ts

练习 2. 在创建工程过程中，工程配置页面可选择的设备类型包括(　　)。

A. Phone　　B. Tablet　　C. 2in1　　D. TV

练习 3. 首次打开 DevEco Studio 时，需要单击界面中最左侧的(　　)选项，创建一个新工程。

A. Create Project　　B. Open　　C. Get from VCS　　D. Learn

练习 4. 包名是必须以点号分隔的字符串，且至少包含三段。(　　)

练习 5. 工程的名称可以由大小写字母、数字和下画线组成。(　　)

练习 6. 在新建页面时，依次选择 New→ArkTS File，在 Name 输入框中输入“Second”，按 Enter 键后会生成一个文件名称为“Second.ets”的空文件。(　　)

练习 7. 简述在程序开发过程中新建页面文件的两种方式。

第二部分：实践题

移动应用一般由十几页到几十页不等的页面组成。在学习本章的页面创建及页面跳转后，再新增第三个页面，该页面由第二个页面单击按钮跳转而来。此外，新增的第三个页面也可以跳转到第一个页面和第二个页面。

第5章

ArkTS 语言概述

ArkTS 是当前 HarmonyOS 应用开发的主要语言。目前，HarmonyOS 应用开发的主推模型 Stage 的新版本开发不再支持 Java 和 JavaScript，因此，开发 HarmonyOS 应用的应用开发人员学习 ArkTS 开发语言是必需的。

5.1 初识 ArkTS 语言

Mozilla 创建了 JavaScript，Microsoft 创建了 TypeScript，而华为进一步推出了 ArkTS。ArkTS 是 HarmonyOS 优选的主力应用开发语言，使用.ets 作为 ArkTS 语言源码文件扩展名。ArkTS 是围绕应用开发并匹配 ArkUI 框架，在 TypeScript 的基础上做了进一步扩展，保持了 TypeScript 的基本风格，扩展了声明式 UI、状态管理等相应的能力，同时通过规范定义强化开发期静态检查和分析，提升程序执行稳定性和性能，代码量相较于传统的 JavaScript/TypeScript 语言下降了 30%，让开发人员以更简洁、更自然的方式开发跨端的高性能应用。

为了更好地了解 ArkTS，需要首先明白 ArkTS、TypeScript 和 JavaScript 之间的关系。图 5-1 展示了三者之间的关系。可以看出，TypeScript 是 JavaScript 的超集，ArkTS 则是 TypeScript 的超集。具体表现如下。

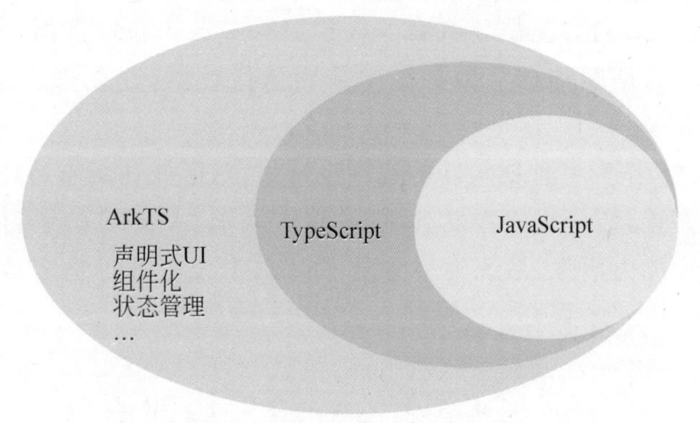

图 5-1 ArkTS、TypeScript 和 JavaScript 关系

(1) JavaScript 是一种属于网络的高级脚本语言，已经被广泛用于 Web 应用开发，常用来为网页添加各式各样的动态功能，为用户提供更流畅美观的浏览效果。

（2）TypeScript 是 JavaScript 的一个超集，它扩展了 JavaScript 的语法，通过在 JavaScript 的基础上添加静态类型定义构建而成，是一个开源的编程语言。

（3）ArkTS 兼容 TypeScript 语言，进一步规范强化静态检查和分析，将编译时所确定的类型应用到运行性能优化中，同时拓展了声明式 UI、状态管理、并发任务等能力。

ArkTS 对比标准 TypeScript，差异具体体现在以下几方面。

（1）强制使用静态类型。静态类型是 ArkTS 最重要的特性之一。如果使用静态类型，那么程序中变量的类型就是确定的。同时，由于所有类型在程序实际运行前都是已知的，编译器可以验证代码的正确性，从而减少运行时的类型检查，有助于性能提升。

（2）禁止在运行时改变对象布局。为实现最大性能，ArkTS 要求在程序执行期间不能更改对象布局。

（3）限制运算符语义。为了获得更好的性能并鼓励开发者编写更清晰的代码，ArkTS 限制了一些运算符的语义。例如，一元加法运算符只能作用于数字，不能用于其他类型的变量。

（4）不支持 Structural typing。对 Structural typing 的支持需要在语言、编译器和运行时进行大量的考虑和仔细的实现，当前 ArkTS 不支持该特性。

当前，在 UI 开发框架中，ArkTS 主要扩展了如下能力。

（1）基本语法：ArkTS 定义了声明式 UI 描述、自定义组件和动态扩展 UI 元素的能力，再配合 ArkUI 开发框架中的系统组件及其相关的事件方法、属性方法等共同构成了 UI 开发的主体。

（2）状态管理：ArkTS 提供了多维度的状态管理机制。在 UI 开发框架中，与 UI 相关联的数据可以在组件内使用，也可以在不同组件层级间传递，如父子组件之间、爷孙组件之间，还可以在应用全局范围内传递或跨设备传递。另外，从数据的传递形式来看，可分为只读的单向传递和可变更的双向传递。开发人员可以灵活地利用这些能力来实现数据和 UI 的联动。

（3）渲染控制：ArkTS 提供了渲染控制的能力。条件渲染可根据应用的不同状态，渲染对应状态下的 UI 内容。循环渲染可从数据源中迭代获取数据，并在每次迭代过程中创建相应的组件。数据懒加载从数据源中按需迭代数据，并在每次迭代过程中创建相应的组件。

当然，ArkTS 作为一种比较新的程序设计语言，还处在版本持续演进阶段，伴随着其设计定位的不断完善，结合应用开发/运行的现实需求，ArkTS 的语言体系将更加成熟，逐步提供并行和并发能力增强、系统类型增强、分布式开发范式等更多特性，ArkTS 应用的开发和运行体验将会进一步提升。

5.2 ArkTS 基础语法

5.2.1 基本知识

ArkTS 通过声明引入变量、常量、类型和函数。其中，变量以关键字 let 开头的声明引入，该变量在程序执行期间可以具有不同的值。只读常量以关键字 const 开头的声明引入，该常量只能被赋值一次。若对常量重新赋值，会造成编译时错误。由于 ArkTS 是一种静态类型语言，所有数据的类型都必须在编译时确定。但是，如果一个变量或常量的声明包含初始值，开发人员就可以不显式指定变量和常量的类型。以下两行定义 String 类型变量的示例代码是等效的。

```
let l1: string = 'Welcome';
let l2 = 'Welcome';
```

ArkTS 中的变量类型有 Number 类型、Boolean 类型、String 类型、Void 类型、Object 类型、Array 类型、Enum 类型、Union 类型、Aliases 类型。其中，ArkTS 提供 number 和 Number 类型，任何整数和浮点数都可以被赋给此类型的变量。Boolean 类型由 true 和 false 两个逻辑值组成，通常在条件语句中使用 boolean 类型的变量。String 代表字符序列，可以使用转义字符来表示字符，字符串字面量由单引号(')或双引号(")之间括起来的零个或多个字符组成，也可以使用反向单引号(`)括起来的模板字面量。Void 类型用于指定函数没有返回值，此类型只有一个值，同样是 void。由于 Void 是引用类型，因此它可以用于泛型类型参数。Object 类型是所有引用类型的基类型。任何值，包括基本类型的值(它们会被自动装箱)，都可以直接被赋给 Object 类型的变量。Array，即数组，是由可赋值给数组声明中指定的元素类型的数据组成的对象。数组可由数组复合字面量(即用方括号括起来的零个或多个表达式的列表，其中每个表达式为数组中的一个元素)来赋值。数组的长度由数组中元素的个数来确定，数组中第一个元素的索引为 0。

Enum 类型，又称枚举类型，是预先定义的一组命名值的值类型，其中，命名值又称为枚举常量。使用枚举常量时必须以枚举类型名称为前缀，常量表达式可以用于显式设置枚举常量的值。

```
//定义枚举变量 ColorSet1,有 Red、Green、Blue 三个值
enum ColorSet1 { Red, Green, Blue }
//定义枚举变量 ColorSet2,有 Red、Green、Blue 三个值,并显式设置常量的十六进制数值
enum ColorSet2 { White = 0xFF, Grey = 0x7F, Black = 0x00 }

//使用枚举变量
let c: ColorSet = ColorSet1.Red;
```

Union 类型，即联合类型，是由多个类型组合成的引用类型，联合类型包含变量可能的所有类型。可以用不同的机制获取联合类型中特定类型的值。

```
//定义 Cat 类,有 sleep 和 meow 两个方法
class Cat { sleep () {}; meow () {} }
//定义 Dog 类,有 sleep 和 bark 两个方法
class Dog { sleep () {}; bark () {} }
//定义 Frog 类,有 sleep 和 leap 两个方法
class Frog { sleep () {}; leap () {} }

//Cat、Dog、Frog 是一些类型(类或接口)
type Animal = Cat | Dog | Frog | number
```

```
//可以将类型为联合类型的变量赋值为任何组成类型的有效值
let animal: Animal = new Cat();
animal = 42;
animal = new Frog();

if (animal instanceof Frog) {
  let frog: Frog = animal as Frog;                    //animal 在这里是 Frog 类型
  animal.leap();                                      //frog 跳了第一次
  frog.leap();                                        //frog 跳了第二次
  //结果:frog 跳了两次
}

animal.sleep ();                                      //任何动物都可以睡觉
```

Aliases 类型为匿名类型（数组、函数、对象字面量或联合类型）提供名称，或为已有类型提供替代名称。

```
type Matrix = number[][];
type Handler = (s: string, no: number) => string;
type Predicate <T> = (x: T) => Boolean;
type NullableObject = Object | null;
```

ArkTS 中的运算符有赋值运算符、比较运算符、算术运算符、位运算符和逻辑运算符。赋值运算符＝的使用方法为 x＝y，意思是将 y 的值赋给 x。比较运算符有＝＝、！＝、＞、＞＝、＜和＜＝，其中，＝＝表示如果两个操作数相等，则返回 true；！＝表示如果两个操作数不相等，则返回 true；＞表示如果左操作数大于右操作数，则返回 true；＞＝表示如果左操作数大于或等于右操作数，则返回 true；＜表示如果左操作数小于右操作数，则返回 true；＜＝表示如果左操作数小于或等于右操作数，则返回 true。算术运算符包括一元运算符和二元运算符。一元运算符包括－（负号）、＋（正号）、－－（自减 1）、＋＋（自增 1）；二元运算符包括＋（加号）、－（减号）、*（乘号）、/（除号）和％（取余号，除法后的余数）。位运算符包括 &、|、^、～、＜＜、＞＞和＞＞＞。& 表示按位与，如果两个操作数的对应位都为 1，则将这个位设置为 1，否则设置为 0；| 表示按位或，如果两个操作数的相应位中至少有一个为 1，则将这个位设置为 1，否则设置为 0；^表示按位异或，如果两个操作数的对应位不同，则将这个位设置为 1，否则设置为 0；～表示按位非，反转操作数的位；＜＜表示左移，将运算符左侧的二进制表示向左移运算符右侧的数值位；＞＞表示算术右移，将运算符左侧的二进制表示向右移运算符右侧的数值位，带符号扩展；＞＞＞表示逻辑右移，将运算符左侧的二进制表示向右移运算符右侧的数值位，左边补 0。逻辑运算符包括 &&（逻辑与）、||（逻辑或）和！（逻辑非）。

ArkTS 中的语句有 if 语句、switch 语句、for 语句、for…of 语句、while 语句、do…while 语句、break 语句、continue 语句、throw 语句和 try 语句。

1. if 语句

if 语句用于需要根据逻辑条件执行不同代码块的场景。当逻辑条件为真时，执行对应的一组语句，否则执行另一组语句（如果有的话）。else 部分也可能包含 if 语句。

2. switch 语句

switch 语句用于根据 switch 表达式值匹配的结果执行不同代码块的场景。当匹配成功时，执行对应的代码块，否则继续向下进行表达式值的匹配。

switch 语句的示例如下。

```
switch (expression) {
  case label1:                                  //如果 label1 匹配,则执行
    //...
    //语句 1
    //...
    break;                                      //可省略
  case label2:
  case label3:                                  //如果 label2 或 label3 匹配,则执行
    //...
    //语句 2、3
    //...
    break;                                      //可省略
  default:
    //默认语句
}
```

需要注意的是，switch 语句中 expression(即 switch 表达式值)的类型必须是 number、enum 或 string，而 label(即紧跟 case 关键字后的值)必须是常量表达式或枚举常量值。如果 switch 语句中 expression 的值等于某个 label 的值，则执行相应的代码块。如果没有任何一个 label 值与 expression 值相匹配，并且 switch 具有 default 子句，那么程序会执行 default 子句对应的代码块。break 语句(可选的)允许跳出 switch 语句并继续执行 switch 语句之后的语句。如果没有 break 语句，则在执行完成当前 label 对应的代码块后，程序继续执行 switch 中的下一个 label 对应的代码块。

3. for 语句

for 语句会被重复执行，直到循环退出语句值为 false。

for 语句的示例如下。

```
for ([init]; [condition]; [update]) {
  statements
}
```

for 语句的执行流程为：首先执行 init 表达式(如有)。init 表达式通常初始化一个或多个循环计数器。然后计算 condition。如果 condition 的计算结果值为 true(或者没有 condition 语句)，则程序执行 statements(即循环主体的语句)。然后执行 update 表达式(如有)。最后再重新计算 condition，并循环执行。如果 condition 的计算结果值为 false，则 for 循环终止。

4. for…of 语句

使用 for…of 语句可以遍历数组或字符串。

for…of 语句的示例如下。

```
for (forVar of expression) {
  statements
}
```

在以下代码示例中，通过 for…of 语句实现了对字符串“a for…of example”中所有字符的遍历，每次从字符串中取出一个字符后将其赋值给 ca 变量，然后执行 statements(即循环主体的语句)。

```
for (let ca of 'a for-of example') {
  /* process ca */
statements
}
```

5. while 语句

while 语句应用于当满足某一条件时进行循环的情况，多用于解决循环次数事先不确定的问题。

while 语句的示例如下。

```
while (condition) {
  statements
}
```

只要条件表达式 condition 的值为 true，while 语句就会执行 statements 语句。此外，condition 必须是逻辑表达式。

6. do…while 语句

do…while 语句与 while 语句的格式不同。

do…while 语句的示例如下。

```
do {
  statements
} while (condition)
```

do…while 语句在条件表达式 condition 的值为 false 之前，statements 语句会重复执行。同时，与 while 语句不同的是，do…while 语句在判断条件表达式 condition 的值之前先执行一次 statements。此外，condition 必须是逻辑表达式。

7. break 语句

使用 break 语句可以终止循环语句，跳出循环体；break 语句也可以终止 switch 语句，继续执行 switch 语句后的代码。但是，如果 break 语句后带有标识符，则将控制流转移到该标识符所包含的语句块之外。

break 语句的示例如下。

```
let a = 0
ouer:
while (true) {
```

```
  switch (a) {
    case 0:
      //statements
      break ouer                       //中断 while 语句,接下来跳转出 ouer 标识的语句块
  }
}
```

8. continue 语句

continue 语句会停止当前循环迭代的执行,并将控制传递给下一个迭代。

9. throw 语句和 try 语句

throw 语句用于抛出异常或错误,而 try 语句用于捕获和处理异常或错误。

throw 语句和 try 语句联合使用的示例如下。

```
function processData(s: string) {
  let error: Error | null = null;

  try {
    console.log('Data processed: ' + s);
    //...
    //可能发生异常的语句
    //...
  } catch (e) {
    error = e as Error;
    //...
    //异常处理
    //...
    throw new Error('this error')      //抛出错误提示
  } finally {
    if (error != null) {
      console.log(`Error caught: input='${s}', message='${error.message}'`)
    }
  }
}
```

在以上代码示例中,try 出现在方法体中,它自身是一个代码块,表示尝试执行代码块的语句。如果在执行过程中 try 代码块中有某条语句抛出异常,那么代码块后面的语句将不被执行。catch 出现在 try 代码块的后面,自身也是一个代码块,用于捕获异常 try 代码块中可能抛出的异常。catch 关键字后面紧接着它能捕获的异常类型,所有异常类型的子类异常也能被捕获。而 throw 出现在方法体(上例中 throw 位于 catch 方法体)中,用于抛出异常。以上代码示例中,try 代码块在执行过程中遇到异常情况时,将异常信息封装为异常对象,然后通过 throw 语句抛出异常信息(上例中抛出了“this error”)。如果 finally 存在的话(上例中存在),任何执行 try 或者 catch 中的 return 语句之前,都会先执行 finally 语句。如果 finally 中有 return 语句,那么程序就返回并结束了,所以 finally 中的 return 语句是一定会被执行的。

5.2.2 函数

函数声明引入一个函数,包含其名称、参数列表、返回类型和函数体。一个包含两个 string 类型的参数且返回类型为 string 的函数示例如下。

```
function comb(a: string, b: string): string {
  let c: string = `${a} ${b}`;
  return c;
}
```

在函数声明中,需要为每个参数标记类型。如果参数为可选参数,那么允许在调用函数时省略该参数。可选参数的格式有以下两种。

第一种为 name?: Type。一个使用可选参数的函数示例如下。

```
function welcome(name?: string) {
  if (name == undefined) {
    console.log('Welcome!');
  } else {
    console.log(`Welcome ${name}!`);
  }
}
```

第二种为设置的参数默认值。如果在函数调用中这个参数被省略了,则会使用此参数的默认值作为实参。一个使用参数默认值的函数示例如下。

```
function mul(num: number, coeff: number = 2): number {
  return num * coeff;
}

mul(2);                                    //第 2 个参数使用默认值 2,返回 2 * 2
mul(2, 3);                                 //第 2 个参数使用传参 3,返回 2 * 3
```

函数的最后一个参数可以是 rest 参数。使用 rest 参数时,允许函数或方法接收任意数量的实参。一个使用 rest 参数的函数示例如下。

```
function mul(…nums: number[]): number {
  let res = 1;
  for (let num of nums)
    res *= num;
  return res;
}

mul()                                      //传递 0 个参数,返回 0
mul(1, 2, 3)                               //传递 3 个参数,返回 6
```

如果可以从函数体内推断出函数返回类型,那么可以在函数声明中将返回类型省略标注。此外,如果函数不需要返回值,那么其返回类型可以显式指定为 void 或直接省略标注。

这类函数在函数体内也不需要返回语句。函数中定义的变量和其他实例仅可以在函数内部访问，不能从外部访问。如果函数中定义的变量在外部作用域中已有实例同名，则函数内的局部变量定义将覆盖外部定义。

函数类型通常用于定义回调。一个将函数类型应用于回调的示例如下。

```
type trigFunc = (x: number) => number;                //定义一个函数类型

function do_action(f: trigFunc) {
  f(3.141592653589);                                  //调用函数
}

do_action(Math.sin);                                  //将函数作为参数传入
```

函数可以定义为箭头函数（Lambda 函数），箭头函数的返回类型可以省略，此时的返回类型通过函数体推断。表达式可以指定为箭头函数，使表达更简短。以下三种表达方式是等价的。

```
//表达方式 1
let sum1 = (x: number, y: number): number => {
  return x + y;
}
//表达方式 2
let sum1 = (x: number, y: number) => { return x + y; }
//表达方式 3
let sum1 = (x: number, y: number) => x + y;
```

箭头函数通常在另一个函数中定义。作为内部函数，它可以访问外部函数中定义的所有变量和函数。为了捕获上下文，内部函数将其环境组合成闭包，以允许内部函数在自身环境之外的访问。一个将箭头函数作为另一个函数 f 的内部函数的示例如下。

```
function f(): () => number {
  let cnt = 0;
  return (): number => { cnt++; return cnt; }      //内部函数，形成闭包，捕获 cnt 变量
}

let z = f();                                       //定义变量，关联函数 f
z();                                               //第 1 次调用，返回:1
z();                                               //第 2 次调用，返回:2
```

ArkTS 也允许函数重载。通过编写重载函数，指定函数的不同调用方式。具体的实现方法为：为同一个函数写入多个同名但签名不同的函数头，函数实现紧随其后。但是，不允许重载函数同时拥有相同的名字以及参数列表，否则将会编译报错。以下示例给出了名为 welcome 的两个不同的重载函数。

```
function welcome(): void;                          /* 第一个函数定义 */
function welcome (a: string): void;                /* 第二个函数定义 */
function welcome (a?: string): void {              /* 两个重载函数的实现 */
```

```
  console.log(a);
}

welcome ();                                    //使用第一个定义
welcome ('Welcome');                           //使用第二个定义
```

5.2.3 类

类声明引入一个新类型,并定义其字段、方法和构造函数。

【例 5-1】 Person 类。

```
class Person {
//第一个字段
  firstName: string = ''
//第二个字段
  lastName: string = ''
//第三个字段
static numberOfPersons = 0

//构造函数
  constructor (f: string, l: string) {
    this.firstName = f;
    this.lastName = l;
    Person.numberOfPersons++;
  }

//名称为 fullName 的方法
  fullName(): string {
    return this.firstName + ' ' + this.lastName;
  }
}
```

在以上示例中,给出了一个 Person 类,该类拥有三个字段,分别为 firstName、lastName 和 numberOfPersons,拥有一个构造函数和一个名称为 fullName 的方法。

完成类的定义后,有以下两种创建实例的方法。

方法一:使用关键字 new 创建实例。示例如下。

```
let p = new Person('Michael', 'Jordan');
console.log(p.fullName());
```

方法二:使用对象字面量创建实例。示例如下。

```
let p: Person = {firstName: 'Michael', lastName: 'Jordan'};
console.log(p.fullName());
```

在类中,字段是直接声明的某种类型的变量。类可以具有实例字段或者静态字段。其中,实例字段存在于类的每个实例上。每个实例都有自己的实例字段集合。要访问实例字段,需要使用类的实例。使用关键字 static 将字段声明为静态(如例 5-1 中的 numberOfPersons 字段)。静态字段属于类本身,类的所有实例共享一个静态字段。要访问静态字段,需要使用类名。

```
let p = new Person('Michael', 'Jordan');
console.log(p.firstName());                       //访问实例字段
Person.numberOfPersons;                           //访问静态字段
```

为了减少运行时的错误和获得更好的执行性能,ArkTS 要求所有字段在声明时或者构造函数中显式初始化。如果字段的值允许为 undefined,在编写代码时需要注意对 undefined 的特殊处理。

【例 5-2】 允许为 undefined 的字段。

```
class Person {
  name?: string                                   //可能为 undefined

  setName(n:string): void {
    this.name = n;
  }

  //编译时出错:name 可以是"undefined",但是返回值类型标记为 string
  getNameWrong(): string {
    return this.name;
  }

  //编译时正常:返回类型匹配 name 的类型
  getName(): string | undefined {
    return this.name;
  }
}

//实例化时没有对 name 赋值,也没有调用 jordan.setName('Jordan')
let jordan = new Person();

//编译时错误:编译器认为下一行代码有可能会访问 undefined 的属性,报错
jordan.getName().length;                          //编译失败

//编译时正常,没有运行时错误
jordan.getName()?.length;                         //编译成功
```

setter 和 getter 可用于提供对字段的受控访问,在类中可以定义 getter 或者 setter。

【例 5-3】 setter 和 getter 的用法。

```
class Person {
  name: string = ''
  private _age: number = 0

  get age(): number { return this._age; }
```

```
  set age(x: number) {
    if (x <= 0) {
      throw Error('Invalid age argument');
    }
    this._age = x;
  }
}


let p = new Person();                                  //实例化
console.log(p.age);                                    //输出 0
p.age = -42;                                           //设置无效 age 值会抛出错误
```

在以上示例中，setter 用于禁止将 age 属性设置为非正数值。

类可以定义实例方法或者静态方法。实例方法既可以访问静态字段，也可以访问实例字段，包括类的私有字段。例 5-1 中的 fullName()为实例方法，必须通过类的实例调用实例方法。

```
let p = new Person('Michael', 'Jordan');               //实例化
console.log(p.fullName());                             //通过实例调用实例方法
```

使用关键字 static 将方法声明为静态。静态方法属于类本身，只能访问静态字段。静态方法定义了类作为一个整体的公共行为。所有实例都可以访问静态方法。像静态实例一样，必须通过类名调用静态方法。

一个类可以继承另一个类(称为基类，也称为父类或超类)，并使用以下语法实现多个接口。

```
class [extends BaseClassName] [implements listOfInterfaces] {
  //…
}
```

继承类也称为"派生类"或"子类"，继承类继承基类的字段和方法，但不继承构造函数。继承类可以新增定义字段和方法，也可以覆盖其基类定义的方法。包含 implements 子句的类必须实现列出的接口中定义的所有方法，但使用默认实现定义的方法除外。关键字 super 可用于访问父类的实例字段、实例方法和构造函数。在实现子类功能时，可以通过该关键字从父类中获取所需接口。此外，子类可以重写其父类中定义的方法的实现。重写的方法可以在子类中用关键字 override 进行标记，以提高可读性。重写的方法必须具有与原始方法相同的参数类型和相同或派生的返回类型。

【例 5-4】 继承类。

```
//父类
class Person {
  name: string = ''
  private _age = 0
```

```
  constructor (n: string, a: number) {
      this.name = n;
      this._age = a;
    }

    get age(): number {
      return this._age;
    }

  sayHello(): string {
      return 'Say Hello.';
  }

  }

  //接口
  interface LifeInterface {
    life(): number;
  }

  //子类
  class Employee extends Person implements LifeInterface {
    salary: number = 0

  constructor (n: string, a: number, s: number) {
      super(n, a);                                      //①:父类构造函数的调用
      this.salary = s;
    }

  life(): number {
      //②:在此实现
      return super._age / 2;
    }

    calculateTaxes(): number {
      return this.salary * 0.42 / life();
    }

  //③:override 重写父类的 sayHello()方法
  override sayHello(): string {
      return 'Say Welcome ~';
  }
  }
```

以上示例代码中，子类 Employee 继承了父类 Person 和接口 LifeInterface，因此，子类需要实现接口 LifeInterface 中的所有方法。在 Employee 中访问了 Person 的_age 实例字段，因此在位置②处使用 super 关键字访问了该字段。此外，在位置①处，Employee 的构造函数中也使用了 super 关键字访问 Person 类构造函数。Person 类中定义了 sayHello()方法，Employee 类的输出内容与 Person 类不一致，因此在 Employee 类中重写了 sayHello()

方法，并且在位置③处的代码中用关键字 override 进行标记。

类中可以通过重载签名，指定方法的不同调用。具体方法与函数重载一致，为同一个方法写入多个同名但签名不同的方法头，方法实现紧随其后。但是，不允许重载函数同时拥有相同的名字以及参数列表，否则将会编译报错。

类声明可以包含用于初始化对象状态的构造函数。构造函数定义如下。

```
constructor ([parameters]) {
  //…
}
```

在类声明中可以不定义构造函数（例 5-2、例 5-3）。如果未定义构造函数，则会自动创建具有空参数列表的默认构造函数，此时默认构造函数使用字段类型的默认值来初始化实例中的字段。构造函数函数体的第一条语句可以使用关键字 super 来显式调用直接父类的构造函数（例 5-4 位置①处）。如果构造函数函数体不以父类构造函数的显式调用开始，则构造函数函数体隐式地以父类构造函数调用 super()开始。

此外，还可以通过编写重载签名，指定构造函数的不同调用方式。具体方法与函数重载一致，为同一个构造函数写入多个同名但签名不同的构造函数头，构造函数实现紧随其后。但是，不允许重载函数同时拥有相同的名字以及参数列表，否则将会编译报错。

类的方法和属性都可以使用可见性修饰符。可见性修饰符包括 private（私有）、protected（受保护）和 public（公有）。默认可见性为 public。public 修饰的类成员（字段、方法、构造函数）在程序的任何可访问该类的地方都是可见的。private 修饰的成员不能在声明该成员的类之外访问。protected 修饰符的作用与 private 修饰符非常相似，不同点是 protected 修饰的成员允许在派生类中访问。例如：

```
class Person {
  public name: string = ''
  private age: number = 0
  protected sex: string = ''

  set_age (new_age: number) {
    this.age = new_age;                    //运行正常，因为 age 在类本身中可以访问
  }
}

let man = new Person();
man.name = 'Jordan';                       //OK，该字段是公有的
man.sex = 'mal';                           //OK，该字段是受保护的
man.age = 20;                              //编译时错误：该字段在类外不可见
```

5.2.4 接口

接口声明引入新类型。接口是定义代码协定的常见方式。任何一个类的实例只要实现了特定接口，就可以通过该接口实现多态。接口通常包含属性和方法的声明。定义接口及实现接口的类示例如下。

```
//接口定义
interface AreaSize {
  calculateAreaSize(): number                    //方法的声明
  someMethod(): void;                            //方法的声明
}

//类实现接口
class RectangleSize implements AreaSize {
  private width: number = 0
  private height: number = 0

  someMethod(): void {
    console.log('someMethod called');
  }

  calculateAreaSize(): number {
    this.someMethod();                           //调用另一个方法并返回结果
    return this.width * this.height;
  }
}
```

接口属性可以是字段、getter、setter 或 getter 和 setter 组合的形式。属性字段只是 getter/setter 对的便捷写法，即以下两种写法是等价的。

```
//写法一
interface Style {
  color: string
}

//写法二
interface Style {
  get color(): string
  set color(x: string)
}
```

接口可以使用 extends 关键字继承其他接口，继承接口包含被继承接口的所有属性和方法，还可以添加自己的属性和方法。示例如下。

```
interface Style {
  font: string
}

//继承接口，继承了被继承接口的 font 属性
interface ExtendedStyle extends Style {
  height: number
}
```

5.2.5 泛型类型和函数

泛型类型和函数允许创建的代码在各种类型上运行,而不仅支持单一类型。

类和接口可以定义为泛型,将参数添加到类型定义中,当要使用类或接口时,必须为每个类型参数指定类型实参。编译器在使用泛型类型和函数的时候会确保类型安全。

```
//将类 SampleStack 定义为泛型
class SampleStack<Element> {
  public push(e: Element):void {
    //…
  }
}

//实例化类时为类型参数指定 string 类型实参
let s = new SampleStack<string>();
s.push('Welcome');                                    //OK,运行正常
s.push(55);                                           //将会产生编译时错误
```

泛型类型的类型参数可以绑定。例如,HashMap<Key, Value>容器中的 Key 类型参数必须具有哈希方法,即它应该是可哈希的。以下的示例代码中,Key 类型扩展了 Hashable,Hashable 接口的所有方法都可以为 key 调用。

```
interface Hashable {
  hash(): number
}

class HasMap<Key extends Hashable, Value> {
  public set(k: Key, v: Value) {
    let h = k.hash();
    //…其他代码…
  }
}
```

使用泛型函数可编写更通用的代码。例如,需要为任何数组定义相同的函数,实现返回数组最后一个元素,使用类型参数将该函数定义为泛型:

```
function last<T>(x: T[]): T {
  return x[x.length - 1];
}
```

上述函数可以与任何数组一起使用。在函数调用时,类型实参可以显式或隐式设置。

```
//显式设置的类型实参
last<string>(['aaa', 'bbb']);
last<number>([10, 9, 8]);

//隐式设置的类型实参
last([10, 9, 8]);                          //编译器根据调用参数的类型来确定类型实参
```

泛型类型的类型参数可以设置默认值，这样可以不指定实际的类型实参，而只使用泛型类型名称。

```
//示例一：类
class CertainKind {}
interface Style <T1 = CertainKind> { }
class Base <T2 = CertainKind> { }
//以下两种类定义方式在语义上等价
class Sample1 extends Base implements Style { }
class Sample2 extends Base<CertainKind> implements Style<CertainKind> { }


//示例二：函数
function welcome<T = string> (): T {
  //…
}

//以下两种函数调用方式在语义上等价
welcome ();
welcome <string> ();
```

5.2.6　空安全

默认情况下，ArkTS 中的所有类型都是不可为空的，因此类型的值不能为空。但是，可以为空值的变量定义为联合类型 T | null。以下示例代码中，前三行代码在编译时都会发生错误，第四行代码的定义方式能够正常编译通过。

```
let a: number = null;                                   //编译时错误
let b: string = null;                                   //编译时错误
let c: number[] = null;                                 //编译时错误
let d: number | null = null;                            //OK,正常运行
d = 1;                                                  //OK,正常运行
d = null;                                               //OK,正常运行
if (d != null) { /* do something */ }
let x: number
x = d + 1;                                              //编译时报错:无法对可空值作加法
x = d! + 1;                                             //OK,正常运行
```

当操作数为联合类型时，后缀运算符!可用于断言其操作数为非空。当应用于空值时，运算符将抛出错误；否则，值的类型将从 T | null 更改为 T。在以上示例代码中，x = d + 1；编译时报错，因为无法对可空值作加法；而 x = d! + 1；能够正常运行。

空值合并二元运算符??用于检查左侧表达式的求值是否等于 null。如果是，则表达式的结果为右侧表达式；否则，结果为左侧表达式。即 a ?? b 等价于三元运算符 a != null ? a : b。

在访问对象属性时，如果该属性是 undefined 或者 null，可选链运算符会返回 undefined。

【例 5-5】 可选链运算符示例。

```
class Person {
  name: string | null = null
  child? : Person

  setChild(child: Person): void {
    this.child = child;
  }

  getChildName(): string | null | undefined {
    return this.child? .name;
  }

  constructor(name: string) {
    this.name = name;
    this.child = undefined;
  }
}

let p: Person = new Person('Jordan');
console.log(p.child? .name);                        //打印 undefined
```

在以上示例代码中,getChildName 的返回类型必须为 string | null | undefined,因为该方法可能返回 null 或者 undefined。可选链可以任意长,可以包含任意数量的?.运算符。假如一个 Person 的实例有不为空的 child 属性,且 child 有不为空的 name 属性,则输出 child.name;否则,输出 undefined。

5.2.7 模块

程序可以划分为多组编译单元或模块,每个模块都有其自己的作用域。在模块中创建的任何声明(变量、函数、类等)在该模块之外都不可见,除非它们被显式导出。与此相对,从另一个模块导出的变量、函数、类、接口等必须首先导入模块中。

使用关键字 export 导出顶层的声明。未导出的声明名称被视为私有名称,只能在声明该名称的模块中使用。

```
//导出类
export class Point {
  x: number = 0
  y: number = 0
  constructor(x: number, y: number) {
    this.x = x;
    this.y = y;
  }
}
//导出变量
export let pt = new Point(0, 0);
//导出函数
```

```
export function Distance(p1: Point, p2: Point): number {
  return Math.sqrt((p2.x - p1.x) * (p2.x - p1.x) + (p2.y - p1.y) * (p2.y - p1.y));
}
```

通过 export 方式导出，在导入时要加{}。

导入声明用于导入从其他模块导出的实体，并在当前模块中提供其绑定。导入声明由两部分组成：一是导入路径，用于指定导入的模块；二是导入绑定，用于定义导入的模块中的可用实体集和使用形式（限定或不限定使用）。

导入绑定有以下三种形式。

(1) 假设模块具有路径“./utils”和导出实体“A”和“B”。导入绑定 * as X 表示绑定名称“X”，通过 X.name 可访问从导入路径指定的模块导出的所有实体。示例如下。

```
import * as Utils from './utils'
Utils.A                                        //表示来自 Utils 的 A
Utils.B                                        //表示来自 Utils 的 B
```

(2) 导入绑定{ ident1, …, ident$N$ }表示将导出的实体与指定名称绑定，该名称可以用作简单名称。示例如下。

```
import { A, B } from './utils'
A                                              //表示来自 Utils 的 A
B                                              //表示来自 Utils 的 B
```

(3) 如果标识符列表定义了 ident as alias，则实体 ident 将绑定在名称 alias 下。示例如下。

```
import { A as X, B } from './utils'
X                                              //表示来自 Utils 的 X
B                                              //表示来自 Utils 的 Y
A                                              //编译时错误：'A'不可见
```

HarmonyOS SDK 提供的开放能力（接口）也需要在导入声明后使用。可直接导入接口模块来使用该模块内的所有接口能力，例如：

```
import UIAbility from '@ohos.app.ability.UIAbility';
```

SDK 对同一个 Kit（工具箱）下的接口模块进行了封装，开发者在示例代码中可通过导入 Kit 的方式来使用 Kit 所包含的接口能力。其中，Kit 封装的接口模块可查看 SDK 目录下 Kit 子目录中各 Kit 的定义。

通过导入 Kit 方式使用开放能力有以下三种方式。

(1) 导入 Kit 下单个模块的接口能力。例如：

```
import { UIAbility } from '@kit.AbilityKit';
```

(2) 导入 Kit 下多个模块的接口能力。例如：

```
import { UIAbility, Ability, Context } from '@kit.AbilityKit';
```

(3) 导入 Kit 包含的所有模块的接口能力。例如:

```
import * as module from '@kit.AbilityKit';
```

其中,"module"为别名,可自定义,然后通过该名称调用模块的接口。此外,该方式可能会导入过多无须使用的模块,导致编译后的 HAP 包太大,占用过多资源,请谨慎使用。

模块可以包含除 return 语句外的任何模块级语句。如果模块包含主函数(程序入口),则模块的顶层语句将在此函数的函数体之前执行;否则,这些语句将在执行模块的其他功能之前执行。

程序(应用)的入口是顶层主函数。主函数应具有空参数列表或只有 string[]类型的参数。

```
function main() {
  console.log('this is the program entry');
}
```

5.3 ArkTS 编程规范

尽管 ArkTS 是基于 TypeScript 设计的,但出于性能考虑,ArkTS 在保持 TypeScript 基本语法风格的基础上,进一步通过规范强化静态检查和分析,限制了部分 TypeScript 的特性,使得在程序开发期能检测更多错误,提升程序稳定性,并实现更好的运行性能。

规范 1:对象的属性名必须是合法的标识符。在 ArkTS 中,对象的属性名不能为数字或字符串。例外:ArkTS 支持属性名为字符串字面量和枚举中的字符串值。通过属性名访问类的属性,通过数值索引访问数组元素。

```
//定义枚举
enum Test {
  A = 'aaa',
  B = 'bbb'
}

let obj: Record<string, number> = {
  [Test.A]: 1,                                    //枚举中的字符串值,正常运行
  [Test.B]: 2,                                    //枚举中的字符串值,正常运行
  ['value']: 3                                    //字符串字面量,正常运行
}

var x = { 'name': 'x', 2: '3' };                  //对象的属性名为数字,运行错误
```

规范 2:不支持 Symbol() API。在 ArkTS 中,对象布局在编译时就确定了,且不能在运行时被更改。ArkTS 只支持 Symbol.iterator。

规范 3：不支持以＃开头的私有字段，私有字段改为使用 private 关键字。

```
class C {
  private foo: number = 42
}
```

规范 4：类型（类、接口、枚举）、命名空间的命名必须唯一，且与其他名称（如变量名、函数名）不同。

```
let X: string
type T = number[]                                    //为避免名称冲突，此处不允许使用 X
```

规范 5：使用 let 而非 var。let 关键字可以在块级作用域中声明变量，帮助开发人员避免错误。因此，ArkTS 不支持 var，需要改用 let 声明变量。

```
function fun(shouldInitialize: boolean): string {
  let x: string = 'a';
  if (shouldInitialize) {
    x = 'b';
  }
  return x;
}

console.log(fun(true));                              //b
console.log(fun(false));                             //a

let upper_let = 0;
var scoped_var = 0;                                  //禁用 var 关键字，编译时错误
{
  let scoped_let = 0;
  upper_let = 5;
}
scoped_var = 5;
scoped_let = 5;                                      //超出块级作用域，编译时错误
```

规范 6：使用具体的类型而非 any 或 unknown。ArkTS 规定程序需要显式指定具体类型，不支持 any 和 unknown 类型。

```
let value_b: boolean = true;                         //或者 let value_b = true
let value_n: number = 42;                            //或者 let value_n = 42
let value_o1: Object = true;
let value_o2: Object = 42;
let value_y: any;                                    //使用 any 类型，编译时错误
value_y = true;
```

规范 7：使用 class 而非具有 call signature 的类型。ArkTS 不支持对象类型中包含 call signature。

```
//ArkTS 不支持使用具有 call signature 的类型
type DescribableFunction = {
  description: string
  (someArg: string): string                          //call signature,编译时错误
}

//ArkTS 支持使用 class
class DescribableFunction {
  description: string
  public invoke(someArg: string): string {
    return someArg;
  }
  constructor() {
    this.description = 'desc';
  }
}

function doSomething(fn: DescribableFunction): void {
  console.log(fn.description + ' returned ' + fn.invoke(6));
}

doSomething(new DescribableFunction());
```

规范 8：使用 class 而非具有构造签名的类型。ArkTS 不支持对象类型中的构造签名，需要改用类。

```
class SomeObject {
  public f: string
  constructor (s: string) {
    this.f = s;
  }
}

function fn(s: string): SomeObject {
  return new SomeObject(s);
}
```

规范 9：仅支持一个静态块。ArkTS 不允许类中有多个静态块，如果存在多个静态块语句，需要将多个静态块合并到一个静态块中。静态块语法格式为

```
static {
    //静态块语句内容
  }
```

规范 10：不支持 index signature，需要改用数组。

```
//带 index signature 的接口,ArkTS 不支持
interface StringArray {
  [index: number]: string
```

```
}

function getStringArray(): StringArray {
  return ['a', 'b', 'c'];
}

const myArray: StringArray = getStringArray();
const secondItem = myArray[1];

//将上述代码改为 ArkTS 支持的数组形式
class StringClassArr {
  public getStringArr: string[] = ['a', 'b', 'c']
}

let myArray: X = new X();
const secondItem = myArray.f[1];
```

规范 11：目前 ArkTS 不支持 intersection type，可以使用继承作为替代方案。

```
interface Identity {
  id: number
  name: string
}

interface Contact {
  email: string
  phoneNumber: string
}

//该形式 ArkTS 不支持
type Employee = Identity & Contact

//ArkTS 支持的继承方式
interface Employee extends Identity,  Contact {}
```

规范 12：不支持 this 类型，需要改用显式具体类型。

```
interface ListItem {
  getHead(): this                                    //ArkTS 不支持
  getHead(): ListItem                                //ArkTS 支持
}
```

规范 13：不支持条件类型。ArkTS 不支持条件类型别名，引入带显式约束的新类型，或使用 Object 重写逻辑。不支持 infer 关键字。

```
//在类型别名中提供显式约束
type X1<T extends number> = T

//用 Object 重写逻辑，类型控制较少，需要更多的类型检查以确保安全
```

```
type X2<T> = Object

//Item 必须作为泛型参数使用,并能正确实例化
type YI<Item, T extends Array<Item>> = Item
```

规范 14：不支持在 constructor 中声明字段，需要在 class 中声明这些字段。

```
class Person {
  protected ssn: string
  private firstName: string
  private lastName: string

  constructor(ssn: string, firstName: string, lastName: string) {
    this.ssn = ssn;
    this.firstName = firstName;
    this.lastName = lastName;
  }

  getFullName(): string {
    return this.firstName + ' ' + this.lastName;
  }
}
```

规范 15：接口中不支持构造签名，需要改用函数或者方法。

```
interface I {
  create(s: string): I
}

function fn(i: I) {
  return i.create('hello');
}
```

规范 16：不支持索引访问类型，也不支持通过索引访问字段。ArkTS 不支持动态声明字段，不支持动态访问字段。只能访问已在类中声明或者继承可见的字段，访问其他字段将会造成编译时错误。使用点操作符访问字段，例如 obj.field，不支持索引访问（如 obj[field]）。ArkTS 支持通过索引访问 TypedArray（如 Int32Array）中的元素。

```
//示例 1
class Point {
  x: string = ''
  y: string = ''
}

let p: Point = {x: '1', y: '2'};
console.log(p.x);
console.log(p['x']);                                    //编译时错误

//示例 2
```

```
class Person {
  name: string
  age: number
  email: string
  phoneNumber: string

  constructor(name: string, age: number, email: string,
        phoneNumber: string) {
    this.name = name;
    this.age = age;
    this.email = email;
    this.phoneNumber = phoneNumber;
  }
}

let person = new Person('John', 30, '***@example.com', '18*********');
console.log(person['name']);                          //编译时错误
console.log(person.unknownProperty);                  //编译时错误

//示例 3
let arr = new Int32Array(1);
arr[0];
```

规范 17：不支持 structural typing。由于对 structural typing 的支持是一个重大的特性，需要在语言规范、编译器和运行时进行大量的考虑和仔细地实现。另外，由于 ArkTS 使用静态类型，运行时为了支持这个特性需要额外的性能开销。因此，当前 ArkTS 还不支持该特性。

```
class T {
  public name: string = ''

  public greet(): void {
    console.log('Hello, ' + this.name);
  }
}

class U {
  public name: string = ''

  public greet(): void {
    console.log('Greetings, ' + this.name);
  }
}

let u: U = new T();    //①不被允许，不能把类型为 T 的值赋给类型为 U 的变量

function greeter(u: U) {
  console.log('To ' + u.name);
```

```
  u.greet();
}

let t: T = new T();
greeter(t);             //②不被允许,不能把类型为 T 的值传递给接收类型为 U 的参数的函数
```

在以上代码示例中,虽然两个不相关的类 T 和 U 拥有相同的 public API,但是 T 和 U 没有继承关系或没有 implements 相同的接口,应当始终被视为完全不同的类型,所以位置①和位置②处的两种代码的写法都是不被允许的。

规范 18:类型、命名空间的命名必须唯一。类型(类、接口、枚举)、命名空间的命名必须唯一,且与其他名称(如变量名、函数名)不同。

```
let X: string
type X = number[]                                   //类型的别名与变量同名,不支持
type T = number[]                                   //类型的别名与变量不同名,支持
```

规范 19:需要显式标注泛型函数类型实参。如果可以从传递给泛型函数的参数中推断出具体类型,ArkTS 允许省略泛型类型实参;否则,省略泛型类型实参会发生编译时错误。禁止仅基于泛型函数返回类型推断泛型类型参数。

```
function choose<T>(x: T, y: T): T {
  return Math.random() < 0.5 ? x: y;
}

let x = choose(21, 34);                             //推断 choose<number>(…)
let y = choose('21', 34);                           //编译时错误

function greet<T>(): T {
  return 'Welcome' as T;
}
let z = greet<string>();
```

规范 20:需要显式标注对象字面量的类型。在 ArkTS 中,需要显式标注对象字面量的类型;否则,将发生编译时错误。在某些场景下,编译器可以根据上下文推断出字面量的类型。但是,在以下上下文中不支持使用字面量初始化类和接口。

(1) 初始化具有 any、Object 或 object 类型的任何对象。

(2) 初始化带有方法的类或接口。

(3) 初始化包含自定义含参数的构造函数的类。

(4) 初始化带有 readonly 字段的类。

```
//示例 1
class C1 {
  n: number = 0
  s: string = ''
}
```

```
let o1: C1 = {n: 42, s: 'foo'};
let o2: C1 = {n: 42, s: 'foo'};
let o3: C1 = {n: 42, s: 'foo'};

let oo: C1[] = [{n: 1, s: '1'}, {n: 2, s: '2'}];

//示例 2
class C2 {
  s: string
  constructor(s: string) {
    this.s = 's =' + s;
  }
}
let o4 = new C2('foo');

//示例 3
class C3 {
  n: number = 0
  s: string = ''
}
let o5: C3 = {n: 42, s: 'foo'};
//示例 4
abstract class A {}
class C extends A {}
let o6: C = {};                                    //或 let o6: C = new C()

//示例 5
class C4 {
  n: number = 0
  s: string = ''
  f() {
    console.log('Hello');
  }
}
let o7 = new C4();
o7.n = 42;
o7.s = 'foo';

//示例 6
class Point {
  x: number = 0
  y: number = 0

  //在字面量初始化之前,使用 constructor()创建一个有效对象
  //由于没有为 Point 定义构造函数,编译器将自动添加一个默认构造函数
}

function id_x_y(o: Point): Point {
  return o;
}
```

```
//字面量初始化需要显式定义类型
let p: Point = {x: 5, y: 10};
id_x_y(p);

//id_x_y 接收 Point 类型,字面量初始化生成一个 Point 的新实例
id_x_y({x: 5, y: 10});
```

规范 21：对象字面量不能用于类型声明。ArkTS 不支持使用对象字面量声明类型，可以使用类或者接口声明类型。

```
class O {
  x: number = 0
  y: number = 0
}

let o: O = {x: 2, y: 3};

type S = Set<O>
```

规范 22：使用箭头函数而非函数表达式。

```
//支持
let f = (s: string) => {
  console.log(s);
}

//不支持
let f = function (s: string) {
  console.log(s);
}
```

规范 23：ArkTS 不支持泛型箭头函数，使用泛型函数而非泛型箭头函数。

```
function generic_func<T extends String>(x: T): T {
  return x;
}

generic_func<String>('string');
```

规范 24：ArkTS 不支持使用类表达式，必须显式声明一个类。

```
class Rectangle {
  constructor(height: number, width: number) {
    this.height = height;
    this.width = width;
  }

  height: number
```

```
  width: number
}

const rectangle = new Rectangle(0.0, 0.0);
```

规范 25：ArkTS 不允许类被 implements，只有接口可以被 implements。

```
interface C {
  foo(): void
}

class C1 implements C {
  foo() {}
}
```

规范 26：ArkTS 不支持修改对象的方法。在静态语言中，对象的布局是确定的。一个类的所有对象实例享有同一个方法。如果需要为某个特定的对象增加方法，可以封装函数或者使用继承的机制。

```
class C {
  foo() {
    console.log('foo');
  }
}

class Derived extends C {
  foo() {
    console.log('Extra');
    super.foo();
  }
}

function bar() {
  console.log('bar');
}

let c1 = new C();
let c2 = new C();
c1.foo();                                              //foo
c2.foo();                                              //foo

let c3 = new Derived();
c3.foo();                                              //Extra foo
```

规范 27：在 ArkTS 中，as 关键字是类型转换的唯一语法，错误的类型转换会导致编译时错误或者运行时抛出 ClassCastException 异常。ArkTS 不支持使用<type>语法进行类型转换。当需要将 private 类型（如 number 或 boolean）转换成引用类型时，可以使用 new 表达式。

```
class Shape {}
class Circle extends Shape { x: number = 5 }
class Square extends Shape { y: string = 'a' }

function createShape(): Shape {
  return new Circle();
}

let c2 = createShape() as Circle;

//运行时抛出 ClassCastException 异常
let c3 = createShape() as Square;

//创建 Number 对象,获得预期结果
let e2 = (new Number(5.0)) instanceof Number;     //true
```

规范 28：ArkTS 仅允许一元运算符(+、-和~)用于数值类型,否则会发生编译时错误。

```
let a = +5;                                //5(number 类型)
let b = +'5';                              //编译时错误
let c = -5;                                //-5(number 类型)
let d = -'5';                              //编译时错误
let e = ~5;                                //-6(number 类型)
let f = ~'5';                              //编译时错误
let g = +'string';                         //编译时错误

function returnTen(): string {
  return '-10';
}

function returnString(): string {
  return 'string';
}

let x = +returnTen();                      //编译时错误
let y = +returnString();                   //编译时错误
```

规范 29：ArkTS 中,对象布局在编译时就确定了,且不能在运行时被更改。因此,删除属性的操作没有意义,所以,ArkTS 不支持 delete 运算符。

```
class Point {
  x: number | null = 0
  y: number | null = 0
}

let p = new Point();
delete p.y;                                //不支持
p.y = null;                                //声明一个可空类型并使用 null 作为默认值
```

规范30：ArkTS仅支持在表达式中使用typeof运算符，不允许使用typeof作为类型。

```
let n1 = 42;
let s1 = 'foo';
console.log(typeof n1);                              //'number'
console.log(typeof s1);                              //'string'
let n2: number
let s2: typeof s1                                    //不支持
```

规范31：在ArkTS中，instanceof运算符的左操作数的类型必须为引用类型(如对象、数组或者函数)，否则会发生编译时错误。此外，在ArkTS中，instanceof运算符的左操作数不能是类型，必须是对象的实例。

由于在ArkTS中，对象布局在编译时是已知的并且在运行时无法修改，因此不支持in运算符。如果仍需检查某些类成员是否存在，可使用instanceof代替。

```
class Person {
  name: string = ''
}
let p = new Person();

let b = 'sex' in p;                                  //不支持
let c = p instanceof Person;                         //true,且属性name一定存在
```

规范32：为了方便理解执行顺序，在ArkTS中，逗号运算符仅适用于for循环语句中。注意与声明变量、函数参数传递时的逗号分隔符不同。

```
for (let i = 0, j = 0; i < 10; ++i, j += 2) {
  //…
}

//通过语句表示执行顺序,而非逗号运算符
let x = 0;
++x;
x = x++;
let y = 0;
y = (++y, y++);                                      //不支持
```

规范33：不支持for…in。由于在ArkTS中，对象布局在编译时是确定的，且不能在运行时被改变，所以不支持使用for…in迭代一个对象的属性。对于数组来说，可以使用常规的for循环。

```
let a: string[] = ['1.0', '2.0', '3.0'];
for (let i = 0; i < a.length; ++i) {
  console.log(a[i]);
}

//以下方式不支持
for (let i in a) {
```

```
    console.log(a[i]);
  }
```

规范 34：ArkTS 只支持抛出 Error 类或其派生类的实例。禁止抛出其他类型（如 number 或 string）的数据。

```
throw new Error();                                          //支持
throw '';                                                   //不支持
```

规范 35：限制省略函数返回类型标注。ArkTS 在部分场景中支持对函数返回类型进行推断。当 return 语句中的表达式是对某个函数或方法进行调用，且该函数或方法的返回类型没有被显著标注时，会出现编译时错误。在这种情况下，开发人员需要标注函数返回类型。

```
//需标注返回类型
function f(x: number): number {
  if (x <= 0) {
    return x;
  }
  return g(x);
}

//可以省略返回类型,返回类型可以从 f 的类型标注推导得到
function g(x: number): number {
  return f(x - 1);
}

//可以省略返回类型
function doOperation(x: number, y: number) {
  return x + y;
}

f(10);
doOperation(2, 3);
```

规范 36：ArkTS 不支持参数解构的函数声明，要求实参必须直接传递给函数，且必须指定到形参。

```
function drawText(text: String, location: number[], bold: boolean) {
  let x = location[0];
  let y = location[1];
  text;
  x;
  y;
  bold;
}

function main() {
```

```
  drawText('Hello, world!', [100, 50], true);
}
```

规范 37：ArkTS 不支持在函数内声明函数，可以使用 Lambda 函数。

```
function addNum(a: number, b: number): void {
  //使用 Lambda 函数代替声明函数
  let logToConsole: (message: string) => void = (message: string): void => {
    console.log(message);
  }

  let result = a + b;

  logToConsole('result is ' + result);
}
```

规范 38：ArkTS 不支持在函数和类的静态方法中使用 this，只能在类的实例方法中使用 this。

```
class A {
  count: string = 'a'
  m(i: string): void {
    this.count = i;                                     //true
  }
}

function main(): void {
  let a = new A();
  console.log(a.count);                                 //打印 a
  a.m('b');
  console.log(a.count);                                 //打印 b
}
```

规范 39：接口不能继承具有相同方法的两个接口。由于一个接口中不能包含两个无法区分的方法（例如，两个参数列表相同但返回类型不同的方法），因此，接口不能继承具有相同方法的两个接口。

```
interface Mover {
  getStatus(): { speed: number }
}

interface Shaker {
  getStatus(): { frequency: number }
}

//由于 Mover 和 Shaker 具有相同的方法，因此以下代码不支持
interface MoverShaker extends Mover, Shaker {
  getStatus(): {
    speed: number
```

```
    frequency: number
  }
}
```

规范 40：只能使用类型相同的编译时表达式初始化枚举成员。ArkTS 不支持使用在运行期间才能计算的表达式来初始化枚举成员。此外，枚举中所有显式初始化的成员必须具有相同的类型。

```
enum E1 {
  A = 0xa,
  B = 0xb,
  C = 0xc,
  D = 0xd,
  E                                          //推断出 0xe
}

enum E2 {
  A = '0xa',
  B = '0xb',
  C = '0xc',
  D = '0xd'
}
```

规范 41：不支持在模块名中使用通配符。由于在 ArkTS 中，导入是编译时而非运行时行为，因此，不支持在模块名中使用通配符。

```
//声明
declare namespace N {
  function foo(x: number): number
}

//使用代码
import * as m from 'module'
console.log('N.foo called: ' + N.foo(42));
```

规范 42：限制使用 ESObject 类型。为了防止动态对象（来自.ts/.js 文件）在静态代码（.ets 文件）中的滥用，ESObject 类型在 ArkTS 中的使用是受限的。唯一允许使用 ESObject 类型的场景是将其用在局部变量的声明中。ESObject 类型变量的赋值也是受限的，只能被来自跨语言调用的对象赋值，例如，ESObject、any、unknown、匿名类型等类型的变量。禁止使用静态类型的值（在.ets 文件中定义的）初始化 ESObject 类型变量。ESObject 类型变量只能用在跨语言调用的函数里或者赋值给另一个 ESObject 类型变量。

```
//lib.d.ts
declare function foo(): any;
declare function bar(a: any): number;

//main.ets
```

```
let e0: ESObject = foo();        //编译时错误:ESObject 类型只能用于局部变量

function f() {
  let e1 = foo();                //编译时错误:e1 的类型是 any
  let e2: ESObject = 1;          //编译时错误:不能用非动态值初始化 ESObject 类型变量
  let e3: ESObject = {};         //编译时错误:不能用非动态值初始化 ESObject 类型变量
  let e4: ESObject = [];         //编译时错误:不能用非动态值初始化 ESObject 类型变量
  let e5: ESObject = '';         //编译时错误:不能用非动态值初始化 ESObject 类型变量
  e5['prop'];                    //编译时错误:不能访问 ESObject 类型变量的属性
  e5[1];                         //编译时错误:不能访问 ESObject 类型变量的属性
  e5.prop;                       //编译时错误:不能访问 ESObject 类型变量的属性

  let e6: ESObject = foo();      //OK,显式标注 ESObject 类型
  let e7 = e6;                   //OK,使用 ESObject 类型赋值
  bar(e7);                       //OK,ESObject 类型变量传给跨语言调用的函数
}
```

5.4　声明式 UI

UI,即用户界面。开发人员可以将应用的用户界面设计为多个功能页面,每个页面进行单独的文件管理,并通过页面路由 API 完成页面间的调度管理,如跳转、回退等操作,以实现应用内的功能解耦。

声明(Declaration)是在程序的某个位置借助于关键字声明一个以后将被用到的变量、函数等,并不会分配内存空间,也不会产生真正的指令。声明仅告诉编译器该标识符的名称、返回类型和参数类型等信息。声明使得源代码不仅可以正确编译,也可以调用在其他源代码文件或库文件中定义的函数或对象,节省时间和空间,也提高了代码的可维护性。此外,声明还可以避免循环依赖问题,例如,在头文件中声明函数名,同时在后面的文件中定义该函数,这样就避免了代码中可能出现的循环引用问题。ArkTS 以声明方式组合和扩展组件来描述应用程序的 UI,同时还提供了基本的属性、事件和子组件配置方法,帮助开发人员实现应用交互逻辑。

5.4.1　声明式 UI 与命令式 UI 的区别与联系

声明式 UI(Declarative UI)和命令式 UI(Imperative UI)是两种不同的 UI 开发方式,它们在设计思想和编程范式上存在一些区别和联系。

1. 区别

在设计思想方面,声明式 UI 更注重描述界面的最终展现是怎么样的,而不关注如何实现它;命令式 UI 则更加关注实现的具体步骤和过程。在代码风格方面,声明式 UI 使用更抽象、更高级的语法,通常使用配置、声明或描述来构建 UI;命令式 UI 更侧重于编写详细的指令和操作来控制 UI 的构建和交互。在可维护性方面,声明式 UI 更易于维护,因为它的代码更清晰、简洁,易于理解;命令式 UI 则可能更复杂、更冗长,因为需要明确指定每个步骤和操作的细节。

2. 联系

在设计目的方面，声明式 UI 和命令式 UI 都是用于构建 UI，无论是声明式 UI 还是命令式 UI，最终都是为了构建 UI，实现相同的显示效果和交互行为。在功能实现方面，无论是声明式 UI 还是命令式 UI，都需要使用底层的编程语言和框架来实现功能，只是在编码风格和表达方式上存在差异。

总体而言，声明式 UI 更注重描述和表达界面的最终呈现，代码更为简洁和易读，而命令式 UI 则是需要控制和操作界面的细节。

5.4.2 创建组件时的声明式 UI 描述

根据组件构造方法的不同，创建组件（无须使用 new 运算符）包含有参数和无参数两种方式。

1. 创建无参数的组件

当组件的接口定义没有包含必选的构造参数时，则组件后面的“()”不需要配置任何内容。

创建组件示例如下。

```
Column() {
    Text('item 1')
    Divider()
    Text('item 2')
}
```

在上述代码片段中，Divider 组件的构造方法中不包含构造参数，因此，Divider 组件后面的“()”内未配置任何内容。

2. 创建有参数的组件

如果组件的接口定义中包含构造参数，则在组件后面的“()”中应当配置相应参数。

创建组件示例如下。

```
Image('https://xyz/test.jpg')
```

在上述代码片段中，Image 组件的构造方法中含有构造参数，因此，Image 组件后面的“()”内需要包含参数 src(上例中为“https://xyz/test.jpg”)。

然而，有的组件构造方法不唯一，其中包括有构造参数的构造方法和不含构造参数的构造方法。

Text 组件示例如下。

```
//无参数形式
Text()
//string 类型的参数
Text('test')
//$r 形式引入应用资源,可应用于多语言场景
Text($r('app.string.title_value'))
```

在上述代码片段中，Text 组件的构造方法不唯一，“()”内的参数 content 是非必需的，可以不包含参数(第 2 行)，也可以包含 string 类型的参数(第 4 行)，还可以包含 $r 形式引入的应用资源(第 6 行)。

3. 变量或表达式进行参数赋值

变量或表达式也可以用于参数赋值，其中，表达式返回的结果类型必须满足参数类型要求。

变量或表达式用于组件参数赋值示例如下。

```
//变量构造 Image 的参数
Image(this.imagePath)
//表达式构造 Image 的参数
Image('https://' + this.imageUrl)
//表达式构造 Text 的参数
Text(`count: ${this.count}`)
```

在上述代码片段中，设置变量或表达式来构造 Image 和 Text 组件的参数。

5.4.3　配置属性时的声明式 UI 描述

属性方法以“.”链式调用的方式配置系统组件的样式和其他属性，建议每个属性方法单独写一行。

```
Text('test')
  .fontSize(12)
```

在上述代码片段中，第 2 行实现了配置 Text 组件中显示的文字的字体大小。

```
Image('test.jpg')
  .alt('error.jpg')
  .width(100)
  .height(100)
```

在上述代码片段中，实现了配置 Image 组件的多个属性(第 2～4 行)。

在配置属性时，除了上述代码示例中可以直接传递常量参数外，实际应用中还常常通过传递变量或表达式的形式来实现属性配置。

```
Text('hello')
  .fontSize(this.size)
Image('test.jpg')
  .width(this.count % 2 === 0 ? 100 : 200)
  .height(this.offset + 100)
```

在上述代码片段中，第 2 行实现了传递变量实现 Text 组件的属性配置，第 4 行和第 5 行实现了传递变量以及表达式实现 Image 组件的属性配置。

对于系统组件，预定义了一些枚举类型供开发人员调用，枚举类型可以作为属性配置时的参数，但必须满足参数类型要求。

```
Text('hello')
  .fontSize(20)
  .fontColor(Color.Red)
  .fontWeight(FontWeight.Bold)
```

在上述代码片段中，第 3 行实现了 Text 组件的颜色属性配置，第 4 行实现了 Text 组件的字体样式属性配置。

5.4.4 配置事件时的声明式 UI 描述

事件方法以“.”链式调用的方式配置系统组件支持的事件，建议每个事件方法单独写一行。

```
Button('Click me')
  .onClick(() => {
    this.myText = 'ArkTS';
  })
```

在上述代码片段中，使用了 Lambda 表达式配置 Button 组件的事件方法。

```
Button('add counter')
  .onClick(function(){
    this.counter += 2;
  }.bind(this))
```

在上述代码片段中，使用了匿名函数表达式配置 Button 组件的事件方法，要求使用 bind，以确保函数体中的 this 指向当前组件。

```
myClickHandler(): void {
  this.counter += 2;
}
...
Button('add counter')
  .onClick(this.myClickHandler.bind(this))
```

在上述代码片段中，使用了 Button 组件的成员函数配置组件的事件方法。

5.4.5 配置子组件时的声明式 UI 描述

如果组件支持子组件配置，则需在尾随闭包“{…}”中为组件添加子组件的 UI 描述。常用的容器组件有 Column、Row、Stack、Grid、List 等。

```
Column() {
  Text('Hello')
    .fontSize(100)
  Divider()
  Text(this.myText)
    .fontSize(100)
```

```
    .fontColor(Color.Red)
}.
```

在上述代码片段中，简单地示例了 Column 组件配置子组件。其中的子组件包括 Text 组件、Divider 组件，包含在 Column 组件的尾随闭包中。

容器组件均支持子组件配置，可以实现相对复杂的多级嵌套。

```
Column() {
  Row() {
    Image('test1.jpg')
      .width(100)
      .height(100)
    Button('click +1')
      .onClick(() => {
        console.info('+1 clicked!');
      })
  }
}
```

在上述代码片段中，简单地示例了 Column 组件中包含 Row 组件，而 Row 组件中又包含 Image 组件、Button 组件，形成了多级嵌套。

5.5　ArkTS 语言特性

5.5.1　ArkTS 声明式开发范式基本组成

组件是 UI 构建与显示的最小单位，如列表、网格、按钮、单选框、进度条、文本等。开发人员通过多种组件的组合，构建出满足自身应用诉求的完整界面。

本节以一个具体的示例来说明 ArkTS 的基本组成。如图 5-2 所示的代码示例，UI 由两个组件组成，其中，上方的组件中展示了一段文本内容，下方的组件为一个按钮。该示例实现了当开发人员单击下方的名称为“Click me”的按钮时，上方所显示的文本内容会从'Welcome to the world of ArkTS'变为'Welcome to the world of ArkUI'。

上述示例中所包含的 ArkTS 声明式开发范式的基本组成说明如下。

1. 装饰器

装饰器用于装饰类、结构、方法以及变量，赋予其特殊的含义，如上述示例中@Entry、@Component 和@State 都是装饰器。具体而言，@Component 表示这是一个自定义组件；@Entry 则表示这是一个入口组件；@State 表示这是组件中的状态变量，这个变量变化会触发 UI 刷新。

2. 自定义组件

自定义组件是可复用的 UI 单元，可以组合其他的组件，如上述被@Component 装饰的 struct Comp。

3. UI 描述

用声明式的方法来描述 UI 的结构，例如，build()方法中的代码块。

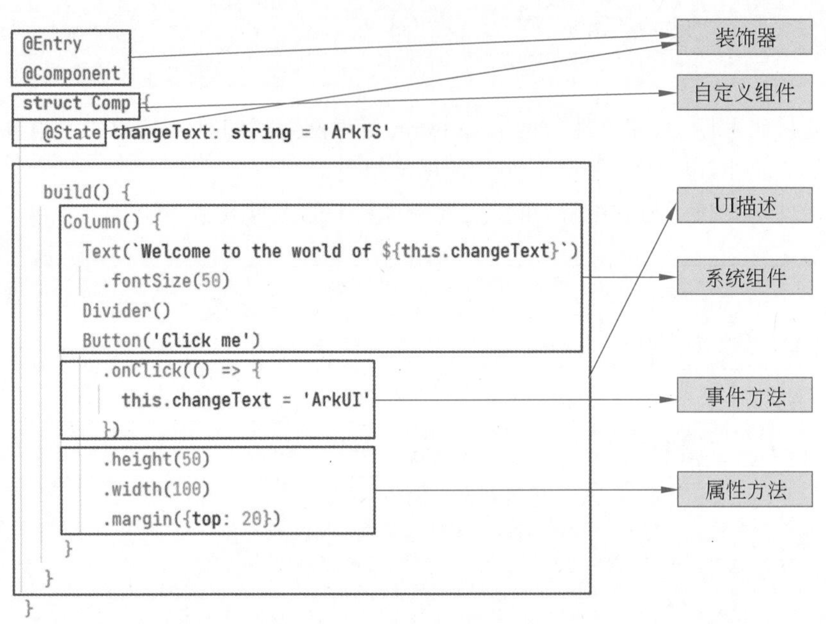

图 5-2 ArkTS 的基本组成

4. 系统组件

ArkUI 框架中默认内置的基础组件和容器组件，开发人员可以直接调用，如示例中的 Column、Text、Divider、Button 等。

5. 属性方法

用于组件属性的配置，如 fontSize()、width()、height()、backgroundColor()等，可通过链式调用的方式设置多项属性。

6. 事件方法

用于添加组件对事件的响应逻辑，如跟随在 Button 后面的 onClick()，同样可以通过链式调用的方式设置多个事件响应逻辑。

5.5.2 语言特性

当前的 ArkTS 语言是在原先的 TypeScript 基础上扩展了声明式 UI 特性，目的就是简化构建和更新 UI，主要有以下特性。

1. 基本 UI 描述

ArkTS 定义了各种装饰器、自定义组件、UI 描述，以及 UI 框架的内置组件的事件方法和属性方法等构建成 UI 主体架构。装饰器给当前被装饰的对象赋予一定的能力，其不仅可以装饰结构体或者类，还可以装饰类的属性。在图 5-2 的示例中，ArkTS 通过装饰器@Component与@Entry 装饰 struct 关键字生命的数据结构，构造一个自定义组件。自定义组件中提供一个 build 函数，并且禁止自定义构造函数。build 函数满足 Builder 构造器接口定义，用于定义组件的声明式 UI 描述。开发人员需在该函数内以链式调用的方式进行基本的 UI 描述。

2. 状态管理

例如，父子组件、爷孙组件，也可以在应用全局范围内传递，甚至可以跨设备传递数据，具体如图 5-3 所示。从数据流向来区分是可读的单项数据传递和双向变更数据传递。开发人员可以灵活地利用现有的能力进行数据与 UI 联动。

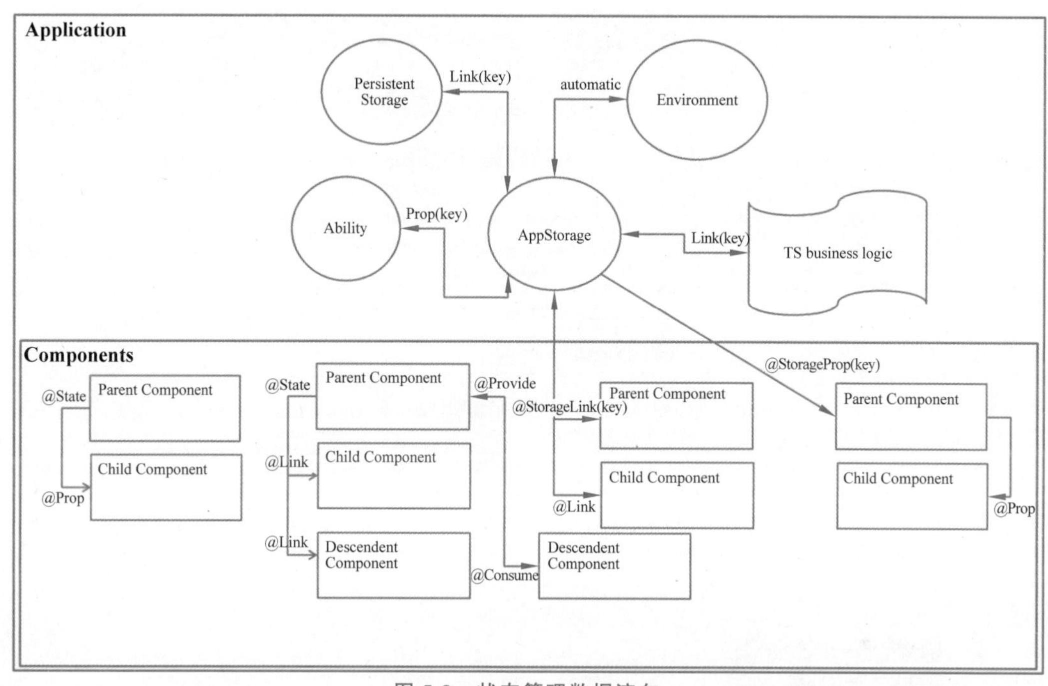

图 5-3 状态管理数据流向

3. 动态构建 UI 元素

ArkTS 提供了动态 UI 构建能力,不仅可以自定义组件的内部结构,还可以复用组件样式,扩展原生组件。

4. 渲染控制

ArkTS 主要提供了条件渲染控制和循环渲染控制,条件渲染主要就是根据条件渲染的不同 UI 内容,循环渲染可以从数据源开始迭代获取数据,并在迭代过程中创建 UI 组件。

5. 使用限制与扩展

ArkTS 在使用过程中存在限制与约束,同时也扩展了双向绑定等能力。

小　结

本章主要介绍了 ArkTS 语言的基础语法以及声明式 UI。ArkTS 语言继承了 JavaScript 和 TypeScript 的灵活性和强类型特性,使得开发人员能够编写出简单、健壮且易于维护的代码。通过掌握 ArkTS 语言的基础语法,开发人员可以轻松地定义变量、函数、类等,实现各种复杂的逻辑和业务需求。而声明式 UI 开发范式将界面的结构和状态分离开来,通过声明式的方式来描述界面的外观和行为。本章工作任务与知识点关系的思维导图如图 5-4 所示。

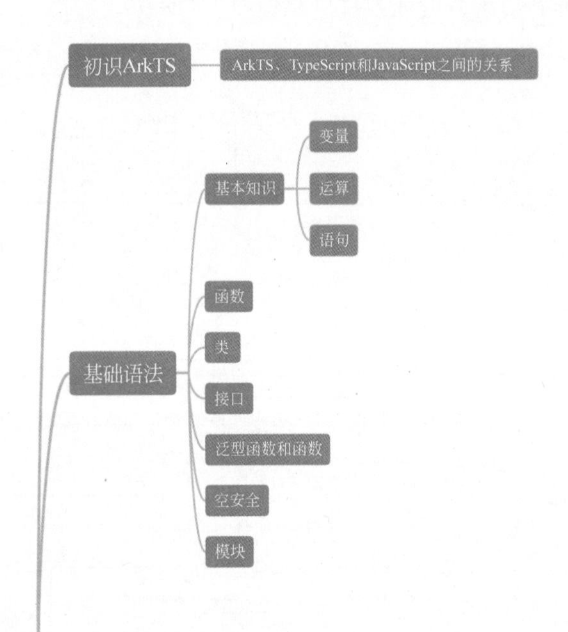
初识ArkTS
ArkTS、TypeScript和JavaScript之间的关系
基础语法
基本知识
变量
运算
语句
函数
类
接口
泛型函数和函数
空安全
模块

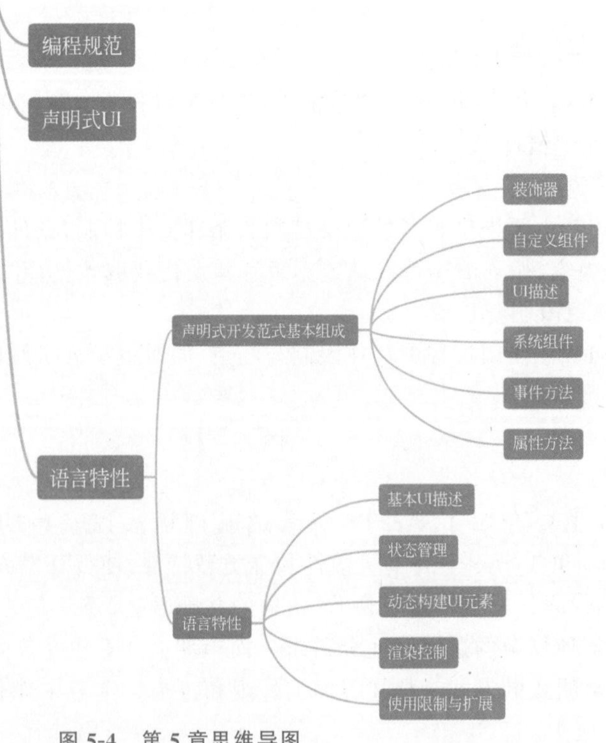
ArkTS语言概述
编程规范
声明式UI
语言特性
声明式开发范式基本组成
装饰器
自定义组件
UI描述
系统组件
事件方法
属性方法
语言特性
基本UI描述
状态管理
动态构建UI元素
渲染控制
使用限制与扩展

图 5-4 第 5 章思维导图

思考与实践

第一部分：练习题

练习 1. 用哪一种装饰器修饰的组件可作为页面入口组件？（　　）

A. @Component　　B. @Entry　　C. @Preview　　D. @Builder

练习 2. 某开发人员使用 ArkTS 语言实现了文本内容从“Hello World”变为“Hello ArkTS”，相关代码如图 5-5 所示。下列选项中描述正确的有（　　）。

```
@Entry
@Component
struct Hello {
  @State myText: string = 'World'
  build() {
    Column() {
      Text("Hello")
        .fontSize(50)
      Text(this.myText)
        .fontSize(50)
      Divider()
      Button() {
        Text("Click me")
          .fontSize(30)
      }
      .onClick(() =&gt; {
        this.myText = "ArkTS"
      })
      .width('200%')
      .height('10%')
    }
  }
}
```

图 5-5　ArkTS 语言示例代码

A. @Entry 和@State 均属于装饰器

B. @build 以下的代码都属于 UI 描述

C. onClick 是事件方法

D. fontSize()、width()、height()是属性方法

练习 3. 以下代码片段中，符合 ArkTS 编写规范的是（　　）。

A. let upper_let = 0;

B. var scoped_var = 0;

C.
```
{
    let scoped_let = 0;
    upper_let = 5;
}
scoped_let = 5;
```

D. let value_y: any;

练习 4. 以下 ArkTS 代码片段中，编译时能够正常运行的是（　　）。

A. let a：number = null；　　B. let b：string = null；

C. let c：number[] = null；　　D. let d：number | null = null；

练习 5. ArkTS 中允许类中含有的静态块的个数最大为(　　)。

A. 0　　B. 1　　C. 10　　D. 无限制

练习 6. ArkTS 中包含的变量类型有(　　)。

A. Number　　B. Boolean　　C. String　　D. Float

练习 7. 函数可以定义为 Lambda 函数，Lambda 函数的返回类型可以省略，此时的返回类型通过函数体推断。(　　)

练习 8. ArkTS 在 TypeScript 语言的基础之上进一步规范强化静态检查和分析，将编译时所确定的类型应用到运行性能优化中，同时拓展了声明式 UI、状态管理、并发任务等能力。(　　)

练习 9. 属性方法以"."链式调用的方式配置系统组件的样式和其他属性。(　　)

练习 10. 通过链式调用的方式设置多个事件响应逻辑时，每个属性方法必须单独写一行。(　　)

练习 11. 通过 export 方式导出，在导入时要加双引号("")。(　　)

练习 12. 开发人员通过多种组件的组合，构建出满足自身应用诉求的完整界面。(　　)

练习 13. 总结 ArkTS 的基本编程规范。

练习 14. 简述声明式 UI 与命令式 UI 的区别和联系。

练习 15. 简述 ArkTS 语言为什么不支持在模块名中使用通配符。

练习 16. 随着移动设备在人们的日常生活中变得越来越普遍，许多编程语言在设计之初没有考虑到移动设备，导致应用的运行缓慢、低效、功耗大，针对移动环境的编程语言优化需求也越来越大，而 ArkTS 语言却可实现更高的性能和开发效率。试分析 ArkTS 语言的优势。

练习 17. 利用 ArkTS 编写一个程序，实现移出数组 arr "[1,2,3,2,5.6,2,7,2]"中与 2 相等的元素，将剩余的元素放置到一个新数组中，且保证不改变原数组。

练习 18. 利用 ArkTS 写出一个函数，该函数能够实现判断一个字符串是否为回文字符串。例如，字符串"racecar"是回文字符串。

第二部分：实践题

尝试设计一个比较大小的程序，页面中有两个输入框，分别用于输入两个数字。有一个按钮，单击按钮比较两个输入数字的大小，并将较大的数字显示在屏幕上。

第6章

基于 ArkTS 的 UI 基本语法

6.1 创建自定义组件

HarmonyOS 应用开发中 UI 显示的内容均为组件。框架中已经提供,开发人员可以直接调用的组件称为系统组件;需要由开发人员自己编写的组件称为自定义组件。在开发应用 UI 的过程中,简单地将系统组件进行组合使用往往达不到期望的结果,需要开发人员同时考虑代码的可复用性、业务逻辑与 UI 分离、后续版本演进等因素。因此,将 UI 和部分业务逻辑封装成自定义组件是不可或缺的能力。

6.1.1 自定义组件的特点及基本用法

自定义组件应当具备以下特点。

(1) 可组合。允许开发人员将各系统组件进行组合使用,同时可以使用系统组件的属性和方法。

(2) 可重用。自定义组件可以被其他组件重用,并作为不同的实例在不同的父组件或容器中使用。

(3) 数据驱动 UI 更新。通过状态变量的改变,从而驱动 UI 的刷新。

【例 6-1】 自定义组件创建及复用的基本用法。

```
//Index.ets
//代码片段 1
@Component
struct HelloComponent {
  @State message: string = 'Hello, ArkTS!';

  build() {
    //HelloComponent 自定义组件组合系统组件 Row 和 Text
    Row() {
      Text(this.message)
        .onClick(() => {
          //状态变量 message 的改变驱动 UI 刷新,UI 从'Hello, ArkTS!'刷新为
//'Hello, ArkUI!'
          this.message = 'Hello, ArkUI!';
        })
    }
```

```
    }
  }

  //代码片段 2
  @Entry
  @Component
  struct Index {
    build() {
      Column() {
        Text('ArkUI message')
        //创建 HelloComponent 实例,并将创建 HelloComponent 成员变量 message 初始化为
//"Hello, ArkTS!"
        HelloComponent({ message: 'Hello, ArkTS!' });
        Divider()
        //创建 HelloComponent 实例,并将创建 HelloComponent 成员变量 message 初始化
//为"你好,鸿蒙!"
        HelloComponent({ message: '你好,鸿蒙!' });
      }
    }
  }
```

例 6-1 所示的两个代码片段中,代码片段 1 创建了一个名为"HelloComponent"的自定义组件,该自定义组件组合了两个系统组件,分别为 Row 和 Text,最终实现了单击该自定义组件后,页面上显示的文本内容更改为"Hello, ArkTS!"。代码片段 2 重用并创建了两次 HelloComponent 自定义组件,在创建的过程中,message 的参数"Hello, ArkTS!"和"你好,鸿蒙!"可以分别被提供给组件。

6.1.2 自定义组件的基本结构

自定义组件主要包含以下 4 个基本结构。

(1) struct。自定义组件基于 struct 实现,struct + 自定义组件名 + {…}的组合构成自定义组件,不能有继承关系。对于 struct 的实例化,可以省略 new。自定义组件名、类名、函数名不能和系统组件名相同。

(2) @Component。该装饰器仅能装饰 struct 关键字声明的数据结构。struct 被@Component 装饰后具备组件化的能力,一个 struct 只能被一个@Component 装饰。

```
@Component
struct HelloComponent {
}
```

(3) build()函数。该函数用于定义自定义组件的声明式 UI 描述,struct 被@Component 装饰后需要实现 build 方法描述 UI,因此自定义组件必须要定义 build()函数。

```
@Component
struct HelloComponent {
    build() {
    }
}
```

(4) @Entry。@Entry 装饰的自定义组件将作为 UI 页面的入口。在单个 UI 页面中，最多可以使用@Entry 装饰一个自定义组件。

```
@Entry
@Component
struct ParentComponent {
    build() {
    }
}
```

6.1.3 成员函数/变量

自定义组件除了必须要实现 build()函数外，还可以实现其他成员函数，成员函数具有以下约束。

(1) 不支持静态函数。

(2) 成员函数的访问始终是私有的。

自定义组件可以包含成员变量，成员变量具有以下约束。

(1) 不支持静态成员变量。

(2) 所有成员变量都是私有的，变量的访问规则与成员函数的访问规则相同。

自定义组件的成员变量本地初始化有些是可选的，有些是必选的。具体是否需要本地初始化，是否需要从父组件通过参数传递初始化子组件的成员变量，需要结合第 7 章状态管理进行具体分析。

6.1.4 build()函数

在 build()函数内部声明的所有程序代码，统称为 UI 描述语言，UI 描述语言需要遵循以下规则。

规则 1：@Entry 装饰的自定义组件，其 build()函数下的根节点唯一且必要，且必须为容器组件，其中，ForEach 禁止作为根节点。

@Component 装饰的自定义组件，其 build()函数下的根节点唯一且必要，可以为非容器组件，其中，ForEach 禁止作为根节点。

以下代码片段示例了上述规则。其中，ChildComponent 和 ParentComponent 均为自定义组件。

【例 6-2】 build()函数遵循规则示例。

```
//Index.ets
//代码片段 1
@Entry
@Component
struct Index {
  build() {
    //根节点唯一且必要,必须为容器组件
    Row() {
      ChildComponent()
    }
```

```
  }
}

//代码片段 2
@Component
struct ChildComponent {
  build() {
    //根节点唯一且必要,可为非容器组件
    Image('test.jpg')
  }
}
```

规则 2：不允许声明本地变量。以下代码片段示例了违反该规则的反例。

```
@Component
struct ChildComponent {
  build() {
    //反例:不允许声明本地变量
    let a: number = 1;
  }
}
```

以上代码报错提示如图 6-1 所示。

'let a: number = 1;' does not comply with the UI component syntax. <ArkTSCheck>

图 6-1　声明本地变量报错提示

规则 3：不允许在 UI 描述里直接使用 console.info，但允许在方法或者函数里使用。以下代码片段示例了违反该规则的反例。

```
@Component
struct ChildComponent {
  build() {
    //反例:不允许 console.info
    console.info('print debug log');
  }
}
```

规则 4：不允许创建本地的作用域。以下代码片段示例了违反该规则的反例。

```
@Component
struct ChildComponent {
  build() {
    //反例:不允许本地作用域
    {
      ...
    }
  }
}
```

规则 5：不允许调用除了被@Builder 装饰以外的方法，允许系统组件的参数是 TypeScript 方法的返回值。以下代码片段示例了该规则，并给出了正例和反例。

```
@Component
struct ParentComponent {
  doSomeCalculations() {
  }

  calcTextValue(): string {
    return 'Hello World!';
  }

  @Builder doSomeRender() {
    Text(`Hello World!`)
  }

  build() {
    Column() {
      //反例：不能调用没有用@Builder 装饰的方法
      this.doSomeCalculations();
      //正例：可以调用用@Builder 装饰的方法
      this.doSomeRender();
      //正例：参数可以为调用 TS 方法的返回值
      Text(this.calcTextValue())
    }
  }
}
```

规则 6：不允许 switch 语法，如果需要使用条件判断，可以使用 if。以下代码片段示例了违反该规则的反例。

```
@Component
struct ChildComponent {
  build() {
    Column() {
      //反例：不允许使用 switch 语法
      switch (expression) {
        case 1:
          Text('…')
          break;
        case 2:
          Image('…')
          break;
        default:
          Text('…')
          break;
      }
    }
  }
}
```

规则 7：不允许使用表达式。以下代码片段示例了违反该规则的反例。

```
@Component
struct ChildComponent {
  build() {
    Column() {
      //反例:不允许使用表达式
      (this.aVar > 10) ? Text('…') : Image('…')
    }
  }
}
```

6.1.5 自定义组件通用样式

自定义组件通过“.”链式调用的形式设置通用样式。例 6-3 的代码片段示例了通过“.”链式调用的形式，为实例化的自定义组件 HelloComponent 设置了宽度、高度以及背景颜色三个通用样式。

【例 6-3】 自定义组件设置通用样式示例。

```
//Index.ets
@Component
struct HelloComponent {
  build() {
    Button(`Hello World`)
  }
}

@Entry
@Component
struct Index {
  build() {
    Row() {
      HelloComponent()
        .width(200)
        .height(300)
        .backgroundColor(Color.Red)
    }
  }
}
```

实际上，为自定义组件设置样式时，相当于为该自定义组件（如上述示例代码的 HelloComponent）套了一个不可见的容器组件，而这些样式其实是设置在该容器组件上的，而非直接设置给了 HelloComponent 的 Button 组件。自行运行上述示例代码后，通过渲染的结果能够很清楚地看到，背景颜色红色并没有直接生效在 Button 上，而是生效在 Button 所处的开发人员不可见的容器组件上。

6.2 自定义构建函数

6.1节介绍创建的自定义组件的内部UI结构固定，仅与使用方进行数据传递。而框架中还提供了一种更轻量的UI元素复用机制，即@Builder。为了简化语言，将@Builder装饰的函数称为自定义构建函数。@Builder所装饰的函数遵循build()函数语法规则，开发人员可以将重复使用的UI元素抽象成一个方法，在build方法里调用。

6.2.1 装饰器使用说明

@Builder装饰器可以在自定义组件内部和全局定义和使用，但其定义和使用的方式有区别。

在自定义组件内自定义构建函数时，定义的语法为

```
@Builder MyBuilderFunction(){ … }
```

当调用该MyBuilderFunction函数时，使用的语法为

```
this.MyBuilderFunction()
```

注意：

(1) 允许在自定义组件内定义一个或多个@Builder方法，该方法被认为是该组件的私有、特殊类型的成员函数。

(2) 自定义构建函数可以在所属组件的build方法和其他自定义构建函数中调用，但不允许在组件外调用。

(3) 在自定义函数体中，this指代当前所属组件，组件的状态变量可以在自定义构建函数内访问。建议通过this访问自定义组件的状态变量而不是参数传递。

全局自定义构建函数时，定义的语法为

```
@Builder function MyGlobalBuilderFunction(){ … }
```

当调用该MyGlobalBuilderFunction函数时，使用的语法为

```
MyGlobalBuilderFunction()
```

注意：

(1) 全局的自定义构建函数可以被整个应用获取，不允许使用this和bind方法。

(2) 如果不涉及组件状态变化，建议使用全局的自定义构建方法。

6.2.2 参数传递规则

自定义构建函数的参数传递有按值传递和按引用传递两种。自定义构建函数的参数传递需要遵守如下规则。

(1) 参数的类型必须与参数声明的类型一致，不允许undefined、null和返回undefined、

null 的表达式。

(2) 在自定义构建函数的内部,不允许改变参数值。如果需要改变参数值,且同步回到调用的位置,建议使用@Link 装饰器。@Link 装饰器的使用方法参考 7.2.3 节。

(3) @Builder 内 UI 语法遵循 UI 语法规则。UI 语法规则参考 6.1.4 节。

(4) 按引用传递参数的情况只有一种,即只传入一个参数,且参数需要直接传入对象字面量。其余传递参数的情况均为按值传递。

调用@Builder 装饰的函数默认按值传递。

【例 6-4】 按值传递代码示例。

```
//Index.ets
@Builder function ABuilder(paramA1: string) {
  Row() {
    Text(`UseStateVarByValue: ${paramA1} `)
  }
}

@Entry
@Component
struct Index {
  @State label: string = 'Hello';
  build() {
    Column() {
      ABuilder(this.label)
    }
  }
}
```

上述示例代码片段中,定义了一个全局的自定义构建函数 ABuilder。在调用该全局自定义构建函数时,代码为 ABuilder(this.label),为该函数传递了一个状态变量 label。当传递的参数为状态变量时,状态变量的改变不会引起@Builder 方法内的 UI 刷新。所以,当使用状态变量时,推荐使用按引用传递。

按引用传递参数时,传递的参数可为状态变量,且状态变量的改变会引起@Builder 方法内的 UI 刷新。同时,$ $ 作为按引用传递参数的范式。

【例 6-5】 按引用传递参数代码示例。

```
//Index.ets
class Tmp{
  paramA1:string = ''
}

@Builder function ABuilder($$: Tmp) {
  Row() {
    Text(`UseStateVarByRef: ${$$.paramA1} `)
  }
}
```

```
@Entry
@Component
struct Parent {
  @State label: string = 'Hello';
  build() {
    Column() {
      //在 Parent 组件中调用 ABuilder 的时候,将 this.label 引用传递给 ABuilder
      ABuilder({ paramA1: this.label })
      Button('Click me!').onClick(() => {
        //单击 Click me 后,UI 从"Hello"刷新为"ArkTS"
        this.label = 'ArkTS';
      })
    }
  }
}
```

上述示例代码片段中,定义了一个全局的自定义构建函数 ABuilder。在调用该全局自定义构建函数时,代码为 ABuilder({ paramA1: this.label }),为该函数传递了一个状态变量 label。当单击界面中名称为“Click me!”的按钮时,状态变量 label 的值发生变化,由“Hello”变为“ArkTS”,因此,UI 会随之发生改变,从“UseStateVarByRef: Hello”刷新为“UseStateVarByRef: ArkTS”。

6.3　引用@Builder 函数

当开发人员创建了自定义组件,并想对该组件添加特定功能(例如,在自定义组件中添加一个单击跳转操作)时,若直接在组件内嵌入事件方法,将会导致所有引入该自定义组件的地方均增加了该功能。@BuilderParam 装饰器为此问题提供了解决方案。@BuilderParam 用来装饰指向@Builder 方法的变量,开发人员可以在初始化自定义组件时对此属性进行赋值,为自定义组件增加特定的功能。@BuilderParam 装饰器用于声明任意 UI 描述的一个元素,类似插槽占位符。

6.3.1　装饰器使用说明

@BuilderParam 装饰的方法只能被自定义构建函数(@Builder 装饰的方法)初始化。具体的初始化的方法有以下两种。

方法 1:使用所属自定义组件的自定义构建函数或者全局的自定义构建函数,在本地初始化@BuilderParam。示例代码如下。

```
@Builder function GlobalBuilder0() {}

@Component
struct Child {
  @Builder doNothingBuilder() {};

  @BuilderParam aBuilder0: () => void = this.doNothingBuilder;
```

```
  @BuilderParam aBuilder1: () => void = GlobalBuilder0;
  build(){}
}
```

以上示例代码片段中，GlobalBuilder0 为全局自定义构建函数，doNothingBuilder 为自定义组件内自定义构建函数。以上两个自定义构建函数分别初始化了 aBuilder1 和 aBuilder0 两个元素。

方法 2：用父组件自定义构建函数初始化子组件@BuilderParam 装饰的方法。

【例 6-6】 父组件自定义构建函数初始化子组件@BuilderParam 装饰的方法示例。

```
@Component
struct Child {
  @BuilderParam aBuilder0: () => void;

  build() {
    Column() {
      this.aBuilder0()
    }
  }
}

@Entry
@Component
struct Parent {
  @Builder componentBuilder() {
    Text(`Parent builder `)
  }

  build() {
    Column() {
      Child({ aBuilder0: this.componentBuilder })
    }
  }
}
```

以上示例代码片段中，在子组件中定义了一个元素 aBuilder0，但是并未对其进行初始化，在父组件中，定义了一个自定义组件内自定义构建函数 componentBuilder。在程序运行时，将 componentBuilder 初始化给 aBuilder0 元素，屏幕中显示出"Parent builder"。

当调用自定义组件内自定义构建函数时，需要使用 this 关键字，此时 this 指向的是该自定义构建函数所属组件。而在自定义构建函数内部使用 this 关键字时，this 指代的内容根据上下文具体含义具体分析。因此，开发人员需要谨慎使用 bind 改变函数调用的上下文，可能会使 this 指向混乱。

【例 6-7】 调用自定义组件内自定义构建函数时使用 this 关键字示例。

```
//Index.ets
@Component
```

```
struct Child {
  label: string = `Child`
  @BuilderParam aBuilder0: () => void;

  build() {
    Column() {
      this.aBuilder0()
    }
  }
}

@Entry
@Component
struct Index {
  label: string = `Parent`

  @Builder componentBuilder() {
    Text(`${this.label}`)
  }

  build() {
    Column() {
      this.componentBuilder()
      Child({ aBuilder0: this.componentBuilder })
    }
  }
}
```

以上示例代码片段中，Parent 组件在调用 this.componentBuilder()时，this 指向其所属组件，即“Parent”。@Builder componentBuilder()传给子组件@BuilderParam aBuilder0，在 Child 组件中调用 this.aBuilder0()时，this 指向在 Child 的 label，即“Child”。

6.3.2 装饰器使用场景

1. 参数初始化组件

@BuilderParam 装饰的方法可以是有参数和无参数的两种形式，需与指向的@Builder 方法类型匹配。@BuilderParam 装饰的方法类型需要和@Builder 方法类型一致。

【例 6-8】 参数初始化组件示例。

```
//Index.ets
class Tmp{
  label:string = ''
}

//全局自定义构建函数
@Builder function GlobalBuilder1($$ : Tmp) {
  Text($$.label)
    .width(400)
```

```
    .height(50)
    .backgroundColor(Color.Green)
}

//自定义组件
@Component
struct Child {
  label: string = 'Child'
  //无参数类,指向的 componentBuilder 也是无参数类型
  @BuilderParam aBuilder0: () => void;
  //有参数类型,指向的 GlobalBuilder1 也是有参数类型的方法
  @BuilderParam aBuilder1: ($$ : Tmp) => void;

  build() {
    Column() {
      this.aBuilder0()
      this.aBuilder1({label: 'global Builder label' } )
    }
  }
}

//程序入口
@Entry
@Component
struct Index {
  label: string = 'Parent'

  @Builder componentBuilder() {
    Text(`${this.label}`)
  }

  build() {
    Column() {
      this.componentBuilder()
      Child({ aBuilder0: this.componentBuilder, aBuilder1: GlobalBuilder1 })
    }
  }
}
```

2. 尾随闭包初始化组件

在自定义组件中使用@BuilderParam 装饰的属性时也可通过尾随闭包进行初始化。在初始化自定义组件时,组件后紧跟一个花括号“{}”形成尾随闭包场景。但是,此场景下自定义组件内有且仅有一个使用@BuilderParam 装饰的属性。开发人员可以将尾随闭包内的内容看作@Builder 装饰的函数传给@BuilderParam。

【例 6-9】 尾随闭包初始化组件示例。

```
//Index.ets
//全局自定义构建函数
```

```
@Builder function specificParam(label1: string, label2: string) {
  Column() {
    Text(label1)
      .fontSize(30)
    Text(label2)
      .fontSize(30)
  }
}

//自定义组件
@Component
struct CustomContainer {
  @Prop header: string;
  @BuilderParam closer: () => void

  build() {
    Column() {
      Text(this.header)
        .fontSize(30)
      this.closer()
    }
  }
}

@Entry
@Component
struct Index {
  @State text: string = 'header';

  build() {
    Column() {
      //创建 CustomContainer,在创建 CustomContainer 时,通过其后紧跟一个花括号"{}"形
//成尾随闭包
      //作为传递给子组件 CustomContainer @BuilderParam closer: () => void 的参数
      CustomContainer({ header: this.text }) {
        Column() {
          specificParam('testA', 'testB')
        }.backgroundColor(Color.Yellow)
        .onClick(() => {
          this.text = 'changeHeader';
        })
      }
    }
  }
}
```

6.4 封装全局@Builder

把全局@Builder 作为 wrapBuilder 函数的入参数，并返回 WrappedBuilder 对象，实现对全局@Builder 可以进行赋值和传递。

6.4.1 wrapBuilder 使用说明

wrapBuilder 是一个模板函数，返回一个 WrappedBuilder 对象。

```
declare function wrapBuilder< Args extends Object[]>(builder: (…args: Args) =
> void): WrappedBuilder;
```

而 WrappedBuilder 对象是一个模板类。

```
declare class WrappedBuilder< Args extends Object[]> {
  builder: (…args: Args) => void;

  constructor(builder: (…args: Args) => void);
}
```

模板参数 Args extends Object[]是需要包装的 builder 函数的参数列表。

wrapBuilder 模板函数的使用方法如下。

```
方式 1:let builderVar: WrappedBuilder<[string, number]> = wrapBuilder(MyBuilder)
方式 2: let builderArr: WrappedBuilder < [string, number] > [ ] = [wrapBuilder
(MyBuilder)]                                             //可以放入数组
```

注意，wrapBuilder 方法只能传入全局@Builder 方法。此外，wrapBuilder 方法返回的 WrappedBuilder 对象的 builder 属性方法只能在 struct 内部使用。以下代码示例中，MyBuilder 是没有被@Builder 装饰器修饰的全局函数，因此，当其被传入 wrapBuilder 后，程序运行错误。

```
//MyBuilder 全局函数
function MyBuilder() {
//MyBuilder 全局函数实现
}

//wrapBuilder 必须传入被@Builder 修饰的全局函数
const globalBuilder: WrappedBuilder < [string, number] > = wrapBuilder
(MyBuilder);
```

6.4.2 wrapBuilder 使用场景

1. 解决自定义构建函数不允许在组件外调用

【例 6-10】 解决自定义构建函数不允许在组件外调用示例。

```
//Index.ets
//自定义构建函数
@Builder function MyBuilder(value: string, size: number) {
  Text(value)
    .fontSize(size)
}

//位置①
let globalBuilder: WrappedBuilder<[string, number]> = wrapBuilder(MyBuilder);

@Entry
@Component
struct Index {
  @State message: string = 'Hello ArkTS';

  build() {
    Row() {
      Column() {
        globalBuilder.builder(this.message, 45)
        Text(this.message)
          .fontSize(45)
          .fontWeight(FontWeight.Bold)
          .onClick(() =>{
            this.message = 'Welcome wrapBuilder';
          })
      }
      .width('100%')
    }
    .height('100%')
  }
}
```

以上代码示例中，位置①处将 wrapBuilder 赋值给 globalBuilder，且把 MyBuilder 作为 wrapBuilder 参数，用来替代 MyBuilder 不能直接赋值给 globalBuilder。自定义组件 Index 使用了全局 globalBuilder 声明的 wrapBuilder。当单击名为“Hello ArkTS”的 Text 控件时，globalBuilder 重新赋值新的 wrapBuilder，可以实现不同文字的切换。

2. wrapBuilder 数组实现不同@Builder 函数效果以优化代码

【例 6-11】 wrapBuilder 数组实现不同@Builder 函数效果以优化代码示例。

```
//Index.ets
@Builder function MyBuilder(value: string, size: number) {
  Text(value)
    .fontSize(size)
}

@Builder function YourBuilder(value: string, size: number) {
  Text(value)
    .fontSize(size)
```

```
    .fontColor(Color.Pink)
}

const builderArr: WrappedBuilder < [string, number] > [ ] = [wrapBuilder
(MyBuilder), wrapBuilder(YourBuilder)];

@Entry
@Component
struct Index {
  @Builder testBuilder() {
    ForEach(builderArr, (item: WrappedBuilder<[string, number]>) => {
      item.builder('Hello World', 30)
    }
    )
  }

  build() {
    Row() {
      Column() {
        this.testBuilder()
      }
      .width('100%')
    }
    .height('100%')
  }
}
```

以上代码示例中，自定义组件 Index 使用 ForEach 来进行不同@Builder 函数的渲染，为了使得整体代码较为整洁，使用了 builderArr 声明的 wrapBuilder 数组进行了不同@Builder函数效果体现。

6.5 定义组件重用样式

如果在开发过程中为每个组件独立设置样式，那么将会出现为了样式的重复设置而造成大量的代码冗余。为了代码的简洁性和后续方便维护，装饰器@Styles 实现了将公共样式进行提炼后复用的功能。@Styles 装饰器可以将多条样式设置提炼成一个方法，直接在组件声明的位置进行调用。通过@Styles 装饰器可以快速定义并复用自定义样式。

6.5.1 装饰器使用说明

(1) 装饰器仅支持通用属性和通用事件。

通用属性包括尺寸设置、位置设置、布局约束、Flex 布局、边框设置、图片边框设置、背景设置、透明度设置、显隐控制、禁用控制、浮层、Z 序控制、图形变换、形状裁剪、文本样式设置、栅格设置、颜色渐变、Popup 控制、菜单控制等；通用事件包括单击事件、触摸事件、挂载卸载事件、拖曳事件、按键事件、焦点事件、鼠标事件等。

(2) 装饰器不支持参数。

反例示范如下。

```
//反例: @Styles 不支持参数
@Styles function globalFancy (value: number) {
  .width(value)
}
```

(3) 装饰器可以定义在组件内或全局。

在全局中定义时,需要在方法名前面添加 function 关键字;在组件内定义时,不需要添加 function 关键字。正例示范如下。

```
//全局
@Styles function functionName() { … }

//在组件内
@Component
struct FancyUse {
  @Styles fancy() {
    .height(100)
  }
}
```

(4) 定义在组件内的@Styles 可以通过 this 访问组件的常量和状态变量,并可以在@Styles里通过事件来改变状态变量的值。

示范如下。

```
@Component
struct FancyUse {
  @State heightValue: number = 100
  @Styles fancy() {
    .height(this.heightValue)
    .backgroundColor(Color.Yellow)
    .onClick(() => {
      this.heightValue = 200
    })
  }
}
```

(5) 组件内装饰器的优先级高于全局装饰器。

框架优先找当前组件内的装饰器,如果找不到,则会全局查找。

6.5.2 装饰器使用场景

例 6-12 代码片段中演示了组件内装饰器和全局装饰器的用法。

【例 6-12】 组件内装饰器和全局装饰器的用法

```
//Index.ets
```

```
//定义在全局的@Styles 封装的样式
@Styles function globalFancy  () {
  .width(150)
  .height(100)
  .backgroundColor(Color.Pink)
}

@Entry
@Component
struct Index {
  @State heightValue: number = 100
  //定义在组件内的@Styles 封装的样式
  @Styles fancy() {
    .width(200)
    .height(this.heightValue)
    .backgroundColor(Color.Yellow)
    .onClick(() => {
      this.heightValue = 200
    })
  }

  build() {
    Column({ space: 10 }) {
      //使用全局的@Styles 封装的样式
      Text('FancyA')
        .globalFancy ()
        .fontSize(30)
      //使用组件内的@Styles 封装的样式
      Text('FancyB')
        .fancy()
        .fontSize(30)
    }
  }
}
```

以上代码示例中,globalFancy()是全局的@Styles 封装的样式方法,fancy()是组件内的@Styles 封装的样式方法。文字内容为"FancyA"的 Text 组件使用了 globalFancy()全局装饰器,而文字内容为"FancyB"的 Text 组件使用了 fancy()组件内装饰器。

6.6 定义扩展组件样式

在 6.5 节中介绍了使用@Styles 实现组件样式的重用。本节将介绍使用@Extend 实现原生组件样式的扩展。

6.6.1 装饰器使用说明

@Extend 装饰器的使用语法如下。

```
@Extend(UIComponentName) function functionName { … }
```

(1) 装饰器仅支持全局定义，不支持在组件内部定义。

(2) 装饰器支持封装指定的组件的私有属性和私有事件，以及预定义相同组件的@Extend 的方法。示例如下。

```
//@Extend(Text)可以支持 Text 的私有属性 fontColor
@Extend(Text) function fancy () {
  .fontColor(Color.Red)
}
//superFancyText 可以调用预定义的 fancy
@Extend(Text) function superFancyText(size:number) {
    .fontSize(size)
    .fancy()
}
```

(3) 装饰器装饰的方法支持参数，可以在调用时遵循 TypeScript 方法传递参数。示例如下。

【例 6-13】 @Extend 装饰器装饰的方法支持参数示例。

```
//Index.ets
@Extend(Text) function fancy (fontSize: number) {
  .fontColor(Color.Red)
  .fontSize(fontSize)
}

@Entry
@Component
struct Index {
  build() {
    Row({ space: 10 }) {
      Text('Fancy')
        .fancy(16)
      Text('Fancy')
        .fancy(24)
    }
  }
}
```

(4) 装饰器装饰的方法的参数可以为 function，作为 Event 事件的句柄。

【例 6-14】 @Extend 装饰器装饰的方法的参数可以为 function 示例。

```
//Index.ets
@Extend(Text) function makeMeClick(onClick: () => void) {
  .backgroundColor(Color.Blue)
  .onClick(onClick)
}
```

```
@Entry
@Component
struct Index {
  @State label: string = 'Hello World';

  onClickHandler() {
    this.label = 'Hello ArkUI';
  }

  build() {
    Row({ space: 10 }) {
      Text(`${this.label}`)
        .makeMeClick(this.onClickHandler.bind(this))
    }
  }
}
```

（5）装饰器的参数可以为状态变量。当状态变量改变时，UI 可以正常地被刷新渲染。

【例 6-15】 @Extend 装饰器的参数可以为状态变量示例。

```
//Index.ets
@Extend(Text) function fancy (fontSize: number) {
  .fontColor(Color.Red)
  .fontSize(fontSize)
}

@Entry
@Component
struct Index {
  @State fontSizeValue: number = 20
  build() {
    Row({ space: 10 }) {
      Text('Fancy')
        .fancy(this.fontSizeValue)
        .onClick(() => {
          this.fontSizeValue = 30
        })
    }
  }
}
```

6.6.2 装饰器使用场景

例 6-16 示例的三个代码片段中演示了@Extend 装饰器的具体用法。

【例 6-16】 @Extend 装饰器具体用法。

```
//FancyUnUse.ts
//代码片段 1:未使用@Extend 装饰器
```

```
@Entry
@Component
struct FancyUnUse {
  @State label: string = 'Hello ArkTS'

  build() {
    Row({ space: 10 }) {
      Text(`${this.label}`)
        .fontStyle(FontStyle.Italic)
        .fontWeight(100)
        .backgroundColor(Color.Blue)
      Text(`${this.label}`)
        .fontStyle(FontStyle.Italic)
        .fontWeight(200)
        .backgroundColor(Color.Pink)
      Text(`${this.label}`)
        .fontStyle(FontStyle.Italic)
        .fontWeight(300)
        .backgroundColor(Color.Orange)
    }.margin('20%')
  }
}


//FancyUse.ets
//代码片段 2:使用@Extend 装饰器定义 fancyText 方法
@Extend(Text) function fancyText(weightValue: number, color: Color) {
  .fontStyle(FontStyle.Italic)
  .fontWeight(weightValue)
  .backgroundColor(color)
}

//FancyUse.ets
//代码片段 3:调用 fancyText()方法
@Entry
@Component
struct FancyUse {
  @State label: string = 'Hello ArkTS'

  build() {
    Row({ space: 10 }) {
      Text(`${this.label}`)
        .fancyText(100, Color.Blue)
      Text(`${this.label}`)
        .fancyText(200, Color.Pink)
      Text(`${this.label}`)
        .fancyText(300, Color.Orange)
    }.margin('20%')
  }
}
```

上面的三个代码片段中，代码片段1声明了三个Text组件，每个Text组件均设置了fontStyle、fontWeight和backgroundColor样式。为了使得代码片段1的代码更加简洁，增强可读性，代码片段2通过使用@Extend装饰器装饰了fancyText()方法，将代码片段1中的三个Text组件的样式组合复用；代码片段3在设置Text组件的样式时调用了代码片段2的fancyText()方法，从而在实现相同功能的前提下简化了代码片段1。

6.7 多态样式

@Styles和@Extend仅应用于静态页面的样式复用。为了实现动态页面的样式复用，可以采用多态样式。多态样式又称为stateStyles，可以根据组件的内部状态不同，快速设置不同的样式。多态样式是属性方法，可以根据UI内部状态来设置样式，主要的状态包括focused(获聚焦)、normal(正常态)、pressed(按压态)、disabled(不可用态)和selected(选中态)。

6.7.1 基础使用场景

【例6-17】 stateStyles最基本的使用场景。

```
//StateSample.ets
@Entry
@Component
struct StateSample {
  build() {
    Column() {
      Button('Button1')
        .stateStyles({
          focused: {
            .backgroundColor(Color.Pink)
          },
          pressed: {
            .backgroundColor(Color.Black)
          },
          normal: {
            .backgroundColor(Color.Red)
          }
        })
        .margin(20)
      Button('Button2')
        .stateStyles({
          focused: {
            .backgroundColor(Color.Pink)
          },
          pressed: {
            .backgroundColor(Color.Black)
          },
          normal: {
            .backgroundColor(Color.Red)
          }
```

```
      })
    }.margin('30%')
  }
}
```

上述代码片段中，名称为“Button1”的按钮处于第一个组件，名称为“Button2”的按钮处于第二个组件。按压以上两个按钮时，显示为pressed态指定的黑色(Color.Black)。使用Tab键走焦，先是第一个按钮获得焦点并显示为focus态指定的粉色(Color.Pink)。当第二个按钮获得焦点的时候，第二个按钮显示为focus态指定的粉色(Color.Pink)，第一个按钮失去焦点显示normal态指定的红色(Color.Red)。

6.7.2　@Styles和stateStyles联合使用

【例6-18】　通过@Styles指定stateStyles的不同状态。

```
//StateSample.ets
@Entry
@Component
struct StateSample {
  @Styles normalStyle() {
    .backgroundColor(Color.Gray)
  }

  @Styles pressedStyle() {
    .backgroundColor(Color.Red)
  }

  build() {
    Column() {
      Text('Text1')
        .fontSize(50)
        .fontColor(Color.White)
        .stateStyles({
          normal: this.normalStyle,
          pressed: this.pressedStyle,
        })
    }
  }
}
```

以上代码片段中，在组件内部通过@Styles装饰器定义了两个组件样式normalStyle()和pressedStyle()，在使用stateStyles属性方法设置名称为“Text1”的Text组件的动态样式时，normal态指定的是normalStyle()方法，pressed态指定的是pressedStyle()方法。

6.7.3　在stateStyles里使用常规变量和状态变量

【例6-19】　stateStyles通过this绑定组件内的常规变量和状态变量。

```
//StateSample.ets
@Entry
@Component
struct StateSample {
  @State focusedColor: Color = Color.Red;
  normalColor: Color = Color.Green

  build() {
    Column() {
      Button('clickMe').height(100).width(100)
        .stateStyles({
          normal: {
            .backgroundColor(this.normalColor)
          },
          focused: {
            .backgroundColor(this.focusedColor)
          }
        })
        .onClick(() => {
          this.focusedColor = Color.Pink
        })
        .margin('30%')
    }
  }
}
```

以上代码片段实现了 Button 默认 normal 态显示绿色，第一次按 Tab 键让 Button 获得焦点显示为 focus 态的红色(Color.Red)，单击事件触发后，再次按 Tab 键让 Button 获得焦点，focus 态变为粉色(Color.Pink)。

6.8 校验构造传参

@Require 装饰器是校验@Prop 装饰器和@BuilderParam 装饰器是否需要构造传参的一个装饰器，@Require 装饰器不可以单独使用。

6.8.1 装饰器使用说明

当@Require 装饰器和@Prop 装饰器或者@BuilderParam 装饰器结合使用时，在构造该自定义组件时，@Prop 装饰器和@BuilderParam 装饰器装饰的状态变量必须在构造时传参。@Require 装饰器仅用于装饰 struct 内的@Prop 装饰器和@BuilderParam 装饰器成员状态变量。

6.8.2 装饰器使用场景

【例 6-20】 @Require 装饰器使用示例。

```
//Index.ets
```

```
@Entry
@Component
struct Index {
  @State message: string = 'Hello ArkTS';

  @Builder buildTest() {
    Row() {
      Text('Hello, ArkTS')
        .fontSize(30)
    }
  }

  build() {
    Row() {
      //构造 ChildComp1 时必须传参,编译正常
      ChildComp1({ initMessage: this.message, message: this.message,
        buildTest: this.buildTest, initbuildTest: this.buildTest })
      //构造 ChildComp2 时未传参,编译不通过
      ChildComp2()
    }
  }
}

@Component
struct ChildComp1 {
  @Builder buildFuction() {
    Column() {
      Text('initBuilderParam')
        .fontSize(30)
    }
  }

  //使用@Require 必须构造时传参
  @Require @BuilderParam buildTest: () => void;
  @Require @BuilderParam initbuildTest: () => void = this.buildFuction;
  @Require @Prop initMessage: string = 'Hello';
  @Require @Prop message: string;

  build() {
    Column() {
      Text(this.initMessage)
        .fontSize(30)
      Text(this.message)
        .fontSize(30)
      this.initbuildTest();
      this.buildTest();
    }
    .width('100%')
    .height('100%')
  }
}

@Component
```

```
struct ChildComp2 {
  @Builder buildFuction() {
    Column() {
      Text('initBuilderParam')
        .fontSize(30)
    }
  }

  //使用@Require 必须构造时传参
  @Require @BuilderParam initbuildTest: () => void = this.buildFuction;
  @Require @Prop initMessage: string = 'Hello';

  build() {
    Column() {
      Text(this.initMessage)
        .fontSize(30)
      this.initbuildTest();
    }
  }
}
```

以上代码示例中，当 ChildComp1 组件内使用@Require 装饰器和@Prop 或者@BuilderParam 结合使用时，父组件 Index 在构造 ChildComp1 时必须传参，否则编译不通过。当 ChildComp2 组件内使用@Require 装饰器和@Prop 或者@BuilderParam 结合使用时，父组件 Index 在构造 ChildComp2 时未传参，导致编译不通过，报错信息如图 6-2 所示。

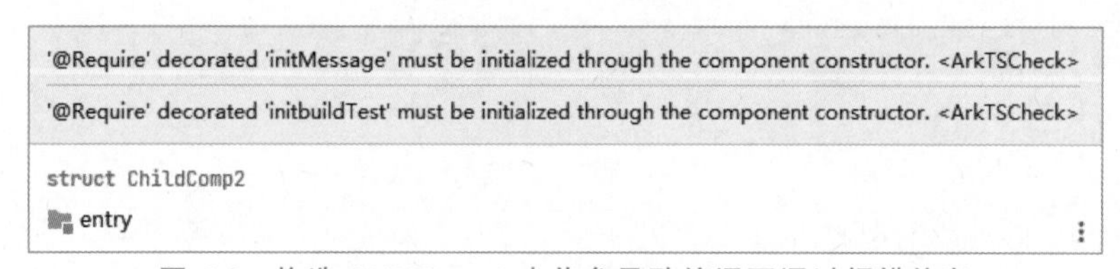

图 6-2　构造 ChildComp2 未传参导致编译不通过报错信息

6.9　项目案例

6.9.1　案例描述

本案例基于 ArkTS 程序设计语言开发了一款应用，用于实现登录功能，主要用于呈现 ArkUI 的基本能力，包括自定义组件的基本用法以及装饰器的使用。

该案例的具体功能为：当用户单击应用图标时，程序进入启动页，同时在启动页面停留 3s 后自动跳转至登录页面。

6.9.2　实现过程及程序分析

1. 环境要求

1）开发软件环境

DevEco Studio 版本：DevEco Studio NEXT Developer Preview1 及以上。

HarmonyOS SDK 版本：HarmonyOS NEXT Developer Preview1 SDK 及以上。

2）调试硬件环境

设备类型：华为手机。

HarmonyOS 系统：HarmonyOS NEXT Developer Preview1 及以上。

2. 代码结构

本节仅展示该案例的核心代码，对于案例的完整代码，会在源码下载中提供。

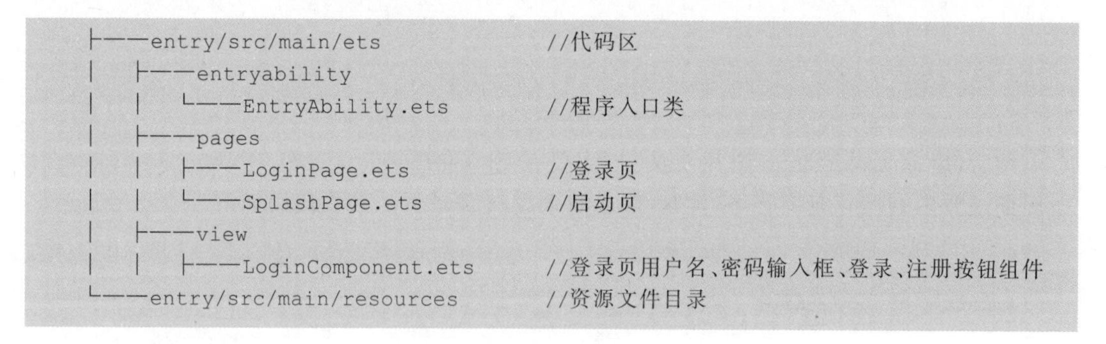

```
├──entry/src/main/ets                  //代码区
│  ├──entryability
│  │  └──EntryAbility.ets              //程序入口类
│  ├──pages
│  │  ├──LoginPage.ets                 //登录页
│  │  └──SplashPage.ets                //启动页
│  ├──view
│  │  ├──LoginComponent.ets            //登录页用户名、密码输入框、登录、注册按钮组件
└──entry/src/main/resources            //资源文件目录
```

3. 应用相关页面

1）启动页面

应用首次启动时会跳转至启动页面（如图 6-3 所示）。

图 6-3　应用启动页面

首先，在 EntryAbility.ets 文件的 onWindowStageCreate 生命周期函数中配置启动页入口。核心代码如下。

```
//EntryAbility.ets
onWindowStageCreate(windowStage: window.WindowStage): void {
…
//配置启动页入口
    windowStage.loadContent('pages/SplashPage', (err, data) => {
    …
  });
}
```

然后，启动页显示 logo 图片及文字，需要在 SplashPage.ets 文件的 aboutToAppear 生命周期函数内初始化延时任务，实现 3s 后自动跳转登录页。核心代码如下。

```
//SplashPage.ets
import { router } from '@kit.ArkUI'

@Component
struct SplashComponent {
  //无参数类型,指向的 BuilderFunction 也是无参数类型:@Require 修饰 @BuilderParam,参
//数不可省略
  @Require @BuilderParam customBuilderParam: () => void
  //有参数类型,指向的 GlobalBuilderFunction 也是有参数类型的方法:参数可省略
  @BuilderParam customOverBuilderParam: (title: string, tip: string) => void =
GlobalBuilderFunction
  @Prop title: string = 'HarmonyOS 世界'
  //@Require 修饰 @Prop 参数不可省略
  @Require @Prop tip: string

  build() {
    Column() {
      //显示 logo 图片
      this.customBuilderParam()
      Blank()
      //显示底部文字
      this.customOverBuilderParam(this.title, this.tip)
    }
  }
}

//全局自定义构建函数:创建底部文字
@Builder
function GlobalBuilderFunction(title: string, tip: string) {
  Column() {
    Text(title)
      .fontColor(Color.White)
      .fontSize('24fp')
```

```
      .fontWeight(500)

    Text(tip)
      .fontSize('16fp')
      .fontColor(Color.White)
      .opacity(0.7)
      .fontWeight('400fp')
      .margin({
        top: '5vp'
      })
  }
}

@Entry
@Component
struct SplashPage {
  @State message: string = 'Hello World';

  aboutToAppear(): void {
    //开启延时任务,3s 后执行
    setTimeout(() => {
      //跳转登录页
      this.jump()
    }, 3000)
  }

  jump() {
    //跳转登录页面
    router.replaceUrl({
      url: 'pages/LoginPage'
    })
  }

  //组件内自定义构建函数:创建顶部 logo 图片
  @Builder
  BuilderFunction() {
    Column() {
      Image($r('app.media.ic_splash')).width('300')
    }
    .width('100%')
    .aspectRatio(2 / 3)
    .backgroundImage($r('app.media.bg_splash'))
    .backgroundImageSize({
      width: '225%',
      height: '100%'
    })
    .backgroundImagePosition(Alignment.Center)
    .justifyContent(FlexAlign.Center)
  }
```

```
  build() {
    //显示欢迎页面图片及文字
    Column() {
      SplashComponent({
        //引用组件内自定义构建函数,显示图片:@Require 修饰 @BuilderParam,参数不可省略
        customBuilderParam: this.BuilderFunction,
        //引用全局自定义构建函数,显示文字,参数可省略
        //customOverBuilderParam: GlobalBuilderFunction,
        //参数可省略
        //title: 'HarmonyOS 世界',
        //@Require 修饰 @Prop 参数不可省略
        tip: '欢迎来到 HarmonyOS 开发者世界'
      })
    }
    .width('100%')
    .height('100%')
    .backgroundColor('#0A59F7')
    .padding({
      top: 20,
      bottom: 40
    })
  }
}
```

2）登录页面

应用从启动页面跳转至登录页面(如图 6-4 所示)。

图 6-4　应用登录页面

首先，在登录页面所在的LoginPage.ets文件中引用LoginComponent组件，显示用户名、密码输入框、“登录”和“注册”按钮。LoginPage.ets文件的核心代码如下。

```
//LoginPage.ets
import { LoginComponent } from '../view/LoginComponent'

@Entry
@Component
struct LoginPage {
  build() {
    Stack() {
      Image($r("app.media.ic_splash1"))
        .width('100%')
        .height('100%')
        .syncLoad(true)
      Column() {
        //用户名、密码输入框、登录、注册按钮组件
        LoginComponent()
      }.width('100%')
      .height('100%')
      .justifyContent(FlexAlign.Center)
      .backgroundColor('#99182431')
    }.width('100%')
    .height('100%')
  }
}
```

而LoginComponent组件实现了校验用户输入用户名、密码的合法性，若合法，则“登录”按钮可单击，否则不可单击。LoginComponent组件位于LoginComponent.ets文件中。LoginComponent文件的核心代码如下。

```
//LoginComponent.ets
//@Extend装饰器:定义扩展组件样式
@Extend(Text)
function myText() {
  .fontSize('14fp')
  .fontColor('#07F')
  .padding('5vp')
}

//@Styles装饰器:定义组件重用样式
@Styles
function myButton() {
  .width('100%')
  .height('40vp')
  .borderRadius('20vp')
  .margin({ top: '10vp' })
}
```

```
/**
 * 登录页用户名、密码输入框、登录、注册按钮组件
 */
@Component
export struct LoginComponent {
  @State userName: string = ''
  @State password: string = ''
  @State isRememberPassword: boolean = false

  //@Styles 和 stateStyles 联合使用
  @Styles
  normalStyle() {
    .backgroundColor('#0000')
  }

  @Styles
  pressedStyle() {
    .backgroundColor(Color.Red)
  }

  build() {
    Column() {
      TextInput({ placeholder: '手机号/邮箱地址/账号名' })
        .width('100%')
        .height('50vp')
        .margin('5vp')
        .placeholderColor('#99182431')
        .placeholderFont({ size: '16fp' })
        .backgroundColor(Color.White)
        .fontSize('16fp')
        .border({
          width: '1vp',
          color: '#0A59F7',
          radius: '5vp'
        })
        .onChange((value) => {
          this.userName = value
        })
      TextInput({ placeholder: '密码' })
        .width('100%')
        .height('50vp')
        .margin('5vp')
        .placeholderColor('#99182431')
        .placeholderFont({ size: '16fp' })
        .backgroundColor(Color.White)
        .fontSize('16fp')
        .border({
          width: '1vp',
          color: '#0A59F7',
          radius: '5vp'
```

```
          })
          .type(InputType.Password)
          .onChange((value) => {
            this.password = value
          })
        Row() {
          Row({ space: 5 }) {
            Toggle({ type: ToggleType.Checkbox, isOn: this.isRememberPassword })
              .onChange((isOn: boolean) => {
                this.isRememberPassword = isOn
              })
            Text('记住密码')
              .myText()
              .fontWeight(FontWeight.Bold)
          }

          Blank()
          Text('忘记密码')
            .myText()
            .stateStyles({
              //stateStyles:多态样式:@Styles 和 stateStyles 联合使用,按压时显示红色背景
              normal: this.normalStyle,
              pressed: this.pressedStyle,
            })
        }.width('100%')
        .margin('5vp')

        //账号、密码校验都不为空后,"登录"按钮可单击
        Button('登录')
          .myButton()
          .fontSize('16fp')
          .fontColor(isLoginButtonClickable(this.userName, this.password) ?
Color.White : '#6FFF')
          .fontWeight(500)
          .enabled(isLoginButtonClickable(this.userName, this.password))
          .backgroundColor(isLoginButtonClickable(this.userName, this.password)
? '#07F' : '#A07F')

        Button('注册')
          .myButton()
          .fontSize('16fp')
          .fontColor('#07F')
          .fontWeight(500)
          .backgroundColor('#AFFF')
      }.padding('40vp')
    }
```

```
}

//校验账号、密码是否合法
function isLoginButtonClickable(userName: string, password: string): boolean {
  return userName !== '' && password !== ''
}
```

小　　结

本章介绍了 UI 基本语法，主要包括自定义组件、自定义构建函数、引用@Builder 函数、封装全局@Builder、定义组件重用样式、定义扩展组件样式、多态样式和校验构造传参，详细介绍了自定义组件的使用方式，展示了多种装饰器的使用方式以及使用场景。本章通过一个具有登录功能的案例，示范了自定义组件的基本用法以及装饰器的使用，通过实际案例对本章知识点进行串联，遵循企业项目规范，对工程实践具有一定的指导作用。本章工作任务与知识点关系的思维导图如图 6-5 所示。

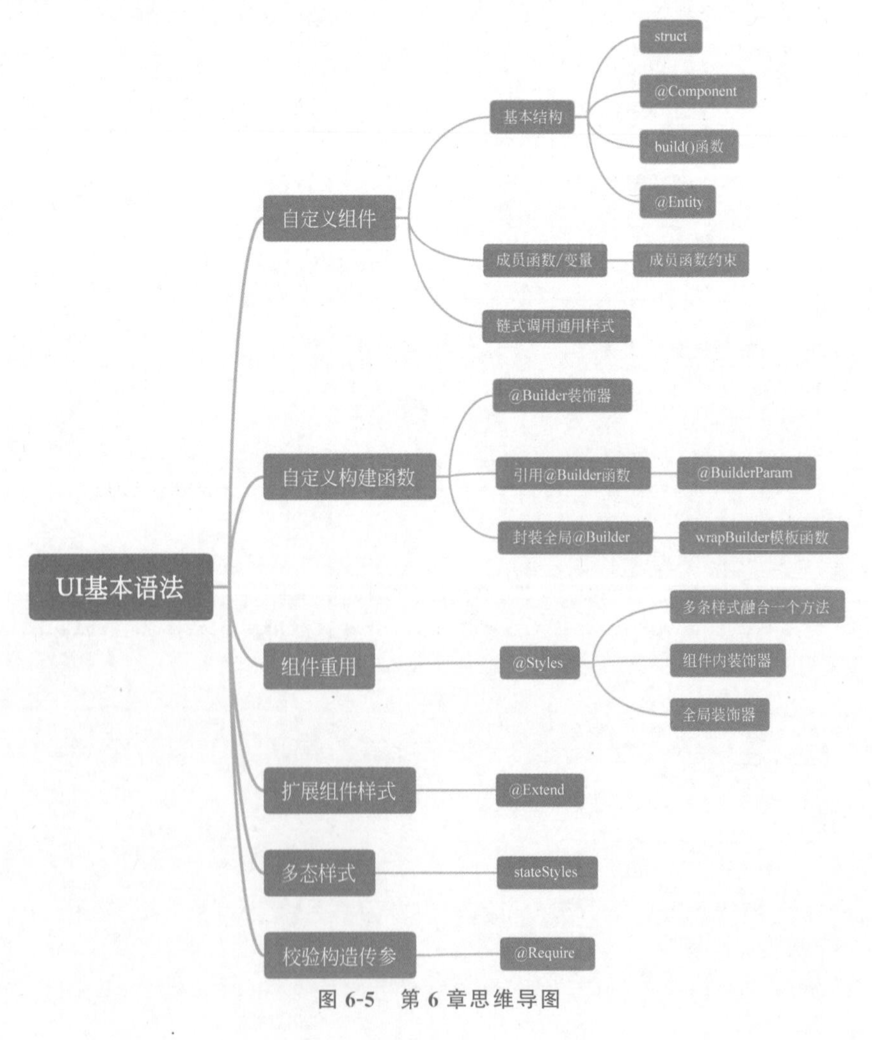

图 6-5　第 6 章思维导图

思考与实践

第一部分：练习题

练习 1. 用哪一种装饰器修饰的 struct 表示该结构体具有组件化能力？(　　)

A. @Component　　B. @Entry　　C. @Builder　　D. @Preview

练习 2. 下面哪些装饰器可以用于管理自定义组件中变量的状态？(　　)

A. @Component　　B. @Entry　　C. @State　　D. @Link

练习 3. 下面装饰器中，用于校验构造传参的是(　　)。

A. @Require　　B. @Entry　　C. @State　　D. @Link

练习 4. 以下关于自定义构建函数的定义或调用的相关描述，正确的有(　　)。

A. 在自定义组件内，定义自定义构建函数的语法为@Builder MyBuilderFunction(){ … }

B. 当调用自定义组件内的自定义构建函数时，使用的语法为 MyGlobalBuilderFunction()

C. 全局自定义构建函数时，定义的语法为@Builder function MyGlobalBuilderFunction() { … }

D. 全局自定义构建函数被调用时，使用的语法为 this.MyBuilderFunction()

练习 5. 下列关于@Extend 装饰器的使用，说法正确的有(　　)。

A. 装饰器不仅支持全局定义，也支持在组件内部定义

B. 装饰器支持封装指定的组件的私有属性和私有事件

C. 装饰器装饰的方法支持参数，可以在调用时遵循 TypeScript 方法传递参数

D. 装饰器装饰的方法的参数不能是 function

练习 6. 下面的两个代码片段中，属于自定义组件的有(　　)。

```
//代码片段 1
@Entry
@Component
struct ParentComponent {
build() {
//根节点唯一且必要,必须为容器组件
Row() {
ChildComponent()
}
}
}

//代码片段 2
@Component
struct ChildComponent {
build() {
//根节点唯一且必要,可为非容器组件
Image('test.jpg')
}
}
```

A. 仅 ParentComponent

B. 仅 ChildComponent

C. ParentComponent 和 ChildComponent

D. 无自定义组件

练习 7. @Link 变量不能在组件内部进行初始化。(　　)

练习 8. ArkTS 支持通过 $ $ 双向绑定变量,通常应用于状态值频繁改变的变量。(　　)

练习 9. @Styles 和@Extend 可以应用于静态页面和动态页面的样式复用。(　　)

练习 10. 自定义组件具备的特点有________、________、________。

练习 11. ________装饰器仅用于装饰 struct 内的@Prop 装饰器和@BuilderParam 装饰器成员状态变量。

练习 12. wrapBuilder 是一个模板函数,返回的类型是________。

练习 13. 简述自定义组件主要包含的基本结构。

练习 14. 改写 6.8.2 节中@Require 装饰器使用示例的例子,使其能够编译通过且正常运行。

第二部分:实践题

针对本章的项目案例,尝试利用已经学习的自定义组件以及组件重用样式的定义等知识,重新设计项目案例的登录功能的 UI 页面(可以参考“哔哩哔哩”),使其具有手机号登录以及密码登录两种登录方式,且两种登录方式之间可以进行切换。

第7章

基于 ArkTS 的 UI 状态管理

7.1 状态管理概述

程序开发人员在应用开发的过程中，如果需要构建一个动态的、有交互的界面，则需要引入“状态”的概念。状态是事物表现出来的样子或形态。例如，用户与应用程序的交互，使得 Text 组件的文字内容由显示“Hello World”变更为“Hello ArkTS”，此时是由于该交互过程触发了 Text 组件的文本状态的改变，状态改变引起了 UI 渲染。

在声明式 UI 编程框架中，UI 是程序状态的运行结果，用户构建了一个 UI 模型，其中应用的运行时的状态是参数。当参数改变时，UI 作为返回结果，也将进行对应的改变。这些运行时的状态变化所带来的 UI 的重新渲染，统称为状态管理机制。

自定义组件拥有变量，变量必须被装饰器装饰才可以变为状态变量，状态变量的改变会引起 UI 的渲染刷新。如果不使用状态变量，UI 只能在初始化时渲染，后续的程序运行将不会再刷新该变量。图 7-1 展示了 State 和 View(UI)之间的关系。其中，View(UI)即 UI 渲染，指的是将 build 方法内的 UI 描述和@Builder 装饰的方法内的 UI 描述映射到界面；State 是状态，指的是驱动 UI 更新的数据。用户通过触发组件的事件方法，改变状态数据，而状态数据的改变，引起了 UI 的重新渲染。

图 7-1　State 和 View(UI)之间的关系

为了帮助读者更好地理解和使用状态管理，下面将通过例 7-1 示例代码对后续章节涉及的一些基本概念进行逐一介绍。

【例 7-1】　状态管理示例。

```
//Control.ets
@Component
struct SelfControl {
  @State cnt: number = 0;
  private addBy: number = 1;

  build() {
```

```
    }
  }

  //程序入口
  @Entry
  @Component
  struct Control {
    private cnt: number = 2;
    build() {
      Column() {
        //从父组件初始化,覆盖本地定义的默认值
        SelfControl({ cnt: 1, addBy: 2 })
        SelfControl({ cnt: this.cnt, addBy: 2 })
      }
    }
  }
```

概念 1：状态变量。状态变量是被状态装饰器装饰的变量,状态变量的值的改变会引起 UI 的渲染更新。例如,@State cnt：number = 0,其中,@State 是状态修饰器,cnt 是状态变量。

概念 2：常规变量。常规变量是没有被状态装饰器装饰的变量,常规变量通常应用于辅助计算。常规变量的改变永远不会引起 UI 的刷新。例如,private addBy：number = 1 中,addBy 为常规变量。

概念 3：数据源/同步源。数据源为状态变量的原始来源,可以同步给不同的状态数据。通常意义为父组件传递给子组件的数据。例如,SelfControl({ cnt：1，addBy：2 })中,数据源为 cnt：1。

概念 4：命名参数机制。父组件通过指定参数传递给子组件的状态变量,为父子传递同步参数的主要手段。例如,SelfControl({ cnt：this.cnt，addBy：2})中的 cnt：this.cnt。

概念 5：从父组件初始化。父组件使用命名参数机制,将指定参数传递给子组件。子组件初始化的默认值在由父组件传值的情况下会被覆盖。例如,SelfControl ({ cnt：1，addBy：2})。

概念 6：初始化子节点。父组件中的状态变量可以传递给子组件,初始化子组件对应的状态变量。例如,SelfControl ({ cnt：1，addBy：2 })。

概念 7：本地初始化。在变量声明的时候赋值,作为变量的默认值。例如,@State cnt：number = 0。

负责状态修饰的装饰器有很多种,通过使用这些装饰器,状态变量不仅可以观察在组件内的改变,还可以在不同组件层级间传递,如父子组件、跨组件层级,也可以观察全局范围内的变化。根据状态变量的影响范围,所有的装饰器可以大致分为以下两种。

(1) 管理组件拥有状态的装饰器。组件级别的状态管理,可以观察组件内的变化和不同组件层级的变化,但是仅观察同一个组件树上(即同一个页面内即可)。

(2) 管理应用拥有状态的装饰器。应用级别的状态管理,可以观察不同页面,甚至不同 UIAbility 的状态变化,是应用内全局的状态管理。

此外,从数据的传递形式和同步类型层面看,也可以将装饰器划分为只读的单向传递和可变更的双向传递。

7.2 管理组件拥有的状态

7.2.1 组件内状态

@State装饰器装饰的变量，或称为状态变量，一旦这些变量拥有了状态属性，就和自定义组件的渲染绑定起来，可以作为其子组件单向和双向同步的数据源。@State表示组件内部状态数据，用于装饰的变量包括组件内部的基本数据类型、类和数组。当这些状态数据被修改时，将会调用所在组件的build方法中的部分UI描述(使用该状态变量的UI组件相关描述)进行UI刷新。

在状态变量相关装饰器中，@State是最基础的，使变量拥有状态属性的装饰器，它也是大部分状态变量的数据源。@State状态数据具有以下特征。

(1) 支持多种类型数据：支持Object、class、number、boolean、string、enum强类型数据的值类型和引用类型，以及这些强类型构成的数组，即Array<class>、Array<string>、Array<boolean>、Array<number>。但是@State不支持any类型数据，不支持简单类型和复杂类型的联合类型，不允许使用undefined和null。

(2) 支持多实例：组件不同实例的内部状态数据独立。

(3) 内部私有：标记为@State的属性是私有变量，只能在组件内访问。

(4) 需要本地初始化：必须为所有@State变量分配初始值，变量未初始化可能导致未定义的框架异常行为。

(5) 创建自定义组件时支持通过状态变量名设置初始值：在创建组件实例时，可以通过变量名显式指定@State状态变量的初始值。

但是，并不是状态变量的所有更改都会引起UI的刷新。只有可以被框架观察到的修改才会引起UI刷新。

当装饰器装饰的数据类型为简单类型(boolean、string、number等)时，可以观察到数值的变化。示例代码片段如下。

```
@State cnt: number = 0;
this.cnt = 1;
```

以上代码片段中，第一行用@State装饰器装饰了一个cnt变量，该变量为number类型。第二行为cnt变量赋值后，框架可以观察到该变量的值的变化。

当装饰器装饰的数据类型为class或者是Object时，可以观察到自身的赋值的变化和其属性赋值的变化，即Object.keys(observedObject)返回的所有属性。示例代码片段见例7-2。

【例7-2】 装饰器装饰的数据类型为class示例。

```
//Index.ets
class AtClass {
  public value: string;

  constructor(value: string) {
    this.value = value;
```

```
  }
}

class ModelA {
  public value: string;
  public name: AtClass;
  constructor(value: string, a: AtClass) {
    this.value = value;
    this.name = a;
  }
}

@Entry
@Component
struct Index {
  //①:class 类型
  @State title: ModelA = new ModelA('Hello', new AtClass('World'));

  build() {
    Column() {
      Text(`$this.title.value`)
        .fontSize(15)
      Button(`Change text button`)
        .onClick(() => {
          //②:class 类型赋值
          this.title = new ModelA('Hello', new AtClass('ArkTS'));
          //③:class 属性的赋值
          this.title.value = 'Hello';
          //④:嵌套的属性赋值观察不到
          this.title.name.value = 'ArkTS';
        })
        .width(300)
        .margin(10)
    }
  }
}
```

以上示例代码片段中，声明了两个类，名称分别为 AtClass 和 ModelA。位置①处的代码为定义了一个类型为 ModelA 的变量 title，并且由@State 装饰，同时为其进行初始化。位置②处的代码为对@State 装饰的 class 变量进行赋值。位置③处的代码为对@State 装饰变量中的属性赋值。位置④处的代码为对@State 装饰变量的嵌套属性赋值，但是@State 观察不到嵌套属性，因此该行代码无效。

当装饰器装饰的对象为 array 时，可以观察到数组本身的赋值和添加、删除、更新数组的变化。示例代码片段见例 7-3。

【例 7-3】 装饰器装饰的对象为 array 示例。

```
//Index.ets
class ModelA {
```

```
  public value: number;
  constructor(value: number) {
    this.value = value;
  }
}

@Entry
@Component
struct Index {
  //①:array 类型
  @State title: ModelA[] = [new ModelA(11), new ModelA(1)];

  build() {
    Column() {
      Text(`$this.title[0].value`)
        .fontSize(15)
      Button(`Change text button`)
        .onClick(() => {
          //②:array 类型赋值
          this.title = [new ModelA(2)];
          //③:array 项的赋值
          this.title[0] = new ModelA(2);
          //④:删除 array 项
          this.title.pop();
          //⑤:新增 array 项
          this.title.push(new ModelA(12));
          //⑥:array 项中的属性观察不到
          this.title[0].value = 10;
        })
        .width(300)
        .margin(10)
    }
  }
}
```

以上示例代码片段中,声明了一个类,名称为 ModelA。位置①处的代码为定义了一个类型为 array 的变量 title,并且由@State 装饰,同时为其进行初始化两个项。位置②处的代码为对@State 装饰的 array 变量进行赋值。位置③处的代码为对@State 装饰变量中的项进行赋值。位置④处的代码为删除@State 装饰 array 变量中的项。位置⑤处的代码为@State 装饰 array 变量中增加项。位置⑥处的代码为@State 装饰 array 变量的项的属性进行赋值,但是@State 观察不到 array 项中的属性,因此该行代码无效。

当状态变量被改变时,框架将会做如下工作。

(1) 查询依赖该状态变量的组件。

(2) 执行依赖该状态变量的组件的更新方法,组件更新渲染。

(3) 和该状态变量不相关的组件或者 UI 描述不会发生重新渲染,从而实现页面渲染的按需更新。

例 7-3 示例代码中,title 被@State 装饰成为状态变量,title[0]值的改变引起 Button 组件的刷新。当状态变量 title 改变时，框架查询到 Text 和 Button 两个组件关联了它。执行 Text 组件和 Button 组件的更新方法，实现按需刷新。例 7-2 示例代码中，自定义组件 Index 定义了被@State 装饰的状态变量 title，title 的类型为自定义类 ModelA。如果 title 的值发生变化，则查询 CompA 中使用该状态变量的 UI 组件，并进行重新渲染。

7.2.2 父子单向同步

@Prop 装饰的变量可以和父组件建立单向的同步关系。@Prop 与@State 有相同的语义，但初始化方式不同。@Prop 装饰的变量可以使用其父组件提供的@State 变量进行初始化，允许组件内部修改@Prop 装饰的变量。父组件中的数据源变化时，与之对应的子组件@Prop 装饰的变量会自动同步更新。若子组件在组件内部更改了@Prop 装饰的变量的值，在父组件中对应的@State 装饰的变量值更改后，子组件内部更改的@Prop 装饰的变量的值也将被覆盖。

@Prop 状态数据具有以下特征。

（1）支持简单类型：仅支持 number、string、boolean、enum 等类型，父组件中传递给@Prop 装饰的值不能为 undefined 或者 null。

（2）私有：仅在组件内访问。

（3）支持多个实例：一个组件中可以定义多个标有@Prop 的属性。

（4）创建自定义组件时将值传递给@Prop 变量进行初始化：在创建组件的新实例时，必须初始化所有@Prop 变量，不支持在组件内部进行初始化。

（5）限制条件：不能在@Entry 装饰的自定义组件中使用。

（6）数据源：除了@State 外，数据源也可以用@Link 或@Prop 装饰，不同装饰器装饰的变量对@Prop 的同步机制是相同的；数据源和@Prop 变量的类型需要相同。

当装饰器装饰的类型是允许的类型（即 string、number、boolean、enum 类型）时，都可以观察到赋值的变化。示例代码片段如下。

```
@Prop cnt: number;
this.cnt = 1;
```

以上代码片段中，第一行用@Prop 装饰器装饰了一个 cnt 变量，该变量为 number 类型。第二行为 cnt 变量赋值后，框架可以观察到该变量的值的变化。

@Prop 变量值初始化和更新机制，与其父组件和拥有@Prop 变量的子组件初始渲染和更新流程密切相关。初始渲染时，首先执行父组件的 build()函数将创建子组件的新实例，将数据源传递给子组件；然后初始化子组件@Prop 装饰的变量。更新时，若仅为子组件@Prop 更新，更新仅停留在当前子组件，不会同步回父组件；当父组件的数据源更新时，子组件的@Prop 装饰的变量将被来自父组件的数据源重置，所有@Prop 装饰的本地的修改将被父组件的更新覆盖。

【例 7-4】 父组件@State 变量到子组件@Prop 变量简单数据类型同步。

```
//Index.ets
@Component
struct SubComp {
```

```
  //①:定义@Prop 装饰的变量
  @Prop cnt: number;
  costPerAttempt: number = 1;

  build() {
    Column() {
      if (this. cnt > 0) {
        Text(`You still have ${this.cnt} more chances.`)
      } else {
        Text('Come again next time!')
      }
      //②:@Prop 装饰的变量不会同步给父组件
      Button(`Try again ~`).onClick(() => {
        this.cnt -= this.costPerAttempt;
      })
    }
  }
}

@Entry
@Component
struct Index {
  @State cntInitialVal: number = 30;

  build() {
    Column() {
      Text(`Initialize ${this.cntInitialVal} opportunities to begin.`)
      //③:父组件的数据源的修改会同步给子组件
      Button(`+1 - Opportunities increase`).onClick(() => {
        this. cntInitialVal += 1;
      })
      //③:父组件的数据源的修改会同步给子组件
      Button(`-1  - Opportunities reduce`).onClick(() => {
        this. cntInitialVal -= 1;
      })

      //④:父组件的数据源的修改会同步给子组件
      SubComp({ cnt: this.cntInitialVal, costPerAttempt: 2 })
    }
  }
}
```

例 7-4 的示例是父组件的@State 变量到子组件@Prop 变量的简单数据同步。位置①处定义了一个@Prop 装饰的变量 cnt。位置②处单击名称为"Try again ～"的按钮，cnt 的变化仅保留在 SubComp，不会同步给父组件 ParentComp。位置④处父组件 ParentComp 的状态变量 cntInitialVal 初始化子组件 SubComp 中@Prop 装饰的变量 cnt，ParentComp 的状态变量 cntInitialVal 的变化将重置 SubComp 中的 cnt。位置③处单击两个按钮，引起 cntInitialVal 变量的值发生变化，从而引起 SubComp 中@Prop 装饰的变量 cnt 的值变化。

父组件中@State装饰的变量如果装饰的为数组或自定义类，该数组的数组项或自定义类的属性也可以初始化@Prop。

【例 7-5】 父组件@State数组项到子组件@Prop简单数据类型同步。

```
//Index.ets
@Component
struct SubComp {
  @Prop val: number;

  build() {
    Text(`No:${this.val}`)
      .fontSize(50)
      .onClick(() => {
        this.val++
      })
  }
}

//程序入口
@Entry
@Component
struct Index {
  @State arr: number[] = [1,2,3];

  build() {
    Row() {
      Column() {
        //①:初始化子组件
        SubComp({val: this.arr[0]})
        SubComp({val: this.arr[1]})
        SubComp({val: this.arr[2]})

        Divider().height(5)

        //②:初始化子组件
        ForEach(this.arr,
          (item : number) => {
            SubComp({'val': item} as Record<string, number>)
          },
          (item : string) => item.toString()
        )
        Text('updatte the arr')
          .fontSize(50)
          .onClick(()=>{
            //两个数组都包含项"3"
            this.arr = this.arr[0] == 1 ? [3,4,5] : [1,2,3];
          })
      }
    }
  }
}
```

例 7-5 中示例了父组件 Index 中@State 装饰的数组 arr，arr 中的数组项被用于初始化子组件 SubComp 中@Prop 装饰的 val。程序运行后，初始渲染创建 6 个子组件实例，其中，位置①处连续初始化了三个子组件，位置②处使用 ForEach 循环初始化了三个子组件。每个子组件中@Prop 装饰的变量初始化都在本地备份了一份数组项。子组件中 Text 的 onclick 事件处理程序会更改局部变量 val 的值。

第一次，单击前三个子组件中的 Text，分别单击 6 次、5 次、4 次，所有变量的本地取值都变为“No：7”。第二次，单击屏幕中名称为“updatte the arr”的 Text 一次，6 个子组件的@Prop 变量分别更改为“3”“4”“5”“7”“4”“5”。因为，在子组件 SubComp 中做的所有的改变都不会同步回父组件 ParentComp，因此，第一次单击完成后，即使 6 个组件显示都为 7，但在父组件 Index 中，arr 中保存的值仍为[1,2,3]。第二次单击 updatte the arr 后，this.arr[0] == 1 判断成立，所以将 arr 重新赋值为[3, 4, 5]。由于 arr[0]已更改，SubComp({val: this.arr[0]})组件将 arr[0]更新同步到实例@Prop 装饰的变量。SubComp({val: this.arr[1]})和 SubComp({val: this.arr[2]})的情况也类似。因此，前三个子组件的@Prop 变量分别更改为“3”“4”“5”。同时，arr 的更改触发了 ForEach 更新，arr 更新的前后都有数值为 3 的数组项：[3, 4, 5] 和[1, 2, 3]。根据 diff 算法，数组项“3”将被保留，删除“1”和“2”的数组项，添加为“4”和“5”的数组项。这就意味着，数组项“3”的组件不会重新生成，而是将其移动到第一位。所以“3”对应的组件不会更新，此时“3”对应的组件数值为“7”，ForEach 最终的渲染结果是“7”“4”“5”。

7.2.3　父子双向同步

@Link 装饰的变量可以和父组件中的数据源建立双向数据绑定，两者共享相同的值。

@Link 状态数据具有以下特征。

(1) 支持多种类型：@Link 变量的值与@State 变量的类型相同，即 class、number、string、boolean、enum、Object，以及这些类型的数组。

(2) 私有：仅在组件内访问。

(3) 双向通信：子组件对@Link 变量的更改将同步修改父组件中建立双向数据同步的@State、@StorageLink 和@Link 变量。

(4) 创建自定义组件时需要将变量的引用传递给@Link 变量：在创建组件的新实例时，必须使用命名参数初始化所有@Link 变量。@Link 子组件从父组件初始化@State 的语法为 Comp({ aLink: this.aState })。同样，@State 变量可以通过 $ 操作符创建引用，因此语法 Comp({aLink: $aState})也支持。

(5) 限制条件：不能在@Entry 装饰的自定义组件中使用。

当装饰器装饰的数据类型为 boolean、string、number 类型时，可以同步观察到数值的变化。同时，当装饰器装饰的数据类型为 class 或者 Object 时，可以观察到赋值和属性赋值的变化。

【例 7-6】　父组件简单类型和类对象类型到子组件@Link 数据同步。

```
//Comp.ets
class GenBtnState {
  width: number = 0;
```

```
  constructor(width: number) {
    this.width = width;
  }
}

@Component
struct GenBtn {
  @Link genBtnState: GenBtnState;

  build() {
    Button('Green Button')
      .width(this.genBtnState.width)
      .height(40)
      .backgroundColor('#64bb5c')
      .fontColor('#FFFFFF,90%')
      .onClick(() => {
        if (this.genBtnState.width < 700) {
          //①:更新 class 的属性,变化可以被观察到同步回父组件
          this.genBtnState.width += 60;
        } else {
          //②:更新 class,变化可以被观察到同步回父组件
          this.genBtnState = new GenBtnState(180);
        }
      })
  }
}

@Component
struct YelBtn {
  @Link yelBtnState: number;

  build() {
    Button('Yellow Button')
      .width(this.yelBtnState)
      .height(40)
      .backgroundColor('#f7ce00')
      .fontColor('#FFFFFF,90%')
      .onClick(() => {
        //③:子组件的简单类型可以同步回父组件
        this.yelBtnState += 40.0;
      })
  }
}

@Entry
@Component
struct comp {
  @State genBtnState: GenBtnState = new GenBtnState(180);
  @State yelBtnProp: number = 180;
```

```
  build() {
    Column() {
      Flex({ direction: FlexDirection.Column, alignItems: ItemAlign.Center }) {
        //④:简单类型从父组件@State 向子组件@Link 数据同步
        Button('Parent Component: Set yellow button')
          .width(312)
          .height(40)
          .margin(12)
          .fontColor('#FFFFFF,90%')
          .onClick(() => {
            this.yelBtnProp = (this.yelBtnProp < 700) ? this.yelBtnProp + 40
: 100;
          })
        //⑤:class 类型从父组件@State 向子组件@Link 数据同步
        Button('Parent Component: Set green button')
          .width(312)
          .height(40)
          .margin(12)
          .fontColor('#FFFFFF,90%')
          .onClick(() => {
            this.genBtnState.width = (this.genBtnState.width < 700) ? this.
genBtnState.width + 50 : 100;
          })
        //⑥:class 类型初始化@Link
        GenBtn({ genBtnState: $genBtnState }).margin(12)
        //⑦:简单类型初始化@Link
        YelBtn({ yelBtnState: $yelBtnProp }).margin(12)
      }
    }
  }
}
```

以上示例代码片段中，位置①处的代码实现了当在组件内更新@Link 装饰的 class 类型变量的属性时，变化可以被观察到同步回父组件。位置②处的代码实现了当在组件内更新@Link 装饰的 class 类型的变量时，变化可以被观察到同步回父组件。位置③处的代码实现了当在组件内更新@Link 装饰的简单类型变量时，变化可以被观察到同步回父组件。位置⑥处的代码实现了父组件 Comp 中的由@State 装饰的类型为 GenBtnState 类的 genBtnState 变量和子组件 GenBtn 中的由@Link 装饰的类型为 GenBtnState 类的 genBtnState 变量的关联，位置⑦处的代码实现了父组件 Comp 中的由@State 装饰的简单类型的变量 yelBtnState 和子组件 YelBtn 中的由@Link 装饰的简单类型的变量 yelBtnState 的关联。根据位置④和位置⑤处的代码，当分别单击父组件 Comp 中的 Parent Component: Set yellow button 按钮和 Parent Component: Set green button 按钮时，可以从父组件将相关变量的变化同步给子组件的关联变量。当单击子组件 GenButton 和 YelButton 中的 Button 时，由于@Link 是双向同步，子组件会发生相应改变，同时会将改变同步给父组件中各自关联的由@State 装饰的变量。若单击父组件 Comp 中的 Button 时，

@State 装饰的变量变化，也会同步给各自关联的子组件的@Link 装饰的变量，子组件也会发生对应的刷新。

当装饰器装饰的对象是 array 时，可以观察到数组添加、删除、更新数组单元的变化。

【例 7-7】 @Link 装饰 array 类型。

```
//Comp.ets
@Component
struct SubComp {
  @Link items: number[];

  build() {
    Column() {
      Button(`Button: expand`)
        .margin(12)
        .width(312)
        .height(40)
        .fontColor('#FFFFFF,90%')
        .onClick(() => {
          this.items.push(this.items.length + 1);
        })
      Button(`Button: replace items`)
        .margin(12)
        .width(312)
        .height(40)
        .fontColor('#FFFFFF,90%')
        .onClick(() => {
          this.items = [100, 200, 300];
        })
    }
  }
}

@Entry
@Component
struct Comp {
  @State arr: number[] = [1, 2, 3];

  build() {
    Column() {
      SubComp({ items: $arr })
        .margin(12)
      ForEach(this.arr,
        (item: void) => {
          Button(`${item}`)
            .margin(12)
            .width(312)
            .height(40)
            .backgroundColor('#11a2a2a2')
            .fontColor('#e6000000')
```

```
        },
        (item: ForEachInterface) => item.toString()
      )
    }
  }
}
```

框架可以观察到数组元素的添加、删除和替换。在例 7-7 中，@State 和@Link 装饰的变量的类型是相同的 number[]。不允许将@Link 定义成 number 类型（即@Link item : number），并在父组件中用@State 数组中每个数据项创建子组件。

7.2.4　与后代组件双向同步

@Provide 和@Consume 应用于与后代组件的双向数据同步，主要是应用于状态数据在多个层级之间传递的场景。不同于前面章节提到的父子组件之间通过命名参数机制传递，@Provide 和@Consume 摆脱了参数传递机制的束缚，实现了跨层级传递。其中，@Provide 装饰的变量是在祖先节点中，可以理解为被“提供”给后代的状态变量。@Consume 装饰的变量是在后代组件中，去“消费（绑定）”祖先节点提供的变量。

@Provide/@Consume 装饰的状态变量具有以下特性。

（1）支持多种类型数据。支持 Object、class、number、boolean、string、enum 强类型数据的值类型和引用类型，以及这些强类型构成的数组，即 Array<class>、Array<string>、Array<boolean>、Array<number>。但是不支持 any 类型数据，不支持简单类型和复杂类型的联合类型，不允许使用 undefined 和 null。

（2）@Provide 装饰的状态变量自动对其所有后代组件可用，即该变量被“provide”给它的后代组件。由此可见，@Provide 的方便之处在于，开发者不需要多次在组件之间传递变量。

（3）后代通过使用@Consume 去获取@Provide 提供的变量，建立在@Provide 和@Consume 之间的双向数据同步，与@State/@Link 不同的是，前者可以在多层级的父子组件之间传递。

（4）@Provide 和@Consume 可以通过相同的变量名或者相同的变量别名绑定，变量类型必须相同。

```
//①:通过相同的变量名绑定
@Provide a: number = 0;
@Consume a: number;

//②:通过相同的变量别名绑定
@Provide('a') b: number = 0;
@Consume('a') c: number;
```

以上代码片段中，位置①处的代码实现了@Provide 和@Consume 通过相同的变量名绑定，而位置②处的代码实现了@Provide 和@Consume 通过相同的变量别名绑定。但是，不允许在同一个自定义组件内，包括其子组件中声明多个同名或者同别名的@Provide 装饰的变量。

当装饰器装饰的数据类型为 boolean、string、number 类型时，可以观察到数值的变化。若装饰器装饰的数据类型为 class 或者 Object 的时候，可以观察到赋值和属性赋值的变化（属性为 Object.keys(observedObject)返回的所有属性）。若装饰器装饰的对象是 array 的时候，可以观察到数组的添加、删除、更新数组单元。

【例 7-8】 @Provide 和@Consume 装饰简单变量。

```
//Comp.ets
@Component
struct Comp3 {
  //①:@Consume 装饰的变量通过相同的属性名绑定其祖先组件 Comp 内的@Provide 装饰的变量
  @Consume vote: number;

  build() {
    Column() {
      Text(`vote(${this.vote})`)
      Button(`vote(${this.vote}), add 1`)
        .onClick(() => this.vote += 1)
    }
    .width('50%')
  }
}

@Component
struct Comp2 {
  build() {
    Row({ space: 5 }) {
      Comp3()
      Comp3()
    }
  }
}

@Component
struct Comp1 {
  build() {
    Comp2()
  }
}

@Entry
@Component
struct Comp {
  //②:@Provide 装饰的变量 reviewVotes 由入口组件 CompA 提供其后代组件
  @Provide vote: number = 0;

  build() {
    Column() {
```

```
        Button(`vote(${this.vote}), add 1`)
          .onClick(() => this.vote += 1)
        Comp1()
      }
    }
  }
```

以上示例代码是与后代组件双向同步状态@Provide 和@Consume 场景。位置①处使用@Consume 装饰了变量 vote,位置②处使用@Provide 装饰了变量 vote,从而实现了@Provide 和@Consume 通过相同的变量名绑定。当分别单击 Comp 和 Comp3 组件内的按钮时,vote 的值的改变会双向同步在 Comp 和 Comp3 中。

当状态变量被改变时,框架将会做如下工作。

(1) 初始渲染。@Provide 装饰的变量会以 map 的形式,传递给当前@Provide 所属组件的所有子组件;子组件中如果使用@Consume 变量,则会在 map 中查找是否有该变量名或别名对应的@Provide 的变量,如果查找不到,框架会抛出 JS ERROR;在初始化@Consume 变量时,和@State/@Link 的流程类似,@Consume 变量会保存在 map 中查找到的@Provide 变量,并把自己注册给@Provide。

(2) 当@Provide 装饰的数据变化时,通过初始渲染的步骤可知,子组件@Consume 已把自己注册给父组件。父组件@Provide 变量变更后,会遍历更新所有依赖它的系统组件(elementid)和状态变量(@Consume);通知@Consume 更新后,子组件所有依赖@Consume 的系统组件(elementId)都会被通知更新,以此实现@Provide 对@Consume 状态数据同步。

(3) 当@Consume 装饰的数据变化时,通过初始渲染的步骤可知,子组件@Consume 持有@Provide 的实例。在@Consume 更新后调用@Provide 的更新方法,将更新的数值同步回@Provide,以此实现@Consume 向@Provide 的同步更新。

7.2.5　嵌套类对象属性变化

当开发人员需要在子组件中针对父组件的一个变量(命名为 parent_a)设置双向同步时,可以在父组件中使用@State 装饰该变量(即 parent_a),并在子组件中使用@Link 装饰对应的变量(命名为 sub_a)。这样不仅可以实现父组件与单个子组件之间的数据同步,也可以实现父组件与多个子组件之间的数据同步。如图 7-2 所示,父子组件之间针对 ClassA 类型的变量设置了双向同步,当子组件 SubComp1 中变量对应的属性 c 的值变化时,会通知父组件同步变化,而当父组件中属性 c 的值变化时,会通知所有子组件(子组件 SubComp1 和 SubComp2)同步变化。然而,当需要传递数组其中的一个实例时,使用@Link 装饰器无法满足该需求。如果这些部分信息是一个类对象,就可以使用@ObjectLink 装饰器配合@Observed 装饰器来实现。

@ObjectLink 和@Observed 类装饰器用于在涉及嵌套对象或数组的场景中进行双向数据同步。单独使用@Observed 是没有任何作用的,需要搭配@ObjectLink 或者@Prop 使用。被@Observed 装饰的类,可以被观察到属性的变化。子组件中@ObjectLink 装饰器装饰的状态变量用于接收@Observed 装饰的类的实例,和父组件中对应的状态变量建立双

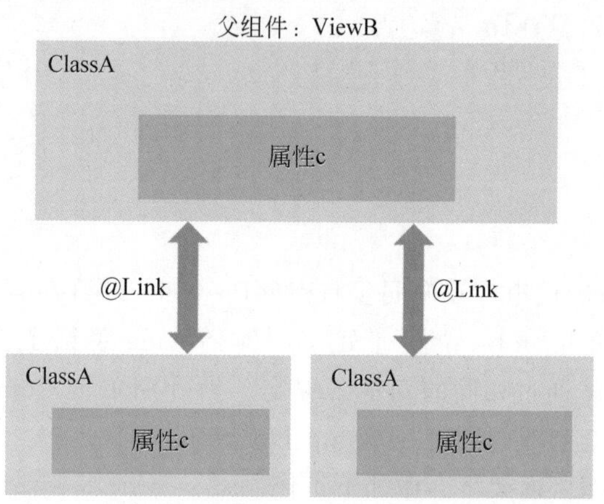

图 7-2 父子组件双向同步示意图

向数据绑定。这个实例可以是数组中被@Observed 装饰的项，或者是 class object 中的属性，这个属性同样也需要被@Observed 装饰。此外，@Observed 和其他类装饰器装饰同一个 class 可能会带来问题，@ObjectLink 装饰器不能在@Entry 装饰的自定义组件中使用。

从以下示例代码片段可以看出，可以对@ObjectLink 装饰的数据属性进行赋值，但是不允许对@ObjectLink 装饰的数据自身进行赋值。

```
//允许
this.objLink.a= ***
//不允许
this.objLink= ***
```

此外，@Observed 装饰的类，如果其属性为非简单类型，如 class、Object 或者数组，也需要被@Observed 装饰，否则将观察不到其属性的变化。

【例 7-9】 @Observed 装饰类。

```
//Comp.ets
class SubClass {
  public sub: number;

  constructor(sub: number) {
    this.sub = sub;
  }
}

@Observed
class ParentClass {
  public p: SubClass;
  public q: number;

  constructor(p: SubClass, q: number) {
    this.p = p;
```

```
    this.q = q;
  }
}

//程序入口
@Entry
@Component
struct Comp {
  @ObjectLink p: ParentClass;

  build() {
    Column() {
      Button('change count to SubClass')
        .onClick(() => {
          //①赋值变化可以被观察到
          this.p.p = new SubClass(5)
          this.p.q = 5
        })

      Button('cannot change count')
        .onClick(() => {
          //②ClassA 没有被@Observed 装饰,其属性的变化观察不到
          this.p.p.sub = 5
        })
    }
  }
}
```

在以上示例代码中,ParentClass 被@Observed 装饰,其成员变量的赋值的变化是可以被观察到的。但是,对于 SubClass,由于其没有被@Observed 装饰,其属性的修改不能被观察到。因此,位置①处的赋值变化可以被观察到,但是位置②处的 SubClass 的属性的赋值变化观察不到。

@ObjectLink 只能接收被@Observed 装饰 class 的实例,可以观察到其属性(即 Object.keys(observedObject)返回的所有属性)的数值的变化。

【例 7-10】　嵌套类对象。

```
//Comp.ets
let NtIdex: number = 1;

@Observed
class SubClass {
  public idex: number;
  public s: number;

  constructor(s: number) {
    this.idex = NtIdex++;
    this.s = s;
  }
```

```
}

@Observed
class ParentClass {
  public p: SubClass;

  constructor(p: SubClass) {
    this.p = p;
  }
}

@Component
struct SubComp {
  label: string = 'SubComp';
  @ObjectLink p: SubClass;

  build() {
    Row() {
      Button(`SubComp [${this.label}] this.p.s=${this.p.s} +1`)
        .onClick(() => {
          //①:@ObjectLink 变量 p 的属性的修改
          this.p.s += 1;
        })
      Button(`SubComp [${this.label}] this.p =${this.p} +1`)
        .onClick(() => {
          //②:不允许,赋值操作导致指向数据源的引用被重置,同步将被打断
          this.p = new SubClass(5);
        })

    }
  }
}

@Entry
@Component
struct Comp {
  @State b: ParentClass = new ParentClass(new SubClass(0));

  build() {
    Column() {
      SubComp({ label: 'Comp #1', p: this.b.p })
      SubComp ({ label: ' Comp #2', p: this.b.p })

      Button(`Comp: this.b.p.s+= 1`)
        .onClick(() => {
          //③:第二层变化,被@ObjectLink 观察到
          this.b.p.s += 1;
        })
      Button(`Comp: this.b.p = new SubClass(0)`)
        .onClick(() => {
```

```
          //④:对@State 装饰的变量 b 和其属性的修改
          this.b.p = new SubClass(0);
        })
      Button(`Comp: this.b = new ParentClass(SubClass(0))`)
        .onClick(() => {
          //⑤:对@State 装饰的变量 b 和其属性的修改
          this.b = new ParentClass(new SubClass(0));
        })
    }
  }
}
```

以上代码示例中,SubClass 和 ParentClass 两个类均被@Observed 装饰,其成员变量的赋值的变化是可以被观察到的。位置①处的代码是对@ObjectLink 装饰的变量 p 的修改,将触发 Button 组件的刷新。@ObjectLink 和@Prop 不同,@ObjectLink 不复制来自父组件的数据源,而是在本地构建了指向其数据源的引用。位置②处的代码是不允许的,由于@ObjectLink 变量是只读的,一旦该赋值操作发生,指向数据源的引用将被重置,同步将被打断。位置③处的代码发生的变化属于第二层的变化,而@State 装饰器无法观察到第二层的变化,但是 SubClass 被@Observed 装饰,SubClass 的属性 s 的变化可以被@ObjectLink 观察到。位置④和位置⑤处的代码是对@State 装饰的变量 b 和其属性的修改。

如果数据源是数组,则@ObjectLink 可以观察到数组项的替换;如果数据源是类,则@ObjectLink 可以观察到 class 的属性的变化。

【例 7-11】 对象数组的用法。

```
//Comp.ets
let NtIdex: number = 1;

@Observed
class SubClass {
  public s: number;
  public idex: number;

  constructor(s: number) {
    this.s = s;
    this.idex = NtIdex++;
  }
}

@Component
struct SubComp {
  //①:子组件 SubComp 的@ObjectLink 的类型是 SubClass
  @ObjectLink a: SubClass;
  label: string = 'SubComp';

  build() {
    Row() {
```

```
        Button(`SubComp [${this.label}] this.a.s = ${this.a.s} +1`)
          .onClick(() => {
            this.a.s += 1;
          })
      }
    }
}

@Entry
@Component
struct Comp {
  //②:Comp 中有@State 装饰的 SubClass[]
  @State arr: SubClass[] = [new SubClass(0), new SubClass(0)];

  build() {
    Column() {
      //③:初始化子组件
      ForEach(this.arr,
        (item : SubClass) => {
          SubComp({ label: `#${item.idex}`, a: item })
        },
        (item : SubClass) => item.idex.toString()
      )
      //④:使用@State 装饰的数组的数组项初始化@ObjectLink,其中数组项是被@Observed
//装饰的 SubClass 的实例
      SubComp({ label: `SubComp this.arr[one]`, a: this.arr[0] })
      //⑤:使用@State 装饰的数组的数组项初始化@ObjectLink,其中数组项是被@Observed
//装饰的 SubClass 的实例
      SubComp({ label: `SubComp this.arr[next]`, a: this.arr[this.arr.length-1] })

      Button(`Comp: empty array`)
        .onClick(() => {
          this.arr = [new SubClass(0), new SubClass(0)];
        })
      Button(`Comp: push`)
        .onClick(() => {
          //⑥:arr 数组中新添加一个值
          this.arr.push(new SubClass(0));
        })
      Button(`Comp: shift`)
        .onClick(() => {
          this.arr.shift()
        })
      Button(`Comp: change item's property in middle`)
        .onClick(() => {
          //⑦:为 arr 数组的变量的属性赋值
          this.arr[Math.floor(this.arr.length / 2)].s = 5;
        })
      Button(`Comp: change item's property in middle`)
        .onClick(() => {
```

```
            //⑧:为 arr 数组的变量赋值
            this.arr[Math.floor(this.arr.length / 2)] = new SubClass(10);
          })
      }
    }
  }
```

对象数组是一种常用的数据结构。例 7-11 示例展示了数组对象的用法。位置①处在子组件 SubComp 中使用@ObjectLink 装饰器装饰了一个类型为 SubClass 类的变量 a。位置②处在组件 Comp 中使用@State 装饰器装饰了一个类型为 SubClass 类数组的变量 arr。位置④和位置⑤处使用@State 装饰的数组的数组项初始化@ObjectLink,其中数组项是被@Observed 装饰的 SubClass 的实例。位置⑧处的代码实现了状态变量 arr 的改变,而该状态变量的改变触发两次更新：第一次是位置③处,数组项的赋值导致 ForEach 的 itemGenerator 被修改,因此数组项被识别为有更改,ForEach 的 item builder 将执行,创建新的 SubComp 组件实例;第二次是位置⑤处,状态变量 arr 数组中第二个元素发生了改变,所以绑定 this.arr [1]的 SubComp 子组件将被更新。位置⑥处的代码实现了状态变量 arr 数组中添加了一个元素,也将触发两次不同效果的更新：第一次是位置③处,新添加的 SubClass 对象对于 ForEach 是未知的 itemGenerator,ForEach 的 item builder 将执行,创建新的 SubComp 组件实例;第二次是位置⑤处,数组的最后一项有更改,因此引起第二个 SubComp 的实例的更改。而对于位置④处,数组的更改并没有触发一个数组项更改的改变,所以第一个 SubComp 不会刷新。位置⑦处的代码为 arr 数组的变量的属性赋值,由于@State 无法观察到第二层的变化,但是 SubClass 被@Observed 装饰,因此,SubClass 的属性的变化将被@ObjectLink 观察到。

7.3　管理应用拥有的状态

如果开发者要实现应用级的,或者多个页面的状态数据共享,就需要用到应用级别的状态管理的概念。ArkTS 根据不同特性,提供了多种应用状态管理的能力。

(1) LocalStorage：页面级 UI 状态存储,通常用于 UIAbility 内、页面间的状态共享。

(2) AppStorage：特殊的单例 LocalStorage 对象,由 UI 框架在应用程序启动时创建,为应用程序 UI 状态属性提供中央存储。

(3) PersistentStorage：持久化存储 UI 状态,通常和 AppStorage 配合使用,选择 AppStorage 存储的数据写入磁盘,以确保这些属性在应用程序重新启动时的值与应用程序关闭时的值相同。

(4) Environment：应用程序运行的设备的环境参数,环境参数会同步到 AppStorage 中,可以和 AppStorage 搭配使用。

7.3.1　页面级 UI 状态存储

LocalStorage 是页面级的 UI 状态存储,是 ArkTS 为构建页面级别状态变量提供存储的内存内"数据库",通过@Entry 装饰器接收的参数可以在页面内共享同一个 LocalStorage

实例。LocalStorage 也可以在 UIAbility 实例内，在页面间共享状态。

1. 应用程序可以创建多个 LocalStorage 实例

LocalStorage 实例可以在页面内共享，也可以通过 GetShared 接口，实现跨页面、UIAbility 实例内共享。GetShared 接口仅能获取当前 Stage 通过 windowStage.loadContent 传入的 LocalStorage 实例，否则返回 undefined。

2. 组件树的根节点可以被分配一个 LocalStorage 实例

组件树的根节点，即被@Entry 装饰的@Component，可以被分配一个 LocalStorage 实例，此组件的所有子组件实例将自动获得对该 LocalStorage 实例的访问权限。

3. @Component 装饰的组件最多可以访问一个 LocalStorage 实例和 AppStorage

被@Component 装饰的组件最多可以访问一个 LocalStorage 实例和 AppStorage，未被@Entry 装饰的组件不可被独立分配 LocalStorage 实例，只能接收父组件通过@Entry 传递来的 LocalStorage 实例。一个 LocalStorage 实例在组件树上可以被分配给多个组件。

4. LocalStorage 中的所有属性都是可变的

LocalStorage 中的所有属性都是可变的，但是命名属性的类型不可更改。后续调用 Set 时必须使用相同类型的值。

LocalStorage 根据与@Component 装饰的组件的同步类型不同，提供了两个装饰器：@LocalStorageProp 和@LocalStorageLink。@LocalStorageProp 装饰的变量和与 LocalStorage 中给定属性建立单向同步关系。@LocalStorageLink 装饰的变量和在@Component 中创建与 LocalStorage 中给定属性建立双向同步关系。

以下示例代码片段展示了 LocalStorage 的应用逻辑。

```
class Tmp{
  useNum: number = 47
}
//①:创建新实例并使用给定对象初始化
let storage = new LocalStorage(Tmp);
//②:useNum == 47
let useNum: string | undefined = storage.get('useNum');
//③:link1.get() == 47
let link1: SubscribedAbstractProperty<number> = storage.link('useNum');
//④:link2.get() == 47
let link2: SubscribedAbstractProperty<number> = storage.link('useNum');
//⑤:prop.get() = 47
let prop: SubscribedAbstractProperty<number> = storage.prop('useNum');
//⑥:two-way sync: link1.get() == link2.get() == prop.get() == 48
link1.set(48);
//⑦:one-way sync: prop.get()=1; but link1.get() == link2.get() == 48
prop.set(1);
//⑧:two-way sync: link1.get() == link2.get() == prop.get() == 49
link1.set(49);
```

位置①处创建了一个新实例并使用给定对象初始化；位置②处获取了存储的元素并赋值给了变量 useNum；位置③处调用 link 接口构造'useNum'的双向同步数据；位置④处调用 link 接口构造'useNum'的双向同步数据；位置⑤处调用 prop 接口构造'useNum'的单向同步

数据;位置⑥处调用 LocalStorage 的 set 接口,更新 link1 的值,LocalStorage 中'useNum'对应的属性、link2 和 prop 会同步更新;位置⑦处调用 LocalStorage 的 set 接口,更新 prop 的值,但是 LocalStorage 中'useNum'对应的属性不会同步;位置⑧处调用 LocalStorage 的 set 接口,更新 link1 的值,LocalStorage 中'useNum'对应的属性、link2 和 prop 会同步更新。

除了应用程序逻辑使用 LocalStorage,还可以借助 LocalStorage 相关的两个装饰器@LocalStorageProp 和@LocalStorageLink,在 UI 组件内部获取到 LocalStorage 实例中存储的状态变量。

【例 7-12】 使用@LocalStorageLink 装饰器在 UI 组件内部获取到 LocalStorage 实例中存储的状态变量。

```
//Comp.ets
//①:创建新实例并使用给定对象初始化
let para: Record<string, number> = { 'useNum': 47 };
let storage: LocalStorage = new LocalStorage(para);

@Component
struct SubComp {
  //②:@LocalStorageLink 变量装饰器与 LocalStorage 中的'UseNum'属性建立双向绑定
  @LocalStorageLink('UseNum') storLink2: number = 1;

  build() {
    Button(`SubComp from LocalStorage ${this.storLink2}`)
      //③:更改将同步至 LocalStorage 中的'UseNum'以及 Parent.storLink1
      .onClick(() => this.storLink2 += 1)
  }
}
//④:使 LocalStorage 可从@Component 组件访问
@Entry(storage)
@Component
struct Comp {
  //②:@LocalStorageLink 变量装饰器与 LocalStorage 中的'UseNum'属性建立双向绑定
  @LocalStorageLink('UseNum') storLink1: number = 1;

  build() {
    Column({ space: 15 }) {
      //⑤:LocalStorage 的初始值将为 47,因为'UseNum'已初始化
      Button(`Parent from LocalStorage ${this.storLink1}`)
        //③:更改将同步至 LocalStorage 中的'UseNum'以及 Parent.storLink2
        .onClick(() => this.storLink1 += 1)
      //⑥:@Component 子组件自动获得对 Comp LocalStorage 实例的访问权限
      SubComp()
    }
  }
}
```

以上代码示例中,位置①处创建了一个 LocalStorage 新实例 storage,并使用给定对象初始化。在位置②处使用@LocalStorageLink 绑定 LocalStorage 对给定的属性建立双向数

据同步。位置④处使用@Entry 装饰器将 LocalStorage 的实例 storage 添加到 Comp 顶层组件中，使得 storage 可以从@Component 组件中访问。位置③处单击子组件 SubComp 中的按钮时，子组件 SubComp 中的变量 storLink2 的值更新，更改将同步至 LocalStorage 中的'UseNum'以及 Parent.storLink1。位置⑥处单击组件 Comp 中的按钮时，组件 Comp 中的变量 storLink1 的值更新，更改将同步至 LocalStorage 中的'UseNum'以及 Parent.storLink2。由于'useNum'已经在位置①处初始化为 47，因此在位置⑤处 storLink1 的值也为 47。

例 7-12 的示例代码中，LocalStorage 的实例仅在一个@Entry 装饰的组件和其所属的子组件(一个页面)中共享。如果开发人员希望 LocalStorage 的实例能够在多个视图中共享，可以在所属 UIAbility 中创建 LocalStorage 实例，并调用 windowStage.loadContent。

【例 7-13】 将 LocalStorage 实例从 UIAbility 共享到一个或多个视图。

```
//EntryAbility.ts
import UIAbility from '@ohos.app.ability.UIAbility';
import window from '@ohos.window';

export default class EntryAbility extends UIAbility {
  para:Record<string, number> = { 'PropA': 47 };
  storage: LocalStorage = new LocalStorage(this.para);

  onWindowStageCreate(windowStage: window.WindowStage) {
    windowStage.loadContent('pages/Index', this.storage);
  }
}

////index.ets
import router from '@ohos.router';

//通过 getShared 接口获取 stage 共享的 LocalStorage 实例
let storage = LocalStorage.getShared()

@Entry(storage)
@Component
struct Index {
  //can access LocalStorage instance using
  //@LocalStorageLink/Prop decorated variables
  @LocalStorageLink('PropA') propA: number = 1;
  build() {
    Row() {
      Column() {
        Text(`${this.propA}`)
          .fontSize(50)
          .fontWeight(FontWeight.Bold)
        Button("To Page")
          .onClick(() => {
            router.pushUrl({
              url:'pages/Page'
```

```
          })
        })
      }
      .width('100%')
    }
    .height('100%')
  }
}

////Page.ets
import router from '@ohos.router';

let storage = LocalStorage.getShared()

@Entry(storage)
@Component
struct Page {
  @LocalStorageLink('PropA') propA: number = 2;

  build() {
    Row() {
      Column() {
        Text(`${this.propA}`)
          .fontSize(50)
          .fontWeight(FontWeight.Bold)

        Button("Change propA")
          .onClick(() => {
            this.propA = 100;
          })

        Button("Back Index")
          .onClick(() => {
            router.back()
          })
      }
      .width('100%')
    }
  }
}
```

例 7-13 的示例代码中，在 UI 页面通过 getShared 接口获取通过 loadContent 共享的 LocalStorage 实例。Index 页面中的 propA 通过 getShared( ) 方法获取到共享的 LocalStorage 实例。单击 Button 跳转到 Page 页面，单击 Change propA 改变 propA 的值，返回 Index 页面后，页面中 propA 的值也同步修改。对于开发者更建议使用这个方式来构建 LocalStorage 的实例，并且在创建 LocalStorage 实例的时候就写入默认值，因为默认值可以作为运行异常的备份，也可以用作页面的单元测试。LocalStorage.getShared 只在模拟器或者实机上才有效，不能在 Preview 预览器中使用。

7.3.2 应用全局的 UI 状态存储

LocalStorage 是页面级的，通常应用于页面内的数据共享。AppStorage 是应用全局的 UI 状态存储，是和应用的进程绑定的，由 UI 框架在应用程序启动时创建，相当于整个应用的“中枢”，为应用程序 UI 状态属性提供中央存储。AppStorage 将在应用运行过程中保留其属性，属性通过唯一的键字符串值访问。AppStorage 可以在应用业务逻辑中被访问，也可以和 UI 组件通过@StorageProp 和@StorageLink 装饰器进行同步。使用@StorageProp(key)/@StorageLink(key)装饰组件内的变量，key 标识了 AppStorage 的属性。

@StorageProp(key)是和 AppStorage 中 key 对应的属性建立单向数据同步，我们允许本地改变的发生，但是对于@StorageProp，本地的修改永远不会同步回 AppStorage 中。相反，如果 AppStorage 给定 key 的属性发生改变，改变会被同步给@StorageProp，并覆盖掉本地的修改。当装饰器装饰的数据类型为 boolean、string、number 类型时，可以观察到数值的变化。当装饰器装饰的数据类型为 class 或者 Object 时，可以观察到赋值和属性赋值的变化，即 Object.keys(observedObject)返回的所有属性。当装饰器装饰的对象是 array 时，可以观察到数组添加、删除、更新数组单元的变化。

当@StorageProp(key)装饰的数值改变被观察到时，修改不会被同步回 AppStorage 对应属性键值 key 的属性中。当前@StorageProp(key)单向绑定的数据会被修改，即仅限于当前组件的私有成员变量改变，其他的绑定该 key 的数据不会同步改变。当@StorageProp(key)装饰的数据本身是状态变量，它的改变虽然不会同步回 AppStorage 中，但是会引起所属的自定义组件的重新渲染。当 AppStorage 中 key 对应的属性发生改变时，会同步给所有@StorageProp(key)装饰的数据，@StorageProp(key)本地的修改将被覆盖。

@StorageLink(key)是和 AppStorage 中 key 对应的属性建立双向数据同步。当本地修改发生时，该修改会被写回 AppStorage 中；若 AppStorage 中的修改发生后，该修改会被同步到所有绑定 AppStorage 对应 key 的属性上，包括单向(@StorageProp 和通过 Prop 创建的单向绑定变量)、双向(@StorageLink 和通过 Link 创建的双向绑定变量)变量和其他实例(如 PersistentStorage)。当装饰器装饰的数据类型为 boolean、string、number 类型时，可以观察到数值的变化。当装饰器装饰的数据类型为 class 或者 Object 时，可以观察到赋值和属性赋值的变化，即 Object.keys(observedObject)返回的所有属性。当装饰器装饰的对象是 array 时，可以观察到数组添加、删除、更新数组单元的变化。

当@StorageLink(key)装饰的数值改变被观察到时，修改将被同步回 AppStorage 对应属性键值 key 的属性中。而当 AppStorage 中属性键值 key 对应的数据一旦改变，属性键值 key 绑定的所有的数据(包括双向@StorageLink 和单向@StorageProp)都将同步修改。若@StorageLink(key)装饰的数据本身是状态变量，它的改变不仅会同步回 AppStorage 中，还会引起所属的自定义组件的重新渲染。

【例 7-14】 @StorageLink 变量装饰器与 AppStorage 配合使用。

```
//Comp.ets
AppStorage.SetOrCreate('useNum', 27);
let storage: LocalStorage = new LocalStorage();
storage.setOrCreate('useNum', 28);
```

```
//程序入口
@Entry(storage)
@Component
struct Comp {
  @StorageLink('useNum') storLink: number = 1;
  @LocalStorageLink('useNum') localStorLink: number = 1;

  build() {
    Column({ space: 20 }) {
      Text(`AppStorage ${this.storLink}`)
        .onClick(() => this.storLink += 1)

      Text(`LocalStorage ${this.localStorLink}`)
        .onClick(() => this.localStorLink += 1)
    }
  }
}
```

以上代码示例中，@StorageLink 变量装饰器与 AppStorage 配合使用，同@LocalStorageLink与 LocalStorage 配合使用一样，@StorageLink 装饰器使用 AppStorage 中的属性创建双向数据同步。程序运行后，单击第一个 Text 组件，@StorageLink(useNum)装饰的数值改变且被观察到，修改将被同步回 AppStorage 对应属性键值 useNum 的属性中。

但是，AppStorage 是和 UI 相关的数据存储，改变会带来 UI 的刷新。由于相对于一般的事件通知，UI 刷新的成本较大，因此不建议开发人员使用@StorageLink 和 AppStorage 的双向同步的机制来实现事件通知或消息传递。

7.3.3　持久化存储 UI 状态

LocalStorage 和 AppStorage 都是运行时的内存，应用退出后结果不保存。但是，应用开发过程中经常需要在应用退出再次启动后，依然能保存选定的结果，这就需要用到 PersistentStorage。PersistentStorage 是应用程序中的可选单例对象，能够持久化存储选定的 AppStorage 属性，以确保这些属性在应用程序重新启动时的值与应用程序关闭时的值相同。PersistentStorage 允许的类型和值有 number、string、boolean、enum 等简单类型和可以被 JSON.stringify()和 JSON.parse()重构的对象。PersistentStorage 不支持 Date、Map、Set 等内置类型，以及对象的属性方法不支持持久化。PersistentStorage 只能在 UI 页面内使用，否则将无法持久化数据。

持久化数据是一个相对缓慢的操作，应用程序应避免持久化大型数据集和经常变化的变量。由于 PersistentStorage 写入磁盘的操作是同步的，大量的数据本地化读写会同步在 UI 线程中执行，影响 UI 渲染性能，因此 PersistentStorage 的持久化变量最好是小于 2KB 的数据，且不要大量的数据持久化。如果开发人员需要存储大量的数据，建议使用数据库 API。

PersistentStorage 支持的接口包括 PersistProp、DeleteProp、PersistProps 和 Keys。

PersistProp 接口的作用为将 AppStorage 中 key 对应的属性持久化到文件中。该接口的调用通常在访问 AppStorage 之前。语法格式为

```
static PersistProp<T>(key: string, defaultValue: T): void
```

示例代码如下。

```
PersistentStorage.persistProp('highScore', '0');
```

PersistProp 接口确定属性的类型和值的顺序如下。

(1) 如果 PersistentStorage 文件中存在 key 对应的属性,在 AppStorage 中创建对应的 propName,并用在 PersistentStorage 中找到的 key 的属性初始化。

(2) 如果 PersistentStorage 文件中没有查询到 key 对应的属性,则在 AppStorage 中查找 key 对应的属性。如果找到 key 的属性,则将该属性持久化。

(3) 如果 AppStorage 也没查找到 key 对应的属性,则在 AppStorage 中创建 key 对应的属性。用 defaultValue 初始化其值,并将该属性持久化。

因此,如果 AppStorage 中存在该属性,则会使用 AppStorage 中该属性的值,覆盖 PersistentStorage 文件中的值。由于 AppStorage 是内存内数据,该行为会导致数据丧失持久化能力。

DeleteProp 接口的作用为将 key 对应的属性从 PersistentStorage 删除,后续 AppStorage 的操作,对 PersistentStorage 不会再有影响。语法格式为

```
static DeleteProp(key: string): void
```

示例代码如下。

```
PersistentStorage.deleteProp('highScore');
```

PersistProps 接口的作用与 PersistProp 类似,不同在于 PersistProps 接口可以一次性持久化多个数据,适合在应用启动的时候初始化。语法格式为

```
static PersistProps(properties: {key: string, defaultValue: any;}[]): void
```

示例代码如下。

```
PersistentStorage.persistProps([{ key: 'highScore', defaultValue: '0' }, { key:
'wightScore', defaultValue: '1' }]);
```

Keys 接口的作用是返回所有持久化属性的 key 的数组。语法格式为

```
static Keys(): Array<string>
```

示例代码如下。

```
let keys: Array<string> = PersistentStorage.keys();
```

【例 7-15】 从 AppStorage 中访问 PersistentStorage 初始化的属性。

```
//Comp.ets
//①:初始化 PersistentStorage
PersistentStorage.PersistProp('aLink', 47);

@Entry
@Component
struct Comp {
  @State message: string = 'Welcome to the ArkTS World';
  //②:在组件内部定义对应属性变量
  @StorageLink('aLink') aLink: number = 48;

  build() {
    Row() {
      Column() {
        Text(this.message)
        //③:应用退出时会保存当前结果。重新启动后,会显示上一次的保存结果
        Text(`${this.aLink}`)
          .onClick(() => {
            this.aLink += 1;
          })
      }
    }
  }
}
```

以上示例代码中实现了从 AppStorage 中访问 PersistentStorage 初始化的属性。位置①处的代码初始化 PersistentStorage,位置②处的代码在组件内部定义持久化数据的对应属性变量,位置③处的代码实现了单击页面中第二个 Text 组件时改变 aLink 变量的值,当应用退出时会保存当前结果。重新启动后,会显示上一次的保存结果。

当运行上述代码并形成 APP 后,完成安装首次启动运行时,首先调用 PersistProp 初始化 PersistentStorage,先查询在 PersistentStorage 本地文件中是否存在“aLink”,由于应用是第一次安装,查询结果为不存在;接着查询属性“aLink”在 AppStorage 中是否存在,仍然不存在;然后在 AppStorge 中创建名为“aLink”的 number 类型属性,属性初始值是定义的默认值 47;接着 PersistentStorage 将属性“aLink”和值 47 写入磁盘,AppStorage 中“aLink”对应的值和其后续的更改将被持久化;最后,在 Comp 组件中创建状态变量@StorageLink('aProp') aLink,和 AppStorage 中“aLink”双向绑定,在创建的过程中会在 AppStorage 中查找,成功找到“aLink”,所以使用其在 AppStorage 找到的值 47。

当单击 Text 组件后,首先状态变量@StorageLink('aLink') aLink 改变,触发 Text 组件重新刷新;由于@StorageLink 装饰的变量是和 AppStorage 中建立双向同步的,所以@StorageLink('aLink') aLink 的变化会被同步回 AppStorage 中;然后 AppStorage 中“aLink”属性的改变会同步到所有绑定该“aLink”的单向或者双向变量;最后因为“aLink”对应的属性已经被持久化,所以在 AppStorage 中“aLink”的改变会触发 PersistentStorage 将新的改变写入本地磁盘。

后续重新启动应用时，首先执行位置①处的代码，在 PersistentStorage 本地文件查询"aLink"属性，成功查询到；然后将在 PersistentStorage 查询到的值写入 AppStorage 中；最后在 Comp 组件里，@StorageLink 绑定的"aLink"为 PersistentStorage 写入 AppStorage 中的值，即为上一次退出应用存入的值。

在调用 PersistentStorage.persistProp 或者 persistProps 之前不允许使用接口访问 AppStorage 中的属性，因为这样的调用顺序会丢失上一次应用程序运行中的属性值。这种不被允许的用法的代码示例如下。

```
let aProp = AppStorage.setOrCreate('aProp', 47);
PersistentStorage.persistProp('aProp', 48);
```

应用在非首次运行时，将会先执行 AppStorage.setOrCreate('aProp', 47)，属性"aProp"在 AppStorage 中创建，其类型为 number，其值设置为指定的默认值 47。"aProp"是持久化的属性，所以会被写回 PersistentStorage 磁盘中，PersistentStorage 存储上次退出应用的值丢失。然后再执行 PersistentStorage.persistProp('aProp', 48)，在 PersistentStorage 中查找到"aProp"，值为刚刚使用 AppStorage 接口写入的 47。

为保证 PersistentStorage 存储的应用的值能够完整保存，不被轻易改写，开发人员可以在 PersistentStorage 之后访问 AppStorage 中的属性，先判断是否需要覆盖上一次保存在 PersistentStorage 中的值，如果需要覆盖，则调用 AppStorage 的接口进行修改，如果不需要覆盖，则不调用 AppStorage 的接口。

```
PersistentStorage.persistProp('aProp', 48);
if ((AppStorage.get('aProp') as number) > 50) {
  //如果 PersistentStorage 存储的值超过 50,设置为 47
  AppStorage.setOrCreate('aProp',47);
}
```

以上示例代码在读取 PersistentStorage 存储的数据后判断"aProp"的值是否大于 50，如果大于 50 就使用 AppStorage 的接口设置为 47。

7.3.4 设备环境查询

开发人员如果需要应用程序运行的设备的环境参数，以此来做出不同的场景判断，如多语言、暗黑模式等，需要用到 Environment 设备环境查询。Environment 为 AppStorage 提供了一系列描述应用程序运行状态的属性，它的所有属性都是不可变的(即应用不可写入)，所有的属性都是简单类型。表 7-1 列出了 Environment 内置参数及其描述。

表 7-1 Environment 内置参数及其描述

键	数据类型	描 述
accessibilityEnabled	boolean	获取无障碍屏幕读取是否启用
colorMode	ColorMode enum	色彩模型类型：选项为 ColorMode.light，表示浅色；ColorMode.Dark，表示深色

续表

键	数据类型	描　　述
fontScale	number	字体大小比例，范围为[0.85，1.45]
fontWeightScale	LayoutDirection	字体粗细程度，范围为[0.6，1.6]
layoutDirection	boolean	布局方向类型：包括 LayoutDirection.LTR，表示从左到右；LayoutDirection.RTL，从右到左
languageCode	string	当前系统语言值，取值必须为小写字母，例如 zh

例 7-16 示例代码片段展示了 Environment 的应用逻辑。

【例 7-16】 Environment 的应用逻辑。

```
//①:使用 Environment.EnvProp 将设备运行 languageCode 存入 AppStorage 中
Environment.envProp('languageCode', 'en');
//②:从 AppStorage 获取单向绑定的 languageCode 的变量
const lang: SubscribedAbstractProperty<string> = AppStorage.prop('languageCode');

//③:取出常量属性取值并进行判断
if (lang.get() === 'zh') {
  console.info('您的设备语言为中文。');
} else {
  console.info('Your device language is English.');
}
```

以上示例代码中，位置①处使用 Environment.EnvProp 将设备运行 languageCode 存入 AppStorage 中；位置②处从 AppStorage 获取单向绑定的 languageCode 的变量并存入常量 lang 中；位置③处对取出的常量属性取值进行判断。

若从 UI 中访问 Environment 参数，需要使用 Environment.EnvProp 将设备运行的环境变量存入 AppStorage 中(同例 7-16 位置①处代码)，然后使用@StorageProp 链接到 Component 中，示例代码如下。

```
@StorageProp('languageCode') lang : string = 'en';
```

此时，设备环境到 Component 的更新链为 Environment→AppStorage→Component。

7.4　其他状态管理

除了前面章节提到的组件状态管理和应用状态管理，ArkTS 还提供了@Watch、$ $ 和 @Track 来为开发人员提供更多的功能。其中，@Watch 用于监听状态变量的变化；$ $ 运算符给内置组件提供 TypeScript 变量的引用，使得 TypeScript 变量和内置组件的内部状态保持同步；@Track 应用于 class 对象的属性级更新。

7.4.1 状态变量更改通知

状态变量更改通知的装饰器为@Watch。@Watch 用于监听状态变量的变化，当状态变量变化时，@Watch 的回调方法将被调用。@Watch 在 ArkUI 框架内部判断数值有无更新使用的是严格相等(===)，遵循严格相等规范。当在严格相等为 false 的情况下，就会触发@Watch 的回调。@Watch 可以监听所有装饰器装饰的状态变量，但是不允许监听常规变量。建议@State、@Prop、@Link 等装饰器在@Watch 装饰器之前。

```
@State @Watch("onChanged") count : number = 0
```

以上代码示例通过@Watch 注册一个回调方法 onChanged，当 count 数据发生改变时，触发 onChanged 回调。

当观察到状态变量的变化(包括双向绑定的 AppStorage 和 LocalStorage 中对应的 key 发生的变化)的时候，对应的@Watch 的回调方法将被触发；@Watch 方法在自定义组件的属性变更之后同步执行；如果在@Watch 的方法里改变了其他的状态变量，也会引起状态变更和@Watch 的执行；在第一次初始化的时候，@Watch 装饰的方法不会被调用，即认为初始化不是状态变量的改变，只有在后续状态改变时，才会调用@Watch 回调方法。

建议开发人员避免无限循环，不要在@Watch 的回调方法里修改当前装饰的状态变量，因为循环可能是由于在@Watch 的回调方法里直接或者间接地修改了同一个状态变量引起的。此外，开发人员应关注性能，属性值更新函数会延迟组件的重新渲染，因此，回调函数应仅执行快速运算。同时，不建议在@Watch 函数中调用 async await，异步行为可能会导致重新渲染速度的性能问题。

【例 7-17】 @Watch 和自定义组件更新。

```
//Comp.ets
@Component
struct SubComp {
  //通过@Watch 注册一个回调方法 onCountUpdated
  @Prop @Watch('onCountUpdated') count: number;
  @State total: number = 0;
  //@Watch 回调
  onCountUpdated(propName: string): void {
    this.total += this.count;
  }

  build() {
    Text(`Total: ${this.total}`)
  }
}

@Entry
@Component
struct Comp {
  @State count: number = 0;
```

```
  build() {
    Column() {
      //单击事件触发 count 变量改变
      Button('add to basket')
        .onClick(() => {
          this.count++
        })
      SubComp({ count: this.count })
    }
  }
}
```

以上代码示例展示了组件更新和@Watch 的处理步骤。count 在 Comp 组件中由@State 装饰，在 SubComp 子组件中由@Prop 装饰。当 Comp 自定义组件的 Button.onClick 单击事件触发后，count 状态变量自增。由于@State count 变量更改，子组件 SubComp 中的@Prop 被更新，其@Watch('onCountUpdated')方法被调用，更新了子组件 SubComp 中的 total 变量，子组件 SubComp 中的 Text 重新渲染。

【例 7-18】 @Watch 与@Link 组合使用。

```
//Comp.ets
class BuyItem {
  static nxtId: number = 0;
  public id: number;
  public price: number;

  constructor(price: number) {
    this.id = BuyItem.nxtId++;
    this.price = price;
  }
}

@Component
struct SubComp {
  @Link @Watch('onBasketUpdated') shopBasket: BuyItem[];
  @State totalPurchase: number = 0;

  updateTotal(): number {
    let total = this.shopBasket.reduce((sum, i) => sum + i.price, 0);
    //超过 100 元可享受折扣
    if (total >= 100) {
      total = 0.95 * total;
    }
    return total;
  }
  //@Watch 回调
  onBasketUpdated(propName: string): void {
    this.totalPurchase = this.updateTotal();
```

```
  }

  build() {
    Column() {
      ForEach(this.shopBasket,
        (item: BuyItem) => {
          Text(`Price: ${item.price.toFixed(2)} ¥`)
        },
        (item: BuyItem) => item.id.toString()
      )
      Text(`Total: ${this.totalPurchase.toFixed(2)} ¥`)
    }
  }
}

//程序入口
@Entry
@Component
struct Comp {
  @State shopBasket: BuyItem[] = [];

  build() {
    Column() {
      Button('Add to basket')
        .onClick(() => {
          this.shopBasket.push(new BuyItem(Math.round(100 * Math.random())))
        })
      SubComp({ shopBasket: $shopBasket })
    }
  }
}
```

以上代码示例展示了@Watch 和@Link 组合使用，在子组件中观察@Link 变量。Comp 组件的 Button.onClick 向 shopBasket 中添加条目；子组件 SubComp 中@Link 装饰的 shopBasket 值发生变化；状态管理框架调用@Watch 函数 onBasketUpdated 更新 TotalPurchase 的值；子组件 SubComp 中@Link 装饰的 shopBasket 新增了数组项，ForEach 组件会执行 item Builder，渲染构建新的 Item 项；子组件 SubComp 中@State 装饰的 totalPurchase 发生改变，对应的 Text 组件也重新渲染。重新渲染是异步发生的。

7.4.2 内置组件双向同步

$$运算符为系统内置组件提供 TypeScript 变量的引用，使得 TypeScript 变量和系统内置组件的内部状态保持同步。内部状态具体指什么取决于组件。例如，Refresh 组件的 refreshing 参数。当前，$$支持基础类型变量，以及@State、@Link 和@Prop 装饰的变量，以及支持 Refresh 组件的 refreshing 参数。$$绑定的变量变化时，会触发 UI 的同步刷新。

【例 7-19】 $$支持 Refresh 组件的 refreshing 参数示例。

```
//Comp.ets
@Entry
@Component
struct Comp {
  @State isRefreshing: boolean = false
  @State counter: number = 0

  build() {
    Column() {
      Text('Pull Down and isRefreshing: ' + this.isRefreshing)
        .fontSize(30)
        .margin(10)

      //①:$$符号绑定 isRefreshing 状态变量
      Refresh({ refreshing: $$this.isRefreshing, offset: 120, friction: 100 }) {
        Text('Pull Down and refresh: ' + this.counter)
          .fontSize(30)
          .margin(10)
      }
      .onStateChange((refreshStatus: RefreshStatus) => {
        console.info('Refresh onStatueChange state is ' + refreshStatus)
      })
    }
  }
}
```

Refresh组件是可以进行页面下拉操作并显示刷新动效的容器组件。以上示例代码中,在位置①处使用了$$符号绑定isRefreshing状态变量。当页面进行下拉操作时,isRefreshing会变成true。同时,Text中的isRefreshing状态也会同步改变为true,如果不使用$$符号绑定,则不会同步改变。

7.4.3　class对象属性级更新

@Track装饰器用于class对象的属性级更新。当一个class对象是状态变量时,@Track装饰器装饰的属性变化,只会触发该属性关联的UI更新。当class对象中没有一个属性被标记@Track,则其行为与原先保持不变。@Track装饰器装饰的变量为class对象的非静态成员属性。

@Track装饰器不能装饰UI中的属性,包括不能绑定在组件上,不能用于初始化子组件。如果将@Track装饰器错误地使用在UI中的属性,将导致程序崩溃。此外,建议开发人员不要混用包含@Track的class对象和不包含@Track的class对象,如联合类型、类继承等。

【例7-20】　@Track和自定义组件更新。

```
//Index.ets
class Log {
  //@Track 装饰的 Log 的非静态成员属性 logInfo
```

```
  @Track logInfo: string;
  owner: string;
  id: number;
  time: Date;
  location: string;
  reason: string;

  constructor(logInfo: string) {
    this.logInfo = logInfo;
    this.owner = 'OH';
    this.id = 0;
    this.time = new Date();
    this.location = 'CN';
    this.reason = 'NULL';
  }
}

@Entry
@Component
struct Add Log {
  @State log: Log = new Log('Origin info.');

  build() {
    Row() {
      Column() {
        Text(this.log.logInfo)
          .fontSize(50)
          .fontWeight(FontWeight.Bold)
          .onClick(() => {
            //不带@Track的属性可以在事件处理程序中使用
            console.log('owner: ' + this.log.owner +
              ' id: ' + this.log.id +
              ' time: ' + this.log.time +
              ' location: ' + this.log.location +
              ' reason: ' + this.log.reason);
            this.log.time = new Date();
            this.log.id++;

            this.log.logInfo += ' info.';
          })
      }
      .width('100%')
    }
    .height('100%')
  }
}
```

以上代码示例展示了组件更新和@Track 的处理步骤。在 AddLog 组件中，对象 log 是@State 装饰的状态变量，logInfo 是@Track 的成员属性，其余成员属性都是非@Track 装饰的。本示例代码仅在 UI 中更新了 logInfo 的值，并未在 UI 中更新除 logInfo 外的其余成员属性的值。当触发 AddLog 自定义组件的 Text.onClick 单击事件后，logInfo 成员属性将自增字符串' info.'。由于@State log 变量的@Track 属性 logInfo 更改，UI 中的 Text 控件将会重新渲染。

7.5　项目案例

7.5.1　案例描述

本案例基于 ArkTS 开发语言实现了一个显示引导页功能的应用，主要用于呈现 ArkUI 的基本能力，包括自定义组件的基本用法以及状态管理的使用。

打开应用时进入启动页，首次打开应用，启动页等待 3s 后加载引导图，单击按钮跳转登录页面；非首次打开应用，启动页等待 3s 后，自动跳转登录页面。

首页面实现底部导航栏效果，可以单击导航栏按钮实现切换不同页面的效果。

7.5.2　实现过程及程序分析

1. 环境要求

1）开发软件环境

DevEco Studio 版本：DevEco Studio NEXT Developer Preview1 及以上。

HarmonyOS SDK 版本：HarmonyOS NEXT Developer Preview1 SDK 及以上。

2）调试硬件环境

设备类型：华为手机。

HarmonyOS 系统：HarmonyOS NEXT Developer Preview1 及以上。

2. 代码结构

本节仅展示该案例的核心代码，对于案例的完整代码，在源码下载中提供。

```
├──entry/src/main/ets                              //代码区
│  ├──entryability
│  │  └──EntryAbility.ets                          //程序入口类
│  ├──pages
│  │  ├──HomePage.ets                              //首页面
│  │  └──SplashPage.ets                            //启动页
│  ├──view
│  │  ├──CustomTabBar.ets                          //底部导航栏组件
│  ├──viewmodel
│  │  └──TabBarModel.ets                           //首页面底部导航栏信息
└──entry/src/main/resources                        //资源文件目录
```

3. 应用相关页面

1）启动页

应用首次启动会跳转到启动页面（如图 7-3 所示）。

首先，在 EntryAbility.ets 文件的 onWindowStageCreate 生命周期函数中配置启动页

入口。核心代码如下。

```
//EntryAbility.ets
onWindowStageCreate(windowStage: window.WindowStage): void {
    …
    //配置启动页入口
    windowStage.loadContent('pages/SplashPage', (err, data) => {
    …
  });
}
```

然后,启动页显示 logo 图片及文字,需要在 SplashPage.ets 文件的 aboutToAppear 生命周期函数内初始化延时任务,实现 3s 后自动跳转登录页。首次登录加载引导图(如图 7-4 所示),单击“开始学习之旅”按钮后修改标识并跳转至首页面。再次打开应用,直接跳转至首页面。核心代码如下。

图 7-3　启动页面

图 7-4　加载引导图

```
//SplashPage.ets
import { router } from '@kit.ArkUI'

//PersistentStorage:持久化存储 UI 状态;isFirstStart 为是否首次打开应用
PersistentStorage.persistProp('isFirstStart', true)

@Entry
```

```
@Component
struct SplashPage {
  //@StorageLink(key)是和 AppStorage 中 key 对应的属性建立双向数据同步
  @StorageLink('isFirstStart') isFirstStart: boolean = true
  //@State 装饰器:组件内状态,当状态改变时,UI 会发生对应的渲染改变
  @State isShowBg: boolean = false

  aboutToAppear(): void {
    //开启延时任务,3s 后执行
    setTimeout(() => {
      //判断是否为首次打开应用
      if (this.isFirstStart) {
        //首次打开应用,显示轮播图页面:改变状态变量 this.showSwiper 属性值,改变 UI
        this.isShowBg = true
      } else {
        //否则,非首次打开,3s 后跳转登录页
        this.jump()
      }
    }, 3000)
  }

  jump() {
    //修改 isFirstStart 值,并同步 PersistentStorage,再次打开应用不再展示轮播图,直
//接跳转登录页
    this.isFirstStart = false
    //跳转登录页面
    router.replaceUrl({
      url: 'pages/HomePage'
    })
  }

  //组件内自定义构建函数:创建顶部 logo 图片
  @Builder
  BuilderFunction() {
    Column() {
      Image($r('app.media.ic_splash')).width('300')
    }
    .width('100%')
    .aspectRatio(2 / 3)
    .backgroundImage($r('app.media.bg_splash'))
    .backgroundImageSize({
      width: '225%',
      height: '100%'
    })
    .backgroundImagePosition(Alignment.Center)
    .justifyContent(FlexAlign.Center)
  }

  build() {
    //层叠布局(Stack)子元素重叠显示
```

```
    Stack({ alignContent: Alignment.Bottom }) {
      //引导页
      Image($r("app.media.ic_splash1"))
        .width('100%')
        .height('100%')
        .objectFit(ImageFit.Cover)
        .visibility(this.isShowBg ? Visibility.Visible : Visibility.Hidden)

      //按钮组件,显示在背景图上面,单击按钮跳转登录页
      Button({ type: ButtonType.Capsule, stateEffect: true }) {
        Text('开始学习之旅')
          .fontColor(Color.White)
          .fontSize('16fp')
          .fontWeight(500)
          .opacity(0.8)
      }
      .visibility(this.isShowBg ? Visibility.Visible : Visibility.Hidden)
      .backgroundColor('#3FFF')
      .width('50%')
      .height('40vp')
      .onClick(() => this.jump())
      .borderRadius('20vp')
      .backdropBlur(250)
      .margin({ bottom: 64 })

      //显示欢迎页面图片
      Column() {
        this.BuilderFunction()
      }
      .width('100%')
      .height('100%')
      .visibility(this.isShowBg ? Visibility.Hidden : Visibility.Visible)
      .backgroundColor('#0A59F7')
      .padding({
        top: 20,
        bottom: 40
      })
    }.width('100%')
    .height('100%')
  }
}
```

2）首页面

首页面（如图 7-5 所示）由 Text 组件、CustomTabBar 自定义组件构成，实现页面导航功能。首页面由探索、学习、挑战、活动、我的 5 个页面构成。可以通过单击导航栏按钮实现页面的切换。

首先，首页面所在的 HomePage.ets 文件的核心代码如下。

图 7-5　首页面

```
//HomePage.ets
import { CustomTabBar } from '../view/CustomTabBar'
import { TabBarType, TabsInfo } from '../viewmodel/TabBarModel'

@Entry
@Component
struct HomePage {
  //@State 与 @Link 装饰器实现父子双向同步,父组件修改同步子组件,子组件修改同步父组件
  @State @Watch('onWatch') currentIndex: TabBarType = TabBarType.DISCOVER
  @State message: ResourceStr = TabsInfo[this.currentIndex].title

  //@Watch 回调
  onWatch(name: string): void {
    this.message = TabsInfo[this.currentIndex].title
  }

  build() {
    Column() {
      Text(this.message)
        .fontSize(50)
        .fontWeight(FontWeight.Bold)
        .layoutWeight(1)
      //底部导航栏组件
      CustomTabBar({
        //CustomTabBar 中 currentIndex 使用 @Link 装饰器,可以实现父子双向同步
        currentIndex: this.currentIndex
      })
    }.width('100%')
    .height('100%')
  }
}
```

然后，CustomTabBar 组件实现了底部导航栏切换功能。组件所在的 CustomTabBar.ets 文件的核心代码如下。

```
//CustomTabBar.ets
import { TabBarData, TabBarType, TabsInfo } from '../viewmodel/TabBarModel'

/**
 * 底部导航栏组件
 */
@Component
export struct CustomTabBar {
  //@Link 装饰器:父子双向同步,父组件修改同步子组件,子组件修改同步父组件
  @Link currentIndex: TabBarType
  @StorageProp('naviIndicatorHeight') naviIndicatorHeight: number = 0

  onChange(index: TabBarType): void {
    //this.currentIndex 在子组件(CustomTabBar)中的修改可以同步给父组件(HomePage)
    //this.currentIndex 在父组件(CustomTabBar)中的修改可以同步给子组件(TabItem)
    this.currentIndex = index
  }

  build() {
    Flex({
      direction: FlexDirection.Row,
      alignItems: ItemAlign.Center,
      justifyContent: FlexAlign.SpaceAround
    }) {
      ForEach(TabsInfo, (item: TabBarData) => {
        TabItem({
          index: item.id,
          //TabItem 中 selectedIndex 使用 @Prop 装饰器,可以实现父组件的修改向子组件
//的同步
          selectedIndex: this.currentIndex,
          onChange: (index: number) => this.onChange(index)
        })
      }, (item: TabBarData) => item.id.toString())
    }
    .backgroundColor('#F1F3F5')
    .backgroundBlurStyle(BlurStyle.NONE)
    .border({
      width: {
        top: '0.5vp'
      },
      color: '#0D182431'
    })
    .padding({ bottom: this.naviIndicatorHeight })
    .clip(false)
    .height(56 + (this.naviIndicatorHeight || 0))
    .width('100%')
  }
}
```

```
@Component
struct TabItem {
  @Prop index: number
  //@Prop 装饰器:父子单向同步,TabItem 中未做修改,但父组件的修改会同步给 TabItem 中
//的 selectedIndex
  @Prop selectedIndex: number
  onChange: (index: number) => void = () => {
  }

  build() {
    Column() {
        Image(this.selectedIndex === this.index ? TabsInfo[this.index].
activeIcon : TabsInfo[this.index].defaultIcon)
        .size(this.index === TabBarType.CHALLENGE ?
          { width: '40vp', height: '50vp' } :
          { width: '22vp', height: '22vp' })
        .margin({ top: this.index === TabBarType.CHALLENGE ? '-15vp' : 0 })
      Text(TabsInfo[this.index].title)
        .fontSize('10fp')
        .margin({ top: '5vp' })
        .fontWeight(600)
         .fontColor(this.index === this.selectedIndex ?(this.index ==
TabBarType.CHALLENGE ? '#00CCD7' : '#0A59F7') : '#9000')
    }
    .clip(false)
    .padding({ left: '12vp', right: '12vp' })
    .size({ height: '100%' })
    .justifyContent(FlexAlign.Center)
    .onClick(() => this.onChange(this.index))
  }
}
```

最后,TabBarModel.ets文件中的内容是首页面底部导航栏信息,其核心代码如下。

```
//TabBarModel.ets
export interface TabBarData {
  id: TabBarType
  title: ResourceStr
  activeIcon: ResourceStr
  defaultIcon: ResourceStr
}

export enum TabBarType {
  DISCOVER = 0,
  LEARNING,
  CHALLENGE,
  ACTIVITY,
  MINE
```

```
}

/**
 * 首页面底部导航栏信息
 */
export const TabsInfo: TabBarData[] = [
  {
    id: TabBarType.DISCOVER,
    title: '探索',
    activeIcon: $r('app.media.ic_explore_on'),
    defaultIcon: $r('app.media.ic_explore_off')
  },
  {
    id: TabBarType.LEARNING,
    title: '学习',
    activeIcon: $r('app.media.ic_study_on'),
    defaultIcon: $r('app.media.ic_study_off')
  },
  {
    id: TabBarType.CHALLENGE,
    title: '挑战',
    activeIcon: $r('app.media.ic_challenge_on'),
    defaultIcon: $r('app.media.ic_challenge_off')
  },
  {
    id: TabBarType.ACTIVITY,
    title: '活动',
    activeIcon: $r('app.media.ic_activity_on'),
    defaultIcon: $r('app.media.ic_activity_off')
  },
  {
    id: TabBarType.MINE,
    title: '我的',
    activeIcon: $r('app.media.ic_mine_on'),
    defaultIcon: $r('app.media.ic_mine_off')
  }
]
```

小　　结

本章介绍了 HarmonyOS 应用开发中的 UI 状态管理，主要包括组件拥有的状态和应用拥有的状态，以及状态变量更改通知、内置组件双向同步和 class 对象属性级更新。在声明式 UI 编程框架中，组件拥有的状态管理和应用拥有的状态管理两者构成整个 ArkUI 框架提供的状态管理机制，其核心就是 UI 是状态的运行结果。UI 是程序状态的运行结果，用户构建了一个 UI 模型，其中应用的运行时的状态是参数。当参数改变时，UI 作为返回结果，也将进行对应的改变。本章工作任务与知识点关系的思维导图如图 7-6 所示。

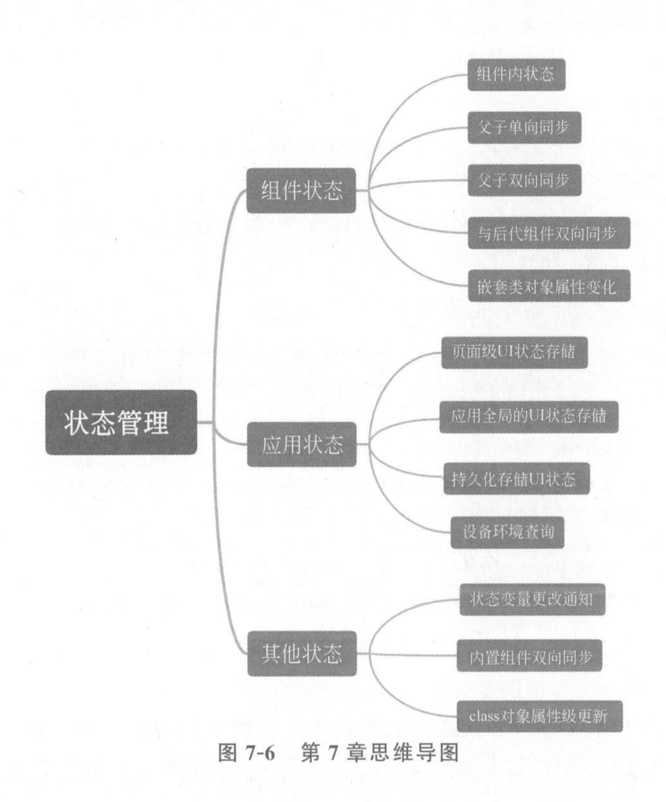

图 7-6　第 7 章思维导图

思考与实践

第一部分：练习题

练习 1. ArkTS 根据不同特性，提供了多种应用状态管理的能力。其中，属于页面级 UI 状态存储的是(　　)。

A. LocalStorage　　B. AppStorage

C. PersistentStorage　　D. Environment

练习 2. @Prop 状态数据支持的简单类型包括(　　)。

A. number　　B. string　　C. undefined　　D. null

练习 3. 程序代码"@State cnt: number = 0"中，属于状态变量的是(　　)。

A. @State　　B. cnt　　C. number　　D. 0

练习 4. (　　)装饰的变量可以和父组件中的数据源建立双向数据绑定，两者共享相同的值。

A. @Link　　B. @Prop　　C. @Provide　　D. @Consume

练习 5. 严格相等的符号可以表示为(　　)。

A. =　　B. ==　　C. ===　　D. <>

练习 6. 下列哪种组合方式可以实现子组件从父子组件单向状态同步？(　　)

A. @State 和@Link　　B. @Provide 和@Consume

C. @State 和@Prop　　D. @Observed 和@ObjectLink

练习 7. 下列哪些状态装饰器修饰的属性必须在本地进行初始化？(　　)

A. @State　　B. @Prop　　C. @Link　　D. @Provide

E. @Consume

练习 8. 自定义组件拥有变量，变量必须被装饰器装饰才可以变为状态变量，状态变量的改变会引起 UI 的渲染刷新。（　　）

练习 9. Environment 为 AppStorage 提供了一系列描述应用程序运行状态的属性，它的属性中，有的属性是可变的。（　　）

练习 10. @Track 装饰器不能装饰 UI 中的属性。（　　）

练习 11. @Prop 修饰的属性值发生变化时，此状态变化不会传递到其父组件。（　　）

练习 12. 根据状态变量的影响范围，将所有的装饰器可以大致分为________和________两类。

练习 13. ________运算符给内置组件提供 TypeScript 变量的引用，使得 TypeScript 变量和内置组件的内部状态保持同步。

练习 14. ________是状态，指的是驱动 UI 更新的数据。

练习 15. 请简述 PersistProp 接口确定属性的类型和值的顺序。

练习 16. 设计一个程序，实现能够获取设备的内置参数，并将各参数显示到页面中。

第二部分：实践题

实践 1. 根据第 6 章案例中实现的用户登录及注册页面，重新设计用户注册功能，要求在新的注册页面中，填写用户注册信息后，将用户注册的信息传递给登录页面并能够实现用户登录的验证。

实践 2. 用组件设计一个简单的计分程序，用于统计比赛的三个小组的成绩。界面设计参考图 7-7。每单击一次，被单击的小组增加 3 分。

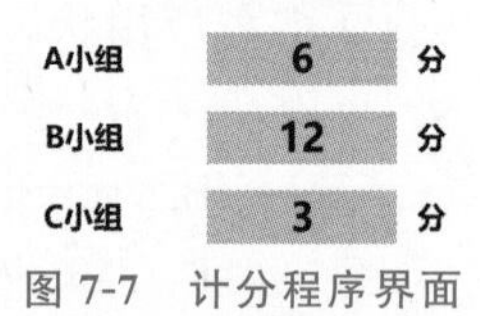

图 7-7　计分程序界面

第8章

基于 ArkTS 的 UI 渲染控制

在声明式描述语句中，开发人员除了使用系统组件外，还可以使用渲染控制语句来辅助 UI 的构建，这些渲染控制语句包括控制组件是否显示的条件渲染语句，基于数组数据快速生成组件的循环渲染语句以及针对大数据量场景的数据懒加载语句。

8.1 条件渲染

ArkTS 提供了渲染控制的能力。条件渲染可根据应用的不同状态，使用 if、else 和 else if 渲染对应状态下的 UI 内容。

8.1.1 使用规则

(1) 条件渲染支持 if、else 和 else if 语句。

(2) if、else if 后跟随的条件语句可以使用状态变量。

(3) 条件渲染允许在容器组件内使用，通过条件渲染语句构建不同的子组件。

(4) 条件渲染语句在涉及组件的父子关系时是“透明”的，当父组件和子组件之间存在一个或多个 if 语句时，必须遵守父组件关于子组件使用的规则。

(5) 每个分支内部的构建函数必须遵循构建函数的规则，并创建一个或多个组件。无法创建组件的空构建函数会产生语法错误。

(6) 某些容器组件限制子组件的类型或数量，将条件渲染语句用于这些组件内时，这些限制将同样应用于条件渲染语句内创建的组件。例如，Grid 容器组件的子组件仅支持 GridItem 组件，在 Grid 内使用条件渲染语句时，条件渲染语句内仅允许使用 GridItem 组件。

8.1.2 更新机制

当 if、else if 后跟随的状态判断中使用的状态变量值变化时，条件渲染语句会进行更新，更新步骤如下。

(1) 评估 if 和 else if 的状态判断条件，如果分支没有变化，无须执行以下步骤。如果分支有变化，则执行(2)(3)步骤。

(2) 删除此前构建的所有子组件。

(3) 执行新分支的构造函数，将获取到的组件添加到 if 父容器中。如果缺少适用的 else 分支,则不构建任何内容。

8.1.3 使用场景

【例 8-1】 使用 if 进行条件渲染。

```
//ViewA.ets
@Entry
@Component
struct ViewA {
  @State count: number = 0;

  build() {
    Column() {
      Text(`count=${this.count}`)

      if (this.count > 0) {
        Text(`count is positive`)
          .fontColor(Color.Green)
      }

      Button('increase count')
        .onClick(() => {
          this.count++;
        })

      Button('decrease count')
        .onClick(() => {
          this.count--;
        })
    }
  }
}
```

从例 8-1 的示例代码可以看出,if 语句的每个分支都包含一个构建函数。此类构建函数必须创建一个或多个子组件。在初始渲染时,if 语句会执行构建函数,并将生成的子组件添加到其父组件中。

每当 if 或 else if 条件语句中使用的状态变量发生变化时,条件语句都会更新并重新评估新的条件值。如果条件值评估发生了变化,这意味着需要构建另一个条件分支。此时 UI 框架将:

(1) 删除所有以前渲染的(早期分支的)组件。

(2) 执行新分支的构造函数,将生成的子组件添加到其父组件中。

在例 8-1 的示例中,如果 count 从 0 增加到 1,那么 if 语句更新,条件 count > 0 将重新评估,评估结果将从 false 更改为 true。因此,将执行条件为真分支的构造函数,创建一个 Text 组件,并将它添加到父组件 Column 中。如果后续 count 更改为 0,则 Text 组件将从 Column 组件中删除。由于没有 else 分支,因此不会执行新的构造函数。

【例 8-2】 if … else …语句和子组件状态。

```
//mainView.ets
@Component
struct CounterView {
  @State counter: number = 0;
  label: string = 'unknown';

  build() {
    Row() {
      Text(`${this.label}`)
      Button(`counter ${this.counter} +1`)
        .onClick(() => {
          this.counter += 1;
        })
    }
  }
}

//程序入口
@Entry
@Component
struct MainView {
  @State toggle: boolean = true;

  build() {
    Column() {
      if (this.toggle) {
        CounterView({ label: 'CounterView #positive' })
      } else {
        CounterView({ label: 'CounterView #negative' })
      }
      Button(`toggle ${this.toggle}`)
        .onClick(() => {
          this.toggle = !this.toggle;
        })
    }
  }
}
```

例 8-2 的示例代码中，CounterView(label 为 'CounterView ＃positive')和 CounterView(label 为 'CounterView ＃negative')是同一自定义组件的两个不同实例。CounterView(label 名称为 'CounterView ＃positive')子组件在初次渲染时创建。此子组件携带名为 counter 的状态变量。当修改 CounterView.counter 状态变量时，CounterView(label 为 'CounterView ＃positive')子组件重新渲染时并保留状态变量值。当 MainView.toggle 状态变量的值更改为 false 时，MainView 父组件内的 if 语句将更新，随后将删除 CounterView(label 为 'CounterView ＃positive')子组件。与此同时，将创建新的 CounterView(label 为 'CounterView ＃negative')实例。而它自己的 counter 状态变量设置为初始值 0。

【例 8-3】 状态变量与条件渲染。

```
//mainView.ets
@Component
struct CounterView {
  @Link counter: number;
  label: string = 'unknown';

  build() {
    Row() {
      Text(`${this.label}`)
      Button(`counter ${this.counter} +1`)
        .onClick(() => {
          this.counter += 1;
        })
    }
  }
}

//程序入口
@Entry
@Component
struct MainView {
  @State toggle: boolean = true;
  @State counter: number = 0;

  build() {
    Column() {
      if (this.toggle) {
        CounterView({ counter: $counter, label: 'CounterView #positive' })
      } else {
        CounterView({ counter: $counter, label: 'CounterView #negative' })
      }
      Button(`toggle ${this.toggle}`)
        .onClick(() => {
          this.toggle = !this.toggle;
        })
    }
  }
}
```

例 8-3 所示的示例代码片段中,@State counter 变量归父组件所有。因此,当 CounterView 组件实例被删除时,该变量不会被销毁。CounterView 组件通过@Link 装饰器引用状态。状态必须从子级移动到其父级(或父级的父级),以避免在条件内容或重复内容被销毁时丢失状态。

【例 8-4】 嵌套 if 语句中的渲染控制。

```
//CompA.ets
//程序入口
```

```
@Entry
@Component
struct CompA {
  @State toggle: boolean = false;
  @State toggleColor: boolean = false;

  build() {
    Column() {
      Text('Before')
        .fontSize(15)
      if (this.toggle) {
        Text('Top True, positive 1 top')
          .backgroundColor('#aaffaa').fontSize(20)
        //内部 if 语句
        if (this.toggleColor) {
          Text('Top True, Nested True, positive COLOR  Nested ')
            .backgroundColor('#00aaaa').fontSize(15)
        } else {
          Text('Top True, Nested False, Negative COLOR  Nested ')
            .backgroundColor('#aaaaff').fontSize(15)
        }
      } else {
        Text('Top false, negative top level').fontSize(20)
          .backgroundColor('#ffaaaa')
        if (this.toggleColor) {
          Text('positive COLOR  Nested ')
            .backgroundColor('#00aaaa').fontSize(15)
        } else {
          Text('Negative COLOR  Nested ')
            .backgroundColor('#aaaaff').fontSize(15)
        }
      }
      Text('After')
        .fontSize(15)
      Button('Toggle Outer')
        .onClick(() => {
          this.toggle = !this.toggle;
        })
      Button('Toggle Inner')
        .onClick(() => {
          this.toggleColor = !this.toggleColor;
        })
    }
  }
}
```

从例 8-4 所示的代码片段来看，条件语句的嵌套对父组件的相关规则没有影响。

8.2 循环渲染

ForEach 基于数组类型数据执行循环渲染，需要与容器组件配合使用，且接口返回的组件应当是允许包含在 ForEach 父容器组件中的子组件。例如，ListItem 组件要求 ForEach 的父容器组件必须为 List 组件。其接口描述如下。

```
ForEach(
arr: Array,
itemGenerator: (item: any, index: number) => void,
keyGenerator?: (item: any, index: number) => string
)
```

该接口的三个参数中，arr 参数和 itemGenerator 参数是必填项，而 keyGenerator 参数是选填项。其中，arr 参数的类型为 Array<any>，其必须是 Array 类型的数组，允许设置为空数组，空数组场景下将不会创建子组件。同时允许设置返回值为数组类型的函数，如 arr.slice(1, 3)，设置的函数不得改变包括数组本身在内的任何状态变量，如 Array.splice()、Array.sort() 或 Array.reverse() 这些改变原数组的函数。itemGenerator 参数的类型为 (item: any, index?: number) => void，为生成子组件的 Lambda 函数，为数组中的每一个数据项创建一个或多个子组件，单个子组件或子组件列表必须包括在花括号"{…}"中。keyGenerator 参数的类型为(item: any, index?: number) => string，该参数为匿名函数，用于给数据源 arr 的每个数组项生成唯一且固定的键值。函数返回值为开发人员自定义的键值生成规则。

8.2.1 使用说明

(1) ForEach 必须在容器组件内使用。

(2) 生成的子组件应当是允许包含在 ForEach 父容器组件中的子组件。

(3) ForEach 的 itemGenerator 函数可以包含 if/else 条件渲染逻辑。另外，也可以在 if/else 条件渲染语句中使用 ForEach 组件。

(4) 在初始化渲染时，ForEach 会加载数据源的所有数据，并为每个数据项创建对应的组件，然后将其挂载到渲染树上。如果数据源非常大或有特定的性能需求，建议使用 LazyForEach 组件。

8.2.2 键值生成规则

在 ForEach 循环渲染过程中，系统会为每个数组元素生成一个唯一且持久的键值，用于标识对应的组件。当这个键值变化时，UI 框架将默认为该数组元素已被替换或被修改，UI 框架会基于新的键值创建一个新的组件。

ForEach 提供了一个名为 keyGenerator 的参数，这是一个函数，开发人员可以通过它自定义键值的生成规则。假如开发人员没有定义 keyGenerator 函数，则 UI 框架会使用默认的键值生成函数，即(item: any, index: number) => { return index + '__' + JSON.stringify(item); }。

UI 框架对于 ForEach 的键值生成有一套特定的判断规则，这主要与 itemGenerator 函数的第二个参数 index 以及 keyGenerator 函数的第二个参数 index 有关，具体的判断逻辑参考图 8-1。此外，键值在系统内应当是唯一的，UI 框架会对重复的键值发出警告。在 UI 更新的场景下，如果出现了重复的键值，框架可能无法正常工作。

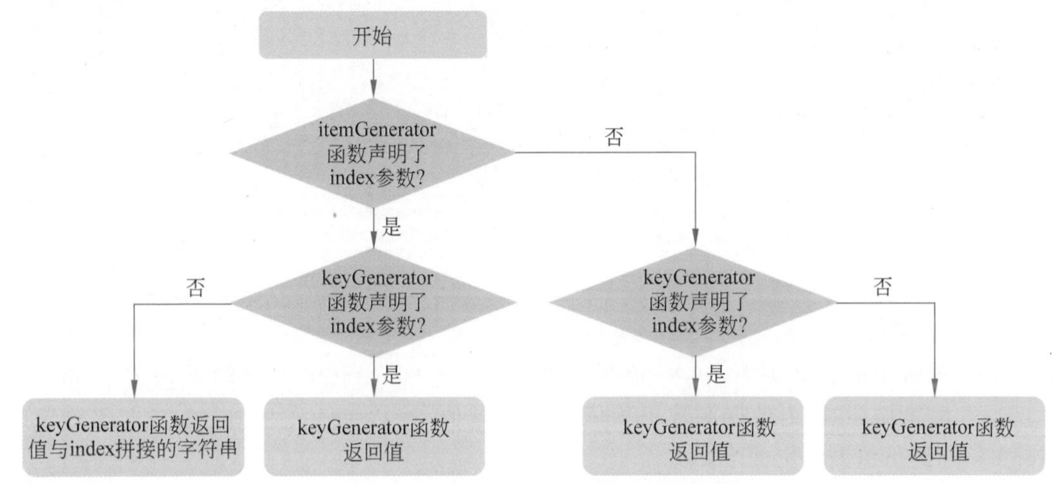

图 8-1 ForEach 键值生成规则判断逻辑

8.2.3 组件创建规则

在根据 8.2.2 节确定好键值生成规则后，ForEach 的第二个参数 itemGenerator 函数会根据键值生成规则为数据源的每个数组项创建组件。

若 ForEach 是首次渲染，则组件创建时有如下两种情况。

1. 生成了不同键值

根据键值生成规则为数据源的每个数组项生成唯一键值，并创建相应的组件。

【例 8-5】 ForEach 首次渲染且生成不同键值。

```
//Parent.ets
//程序入口
@Entry
@Component
struct Parent {
  @State testList: Array<string> = ['first', 'second', 'third'];

  build() {
    Row() {
      Column() {
        ForEach(this.testList, (item: string) => {
          ItemChild({ item: item })
        }, (item: string) => item)
      }
      .width('100%')
      .height('100%')
    }
```

```
    .height('100%')
    .backgroundColor(0xF1F3F5)
  }
}


@Component
struct ItemChild {
  @Prop item: string;

  build() {
    Text(this.item)
      .fontSize(50)
  }
}
```

例 8-5 所示的代码片段中，键值生成规则是 keyGenerator 函数的返回值 item。在 ForEach 渲染循环时，为数据源数组项依次生成键值 first、second 和 third，并创建对应的 ItemChild 组件渲染到界面上。

2. 键值相同时错误渲染

当不同数组项按照键值生成规则生成的键值相同时，框架的行为是未定义的。

【例 8-6】 ForEach 首次渲染且生成相同键值。

```
//Parent.ets
//程序入口
@Entry
@Component
struct Parent {
  @State testList: Array<string> = ['first', 'second', 'second', 'third'];

  build() {
    Row() {
      Column() {
        ForEach(this.testList, (item: string) => {
          ItemChild({ item: item })
        }, (item: string) => item)
      }
      .width('100%')
      .height('100%')
    }
    .height('100%')
    .backgroundColor(0xF1F3F5)
  }
}


@Component
struct ItemChild {
```

```
  @Prop item: string;

  build() {
    Text(this.item)
      .fontSize(50)
  }
}
```

在例8-6所示的代码片段中，最终键值生成规则为item。当ForEach遍历数据源testList时，遍历到索引为1的second时，按照最终键值生成规则生成键值为second的组件并进行标记。当遍历到索引为2的second时，按照最终键值生成规则当前项的键值也为second，此时不再创建新的组件。因此，ForEach渲染相同的数据项second时，只创建了一个ItemChild组件，而没有创建多个具有相同键值的组件。

若ForEach是非首次渲染，系统会检查新生成的键值是否在上次渲染中已经存在。如果键值不存在，则会创建一个新的组件；如果键值存在，则不会创建新的组件，而是直接渲染该键值所对应的组件。

【例8-7】 ForEach非首次渲染。

```
//Parent.ets
//程序入口
@Entry
@Component
struct Parent {
  @State testList: Array<string> = ['first', 'second', 'third'];

  build() {
    Row() {
      Column() {
        Text('Click here!')
          .fontSize(24)
          .fontColor(Color.Red)
          .onClick(() => {
            this.testList[2] = 'fourth';
          })

        ForEach(this.testList, (item: string) => {
          ItemChild({ item: item })
            .margin({ top: 20 })
        }, (item: string) => item)
      }
      .justifyContent(FlexAlign.Center)
      .width('100%')
      .height('100%')
    }
    .height('100%')
    .backgroundColor(0xF1F3F5)
  }
```

```
}


@Component
struct ItemChild {
  @Prop item: string;

  build() {
    Text(this.item)
      .fontSize(30)
  }
}
```

在例 8-7 所示的代码片段中，程序运行时，ForEach 组件进行首次渲染，屏幕中展示出数组中的三项值，分别为“first”、“second”和“third”。通过 Text 组件的单击事件修改了数组的第三项值，由“third”改为“fourth”，这将触发 ForEach 组件进行非首次渲染。@State 能够监听到简单数据类型数组数据源 testList 数组项的变化。ForEach 遍历新的数据源['first', 'second', 'fourth']，并生成对应的键值 first、second 和 fourth。其中，键值 first 和 second 在上次渲染中已经存在，所以 ForEach 复用了对应的组件并进行了渲染。对于第三个数组项“fourth”，由于其通过键值生成规则 item 生成的键值 fourth 在上次渲染中不存在，因此 ForEach 为该数组项创建了一个新的组件。

8.2.4 使用案例

【例 8-8】 简单 ForEach 示例。

```
//MyComponent.ets
//程序入口
@Entry
@Component
struct MyComponent {
  @State arr: number[] = [10, 20, 30];

  build() {
    Column({ space: 5 }) {
      Button('Reverse Array')
        .onClick(() => {
          this.arr.reverse();
        })
      ForEach(this.arr, (item: number) => {
        Text(`item value: ${item}`).fontSize(18)
        Divider().strokeWidth(2)
      }, (item: number) => item.toString())
    }
  }
}
```

例 8-8 示例了根据 arr 数据分别创建三个 Text 和 Divide 组件。

【例 8-9】 复杂 ForEach 示例。

```
//MainView.ets
@Component
struct CounterView {
  public label: string = 'label';
  @State count: number = 0;

  build() {
    Button(`${this.label}-${this.count} click +1`)
      .width(300).height(40)
      .backgroundColor('#a0ffa0')
      .onClick(() => {
        this.count++;
      })
  }
}

//程序入口
@Entry
@Component
struct MainView {
  @State arr: number[] = Array.from(Array(10).keys()); //[0,…,9]
  nextUnused: number = this.arr.length;

  build() {
    Column() {
      Button(`push new item`)
        .onClick(() => {
          this.arr.push(this.nextUnused++)
        })
        .width(300).height(40)
      Button(`pop last item`)
        .onClick(() => {
          this.arr.pop()
        })
        .width(300).height(40)
      Button(`prepend new item (unshift)`)
        .onClick(() => {
          this.arr.unshift(this.nextUnused++)
        })
        .width(300).height(40)
      Button(`remove first item (shift)`)
        .onClick(() => {
          this.arr.shift()
        })
        .width(300).height(40)
      Button(`insert at pos ${Math.floor(this.arr.length / 2)}`)
        .onClick(() => {
          this.arr.splice(Math.floor(this.arr.length / 2), 0, this.nextUnused++);
```

```
        })
        .width(300).height(40)
      Button(`remove at pos ${Math.floor(this.arr.length / 2)}`)
        .onClick(() => {
          this.arr.splice(Math.floor(this.arr.length / 2), 1);
        })
        .width(300).height(40)
      Button(`set at pos ${Math.floor(this.arr.length / 2)} to ${this.nextUnused}`)
        .onClick(() => {
          this.arr[Math.floor(this.arr.length / 2)] = this.nextUnused++;
        })
        .width(300).height(40)
      ForEach(this.arr,
        (item: CounterView) => {
          CounterView({ label: item.toString() })
        },
        (item: CounterView) => item.toString()
      )
    }
  }
}
```

例 8-9 示例的代码片段中，MainView 拥有一个@State 装饰的数字数组。添加、删除和替换数组项是可观察到的变化事件，当这些事件发生时，MainView 内的 ForEach 都会更新。

项目索引函数为每个数组项创建唯一且持久的键值，ArkUI 框架通过此键值确定数组中的项是否有变化，只要键值相同，数组项的值就假定不变，但其索引位置可能会更改。此机制的运行前提是不同的数组项不能有相同的键值。

使用计算出的键值，框架可以对添加、删除和保留的数组项加以区分。

(1) 框架将删除已删除数组项的 UI 组件。

(2) 框架仅对新添加的数组项执行项构造函数。

(3) 框架不会为保留的数组项执行项构造函数。如果数组中的项索引已更改，框架将仅根据新顺序移动其 UI 组件，但不会更新该 UI 组件。

建议使用项目索引函数，但这是可选的。生成的键值必须是唯一的，这意味着不能为数组中的不同项计算出相同的键值。即使两个数组项具有相同的值，其键值也必须不同。

如果数组项值更改，则键值必须更改。

示例：如前所述，键值生成函数是可选的。以下是不带项索引函数的 ForEach 示例。

```
ForEach(this.arr,
  (item) => {
    CounterView({ label: item.toString() })
  }
)
```

如果没有提供项键值生成函数，则框架会尝试在更新 ForEach 时智能检测数组更改。

但是，它可能会删除子组件，并为在数组中移动（索引被更改）的数组项重新执行项构造函数。在上面的示例中，这将更改应用程序针对 CounterView counter 状态的行为。创建新的 CounterView 实例时，counter 的值将初始化为 0。

【例 8-10】 使用@ObjectLink 的 ForEach 示例。

```
//MainView.ets
let NextID: number = 0;

@Observed
class MyCounter {
  public id: number;
  public c: number;

  constructor(c: number) {
    this.id = NextID++;
    this.c = c;
  }
}


@Component
struct CounterView {
  @ObjectLink counter: MyCounter;
  label: string = 'CounterView';

  build() {
    Button(`CounterView [${this.label}] this.counter.c=${this.counter.c} +1`)
      .width(200).height(50)
      .onClick(() => {
        this.counter.c += 1;
      })
  }
}


//程序入口
@Entry
@Component
struct MainView {
  @State firstIndex: number = 0;
  @State counters: Array<MyCounter> = [new MyCounter(0), new MyCounter(0), new
MyCounter(0),
    new MyCounter(0), new MyCounter(0)];

  build() {
    Column() {
      ForEach(this.counters.slice(this.firstIndex, this.firstIndex + 3),
        (item : MyCounter) => {
          CounterView({ label: `Counter item #${item.id}`, counter: item })
```

```
        },
        (item : MyCounter) => item.id.toString()
      )
      Button(`Counters: shift up`)
        .width(200).height(50)
        .onClick(() => {
          this.firstIndex = Math.min(this.firstIndex + 1, this.counters.
length - 3);
        })
      Button(`counters: shift down`)
        .width(200).height(50)
        .onClick(() => {
          this.firstIndex = Math.max(0, this.firstIndex - 1);
        })
    }
  }
}
```

当需要保留重复子组件的状态时，@ObjectLink 可将状态在组件树中向父组件推送。在例 8-10 所示的示例代码片段中，当增加 firstIndex 的值时，MainView 内的 ForEach 将更新，并删除与项键值 firstIndex－1 关联的 CounterView 子组件。对于键值为 firstindex ＋3 的数组项，将创建新的 CounterView 子组件实例。由于 CounterView 子组件的状态变量 counter 值由父组件 MainView 维护，故重建 CounterView 子组件实例不会重建状态变量 counter 值。

【例 8-11】 ForEach 的嵌套使用。

```
//StudentListView.ets
//学生类
class Student {
  num: string;
  name: string;
  spec: string;
  hobbys: string[];

  constructor(num: string, name: string, spec: string, hobbys: string[]) {
    this.num = num;
    this.name = name;
    this.spec = spec;
    this.hobbys = hobbys;
  }
}

//程序入口
@Entry
@Component
struct StudentListView {

  @State studentList : Array<Student> = [
```

```
    new Student('23316010101', '张三', '网络空间安全', ['乒乓球', '羽毛球', '游泳']),
    new Student('23316010102', '李四', '网络空间安全', ['足球', '阅读', '唱歌']),
    new Student('23316010103', '王五', '网络空间安全', ['羽毛球', '慢跑', '游泳']),
    new Student('23317010101', '赵六', '软件工程', ['阅读', '足球']),
    new Student('23317010102', '冯七', '软件工程', ['慢跑', '羽毛球', '阅读']),
    new Student('23317010103', '刘八', '软件工程', ['唱歌', '羽毛球', '爬山']),
  ];

  build() {
    Column() {
      Button() {
        Text('next Student')
      }.onClick(() => {
        this.studentList.shift()
        this.studentList.push(new Student('23315010104', '万一', '计算机科学与技
术', ['阅读', '足球', '游泳']))
      })
      ForEach(this.studentList,
        (item: Student) => {
          ForEach(item.hobbys,
            (hobby : string) => {
              //构建爱好块
            },
            (hobby : string) => hobby.toString()
          )//内部 ForEach
        }
      )//外部 ForEach
    }
  }
}
```

允许将 ForEach 嵌套在同一组件中的另一个 ForEach 中,但更推荐将组件拆分为两个,每个构造函数只包含一个 ForEach。但是,例 8-11 的代码片段为 ForEach 嵌套使用的反例,其存在以下两个问题。

(1) 代码可读性差。

(2) 对于上述年月份数据的数组结构形式,由于框架无法观察到针对该数组中 Student 数据结构的改变(如 hobbys 数组变化),从而内层的 ForEach 无法刷新"学生爱好"显示。

建议开发人员在应用设计时将 studentList 拆分为 Num、Name、Spec 和 Hobbys 子组件。定义一个 Hobbys 模型类,以保存有关 hobby 的信息,并用@Observed 装饰此类。HobbysView 组件利用 ObjectLink 装饰变量以绑定 hobby 数据。

【例 8-12】 ForEach 中使用可选 index 参数。

```
//ForEachWithIndex.ets
//程序入口
@Entry
@Component
struct ForEachWithIndex {
```

```
  @State arr: number[] = [4, 3, 1, 5];

  build() {
    Column() {
      ForEach(this.arr,
        (it: number, index) => {
          Text(`Item: ${index} - ${it}`)
        },
        (it: number, index) => {
          return `${index} - ${it}`
        }
      )
    }
  }
}
```

可以在构造函数和键值生成函数中使用可选的 index 参数。必须正确构造键值生成函数。当在项构造函数中使用 index 参数时，键值生成函数也必须使用 index 参数，以生成唯一键值和给定源数组项的键值。当数组项在数组中的索引位置发生变化时，其键值会发生变化。

此示例还说明了 index 参数会造成显著性能下降。即使项在源数组中移动而不做修改，因为索引发生改变，依赖该数组项的 UI 仍然需要重新渲染。例如，使用索引排序时，数组只需要将 ForEach 未修改的子 UI 节点移动到正确的位置，这对于框架来说是一个轻量级操作。而使用索引时，所有子 UI 节点都需要重新构建，这操作负担要重得多。

8.3 数据懒加载

懒加载也叫延迟加载、按需加载，指的是在长网页中延迟加载图片数据，是一种较好的网页性能优化的方式。懒加载经常出现在滚动条触底加载、虚拟列表，以及延时器加载数据等。LazyForEach 是一种基于惰性计算的迭代器模式实现的数据懒加载。LazyForEach 从提供的数据源中按需迭代数据，并在每次迭代过程中创建相应的组件。当 LazyForEach 在滚动容器中使用了，框架会根据滚动容器可视区域按需创建组件，当组件滑出可视区域外时，框架会进行组件销毁回收以降低内存占用。其接口描述如下。

```
LazyForEach(
dataSource: IDataSource,                                    //需要进行数据迭代的数据源
itemGenerator: (item: any, index: number) => void,          //子组件生成函数
keyGenerator?: (item: any, index: number) => string         //键值生成函数(选填)
): void
```

LazyForEach 接口中包含 dataSource、itemGenerator、keyGenerator 三个参数。dataSource 参数为必填项，参数类型为 IDataSource，其为 LazyForEach 的数据源，需要开发人员自行实现相关接口。itemGenerator 参数为必填项，参数类型为(item: any, index: number) => void，其为子组件生成函数，为数组中的每一个数据项创建一个子组件。

(item: any,index: number) => void 类型中,item 是当前数据项,index 是数据项索引值。itemGenerator 的函数体必须使用花括号{…}。itemGenerator 每次迭代只能并且必须生成一个子组件。itemGenerator 中可以使用 if 语句,但是必须保证 if 语句每个分支都会创建一个相同类型的子组件。itemGenerator 中不允许使用 ForEach 和 LazyForEach 语句。keyGenerator 参数为选填项,键值生成函数,用于给数据源中的每一个数据项生成唯一且固定的键值。keyGenerator 的参数类型为(item: any, index: number) => string。(item: any, index: number) => string 类型中的 item 是当前数据项,index 是数据项索引值。数据源中的每一个数据项生成的键值不能重复。

8.3.1 使用限制

LazyForEach 必须在容器组件内使用,仅有 List、Grid、Swiper 以及 WaterFlow 组件支持数据懒加载(可配置 cachedCount 属性,即只加载可视部分以及其前后少量数据用于缓冲),其他组件仍然是一次性加载所有的数据。此外,LazyForEach 在每次迭代中,必须创建且只允许创建一个子组件。生成的子组件必须是允许包含在 LazyForEach 父容器组件中的子组件。允许 LazyForEach 包含在 if/else 条件渲染语句中,也允许 LazyForEach 中出现 if/else 条件渲染语句。键值生成器必须针对每个数据生成唯一的值,如果键值相同,将导致键值相同的 UI 组件渲染出现问题。LazyForEach 必须使用 DataChangeListener 对象来进行更新,第一个参数 dataSource 使用状态变量时,状态变量改变不会触发 LazyForEach 的 UI 刷新。为了高性能渲染,通过 DataChangeListener 对象的 onDataChange 方法来更新 UI 时,需要生成不同于原来的键值来触发组件刷新。

8.3.2 键值生成规则

在 LazyForEach 循环渲染的过程当中,系统会自动为每个 item 生成一个唯一且持久的键值,用来唯一地标识对应的组件。这个键值发生了改变后,UI 框架将认为该数组元素已被替换或被修改,UI 框架会基于新的键值创建一个新的组件。

LazyForEach 提供了一个名为 keyGenerator 的参数(第三个可选填参数),这是一个函数,开发人员可以通过它自定义键值的生成规则。如果开发人员没有定义 keyGenerator 函数(即未填写该参数),UI 框架会使用默认的键值生成函数,即(item: any, index: number) => { return viewId + '-' + index.toString(); }, viewId 在编译器转换过程中生成,同一个 LazyForEach 组件内其 viewId 是一致的。

8.3.3 组件创建规则

在根据 8.3.2 节确定好键值生成规则后,LazyForEach 的第二个参数 itemGenerator 函数会根据键值生成规则为数据源的每个数组项创建组件。

若 LazyForEach 是首次渲染,则组件创建时有如下两种情况。

1. 生成了不同键值

根据键值生成规则为数据源的每个数组项生成唯一键值,并创建相应的组件。

【例 8-13】 LazyForEach 首次渲染且生成不同键值。

```
//MyComponent.ets
//Basic implementation of IDataSource to handle data listener
class BasicDataSource implements IDataSource {
  private listeners: DataChangeListener[] = [];
  private originDataArray: string[] = [];

  public totalCount(): number {
    return 0;
  }

  public getData(index: number): string {
    return this.originDataArray[index];
  }

  //该方法为框架侧调用,为 LazyForEach 组件向其数据源处添加 listener 监听
  registerDataChangeListener(listener: DataChangeListener): void {
    if (this.listeners.indexOf(listener) < 0) {
      console.info('add listener');
      this.listeners.push(listener);
    }
  }

  //该方法为框架侧调用,为对应的 LazyForEach 组件在数据源处去除 listener 监听
  unregisterDataChangeListener(listener: DataChangeListener): void {
    const pos = this.listeners.indexOf(listener);
    if (pos >= 0) {
      console.info('remove listener');
      this.listeners.splice(pos, 1);
    }
  }

  //通知 LazyForEach 组件需要重载所有子组件
  notifyDataReload(): void {
    this.listeners.forEach(listener => {
      listener.onDataReloaded();
    })
  }

  //通知 LazyForEach 组件需要在 index 对应索引处添加子组件
  notifyDataAdd(index: number): void {
    this.listeners.forEach(listener => {
      listener.onDataAdd(index);
    })
  }

  //通知 LazyForEach 组件在 index 对应索引处数据有变化,需要重建该子组件
  notifyDataChange(index: number): void {
    this.listeners.forEach(listener => {
      listener.onDataChange(index);
    })
```

```
  }

  //通知 LazyForEach 组件需要在 index 对应索引处删除该子组件
  notifyDataDelete(index: number): void {
    this.listeners.forEach(listener => {
      listener.onDataDelete(index);
    })
  }

  //通知 LazyForEach 组件将 from 索引和 to 索引处的子组件进行交换
  notifyDataMove(from: number, to: number): void {
    this.listeners.forEach(listener => {
      listener.onDataMove(from, to);
    })
  }
}

class MyDataSource extends BasicDataSource {
  private dataArray: string[] = [];

  public totalCount(): number {
    return this.dataArray.length;
  }

  public getData(index: number): string {
    return this.dataArray[index];
  }

  public addData(index: number, data: string): void {
    this.dataArray.splice(index, 0, data);
    this.notifyDataAdd(index);
  }

  public pushData(data: string): void {
    this.dataArray.push(data);
    this.notifyDataAdd(this.dataArray.length - 1);
  }
}

//程序入口
@Entry
@Component
struct MyComponent {
  private data: MyDataSource = new MyDataSource();

  aboutToAppear() {
    for (let i = 0; i <= 30; i++) {
      this.data.pushData(`Item ${i}`)
```

```
    }
  }

  build() {
    List({ space: 3 }) {
      LazyForEach(this.data, (item: string) => {
        ListItem() {
          Row() {
            Text(item).fontSize(50)
              .onAppear(() => {
                console.info("appear:" + item)
              })
          }.margin({ left: 10, right: 10 })
        }
      }, (item: string) => item)
    }.cachedCount(5)
  }
}
```

例 8-13 所示的代码片段中,键值生成规则是 keyGenerator 函数的返回值 item。在 LazyForEach 循环渲染时,其为数据源数组项依次生成键值 Item 0、Item 1、…、Item 20,并创建对应的 ListItem 子组件渲染到界面上。

2. 键值相同时错误渲染

当不同数据项生成的键值相同时,框架的行为是不可预测的。例如,在例 8-14 的示例代码片段中,LazyForEach 渲染的数据项键值均相同,在程序运行后,上下滑动屏幕的过程中,LazyForEach 会对划入划出当前页面的子组件进行预加载,而新建的子组件和销毁的原子组件具有相同的键值,框架可能存在取用缓存错误的情况,导致子组件渲染出现问题。

【例 8-14】 LazyForEach 首次渲染且生成相同键值。

```
//MyComponent.ets
class BasicDataSource implements IDataSource {
  private listeners: DataChangeListener[] = [];
  private originDataArray: string[] = [];

  public totalCount(): number {
    return 0;
  }

  public getData(index: number): string {
    return this.originDataArray[index];
  }

  registerDataChangeListener(listener: DataChangeListener): void {
    if (this.listeners.indexOf(listener) < 0) {
      console.info('add listener');
      this.listeners.push(listener);
    }
```

```
  }

  unregisterDataChangeListener(listener: DataChangeListener): void {
    const pos = this.listeners.indexOf(listener);
    if (pos >= 0) {
      console.info('remove listener');
      this.listeners.splice(pos, 1);
    }
  }

  notifyDataReload(): void {
    this.listeners.forEach(listener => {
      listener.onDataReloaded();
    })
  }

  notifyDataAdd(index: number): void {
    this.listeners.forEach(listener => {
      listener.onDataAdd(index);
    })
  }

  notifyDataChange(index: number): void {
    this.listeners.forEach(listener => {
      listener.onDataChange(index);
    })
  }

  notifyDataDelete(index: number): void {
    this.listeners.forEach(listener => {
      listener.onDataDelete(index);
    })
  }

  notifyDataMove(from: number, to: number): void {
    this.listeners.forEach(listener => {
      listener.onDataMove(from, to);
    })
  }
}

class MyDataSource extends BasicDataSource {
  private dataArray: string[] = [];

  public totalCount(): number {
    return this.dataArray.length;
  }

  public getData(index: number): string {
```

```
    return this.dataArray[index];
  }

  public addData(index: number, data: string): void {
    this.dataArray.splice(index, 0, data);
    this.notifyDataAdd(index);
  }

  public pushData(data: string): void {
    this.dataArray.push(data);
    this.notifyDataAdd(this.dataArray.length - 1);
  }
}


//程序入口
@Entry
@Component
struct MyComponent {
  private data: MyDataSource = new MyDataSource();

  aboutToAppear() {
    for (let i = 0; i <= 30; i++) {
      this.data.pushData(`Item ${i}`)
    }
  }

  build() {
    List({ space: 3 }) {
      LazyForEach(this.data, (item: string) => {
        ListItem() {
          Row() {
            Text(item).fontSize(50)
              .onAppear(() => {
                console.info("appear:" + item)
              })
          }.margin({ left: 10, right: 10 })
        }
      }, (item: string) => 'same key')
    }.cachedCount(5)
  }
}
```

运行例 8-14 所示的代码片段后，在滑动屏幕的过程中，可能会出现 Item 0 在滑动过程中被错误渲染为 Item 13。

当 LazyForEach 数据源发生变化，需要再次渲染时，开发人员应当根据数据源的变化情况调用 listener 对应的接口，通知 LazyForEach 做相应的更新。主要包括以下 6 种情况。

1）添加数据

【例 8-15】 LazyForEach 非首次渲染且添加数据。

```
class BasicDataSource implements IDataSource {
  private listeners: DataChangeListener[] = [];
  private originDataArray: string[] = [];

  public totalCount(): number {
    return 0;
  }

  public getData(index: number): string {
    return this.originDataArray[index];
  }

  registerDataChangeListener(listener: DataChangeListener): void {
    if (this.listeners.indexOf(listener) < 0) {
      console.info('add listener');
      this.listeners.push(listener);
    }
  }

  unregisterDataChangeListener(listener: DataChangeListener): void {
    const pos = this.listeners.indexOf(listener);
    if (pos >= 0) {
      console.info('remove listener');
      this.listeners.splice(pos, 1);
    }
  }

  notifyDataReload(): void {
    this.listeners.forEach(listener => {
      listener.onDataReloaded();
    })
  }

  notifyDataAdd(index: number): void {
    this.listeners.forEach(listener => {
      listener.onDataAdd(index);
    })
  }

  notifyDataChange(index: number): void {
    this.listeners.forEach(listener => {
      listener.onDataChange(index);
    })
  }

  notifyDataDelete(index: number): void {
```

```
    this.listeners.forEach(listener => {
      listener.onDataDelete(index);
    })
  }

  notifyDataMove(from: number, to: number): void {
    this.listeners.forEach(listener => {
      listener.onDataMove(from, to);
    })
  }
}


class MyDataSource extends BasicDataSource {
  private dataArray: string[] = [];

  public totalCount(): number {
    return this.dataArray.length;
  }

  public getData(index: number): string {
    return this.dataArray[index];
  }

  public addData(index: number, data: string): void {
    this.dataArray.splice(index, 0, data);
    this.notifyDataAdd(index);
  }

  public pushData(data: string): void {
    this.dataArray.push(data);
    this.notifyDataAdd(this.dataArray.length - 1);
  }
}


@Entry
@Component
struct MyComponent {
  private data: MyDataSource = new MyDataSource();

  aboutToAppear() {
    for (let i = 0; i <= 30; i++) {
      this.data.pushData(`Item ${i}`)
    }
  }

  build() {
    List({ space: 3 }) {
      LazyForEach(this.data, (item: string) => {
```

```
        ListItem() {
          Row() {
            Text(item).fontSize(50)
              .onAppear(() => {
                console.info("appear:" + item)
              })
          }.margin({ left: 10, right: 10 })
        }
        .onClick(() => {
          //单击追加子组件
          this.data.pushData(`Item ${this.data.totalCount()}`);
        })
      }, (item: string) => item)
    }.cachedCount(5)
  }
}
```

当运行例 8-15 所示的代码片段后，首先调用数据源 data 的 pushData 方法，该方法会在数据源末尾添加数据并调用 notifyDataAdd 方法。在 notifyDataAdd 方法内又会调用 listener.onDataAdd 方法，该方法会通知 LazyForEach 在该处有数据添加，LazyForEach 便会在该索引处新建子组件。

2）删除数据

【例 8-16】 LazyForEach 非首次渲染且删除数据。

```
class BasicDataSource implements IDataSource {
  private listeners: DataChangeListener[] = [];
  private originDataArray: string[] = [];

  public totalCount(): number {
    return 0;
  }

  public getData(index: number): string {
    return this.originDataArray[index];
  }

  registerDataChangeListener(listener: DataChangeListener): void {
    if (this.listeners.indexOf(listener) < 0) {
      console.info('add listener');
      this.listeners.push(listener);
    }
  }

  unregisterDataChangeListener(listener: DataChangeListener): void {
    const pos = this.listeners.indexOf(listener);
    if (pos >= 0) {
      console.info('remove listener');
      this.listeners.splice(pos, 1);
```

```
    }
  }

  notifyDataReload(): void {
    this.listeners.forEach(listener => {
      listener.onDataReloaded();
    })
  }

  notifyDataAdd(index: number): void {
    this.listeners.forEach(listener => {
      listener.onDataAdd(index);
    })
  }

  notifyDataChange(index: number): void {
    this.listeners.forEach(listener => {
      listener.onDataChange(index);
    })
  }

  notifyDataDelete(index: number): void {
    this.listeners.forEach(listener => {
      listener.onDataDelete(index);
    })
  }

  notifyDataMove(from: number, to: number): void {
    this.listeners.forEach(listener => {
      listener.onDataMove(from, to);
    })
  }
}


class MyDataSource extends BasicDataSource {
  dataArray: string[] = [];

  public totalCount(): number {
    return this.dataArray.length;
  }

  public getData(index: number): string {
    return this.dataArray[index];
  }

  public addData(index: number, data: string): void {
    this.dataArray.splice(index, 0, data);
    this.notifyDataAdd(index);
  }
```

```
  public pushData(data: string): void {
    this.dataArray.push(data);
    this.notifyDataAdd(this.dataArray.length - 1);
  }

  public deleteData(index: number): void {
    this.dataArray.splice(index, 1);
    this.notifyDataDelete(index);
  }
}


@Entry
@Component
struct MyComponent {
  private data: MyDataSource = new MyDataSource();

  aboutToAppear() {
    for (let i = 0; i <= 30; i++) {
      this.data.pushData(`Item ${i}`)
    }
  }

  build() {
    List({ space: 3 }) {
      LazyForEach(this.data, (item: string, index: number) => {
        ListItem() {
          Row() {
            Text(item).fontSize(50)
              .onAppear(() => {
                console.info("appear:" + item)
              })
          }.margin({ left: 10, right: 10 })
        }
        .onClick(() => {
          //单击删除子组件
          this.data.deleteData(this.data.dataArray.indexOf(item));
        })
      }, (item: string) => item)
    }.cachedCount(5)
  }
}
```

当运行例 8-16 所示的代码片段后，单击 LazyForEach 的子组件时，首先调用数据源 data 的 deleteData 方法，该方法会删除数据源对应索引处的数据并调用 notifyDataDelete 方法。在 notifyDataDelete 方法内又会调用 listener.onDataDelete 方法，该方法会通知 LazyForEach 在该处有数据删除，LazyForEach 便会在该索引处删除对应子组件。

3）交换数据

【例 8-17】 LazyForEach 非首次渲染且交换数据。

```
class BasicDataSource implements IDataSource {
  private listeners: DataChangeListener[] = [];
  private originDataArray: string[] = [];

  public totalCount(): number {
    return 0;
  }

  public getData(index: number): string {
    return this.originDataArray[index];
  }

  registerDataChangeListener(listener: DataChangeListener): void {
    if (this.listeners.indexOf(listener) < 0) {
      console.info('add listener');
      this.listeners.push(listener);
    }
  }

  unregisterDataChangeListener(listener: DataChangeListener): void {
    const pos = this.listeners.indexOf(listener);
    if (pos >= 0) {
      console.info('remove listener');
      this.listeners.splice(pos, 1);
    }
  }

  notifyDataReload(): void {
    this.listeners.forEach(listener => {
      listener.onDataReloaded();
    })
  }

  notifyDataAdd(index: number): void {
    this.listeners.forEach(listener => {
      listener.onDataAdd(index);
    })
  }

  notifyDataChange(index: number): void {
    this.listeners.forEach(listener => {
      listener.onDataChange(index);
    })
  }

  notifyDataDelete(index: number): void {
```

```
    this.listeners.forEach(listener => {
      listener.onDataDelete(index);
    })
  }

  notifyDataMove(from: number, to: number): void {
    this.listeners.forEach(listener => {
      listener.onDataMove(from, to);
    })
  }
}

class MyDataSource extends BasicDataSource {
  dataArray: string[] = [];

  public totalCount(): number {
    return this.dataArray.length;
  }

  public getData(index: number): string {
    return this.dataArray[index];
  }

  public addData(index: number, data: string): void {
    this.dataArray.splice(index, 0, data);
    this.notifyDataAdd(index);
  }

  public pushData(data: string): void {
    this.dataArray.push(data);
    this.notifyDataAdd(this.dataArray.length - 1);
  }

  public deleteData(index: number): void {
    this.dataArray.splice(index, 1);
    this.notifyDataDelete(index);
  }

  public moveData(from: number, to: number): void {
    let temp: string = this.dataArray[from];
    this.dataArray[from] = this.dataArray[to];
    this.dataArray[to] = temp;
    this.notifyDataMove(from, to);
  }
}

@Entry
@Component
```

```
struct MyComponent {
  private moved: number[] = [];
  private data: MyDataSource = new MyDataSource();

  aboutToAppear() {
    for (let i = 0; i <= 30; i++) {
      this.data.pushData(`Item ${i}`)
    }
  }

  build() {
    List({ space: 3 }) {
      LazyForEach(this.data, (item: string, index: number) => {
        ListItem() {
          Row() {
            Text(item).fontSize(50)
              .onAppear(() => {
                console.info("appear:" + item)
              })
          }.margin({ left: 10, right: 10 })
        }
        .onClick(() => {
          this.moved.push(this.data.dataArray.indexOf(item));
          if (this.moved.length === 2) {
            //单击移动子组件
            this.data.moveData(this.moved[0], this.moved[1]);
            this.moved = [];
          }
        })
      }, (item: string) => item)
    }.cachedCount(5)
  }
}
```

当运行例 8-17 所示的代码片段后，首次单击 LazyForEach 的子组件时，在 moved 成员变量内存入要移动的数据索引，再次单击 LazyForEach 另一个子组件时，可以将首次单击的子组件移到此处。调用数据源 data 的 moveData 方法，该方法会将数据源对应数据移动到预期的位置并调用 notifyDatMove 方法。在 notifyDataMove 方法内又会调用 listener.onDataMove 方法，该方法通知 LazyForEach 在该处有数据需要移动，LazyForEach 便会将 from 和 to 索引处的子组件进行位置调换。

4）改变单个数据

【例 8-18】 LazyForEach 非首次渲染且改变单个数据。

```
class BasicDataSource implements IDataSource {
  private listeners: DataChangeListener[] = [];
  private originDataArray: string[] = [];
```

```
    public totalCount(): number {
      return 0;
    }

    public getData(index: number): string {
      return this.originDataArray[index];
    }

    registerDataChangeListener(listener: DataChangeListener): void {
      if (this.listeners.indexOf(listener) < 0) {
        console.info('add listener');
        this.listeners.push(listener);
      }
    }

    unregisterDataChangeListener(listener: DataChangeListener): void {
      const pos = this.listeners.indexOf(listener);
      if (pos >= 0) {
        console.info('remove listener');
        this.listeners.splice(pos, 1);
      }
    }

    notifyDataReload(): void {
      this.listeners.forEach(listener => {
        listener.onDataReloaded();
      })
    }

    notifyDataAdd(index: number): void {
      this.listeners.forEach(listener => {
        listener.onDataAdd(index);
      })
    }

    notifyDataChange(index: number): void {
      this.listeners.forEach(listener => {
        listener.onDataChange(index);
      })
    }

    notifyDataDelete(index: number): void {
      this.listeners.forEach(listener => {
        listener.onDataDelete(index);
      })
    }

    notifyDataMove(from: number, to: number): void {
      this.listeners.forEach(listener => {
        listener.onDataMove(from, to);
```

```
    })
  }
}

class MyDataSource extends BasicDataSource {
  private dataArray: string[] = [];

  public totalCount(): number {
    return this.dataArray.length;
  }

  public getData(index: number): string {
    return this.dataArray[index];
  }

  public addData(index: number, data: string): void {
    this.dataArray.splice(index, 0, data);
    this.notifyDataAdd(index);
  }

  public pushData(data: string): void {
    this.dataArray.push(data);
    this.notifyDataAdd(this.dataArray.length - 1);
  }

  public deleteData(index: number): void {
    this.dataArray.splice(index, 1);
    this.notifyDataDelete(index);
  }

  public changeData(index: number, data: string): void {
    this.dataArray.splice(index, 1, data);
    this.notifyDataChange(index);
  }
}

@Entry
@Component
struct MyComponent {
  private moved: number[] = [];
  private data: MyDataSource = new MyDataSource();

  aboutToAppear() {
    for (let i = 0; i <= 30; i++) {
      this.data.pushData(`Item ${i}`)
    }
  }
```

```
  build() {
    List({ space: 3 }) {
      LazyForEach(this.data, (item: string, index: number) => {
        ListItem() {
          Row() {
            Text(item).fontSize(50)
              .onAppear(() => {
                console.info("appear:" + item)
              })
          }.margin({ left: 10, right: 10 })
        }
        .onClick(() => {
          this.data.changeData(index, item + '00');
        })
      }, (item: string) => item)
    }.cachedCount(5)
  }
}
```

当运行例 8-18 所示的代码片段后，单击 LazyForEach 的子组件时，首先改变当前数据，然后调用数据源 data 的 changeData 方法，在该方法内会调用 notifyDataChange 方法。在 notifyDataChange 方法内又会调用 listener.onDataChange 方法，该方法通知 LazyForEach 组件该处有数据发生变化，LazyForEach 便会在对应索引处重建子组件，从而 LazyForEach 实现了改变单个数据。

5）改变多个数据

【例 8-19】　LazyForEach 非首次渲染且改变多个数据。

```
class BasicDataSource implements IDataSource {
  private listeners: DataChangeListener[] = [];
  private originDataArray: string[] = [];

  public totalCount(): number {
    return 0;
  }

  public getData(index: number): string {
    return this.originDataArray[index];
  }

  registerDataChangeListener(listener: DataChangeListener): void {
    if (this.listeners.indexOf(listener) < 0) {
      console.info('add listener');
      this.listeners.push(listener);
    }
  }

  unregisterDataChangeListener(listener: DataChangeListener): void {
    const pos = this.listeners.indexOf(listener);
```

```
    if (pos >= 0) {
      console.info('remove listener');
      this.listeners.splice(pos, 1);
    }
  }

  notifyDataReload(): void {
    this.listeners.forEach(listener => {
      listener.onDataReloaded();
    })
  }

  notifyDataAdd(index: number): void {
    this.listeners.forEach(listener => {
      listener.onDataAdd(index);
    })
  }

  notifyDataChange(index: number): void {
    this.listeners.forEach(listener => {
      listener.onDataChange(index);
    })
  }

  notifyDataDelete(index: number): void {
    this.listeners.forEach(listener => {
      listener.onDataDelete(index);
    })
  }

  notifyDataMove(from: number, to: number): void {
    this.listeners.forEach(listener => {
      listener.onDataMove(from, to);
    })
  }
}


class MyDataSource extends BasicDataSource {
  private dataArray: string[] = [];

  public totalCount(): number {
    return this.dataArray.length;
  }

  public getData(index: number): string {
    return this.dataArray[index];
  }

  public addData(index: number, data: string): void {
```

```
    this.dataArray.splice(index, 0, data);
    this.notifyDataAdd(index);
  }

  public pushData(data: string): void {
    this.dataArray.push(data);
    this.notifyDataAdd(this.dataArray.length - 1);
  }

  public deleteData(index: number): void {
    this.dataArray.splice(index, 1);
    this.notifyDataDelete(index);
  }

  public changeData(index: number): void {
    this.notifyDataChange(index);
  }

  public reloadData(): void {
    this.notifyDataReload();
  }

  public modifyAllData(): void {
    this.dataArray = this.dataArray.map((item: string) => {
      return item + '0';
    })
  }
}


@Entry
@Component
struct MyComponent {
  private moved: number[] = [];
  private data: MyDataSource = new MyDataSource();

  aboutToAppear() {
    for (let i = 0; i <= 30; i++) {
      this.data.pushData(`Item ${i}`)
    }
  }

  build() {
    List({ space: 3 }) {
      LazyForEach(this.data, (item: string, index: number) => {
        ListItem() {
          Row() {
            Text(item).fontSize(50)
              .onAppear(() => {
                console.info("appear:" + item)
```

```
            })
          }.margin({ left: 10, right: 10 })
        }
        .onClick(() => {
          this.data.modifyAllData();
          this.data.reloadData();
        })
      }, (item: string) => item)
    }.cachedCount(5)
  }
}
```

当运行例 8-19 所示的代码片段后，单击 LazyForEach 的子组件时，首先调用 data 的 modifyAllData 方法改变数据源中的所有数据，然后调用数据源的 reloadData 方法，在该方法内会调用 notifyDataReload 方法。在 notifyDataReload 方法内又会调用 listener.onDataReloaded 方法，通知 LazyForEach 需要重建所有子节点。LazyForEach 会将原所有数据项和新的所有数据项一一做键值比对，若有相同键值则使用缓存，若键值不同则重新构建，从而 LazyForEach 实现了改变多个数据。

6）改变数据子属性

若仅靠 LazyForEach 的刷新机制，当 item 变化时若想更新子组件，需要将原来的子组件全部销毁再重新构建，在子组件结构较为复杂的情况下，如果仅通过改变键值去刷新渲染，则性能较低。因此，框架提供了@Observed 与@ObjectLink 机制进行深度观测，可以做到仅刷新使用了该属性的组件，提高渲染性能。开发人员可根据实际的应用需求情况选择合适的刷新方式。

【例 8-20】 LazyForEach 非首次渲染且改变数据子属性。

```
//MyComponent.ets
class BasicDataSource implements IDataSource {
  private listeners: DataChangeListener[] = [];
  private originDataArray: StringData[] = [];

  public totalCount(): number {
    return 0;
  }

  public getData(index: number): StringData {
    return this.originDataArray[index];
  }

  registerDataChangeListener(listener: DataChangeListener): void {
    if (this.listeners.indexOf(listener) < 0) {
      console.info('add listener');
      this.listeners.push(listener);
    }
  }
```

```
  unregisterDataChangeListener(listener: DataChangeListener): void {
    const pos = this.listeners.indexOf(listener);
    if (pos >= 0) {
      console.info('remove listener');
      this.listeners.splice(pos, 1);
    }
  }

  notifyDataReload(): void {
    this.listeners.forEach(listener => {
      listener.onDataReloaded();
    })
  }

  notifyDataAdd(index: number): void {
    this.listeners.forEach(listener => {
      listener.onDataAdd(index);
    })
  }

  notifyDataChange(index: number): void {
    this.listeners.forEach(listener => {
      listener.onDataChange(index);
    })
  }

  notifyDataDelete(index: number): void {
    this.listeners.forEach(listener => {
      listener.onDataDelete(index);
    })
  }

  notifyDataMove(from: number, to: number): void {
    this.listeners.forEach(listener => {
      listener.onDataMove(from, to);
    })
  }
}

class MyDataSource extends BasicDataSource {
  private dataArray: StringData[] = [];

  public totalCount(): number {
    return this.dataArray.length;
  }

  public getData(index: number): StringData {
    return this.dataArray[index];
  }
```

```
  public addData(index: number, data: StringData): void {
    this.dataArray.splice(index, 0, data);
    this.notifyDataAdd(index);
  }

  public pushData(data: StringData): void {
    this.dataArray.push(data);
    this.notifyDataAdd(this.dataArray.length - 1);
  }
}


@Observed
class StringData {
  message: string;
  constructor(message: string) {
    this.message = message;
  }
}


//程序入口
@Entry
@Component
struct MyComponent {
  private moved: number[] = [];
  @State data: MyDataSource = new MyDataSource();

  aboutToAppear() {
    for (let i = 0; i <= 30; i++) {
      this.data.pushData(new StringData(`Item ${i}`));
    }
  }

  build() {
    List({ space: 3 }) {
      LazyForEach(this.data, (item: StringData, index: number) => {
        ListItem() {
          ChildComponent({data: item})
        }
        .onClick(() => {
          item.message += '0';
        })
      }, (item: StringData, index: number) => index.toString())
    }.cachedCount(5)
  }
}

@Component
struct ChildComponent {
  @ObjectLink data: StringData
  build() {
    Row() {
```

```
        Text(this.data.message).fontSize(50)
          .onAppear(() => {
            console.info("appear:" + this.data.message)
          })
      }.margin({ left: 10, right: 10 })
    }
  }
```

例 8-20 所示的代码片段中，运行程序后，单击 LazyForEach 子组件改变 item.message 时，重渲染依赖的是 ChildComponent 的@ObjectLink 成员变量对其子属性的监听，此时框架只会刷新 Text(this.data.message)，不会去重建整个 ListItem 子组件。

8.4 项目案例

8.4.1 案例描述

本案例基于 ArkTS 开发语言实现了一个引导页功能的应用，主要用于呈现 ArkUI 的基本能力，包括自定义组件的基本用法以及渲染控制的使用。

打开应用时进入启动页，启动页等待 3s 后加载轮播图。可以手动切换轮播图，单击按钮显示/隐藏联系方式列表。

8.4.2 实现过程及程序分析

1. 环境要求

1）开发软件环境

DevEco Studio 版本：DevEco Studio NEXT Developer Preview1 及以上。

HarmonyOS SDK 版本：HarmonyOS NEXT Developer Preview1 SDK 及以上。

2）调试硬件环境

设备类型：华为手机。

HarmonyOS 系统：HarmonyOS NEXT Developer Preview1 及以上。

2. 代码结构

本节仅展示该案例的核心代码，对于案例的完整代码，在源码下载中提供。

```
├——entry/src/main/ets                          //代码区
│   ├——entryability
│   │   └——EntryAbility.ets                     //程序入口类
│   ├——pages
│   │   └——SplashPage.ets                       //启动页
│   ├——viewmodel
│   │   ├——ContactItem.ets                      //联系方式类
│   │   ├——ContactViewModel.ets                 //联系方式信息
│   │   ├——SplashSource.ets                     //轮播图数据封装类
│   │   ├——SplashViewModel.ets                  //轮播图信息类
└——entry/src/main/resources                     //资源文件目录
```

3. 应用相关页面

应用首次启动会跳转到启动页面(如图 8-2 所示)。

图 8-2　启动页面

首先,在 EntryAbility.ets 文件的 onWindowStageCreate 生命周期函数中配置启动页入口。核心代码如下。

```
//EntryAbility.ets
onWindowStageCreate(windowStage: window.WindowStage): Void{
  …
  //配置启动页入口
  windowStage.loadContent('pages/SplashPage', (err, data) => {
    …
  });
}
```

然后,启动页显示 logo 图片及文字,需要在 SplashPage.ets 文件的 aboutToAppear 生命周期函数内初始化延时任务,实现 3s 后加载轮播图(如图 8-3 所示)。可以手动切换轮播图,单击“开启学习之旅”按钮显示/隐藏联系方式列表。核心代码如下。

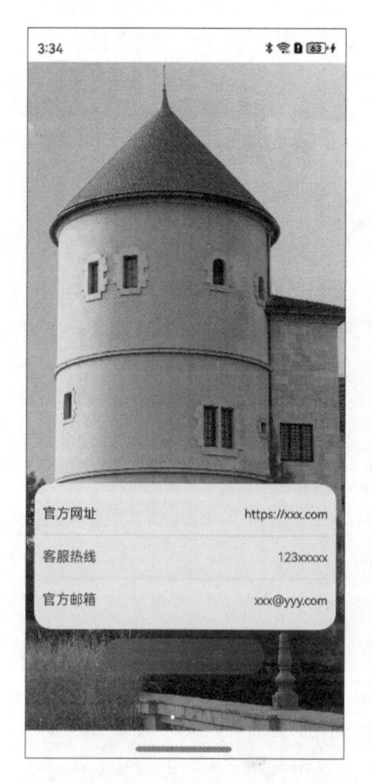

图 8-3　轮播图页面

```
//SplashPage.ets
import { ContactItem } from '../viewmodel/ContactItem'
import ContactViewModel from '../viewmodel/ContactViewModel'
import { SplashSource } from '../viewmodel/SplashSource'
import splashViewModel from '../viewmodel/SplashViewModel'

@Entry
@Component
struct SplashPage {
  @State showSwiper: boolean = false
  private swiperController: SwiperController = new SwiperController()
  private data: SplashSource = new SplashSource()
  @State isBtnClicked: boolean = false

  aboutToAppear(): void {
    //初始化轮播图数据
    this.data.setDataArray(splashViewModel.getSplashArray())
    //开启延时任务,3s 后执行
    setTimeout(() => {
      this.showSwiper = true
    }, 3000)
  }

  //组件内自定义构建函数:创建顶部 logo 图片
  @Builder
  BuilderFunction() {
    Column() {
```

```
    Image($r('app.media.ic_splash')).width('300')
  }
  .width('100%')
  .aspectRatio(2 / 3)
  .backgroundImage($r('app.media.bg_splash'))
  .backgroundImageSize({
    width: '225%',
    height: '100%'
  })
  .backgroundImagePosition(Alignment.Center)
  .justifyContent(FlexAlign.Center)
}

build() {
  //层叠布局(Stack)子元素重叠显示
  Stack({ alignContent: Alignment.Bottom }) {
    //轮播图
    Swiper(this.swiperController) {
      LazyForEach(this.data, (item: Resource) => {
        Image(item)
          .width('100%')
          .height('100%')
          .objectFit(ImageFit.Cover)
      })
    }
    .width('100%')
    .height('100%')
    .cachedCount(this.data.totalCount() - 1)
    .visibility(this.showSwiper ? Visibility.Visible : Visibility.Hidden)
    .loop(true)
    .autoPlay(true)
    .indicator(Indicator.dot()
      .bottom(AppStorage.get<number>('naviIndicatorHeight'))
      .itemWidth('5vp')
      .itemHeight('5vp')
      .selectedItemWidth('5vp')
      .selectedItemHeight('5vp')
      .color(Color.Gray)
      .selectedColor(Color.White))
    .displayArrow(false)
    .curve(Curve.Linear)

    Column() {
      if (this.isBtnClicked) {
        List() {
          //ForEach:循环渲染:显示联系方式
          ForEach(ContactViewModel.getContactListItems(), (item: ContactItem) => {
            ListItem() {
              //条目组件
              ContactComponent({ item: item })
```

```
            }
          }, (item: ContactItem, index?: number) => index + JSON.stringify
(item))
        }
        .divider({
          strokeWidth: '0.5vp',
          color: '#3000'
        })
        .padding('10vp')
        .margin('10vp')
        .backgroundColor('#F1F3F5')
        .borderRadius('20vp')
      }

      //按钮组件,显示在轮播图上面
      Button({ type: ButtonType.Capsule, stateEffect: true }) {
        //if/else:条件渲染,单击"开始学习之旅"后显示加粗字体,改变颜色
        if (this.isBtnClicked) {
          Text('开始学习之旅')
            .fontColor(Color.Red)
            .fontSize('16fp')
            .fontWeight(500)
            .opacity(0.8)
            .fontWeight(FontWeight.Bold)
        } else {
          Text('开始学习之旅')
            .fontColor(Color.White)
            .fontSize('16fp')
            .fontWeight(500)
            .opacity(0.8)
            .fontWeight(FontWeight.Normal)
        }
      }
      .backgroundColor('#3FFF')
      .width('50%')
      .height('40vp')
      .borderRadius('20vp')
      .backdropBlur(250)
      .onClick(() => {
        this.isBtnClicked = !this.isBtnClicked
      })
    }.visibility(this.showSwiper ? Visibility.Visible : Visibility.Hidden)
    .margin({ bottom: 64 })

    Column() {
      this.BuilderFunction()
    }
    .width('100%')
    .height('100%')
    .visibility(this.showSwiper ? Visibility.Hidden : Visibility.Visible)
```

```
        .backgroundColor('#0A59F7')
        .padding({
          top: 20,
          bottom: 40
        })
      }
    }
  }

  /**
  * 条目组件
  * /
  @Component
  struct ContactComponent {
    @Prop item: ContactItem

    build() {
      Row() {
        Text(this.item.title)
          .fontSize('16fp')
          .fontColor('#182461')
        Blank()
        Text(this.item.summary)
          .fontSize('14fp')
          .fontColor('#182461')
      }.width('100%')
      .height('48vp')
    }
  }
```

将轮播图的数据封装到 SplashSource 类中，其所在的 SplashSource.ets 文件核心代码如下。

```
//SplashSource.ets
/**
* 轮播图数据封装类
* /
export class SplashSource implements IDataSource {
  private splashArray: Resource[] = [];
  private listeners: DataChangeListener[] = [];

  public setDataArray(dataArray: Resource[]): void {
    this.splashArray = dataArray;
  }

  totalCount(): number {
    return this.splashArray.length;
  }
```

```
  getData(index: number): Resource {
    return this.splashArray[index];
  }

  registerDataChangeListener(listener: DataChangeListener): void {
    if (this.listeners.indexOf(listener) < 0) {
      this.listeners.push(listener);
    }
  }

  unregisterDataChangeListener(listener: DataChangeListener): void {
    let pos: number = this.listeners.indexOf(listener);
    if (pos >= 0) {
      this.listeners.splice(pos, 1);
    }
  }
}
```

将轮播图信息封装到 SplashViewModel 类中，其所在的 SplashViewModel.ets 文件核心代码如下。

```
//SplashViewModel.ets
/**
 * 轮播图信息
 */
class SplashViewModel {
  getSplashArray(): Resource[] {
    let splashListItems: Resource[] = [
      $r('app.media.ic_splash1'),
      $r('app.media.ic_splash2'),
      $r('app.media.ic_splash3')
    ]
    return splashListItems
  }
}

let splashViewModel = new SplashViewModel()

export default splashViewModel as SplashViewModel
```

此外，联系方式类 ContactItem 所在的 ContactItem.ets 文件的核心代码如下。

```
//ContactItem.ets
/**
 * 联系方式类
 */
export class ContactItem {

  title: ResourceStr = ''
```

```
  summary: ResourceStr = ''

  constructor(title: ResourceStr,summary: ResourceStr) {
    this.title = title
    this.summary = summary
  }
}
```

最后,联系方式信息封装在 ContactViewModel 类中,其所在的 ContactViewModel.ets 文件的核心代码如下。

```
//ContactViewModel.ets
import { ContactItem } from './ContactItem'

/**
 * 联系方式信息
 */
class ContactViewModel {
  getContactListItems(): Array<ContactItem> {
    let contactListItems: Array<ContactItem> = []
    contactListItems.push(new ContactItem('官方网址', 'https://xxx.com'))
    contactListItems.push(new ContactItem('客服热线', '123xxxxx'))
    contactListItems.push(new ContactItem('官方邮箱', 'xxx@yyy.com'))
    return contactListItems
  }
}

let contactViewModel = new ContactViewModel()

export default contactViewModel as ContactViewModel
```

小　结

本章介绍了基于 ArkTS 的 UI 渲染控制机制,为开发人员提供了在 ArkUI 框架中构建和优化用户界面的关键知识和技术。本章介绍的条件渲染、循环渲染和数据懒加载三种渲染方式,可以让开发人员通过优化渲染流程、减少不必要的渲染操作、合理使用缓存和异步加载等手段,从而有效提升 UI 渲染的性能和响应速度。通过实际的项目实践案例,我们更清晰地了解到如何在实际项目中应用 UI 渲染控制技术。本章的基础知识为后续深入学习 HarmonyOS 应用开发以及项目实践打下了坚实的基础。本章知识点的思维导图如图 8-4 所示。

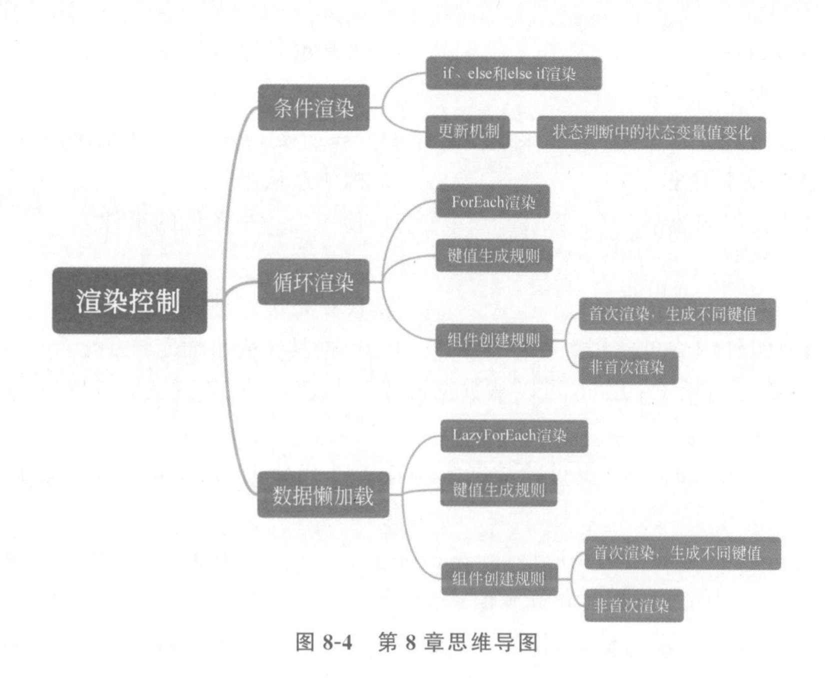

图 8-4　第 8 章思维导图

思考与实践

第一部分：练习题

练习 1.（　　）控制语句用于根据应用状态动态显示或隐藏组件。

A. 循环渲染　　B. 条件渲染　　C. 数据懒加载　　D. 声明式 UI

练习 2. 条件渲染通常可以使用（　　）语句来实现。

A. if 和 else　　B. for 和 while　　C. switch 和 case　　D. try 和 catch

练习 3. 在使用条件渲染时，以下选项中，（　　）是正确的状态变量使用方式。

A. 仅在 if 语句后使用　　B. 仅在 else 语句后使用

C. 在 if 和 else 语句后均可使用　　D. 不能在条件渲染中使用状态变量

练习 4. 条件渲染语句的执行机制是怎样的？（　　）

A. 根据条件构建不同的子组件　　B. 无论条件如何都构建所有组件

C. 仅构建第一个满足条件的组件　　D. 仅在 else 分支中构建组件

练习 5. 以下的（　　）选项不是渲染控制语句的类型。

A. 条件渲染　　B. 循环渲染

C. 懒加载渲染　　D. 异步渲染

练习 6. 在使用 ForEach 进行循环渲染时，接口返回的组件应该满足的条件是（　　）。

A. 必须是容器组件

B. 必须是系统组件

C. 允许包含在 ForEach 父容器组件中的子组件

D. 无特定要求

练习 7. 数据懒加载通常应用的场景是（　　）。

A. 小数据量展示　　B. 大数据量场景优化

C. 实时数据更新　　D. 组件状态管理

练习 8. 在使用条件渲染时，如果缺少适用的 else 分支，将会发生的情况是（　　）。

A. 报错并停止渲染　　B. 构建默认组件

C. 不构建任何内容　　D. 使用上一个条件的组件

练习 9. 渲染控制语句主要在哪些组件内使用？（　　）

A. 仅在容器组件内　　B. 仅在系统组件内

C. 在所有组件内均可使用　　D. 根据具体需求而定

练习 10. 循环渲染 ForEach 可以从数据源中迭代获取数据，并为每个数组项创建相应的组件。（　　）

练习 11. LazyForEach 从提供的数据源中按需迭代数据，并在每次迭代过程中创建相应的组件。（　　）

练习 12. 为了提高应用的响应性能，系统提供了________机制，允许开发人员按需加载和渲染组件，减少初始加载时间和资源消耗。

练习 13. 当需要处理大量数据时，通常会使用________技术来优化渲染性能，减少不必要的计算和绘制。

练习 14. 使用 ArkTS 进行开发时，可以使用________函数来实现循环渲染，以遍历数组或列表中的每个元素，并创建相应的组件。

练习 15. 简述条件渲染的作用和主要应用场景。

练习 16. 简述数据懒加载及其应用场景。

练习 17. 简述渲染控制中容器组件的作用和限制。

第二部分：实践题

尝试开发一个应用程序，该应用有一个新闻列表页面，每个新闻项在列表中展示标题和摘要。当用户单击某个新闻项时，应用会导航到一个新的页面，展示该新闻的详细内容。需要实现的具体功能如下。

（1）新闻列表页面：使用线性布局来展示新闻列表。而每个新闻项是一个自定义的组件，包含标题和摘要。采用合适的方式实现新闻数据动态渲染新闻列表。当新闻数据更新时，能够重新渲染新闻列表。

（2）新闻详情页面：当用户单击新闻列表中的某个新闻项时，导航到新闻详情页面。新闻详情页面展示被单击新闻的完整内容。使用条件渲染来控制某些元素的显示与隐藏，例如，根据新闻是否有图片来展示或隐藏图片组件。

第9章

基于 ArkTS 的基础类库

9.1 基础类库概述

ArkTS 语言基础类库是 HarmonyOS 系统上为应用开发人员提供的常用基础能力，主要包含并发能力、进程信息获取和操作能力、常用基础能力、XML/URL/URI 解析构造能力和高性能容器类（包括线性容器和非线性容器），具体如图 9-1 所示。

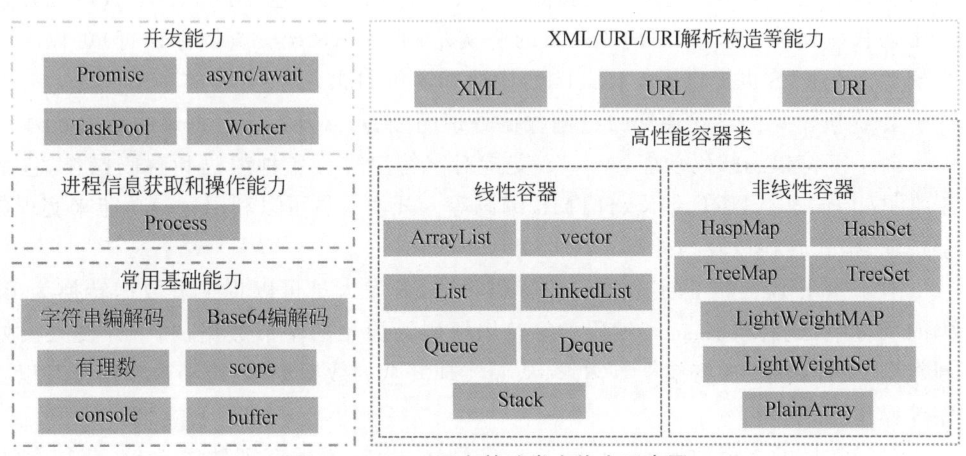

图 9-1　ArkTS 语言基础类库能力示意图

1. 提供异步并发和多线程并发的能力

异步并发是指异步代码在执行到一定程度后会被暂停，以便在未来某个时间点继续执行，在这种情况下，同一时间只有一段代码在执行。异步语法是一种编程语言的特性，允许程序在执行某些操作时不必等待其完成，而是可以继续执行其他操作。Promise 和 async/await 提供异步并发能力，适用于单次 I/O 任务的开发场景。具体介绍详见 9.2.1 节。

并发模型是用来实现不同应用场景中并发任务的编程模型，多线程并发允许在同一时间段内同时执行多段代码。在主线程继续响应用户操作和更新 UI 的同时，后台也能执行耗时操作，从而避免应用出现卡顿。TaskPool 和 Worker 为应用程序提供一个多线程的运行环境，降低整体资源的消耗，提高系统的整体性能，开发人员无须关心线程实例的生命周期，适用于 CPU 密集型任务、I/O 密集型任务和同步任务等并发场景。具体介绍详见 9.2.2 节。

2. 提供常见的容器类库增、删、改、查的能力

ArkTS 提供了常见的容器类库增、删、改、查的能力，为开发人员提供丰富且便捷的数据结构操作接口，以便对各种容器类数据进行灵活地管理和处理。这些容器类库包括数组、链表、栈、队列、集合、映射等常见数据结构，开发人员可以通过简洁而强大的语法和接口实现元素的增加、删除、修改和查询操作。这不仅简化了对数据结构的操作，还有助于提高代码的可读性和可维护性，同时也为开发人员提供了更高效的数据处理工具，从而加速开发周期并提升系统性能。

3. 提供 XML、URL、URI 构造和解析的能力

XML(可扩展标记语言)是一种用于描述数据的标记语言，旨在提供一种通用的方式来传输和存储数据，特别是 Web 应用程序中经常使用的数据。XML 并不预定义标记。因此，XML 更加灵活，并且可以适用于广泛的应用领域。语言基础类库提供了 XML 生成、解析与转换的能力。具体介绍详见 9.4 节。

URL(统一资源定位符)提供了找到资源的路径。URL 运用 HTML(超文本标记语言)将网站内部网页之间、系统内部之间或不同系统之间的超文本和超媒体进行链接。该链接技术实现了从一个网站的网页连接到另一个网站的网页，也使得世界上数以亿万计的计算机密切联系到了一起，从而构成网络的坚实基础。URI(统一资源标识符)可以唯一标识一个资源。ArkTS 也提供了 URL、URI 构造和解析的能力。

4. 提供常见的字符串和二进制数据处理的能力，以及控制台打印的相关能力

对于字符串编解码功能，ArkTS 支持对字符串进行各种编码和解码操作，包括但不限于常见的 Base64、URL 编码、HTML 编码等。开发人员可以利用这一功能来实现数据的安全传输、格式转换以及与外部系统的交互。

对于基于 Base64 的字节编码和解码功能，开发人员可以将字节数据转换为 Base64 编码的字符串，或者将 Base64 编码的字符串解码为原始的字节数据，利于开发人员处理二进制数据、文件传输、加密解密等需求，从而实现安全的数据传输、跨平台数据交互以及数据存储等操作。

对于常见的有理数操作，ArkTS 也实现了支持，包括有理数的比较、获取分子分母等功能。

此外，ArkTS 还提供 Scope 接口用于描述一个字段的有效范围，提供二进制数据处理的能力，常见于 TCP 流或文件系统操作等场景中用于处理二进制数据流，也提供了 console 以提供控制台打印的能力。

5. 提供获取进程信息和操作进程的能力

进程是计算机中运行的程序的实例。它是操作系统对正在执行的程序的一种抽象概念。每个进程都有自己的独立内存空间、运行状态和执行上下文。在 HarmonyOS 中，应用的进程模型是基于多线程的，每个线程可以独立执行一部分任务。HarmonyOS 的每个应用程序会运行在一个独立的进程中，并且应用中的所有 UIAbility(即应用的界面部分)会运行在同一个进程中。操作系统通过分配和管理进程资源来实现多任务和并发执行。这意味着应用中的不同界面之间可以通过共享内存和消息传递等方式进行通信。ArkTS 通过相关接口(如@ohos.process 等)提供了获取进程相关的信息以及进行进程管理的相关功能的能力。

9.2 并　　发

并发是指在同一时间段内，能够处理多个任务的能力。并发能力在多种场景中都有应用，其中包括单次 I/O 任务、CPU 密集型任务、I/O 密集型任务和同步任务等。为了提升应用的响应速度与帧率，以及防止耗时任务对主线程的干扰，HarmonyOS 系统提供了异步并发和多线程并发两种处理策略，ArkTS 支持异步并发和多线程并发。开发人员可以根据实际的不同应用场景，选择相应的并发策略进行优化和开发。

9.2.1 异步并发

Promise 和 async/await 提供异步并发能力，是标准的 JS 异步语法。异步并发适用于单次 I/O 任务的场景开发，例如，一次网络请求、一次文件读写等操作。

1. Promise

Promise 是一种用于处理异步操作的对象，可以将异步操作转换为类似于同步操作的风格，以方便代码编写和维护。Promise 有三种状态：pending(进行中)、fulfilled(已完成)和 rejected(已拒绝)。Promise 提供了一个状态机制来管理异步操作的不同阶段，Promise 对象创建后处于 pending 状态，并在异步操作完成后转换为 fulfilled 或 rejected 状态。Promise 也提供了一些方法来注册回调函数以处理异步操作的成功或失败的结果。Promise 状态转换过程如图 9-2 所示。

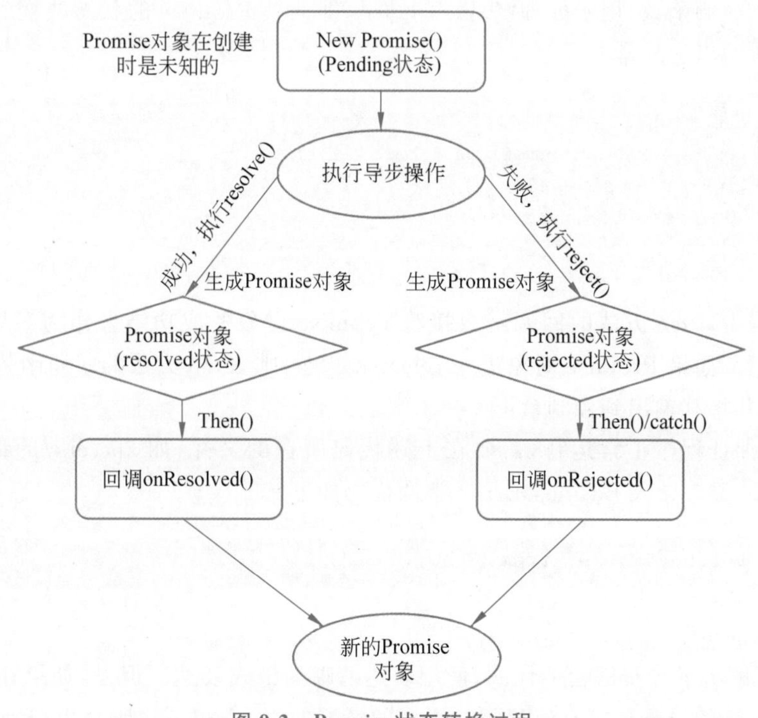

图 9-2　Promise 状态转换过程

Promise 实现异步并发的最基本用法是通过构造函数实例化一个 Promise 对象，同时传入一个带有两个参数的 executor 函数，该函数接收的两个参数分别为 resolve 和 reject，分别表示了异步操作成功和失败时的回调函数。

编写如下创建 Promise 对象并模拟一次异步操作的简单程序，代码如下。

```
const promise: Promise < number > = new Promise ((resolve: Function, reject:
Function) => {
  setTimeout(() => {
    const randomNumber: number = Math.random();
    if(randomNumber > 3) {
      resolve(randomNumber);
    } else{
      reject(new Error('Random number is too small'));
    }
  }, 1000);
});
```

上述代码片段中，setTimeout 函数模拟了一个异步操作，并在 1s 后随机生成一个数字。如果随机数字大于 3，则执行 resolve 回调函数并将随机数作为参数传递；否则执行 reject 回调函数并传递一个错误对象作为参数。

Promise 对象创建后，可以使用 then 方法和 catch 方法指定 fulfilled 状态和 rejected 状态的回调函数。then 方法可接收两个参数，一个处理 fulfilled 状态的函数，另一个处理 rejected 状态的函数。只传一个参数则表示状态改变就执行，不区分状态结果。使用 catch 方法注册一个回调函数，用于处理“失败”的结果，即捕获 Promise 的状态改变为 rejected 状态或操作失败抛出的异常。

```
promise.then(result => {
  console.info(`Random number is ${result}`);
}).catch((error: BusinessError) => {
  console.error(error.message);
});
```

上述代码中，then 方法的回调函数接收 Promise 对象的成功结果作为参数，并将其输出到控制台上。如果 Promise 对象进入 rejected 状态，则 catch 方法的回调函数接收错误对象作为参数，并将其输出到控制台上。

此外，为保证程序正常运行，需要在上述代码所在的文件（如 abc.ets）的最上方，导入 BusinessError 类。导入 BusinessError 类的代码如下。

```
import { BusinessError } from '@ohos.base';
```

2. async/await

Promise 解决了异步嵌套的怪圈，使用表达清晰的链式表达。但是，如果在实际开发过程中遇到有大量的异步请求且流程复杂嵌套的情况时，检查相关代码会出现到处都是 then 方法的尴尬情景，导致查阅和修改代码时费神费力。而 async/await 是一种用于处理异步操作的 Promise 语法糖（Syntactic sugar），在不影响异步并发功能的前提下，使得编写异步代码变得更加简单和易读，解决了如果出现大量复杂嵌套不易读的 Promise 异步问题。async/await 是相互依存的，缺一不可。async 必须声明的是一个返回 Promise 对象的 function 函数，通过使用 async 关键字声明一个函数为异步函数。await 必须是在 async 声明的函数内部使用，使用 await 关键字等待 Promise 的解析（完成或拒绝），以同步的方式编写异步操作的代码，并返回其解析值。如果一个 async 函数抛出异常，那么该函数返回的 Promise 对象将被拒绝，并且异常信息会被传递给 Promise 对象的 onRejected()方法。任何一种不符合上述条件，程序就会报错。

编写如下使用 async/await 模拟一次异步操作的简单程序，该操作会在 1.5s 后返回一个"Hello, ArkTS"字符串，代码如下。

```
async function aAsyncExample(): Promise<void> {
  const example: string = await new Promise((resolve: Function) => {
    setTimeout(() => {
      resolve('Hello, ArkTS!');
    }, 1500);
  });
  console.info(String(example));                    //输出：Hello, ArkTS!
}

aAsyncExample();
```

上述代码片段中，使用了 await 关键字来等待 Promise 对象的解析，并将其解析值存储在 result 变量中。

需要注意的是，由于要等待异步操作完成，因此需要将整个操作包在 async 函数中。除了在 async 函数中使用 await 外，还可以使用 try/catch 块来捕获异步操作中的异常。上述代码片段中加入 try/catch 块后的代码如下。

```
async function aAsyncExample(): Promise<void> {
  try {
    const example: string = await new Promise((resolve: Function) => {
      resolve('Hello, ArkTS!');
    });
    console.info(String(example));                  //输出：Hello, ArkTS!
  } catch (e) {
    console.error(`Print exception: ${e}`);
  }
}

aAsyncExample();
```

3. 异步并发示例

由于 Promise 和 async/await 提供了异步并发能力，适用于单次 I/O 任务的场景开发，本节以使用异步并发进行单次文件写入为例，具体介绍异步并发使用方法。具体示例代码如下。

```
import { BusinessError } from '@ohos.base';
import fs from '@ohos.file.fs';

let filePath = "…";                                        //应用文件路径

async function write(data: string, filePath: string): Promise<void> {
  let file = await fs.open(filePath, fs.OpenMode.READ_WRITE);
  fs.write(file.fd, data).then((writeLen: number) => {
    console.info('Write data length is ' + writeLen);
    fs.close(file);
  }).catch((err: BusinessError) => {
    console.error(`Failed to write data. ErrCode is ${err.code}, err message is
${err.message}`);
  }).
}

write('Hello World!', filePath).then(() => {
  console.info('Succeeded in writing data.');
})
```

上述代码片段中，第 6～14 行（含空行）实现了单次 I/O 任务逻辑。其中，第 6 行的 write 异步函数传入了写入内容 data 和文件路径 filePath 两个参数，第 7 行 await 关键字用来以读写模式打开待写入的文件，并将其存储在 file 变量中，第 8～13 行代码实现了文件的写入操作与文件关闭操作。第 16～18 行（含空行）实现了采用异步能力调用单次 I/O 任务。

9.2.2 多线程并发

常见的多线程并发模型分为基于内存共享的并发模型和基于消息通信的并发模型。

Actor 并发模型作为基于消息通信并发模型的典型代表，不需要开发人员去面对所带来的一系列复杂偶发的问题，同时并发度也相对较高，因此得到了广泛的支持和使用，也是当前 ArkTS 语言选择的并发模型。

由于 Actor 模型的内存隔离特性，所以需要进行跨线程的数据序列化传输。目前支持传输的数据对象可以分为普通对象、可转移对象、可共享对象、Native 绑定对象 4 种。

普通对象传输采用标准的结构化克隆算法（Structured Clone）进行序列化，此算法可以通过递归的方式复制传输对象，相较于其他序列化的算法，支持的对象类型更加丰富。序列化支持的类型包括除 Symbol 之外的基础类型、Date、String、RegExp、Array、Map、Set、Object（仅限简单对象，如通过“{}”或者“new Object”创建，普通对象仅支持传递属性，不支持传递其原型及方法）、ArrayBuffer、TypedArray。

可转移对象（Transferable Object）传输采用地址转移进行序列化，不需要内容复制，会将 ArrayBuffer 的所有权转移给接收该 ArrayBuffer 的线程，转移后该 ArrayBuffer 在发送它的线程中变为不可用，不允许再访问。

```
//定义可转移对象
let buffer = new ArrayBuffer(100);
```

可共享对象拥有固定长度，可以存储任何类型的数据，包括数字、字符串等。共享对象传输是 SharedArrayBuffer 支持在多线程之间传递，传递之后的 SharedArrayBuffer 对象和原始的 SharedArrayBuffer 对象可以指向同一块内存，进而达到内存共享的目的。SharedArrayBuffer 对象存储的数据在同时被修改时，需要通过原子操作保证其同步性，即下个操作开始之前务必需要等到上个操作已经结束。

```
//定义可共享对象,可以使用 Atomics 进行操作
let sharedBuffer = new SharedArrayBuffer(1024);
```

Native 绑定对象(Native Binding Object)是系统所提供的对象，该对象与底层系统功能进行绑定，提供直接访问底层系统功能的能力。当前支持序列化传输的 Native 绑定对象主要包含 Context 和 RemoteObject。其中，Context 对象包含应用程序组件的上下文信息，它提供了一种访问系统服务和资源的方式，使得应用程序组件可以与系统进行交互。获取 Context 信息的方法可以参考获取上下文信息。RemoteObject 对象的主要作用是实现远程通信的功能，它允许在不同的进程间传递对象的引用，使得不同进程之间可以共享对象的状态和方法，服务提供者必须继承此类。

1. TaskPool(任务池)和 Worker

TaskPool 和 Worker 的作用是为应用程序提供一个多线程的运行环境，用于处理耗时的计算任务或其他密集型任务。可以有效地避免这些任务阻塞主线程，从而最大化系统的利用率，降低整体资源消耗，并提高系统的整体性能。表 9-1 从实现特点角度对比了 TaskPool 和 Worker 的不同与相同之处。

表 9-1　TaskPool 和 Worker 的实现特点对比

实　　现	TaskPool	Worker
内存模型	线程间隔离，内存不共享	线程间隔离，内存不共享
参数传递机制	采用标准的结构化克隆算法(Structured Clone)进行序列化、反序列化，完成参数传递。 支持 ArrayBuffer 转移和 SharedArrayBuffer 共享	采用标准的结构化克隆算法(Structured Clone)进行序列化、反序列化，完成参数传递。 支持 ArrayBuffer 转移和 SharedArray-Buffer 共享
参数传递	直接传递，无须封装，默认进行 transfer	消息对象唯一参数，需要自己封装
方法调用	直接将方法传入调用	在 Worker 线程中进行消息解析并调用对应方法
返回值	异步调用后默认返回	主动发送消息，需在 onmessage 解析赋值
生命周期	TaskPool 自行管理生命周期，无须关心任务负载高低	开发人员自行管理 Worker 的数量及生命周期
任务池个数上限	自动管理，无须配置	最多开启 8 个 Worker
任务执行时长上限	无限制	无限制
设置任务的优先级	不支持	不支持
执行任务的取消	支持取消任务队列中等待的任务	不支持

在适用场景方面，TaskPool 和 Worker 均支持多线程并发能力。TaskPool 偏向独立任务(线程级)维度；而 Worker 偏向线程的维度，支持长时间占据线程执行。常见的一些开发场景及适用具体说明如下。

(1) 有关联的一系列同步任务。例如，某数据库操作时，要用创建的句柄操作，包含增、删、改、查多个任务，要保证同一个句柄，需要使用 Worker。

(2) 需要频繁取消的任务。例如，图库大图浏览场景，为提升体验，会同时缓存当前图片左右侧各两张图片，往一侧滑动跳到下一张图片时，要取消另一侧的一个缓存任务，需要使用 TaskPool。

(3) 大量或者调度点较分散的任务。例如，大型应用的多个模块包含多个耗时任务，不方便使用 8 个 Worker 去做负载管理，推荐采用 TaskPool。

TaskPool 和 Worker 的使用分别有如下注意事项。

(1) TaskPool。实现任务的函数需要使用装饰器@Concurrent 标注，且仅支持在.ets 文件中使用；实现任务的函数只支持普通函数或者 async 函数，不支持类成员函数或者匿名函数；实现任务的函数仅支持在 Stage 模型的工程中使用 import 的变量和入参变量，否则只能使用入参变量；实现任务的函数入参需满足序列化支持的类型；由于不同线程中上下文对象是不同的，因此 TaskPool 工作线程只能使用线程安全的库，例如，UI 相关的非线程安全库不能使用；序列化传输的数据量大小限制为 16MB。

(2) Worker。创建 Worker 时，传入的 Worker.ts 路径在不同版本有不同的规则；Worker 创建后需要手动管理生命周期，且最多同时运行的 Worker 子线程数量为 8 个(当超出数量限制时，会抛出“Worker initialization failure, the number of workers exceeds the maximum.”错误)；Ability 类型的 Module 支持使用 Worker，Library 类型的 Module 不支持使用 Worker；创建 Worker 不支持使用其他 Module 的 Worker.ts 文件，即不支持跨模块调用 Worker；由于不同线程中上下文对象是不同的，因此 Worker 线程只能使用线程安全的库，例如，UI 相关的非线程安全库不能使用；序列化传输的数据量大小限制为 16MB。

当使用 Worker 模块具体功能时，均需先构造 Worker 实例对象。

```
let scriptURL: string = 'entry/ets/workers/MyWorker.ets';
const worker1: worker.ThreadWorker = new worker.ThreadWorker(scriptURL);
```

为保证程序正常运行，需要在上述代码所在的文件(如 abc.ets)的最上方，导入 worker 类。导入 worker 类的代码如下。

```
import worker from '@ohos.worker';
```

构造函数需要传入 Worker 的路径(scriptURL)，构造函数中的 scriptURL 要求如下。

(1) scriptURL 的组成包含{moduleName}/ets 和相对路径 relativePath。

(2) relativePath 是 Worker 线程文件和“{moduleName}/src/main/ets/”目录的相对路径。

注意：Worker 的创建和销毁耗费性能，建议开发人员合理管理已创建的 Worker 并重复使用。Worker 空闲时也会一直运行，因此当不需要 Worker 时，可以调用 terminate()接口或 parentPort.close()方法主动销毁 Worker。若 Worker 处于已销毁或正在销毁等非运行状态时，调用其功能接口，则会抛出相应的错误。

此外，Worker 的数量由内存管理策略决定，设定的内存阈值为 1.5GB 和设备物理内存的 60%中的较小者。在内存允许的情况下，系统最多可以同时运行 64 个 Worker。如果尝试创建的 Worker 数量超出这一上限，则系统将抛出错误"Worker initialization failure, the number of workers exceeds the maximum."。实际运行的 Worker 数量会根据当前内存使用情况动态调整。一旦所有 Worker 和主线程的累积内存占用超过了设定的阈值，系统将触发内存溢出(OOM)错误，导致应用程序崩溃。

2. CPU 密集型任务

CPU 密集型任务主要通过使用 CPU 完成任务，因此它们大多数时间都在计算。这类任务在处理计算任务方面效率较高，但是对于读写磁盘文件、网络通信等外部设备的响应方面效率较低。基于多线程并发机制处理 CPU 密集型任务可以提高 CPU 利用率，提升应用程序响应速度。当进行一系列同步任务时，推荐使用 Worker；而进行大量或调度点较为分散的独立任务时，不方便使用 8 个 Worker 去做负载管理，推荐采用 TaskPool。

本节以图像直方图处理为例来举例说明 TaskPool 的使用方式。

第 1 步，实现图像处理的业务逻辑。

第 2 步，数据分段，将各段数据通过不同任务的执行完成图像处理。

创建 Task，通过 execute()执行任务，在当前任务结束后，会将直方图处理结果同时返回。

第 3 步，结果数组汇总处理。

示例代码如下。

```
import taskpool from '@ohos.taskpool';

@Concurrent
function imageProcessing(dataSlice: ArrayBuffer): ArrayBuffer {
  //步骤 1: 具体的图像处理操作及其他耗时操作
  return dataSlice;
}

function histogramStatistic(pixelBuffer: ArrayBuffer): void {
  //步骤 2: 分成三段并发调度
  let number = pixelBuffer.byteLength / 3;
  let buffer1 = pixelBuffer.slice(0, number);
  let buffer2 = pixelBuffer.slice(number, number * 2);
  let buffer3 = pixelBuffer.slice(number * 2);

  let group: taskpool.TaskGroup = new taskpool.TaskGroup();
  group.addTask(imageProcessing, buffer1);
  group.addTask(imageProcessing, buffer2);
  group.addTask(imageProcessing, buffer3);

  taskpool.execute(group, taskpool.Priority.HIGH).then((ret: Object) => {
    //步骤 3: 结果处理
```

```
  })
}

@Entry
@Component
struct Index {
  @State message: string = 'Hello ArkTS'

  build() {
    Row() {
      Column() {
        Text(this.message)
          .fontSize(50)
          .fontWeight(FontWeight.Bold)
          .onClick(() => {
            let data: ArrayBuffer = new ArrayBuffer(30);
            histogramStatistic(data);
          })
      }
      .width('100%')
    }
    .height('100%')
  }
}
```

3. I/O 密集型任务

I/O 密集型任务主要通过读写磁盘文件、网络通信等外部设备来完成任务,因此它们大多数时间都是在等待外部设备的响应。这类任务在处理等待时间方面效率比较低,但对于存储和传输数据方面效率较高。使用异步并发可以解决单次的 I/O 任务阻塞的问题,但是如果遇到 I/O 密集型任务,同样会阻塞线程中其他任务的执行,这时需要使用多线程并发能力来解决。

本节以频繁读写文件系统文件来模拟 I/O 密集型并发任务的处理。

第 1 步,定义并发函数,内部密集调用 I/O 能力。

```
//write.ts
import fs from '@ohos.file.fs';

//写入文件的实现
export async function write(data: string, filePath: string): Promise<void> {
  let file: fs.File = await fs.open(filePath, fs.OpenMode.READ_WRITE);
  await fs.write(file.fd, data);
  fs.close(file);
}
```

将以上代码放置在一个文件中(文件名为 write.ts)。该代码实现了写入文件的操作。

```
import { write } from './write'
import { BusinessError } from '@ohos.base';
```

```
@Concurrent
async function conTest(fList: string[]): Promise<boolean> {
  //循环写文件操作
  for (let i: number = 0; i < fList.length; i++) {
    write('Hello ArkTS!', fList[i]).then(() => {
      console.info(`FileList: ${fList[i]} succeeded in writing the file.`);
    }).catch((err: BusinessError) => {
       console. error (`Failed to write the file. ErrCode is ${err. code}, err
message is ${err.message}`)
      return false;
    })
  }
  return true;
}
```

将以上代码放置在一个文件中(文件名为 conTest.ets),该文件应与 write.ts 文件位于同一目录下。@Concurrent 装饰器实现了声明并校验并发函数。

第 2 步,使用 TaskPool 执行包含密集 I/O 的函数:通过调用 execute()方法执行任务,并在回调中进行调度结果处理。

```
let filePath1 = "…";                                    //应用文件路径
let filePath2 = "…";

//使用 TaskPool 执行包含密集 I/O 的并发函数
//数组较大时,I/O 密集型任务分发也会抢占主线程,需要使用多线程能力
taskpool.execute(conTest, [filePath1, filePath2]).then((ret) => {
  //调度结果处理
  console.info(`The result: ${ret}`);
})
```

在 conTest.ets 文件中添加上述代码片段,实现将“Hello ArkTS!”通过多线程的方式写入多个文件(文件分别存放在 filePath1 和 filePath2 路径中)当中。并为保证程序正常运行,需要在 conTest.ets 文件的最上方导入 taskpool 类。导入 taskpool 类的代码如下。

```
import taskpool from '@ohos.taskpool';
```

4. 同步任务

同步任务是指在多个线程之间协调执行的任务,其目的是确保多个任务按照一定的顺序和规则执行,例如,使用锁来防止数据竞争。同步任务的实现需要考虑多个线程之间的协作和同步,以确保数据的正确性和程序的正确执行。由于 TaskPool 偏向于单个独立的任务,因此当各个同步任务之间相对独立时推荐使用 TaskPool,例如,一系列导入的静态方法,或者单例实现的方法。如果同步任务之间有关联性,则需要使用 Worker,例如,无法单例创建的类对象实现的方法。

当调度独立的同步任务,或者一系列同步任务为静态方法实现,或者可以通过单例构造唯一的句柄或类对象,可在不同任务池之间使用时,推荐使用 TaskPool。下面给出了一个

使用 TaskPool 处理同步任务的示例。该示例包含两个文件：Handle.ts 实现了模拟一个包含同步调用的单实例类，Index.ets 实现了业务使用 TaskPool 调用相关同步方法的代码。

```
//Handle.ts
export default class Handle {
  static getInstance() {
    //返回单例对象
  }

  static syncGet() {
    //同步 Get 方法
  }

  static syncSet(num: number) {
    //模拟同步步骤 1
    console.info("Taskpool: This is syncSet first print!");
    //模拟同步步骤 2
    console.info("Taskpool: This is  syncSet second print!");
    return ++num;
  }

  static syncSet2(num: number) {
    //模拟同步步骤 1
    console.info("Taskpool: This is syncSet2 first print!");
    //模拟同步步骤 2
    console.info("Taskpool: This is syncSet2 second print!");
    return ++num;
  }
}

//Index.ets 代码
import taskpool from '@ohos.taskpool';
import Handle from './Handle';                    //返回静态句柄

//步骤 1: 定义并发函数,内部调用同步方法
@Concurrent
function func(num: number): number {
  //调用静态类对象中实现的同步等待调用
  //先调用 syncSet 方法并将其结果作为 syncSet2 的参数,模拟同步调用逻辑
  let tmp: number = Handle.syncSet(num);
  return Handle.syncSet2(tmp);
}

//步骤 2: 创建任务并执行
async function asyncGet() {
  //创建 task 并传入函数 func
  let task = new taskpool.Task(func, 1);
```

```
  //执行 task 任务,获取结果 res
  let res = await taskpool.execute(task);
  //对同步逻辑后的结果进行操作
  console.info(String(res));
}


@Entry
@Component
struct Index {
  @State message: string = 'Hello World';


  build() {
    Row() {
      Column() {
        Text(this.message)
          .fontSize(50)
          .fontWeight(FontWeight.Bold)
          .onClick(() => {
            //步骤 3: 执行并发操作
            asyncGet();
          })
      }
      .width('100%')
      .height('100%')
    }
  }
}
```

上述示例代码片段共分为两步。第一步,定义并发函数,内部调用同步方法。第二步,创建任务,并通过 TaskPool 执行,再对异步结果进行操作。创建 Task,通过 execute()执行同步任务。

当一系列同步任务需要使用同一个句柄调度,或者需要依赖某个类对象调度,无法在不同任务池之间共享时,需要使用 Worker。下面示例了一个使用 Worker 处理关联的同步任务。

第 1 步,在主线程中创建 Worker 对象,同时接收 Worker 线程发送回来的消息。

```
import worker from '@ohos.worker';

@Entry
@Component
struct Index {
  @State message: string = 'Hello ArkTS';

  build() {
    Row() {
      Column() {
```

```
        Text(this.message)
          .fontSize(50)
          .fontWeight(FontWeight.Bold)
          .onClick(() => {
            let w = new worker.ThreadWorker('entry/ets/workers/MyWorker.ts');
            w.onmessage = (): void => {
              //接收 Worker 子线程的结果
            }
            w.onerror = (): void => {
              //接收 Worker 子线程的错误信息
            }
            //向 Worker 子线程发送 Set 消息
            w.postMessage({'type': 0, 'data': 'data'})
            //向 Worker 子线程发送 Get 消息
            w.postMessage({'type': 1})
            //销毁线程
            w.terminate()
          })
      }
      .width('100%')
    }
    .height('100%')
  }
}
```

第 2 步,在 Worker 线程中绑定 Worker 对象,同时处理同步任务逻辑。

```
//Handle.ts 代码
export default class Handle {
  syncGet() {
    return;
  }

  syncSet(num: number) {
    return;
  }
}


//Worker.ts 代码
import worker, { ThreadWorkerGlobalScope, MessageEvents } from '@ohos.worker';
import Handle from './Handle'                           //返回句柄

var workerPort : ThreadWorkerGlobalScope = worker.workerPort;

//无法传输的句柄,所有操作依赖此句柄
var handler = new Handle()

//Worker 线程的 onmessage 逻辑
```

```
workerPort.onmessage = function(e : MessageEvents) {
  switch (e.data.type) {
    case 0:
      handler.syncSet(e.data.data);
      workerPort.postMessage('success set');
    case 1:
      handler.syncGet();
      workerPort.postMessage('success get');
  }
}
```

9.3　容器类库

容器类库是一种用于存储各种数据类型的元素，并提供一系列处理数据元素的方法的工具。这些类库的设计使其作为纯数据结构容器时具有一定的优势。容器类采用了类似静态语言的方式来实现，并通过对存储位置以及属性的限制，使每种类型的数据都能在完成自身功能的基础上去除冗余逻辑，从而保证了数据的高效访问，提升了应用的性能。在编程的过程中，容器类库(如列表、字典、集合等)常用于存储和管理数据。通过使用这些容器类，开发人员可以更轻松地组织和操作数据，而不必亲自编写复杂的数据结构和算法。此外，容器类库通常提供了丰富的方法和功能，如排序、过滤、映射等，使开发人员能够更加灵活地处理数据。当前系统为开发人员提供了线性和非线性两类容器，共 14 种(线性容器和非线性容器各 7 种)，各种容器都有自身的特性及使用场景，提高了开发效率，简化了代码逻辑，并且在数据处理和性能优化方面发挥着重要作用。

9.3.1　线性容器

线性容器是一种按顺序访问的数据结构，它的元素之间存在着明确的前后关系，其底层主要通过数组实现。线性容器主要包括 ArrayList、Vector、List、LinkedList、Deque、Queue、Stack 7 种，充分考虑了数据访问的速度，运行时(Runtime)通过一条字节码指令就可以完成增、删、改、查等操作。

1. ArrayList

ArrayList 也称为动态数组，可以将其用来构造全局的数组对象。当程序运行过程中需要频繁地读取集合中的元素时，开发人员应当优先选择使用 ArrayList。

ArrayList 依据泛型的定义，要求其存储位置应当是一片连续的内存空间，初始容量大小为 10，并支持动态扩容，每次扩容大小为原始容量的 1.5 倍。对 ArrayList 中的数据进行处理(如增、删、改、查等操作)的常用 API 如表 9-2 所示。

表 9-2　ArrayList 中数据处理常用 API

操　作	描　述
增加元素	方式一：add(element：T)函数，每次在数组尾部增加一个 element 元素
	方式二：insert(element：T，index：number)函数，在指定的 index 位置插入一个 element 元素

续表

操　作	描　述
访问元素	方式一：arr[index]获取指定 index 对应的 value 值，通过指令获取保证访问速度
	方式二：forEach(callbackFn：(value：T，index?：number，arrlist?：ArrayList<T>) => void，thisArg?：Object)：void，访问整个 ArrayList 容器的元素
	方式三：[Symbol.iterator]()：IterableIterator<T>迭代器，实现数据访问
修改元素	arr[index] = xxx，修改指定 index 位置对应的 value 值
删除元素	方式一：remove(element：T)函数，删除第一个匹配到的元素
	方式二：removeByRange(fromIndex：number，toIndex：number)函数，删除指定的从 fromIndex 至 toIndex 范围内的元素

2. Vector

Vector 为连续存储结构，可用来构造全局的数组对象。Vector 依据泛型的定义，要求其存储位置应当是一片连续的内存空间，初始容量大小为 10，并支持动态扩容，每次扩容大小为原始容量的 2 倍。

Vector 和 ArrayList 相似，都是基于数组实现，但 Vector 提供了更多操作数组的接口。Vector 在支持操作符访问的基础上，还增加了 get/set 接口，提供更为完善的校验及容错机制，满足用户不同场景下的需求。

由于 Vector 和 ArrayList 在功能上的相似性，因此 Vector 接口在最新的 API 版本中已不再维护。开发人员应优先使用 ArrayList 容器。

3. List

List 是用来构造一个单向链表对象的容器。List 只能通过头节点开始访问到尾节点，无法双向操作。List 依据泛型的定义，其内存中的存储位置可以是不连续的。当程序运行过程中需要频繁地执行插入或删除操作时，开发人员应当优先选择使用 List 进行高效操作。

可以通过 get/set 等接口对存储的元素进行修改，对 List 中的数据进行处理(如增、删、改、查等操作)的常用 API 如表 9-3 所示。

表 9-3　List 中数据处理常用 API

操　作	描　述
增加元素	方式一：add(element：T)函数，每次在数组尾部增加一个 element 元素
	方式二：insert(element：T，index：number)函数，在指定的 index 位置插入一个 element 元素
访问元素	方式一：list[index]获取指定 index 对应的 value 值，通过指令获取保证访问速度
	方式二：forEach(callbackFn：(value：T，index?：number，list?：List<T>) => void，thisArg?：Object)，访问整个 List 容器的元素
	方式三：[Symbol.iterator]()：IterableIterator<T>迭代器，实现数据访问
	方式四：get(index：number)函数，获取指定 index 位置对应的元素
	方式五：getFirst()函数，获取第一个元素

续表

操　作	描　述
访问元素	方式六：getLast()函数，获取最后一个元素
	方式七：getIndexOf(element：T)函数，获取第一个匹配到元素的位置
	方式八：getLastIndexOf(element：T)函数，获取最后一个匹配到元素的位置
修改元素	方式一：list[index] = xxx，修改指定 index 位置对应的 value 值
	方式二：set(index：number，element：T)函数，修改指定 index 位置的元素值为 element
	方式三：replaceAllElements(callbackFn：(value：T，index?：number，list?：List＜T＞)=＞T，thisArg?：Object)函数，对 List 内元素进行替换操作
删除元素	方式一：remove(element：T)函数，删除第一个匹配到的元素
	方式二：removeByIndex(index：number)函数，删除 index 位置对应的 value 值

4. LinkedList

LinkedList 用来构造一个双向链表对象，可以在某一节点向前或者向后遍历 List，也可以快速地在头尾进行增删。LinkedList 依据泛型定义，在内存中的存储位置可以是不连续的。

LinkedList 和 ArrayList 相比，插入数据效率 LinkedList 优于 ArrayList，而查询效率 ArrayList 优于 LinkedList。因此，当程序运行过程中需要频繁地插入、删除时，开发人员应当优先使用 LinkedList 高效操作。

可以通过 get/set 等接口对存储的元素进行修改，对 LinkedList 中的数据进行处理(如增、删、改、查等操作)的常用 API 如表 9-4 所示。

表 9-4　LinkedList 中数据处理常用 API

操　作	描　述
增加元素	方式一：add(element：T)函数，每次在数组尾部增加一个 element 元素
	方式二：insert(element：T，index：number)函数，在指定的 index 位置插入一个 element 元素
访问元素	方式一：list[index]获取指定 index 对应的 value 值，通过指令获取保证访问速度
	方式二：forEach(callbackFn：(value：T，index?：number，list?：LinkedList＜T＞) =＞void，thisArg?：Object)，访问整个 LinkedList 容器的元素
	方式三：[Symbol.iterator]()：IterableIterator＜T＞迭代器，实现数据访问
	方式四：get(index：number)函数，获取指定 index 位置对应的元素
	方式五：getFirst()函数，获取第一个元素
	方式六：getLast()函数，获取最后一个元素
	方式七：getIndexOf(element：T)函数，获取第一个匹配到元素的位置
	方式八：getLastIndexOf(element：T)函数，获取最后一个匹配到元素的位置

续表

操　作	描　述
修改元素	方式一：list[index] = xxx，修改指定 index 位置对应的 value 值
	方式二：set(index：number，element：T)函数，修改指定 index 位置的元素值为 element
删除元素	方式一：remove(element：T)函数，删除第一个匹配到的元素
	方式二：removeByIndex(index：number)函数，删除 index 位置对应的 value 值

5. Deque

Deque 用来构造双端队列对象，存储元素遵循先进先出和先进后出的规则，双端队列可以分别从队头或者队尾进行访问。Deque 依据泛型定义，在内存中的存储位置是一片连续的内存空间，其初始容量大小为 8，并支持动态扩容，每次扩容大小为原始容量的 2 倍。Deque 底层采用循环队列实现，入队及出队操作效率都比较高。

Deque 和 Vector 相比，两个容器都支持在两端增删元素，但 Deque 不能进行中间插入的操作。对头部元素的插入、删除效率高于 Vector，而 Vector 访问元素的效率高于 Deque。因此，当程序运行过程中需要频繁在集合两端进行增删元素的操作时，开发人员应当优先使用 Deque。

对 Deque 中的数据进行处理（如增、删、改、查等操作）的常用 API 如表 9-5 所示。

表 9-5　Deque 中数据处理常用 API

操　作	描　述
增加元素	方式一：insertFront(element：T)函数，每次在队头增加一个 element 元素
	方式二：insertEnd(element：T)函数，每次在队尾增加一个 element 元素
访问元素	方式一：getFirst()函数，获取队首元素的 value 值，但不进行出队操作
	方式二：getLast()函数，获取队尾元素的 value 值，但不进行出队操作
	方式三：popFirst()函数，获取队首元素的 value 值，并进行出队操作
	方式四：popLast()函数，获取队尾元素的 value 值，并进行出队操作
	方式五：forEach(callbackFn：(value：T，index?：number，deque?：Deque<T>) => void，thisArg?：Object)，访问整个 Deque 容器的元素
	方式六：[Symbol.iterator]()：IterableIterator<T>迭代器，实现数据访问
修改元素	通过 forEach(callbackFn：(value：T，index?：number，deque?：Deque<T>) => void，thisArg?：Object)对队列进行修改操作
删除元素	方式一：popFirst()函数，对队首元素进行出队操作并删除
	方式二：popLast()函数，对队尾元素进行出队操作并删除

6. Queue

Queue 可以用来构造队列对象，存储元素遵循先进先出的规则。Queue 依据泛型定义，要求存储位置是一片连续的内存空间，初始容量大小为 8，并支持动态扩容，每次扩容大小为原始容量的 2 倍。Queue 底层采用循环队列实现，入队及出队操作效率都比较高。

Queue 和 Deque 相比，Queue 只能在一端删除一端增加，Deque 可以在两端增删。因此，一般符合先进先出的应用场景时优先选择使用 Queue。

对 Queue 中的数据进行处理(如增、删、改、查等操作)的常用 API 如表 9-6 所示。

表 9-6 Queue 中数据处理常用 API

操　作	描　述
增加元素	add(element: T)函数，每次在队尾增加一个 element 元素
访问元素	方式一：getFirst()函数，获取队首元素的 value 值，但不进行出队操作
	方式二：pop()函数，获取队首元素的 value 值，并进行出队操作
	方式三：forEach(callbackFn: (value: T, index?: number, queue?: Queue＜T＞) ＝＞ void, thisArg?: Object)，访问整个 Queue 容器的元素
	方式四：[Symbol.iterator]()：IterableIterator＜T＞迭代器，实现数据访问
修改元素	通过 forEach(callbackFn: (value: T, index?: number, queue?: Queue＜T＞) ＝＞ void, thisArg?: Object)对队列进行修改操作
删除元素	pop()函数，对队首元素进行出队操作并删除

7. Stack

Stack 可用来构造栈对象，存储元素遵循先进后出的规则。Stack 依据泛型定义，要求存储位置是一片连续的内存空间，初始容量大小为 8，并支持动态扩容，每次扩容大小为原始容量的 1.5 倍。Stack 底层基于数组实现，入栈出栈均从数组的一端操作。

Stack 和 Queue 相比，Queue 基于循环队列实现，只能在一端删除，另一端插入，而 Stack 都在一端操作。因此，一般符合先进后出的应用场景时优先选择使用 Stack。

对 Stack 中的数据进行处理(如增、删、改、查等操作)的常用 API 如表 9-7 所示。

表 9-7 Stack 中数据处理常用 API

操　作	描　述
增加元素	push(item: T)函数，每次在栈顶增加一个 item 元素
访问元素	方式一：peek()函数，获取栈顶元素的 value 值，但不进行出栈操作
	方式二：pop()函数，获取栈顶元素的 value 值，并进行出栈操作
	方式三：locate(element: T)函数，获取 element 元素对应的位置
	方式四：forEach(callbackFn: (value: T, index?: number, stack?: Stack＜T＞) ＝＞ void, thisArg?: Object)，访问整个 Stack 容器的元素
	方式五：[Symbol.iterator]()：IterableIterator＜T＞迭代器，实现数据访问
修改元素	通过 forEach(callbackFn: (value: T, index?: number, stack?: Stack＜T＞) ＝＞ void, thisArg?: Object)对栈内元素进行修改操作
删除元素	pop()函数，对栈顶元素进行出栈操作并删除

8. 线性容器的使用

例 9-1 列举了常用的线性容器 ArrayList、Vector、Deque、Stack、List 的使用示例，包括导入模块、增加元素、访问元素及修改等操作。

【例 9-1】 常用线性容器的使用。

```
import ArrayList from '@ohos.util.ArrayList';                    //导入 ArrayList 模块
import Vector from '@ohos.util.Vector';                          //导入 Vector 模块
import Deque from '@ohos.util.Deque';                            //导入 Deque 模块
import Stack from '@ohos.util.Stack';                            //导入 Stack 模块
import List from '@ohos.util.List';                              //导入 List 模块

//线性容器 ArrayList 及其操作
let arrayList01: ArrayList<string> = new ArrayList();
arrayList01.add('sd');                                           //增加元素
let arrayList02: ArrayList<number> = new ArrayList();
arrayList02.add(70);                                             //增加元素
console.info(`result: ${arrayList02[0]}`);                       //访问元素
arrayList01[0] = 'upsl';                                         //修改元素
console.info(`result: ${arrayList01[0]}`);                       //访问元素

//线性容器 Vector 及其操作
let vector01: Vector<string> = new Vector();
vector01.add('sd');                                              //增加元素
let vector02: Vector<Array<number>> = new Vector();
let arr1 = [1, 3, 5];
vector02.add(arr1);                                              //增加元素
let vector03: Vector<boolean> = new Vector();
vector03.add(true);                                              //增加元素
console.info(`result: ${vector01[0]}`);                          //访问元素
console.info(`result: ${vector02.getFirstElement()}`);           //访问元素

//线性容器 Deque 及其操作
let deque01: Deque<string> = new Deque();
deque01.insertFront('sd');                                       //增加元素
let deque02: Deque<number> = new Deque();
deque02.insertFront(70);                                         //增加元素
console.info(`result: ${deque01[0]}`);                           //访问元素
deque01[0] = 'upsl';                                             //修改元素
console.info(`result: ${deque02[0]}`);                           //访问元素

//线性容器 Stack 及其操作
let stack01: Stack<string> = new Stack();
stack01.push('sd');                                              //增加元素
let stack02: Stack<number> = new Stack();
stack02.push(70);                                                //增加元素
console.info(`result: ${stack01[0]}`);                           //访问元素
stack02.pop();                                          //删除栈顶元素并返回该删除元素
console.info(`result: ${stack02.length}`);

//线性容器 List 及其操作
let list01: List<string> = new List();
list01.add('sd');                                                //增加元素
let list02: List<number> = new List();
```

```
list02.add(70);                                  //增加元素
let list03: List<Array<number>> = new List();
let arr2 = [1, 3, 5];
list03.add(arr2);                                //增加元素
console.info(`result: ${list01[0]}`);            //访问元素
console.info(`result: ${list03.get(0)}`);        //访问元素
```

从上述示例代码可以看出，在使用线性容器时，首先需要导入线性容器模块。各容器的数据处理（增加元素、访问元素、删除元素等操作）参考相应容器的数据处理常用 API 即可。

9.3.2　非线性容器

非线性容器实现能快速查找的数据结构，其底层通过 Hash 或者红黑树实现，包括 HashMap、HashSet、TreeMap、TreeSet、LightWeightMap、LightWeightSet、PlainArray 7 种。非线性容器中的 key 及 value 的类型均满足 ECMA 标准（即欧洲计算机制造商协会制定的一系列标准，涵盖了计算机硬件、软件、通信、网络以及信息技术等领域，旨在促进不同厂商生产的计算机系统和软件之间的互操作性，以及促进信息和通信技术的发展）。

1. HashMap

HashMap 用来存储具有关联关系的 key-value 集合，存储元素中 key 是唯一的，每个 key 会对应一个 value 值。HashMap 依据泛型定义，集合中通过 key 的 Hash 值确定其存储位置，从而快速找到键值对。HashMap 的初始容量大小为 16，并支持动态扩容，每次扩容大小为原始容量的 2 倍。

HashMap 底层基于 HashTable 实现，冲突策略采用链地址法。当程序运行过程中需要快速存取、删除以及插入键值对数据时，开发人员应当优先选择使用 HashMap。

对 HashMap 中的数据进行处理（如增、删、改、查等操作）的常用 API 如表 9-8 所示。

表 9-8　HashMap 中数据处理常用 API

操　作	描　述
增加元素	set(key：K，value：V)函数，每次在 HashMap 中增加一个＜key，value＞
访问元素	方式一：get(key：K)函数，获取 key 对应的 value 值
	方式二：keys()函数，返回一个迭代器对象，包含 map 中的所有 key 值
	方式三：values()函数，返回一个迭代器对象，包含 map 中的所有 value 值
	方式四：entries()函数，返回一个迭代器对象，包含 map 中的所有＜key，value＞
	方式五：forEach(callbackFn：(value：V，key?：K，map?：HashMap＜K，V＞) => void，thisArg?：Object)，访问整个 map 容器中的元素
	方式六：[Symbol.iterator]()：IterableIterator＜[K，V]＞迭代器，实现数据访问
修改元素	方式一：replace(key：K，newValue：V)函数，对指定 key 对应的 value 值进行修改操作
	方式二：forEach(callbackFn：(value：V，key?：K，map?：HashMap＜K，V＞) => void，thisArg?：Object)，对 map 容器中的元素进行修改操作
删除元素	方式一：remove(key：K)函数，对 map 中匹配到的键值对进行删除操作
	方式二：clear()函数，清空整个 map 集合

2. HashSet

HashSet 存储一系列值的集合，存储元素中 value 是唯一的。HashSet 依据泛型定义，集合中通过 value 的 Hash 值确定其存储位置，从而快速找到该值。HashSet 初始容量大小为 16，支持动态扩容，每次扩容大小为原始容量的 2 倍。value 的类型满足 ECMA 标准中要求的类型。HashSet 底层数据结构同 HashMap 一致，也是基于 HashTable 实现，冲突策略也采用了链地址法。

HashSet 基于 HashMap 实现。在 HashSet 中，只对 value 对象进行处理。程序设计过程中，可以利用 HashSet 不重复的特性，当场景中需要不重复的集合或需要去重某个集合的时候使用 HashSet。

对 HashSet 中的数据进行处理（如增、删、改、查等操作）的常用 API 如表 9-9 所示。

表 9-9 HashSet 中数据处理常用 API

操　作	描　述
增加元素	add(value: T)函数，每次在 HashSet 中增加一个<key,value>
访问元素	方式一：values()函数，返回一个迭代器对象，包含 set 中的所有 value 值
	方式二：entries()函数，返回一个迭代器对象，包含类似键值对的数组，键值都是 value
	方式三：forEach(callbackFn: (value?: T, key?: T, set?: HashSet<T>) => void, thisArg?: Object)，访问整个 set 容器中的元素
	方式四：[Symbol.iterator](): IterableIterator<[K, V]>迭代器，实现数据访问
修改元素	forEach(callbackFn: (value?: T, key?: T, set?: HashSet<T>) => void, thisArg?: Object)，对 set 容器中元素的 value 值进行修改操作
删除元素	方式一：remove(value: T)函数，对 set 中匹配到的键值对进行删除操作
	方式二：clear()函数，清空整个 set 集合

3. TreeMap

TreeMap 用来存储具有关联关系的 key-value 集合，存储元素中 key 是唯一的，每个 key 会对应一个 value 值。TreeMap 依据泛型定义，集合中的 key 值是有序的。与 HashMap 和 HashSet 不同的是，TreeMap 的底层是一棵二叉树，可以通过树的二叉查找快速地找到键值对。key 的类型同样满足 ECMA 标准中要求的类型。TreeMap 中的键值是有序存储的。TreeMap 底层基于红黑树实现，可以进行快速的插入和删除。

TreeMap 和 HashMap 相比，HashMap 依据键的 hashCode 存取数据，访问速度较快。而 TreeMap 是有序存取，效率较低。因此，当程序运行过程中有需要存储有序键值对的场景时，开发人员可以优先选择使用 TreeMap。

对 TreeMap 中的数据进行处理（如增、删、改、查等操作）的常用 API 如表 9-10 所示。

表 9-10 TreeMap 中数据处理常用 API

操　作	描　述
增加元素	set(key: K, value: V)函数，每次在 TreeMap 中增加一个<key, value>
访问元素	方式一：get(key: K)函数，获取 key 对应的 value 值

续表

操　　作	描　　述
访问元素	方式二：getFirstKey()函数，获取 map 中排在首位的 key 值
	方式三：getLastKey()函数，获取 map 中排在末位的 key 值
	方式四：keys()函数，返回一个迭代器对象，包含 map 中的所有 key 值
	方式五：values()函数，返回一个迭代器对象，包含 map 中的所有 value 值
	方式六：entries()函数，返回一个迭代器对象，包含 map 中的所有键值对
	方式七：forEach(callbackFn：(value?：V，key?：K，map?：TreeMap<K，V>) => void，thisArg?：Object)，访问整个 map 的元素
	方式八：[Symbol.iterator]()：IterableIterator<[K,V]>迭代器，进行数据访问
修改元素	方式一：replace(key：K，newValue：V)函数，对指定 key 对应的 value 值进行修改操作
	方式二：forEach(callbackFn：(value?：V，key?：K，map?：TreeMap<K，V>) => void，thisArg?：Object)，对 map 中元素进行修改操作
删除元素	方式一：remove(key：K)函数，对 map 中匹配到的键值对进行删除操作
	方式二：clear()函数，清空整个 map 集合

4. TreeSet

TreeSet 用来存储一系列值的集合，存储元素中 value 是唯一的。TreeSet 依据泛型定义，集合中的 value 值是有序的。与 TreeMap 一样，TreeSet 的底层是一棵二叉树，可以通过树的二叉查找快速地找到该 value 值，value 的类型一样满足 ECMA 标准中要求的类型。TreeSet 中的值是有序存储的。TreeSet 底层基于红黑树实现，可以进行快速的插入和删除。

TreeSet 基于 TreeMap 实现，在 TreeSet 中，只对 value 对象进行处理。TreeSet 可用于存储一系列值的集合，元素中 value 唯一且有序。TreeSet 和 HashSet 相比，HashSet 中的数据无序存放，而 TreeSet 是有序存放的。它们集合中的元素都不允许重复，但 HashSet 允许放入 null 值，TreeSet 不建议存放 null 值，可能会对排序结果产生影响。因此，当程序运行过程中有需要存储有序集合的场景，开发人员可以优先选择使用 TreeSet。

对 TreeSet 中的数据进行处理(如增、删、改、查等操作)的常用 API 如表 9-11 所示。

表 9-11　TreeSet 中数据处理常用 API

操　　作	描　　述
增加元素	add(value：T)函数，每次在 TreeSet 增加一个值
访问元素	方式一：values()函数，返回一个迭代器对象，包含 set 中的所有 value 值
	方式二：entries()函数，返回一个迭代器对象，包含类似键值对的数组，键值都是 value
	方式三：getFirstValue()函数，获取 set 中排在首位的 value 值
	方式四：getLastValue()函数，获取 set 中排在末位的 value 值
	方式五：forEach(callbackFn：(value?：T，key?：T，set?：TreeSet<T>) => void，thisArg?：Object)，访问整个 set 的元素

续表

操　作	描　述
访问元素	方式六：[Symbol.iterator]()：IterableIterator<T>迭代器进行数据访问
修改元素	forEach(callbackFn：(value?：T，key?：T，set?：TreeSet<T>) => void，thisArg?：Object)，对 set 中 value 值进行修改操作
删除元素	方式一：remove(value：T)函数，对 set 中匹配到的值进行删除操作
	方式二：clear()函数，清空整个 set 集合

5. LightWeightMap

LightWeightMap 用来存储具有关联关系的 key-value 集合，存储元素中 key 是唯一的，每个 key 会对应一个 value 值。LightWeightMap 依据泛型定义，采用更加轻量级的结构，底层标识唯一 key 通过 Hash 实现，其冲突策略为线性探测法。集合中的 key 值的查找依赖于 Hash 值以及二分查找算法，通过一个数组存储 Hash 值，然后映射到其他数组中的 key 值以及 value 值，key 的类型同样满足 ECMA 标准中要求的类型。

LightWeightMap 的初始默认容量大小为 8，每次扩容大小为原始容量的 2 倍。LightWeightMap 和 HashMap 都是用来存储键值对的集合，LightWeightMap 占用内存更小。但是，当程序运行过程中需要存取键值对时，推荐开发人员使用占用内存更小的 LightWeightMap。

对 LightWeightMap 中的数据进行处理(如增、删、改、查等操作)的常用 API 如表 9-12 所示。

表 9-12　LightWeightMap 中数据处理常用 API

操　作	描　述
增加元素	set(key：K，value：V)函数，每次在 LightWeightMap 中增加一个键值对
访问元素	方式一：get(key：K)函数，获取 key 对应的 value 值
	方式二：getIndexOfKey(key：K)函数，获取 map 中指定 key 的 index
	方式三：getIndexOfValue(value：V)函数，获取 map 中指定 value 出现的第一个的 index
	方式四：keys()函数，返回一个迭代器对象，包含 map 中的所有 key 值
	方式五：values()函数，返回一个迭代器对象，包含 map 中的所有 value 值
	方式六：entries()函数，返回一个迭代器对象，包含 map 中的所有键值对
	方式七：getKeyAt(index：number)函数，获取指定 index 对应的 key 值
	方式八：getValueAt(index：number)函数，获取指定 index 对应的 value 值
	方式九：forEach(callbackFn：(value?：V，key?：K，map?：LightWeightMap<K，V>) => void，thisArg?：Object)，访问整个 map 的元素
	方式十：[Symbol.iterator]()：IterableIterator<[K，V]>迭代器，进行数据访问
修改元素	方式一：setValueAt(index：number，newValue：V)函数，对指定 index 对应的 value 值进行修改操作
	方式二：forEach(callbackFn：(value?：V，key?：K，map?：LightWeightMap<K，V>) => void，thisArg?：Object)，对 map 中的元素进行修改操作

续表

操　作	描　述
删除元素	方式一：remove(key：K)函数，对 map 中匹配到的键值对进行删除操作
	方式二：removeAt(index：number)函数，对 map 中指定 index 的位置进行删除操作
	方式三：clear()函数，清空整个 map 集合

6. LightWeightSet

LightWeightSet 用来存储一系列值的集合，存储元素中 value 是唯一的。LightWeightSet 依据泛型定义，采用更加轻量级的结构，初始默认容量大小为 8，每次扩容大小为原始容量的 2 倍。集合中的 value 值的查找依赖于 Hash 以及二分查找算法，通过一个数组存储 Hash 值，然后映射到其他数组中的 value 值，value 的类型同样满足 ECMA 标准中要求的类型。LightWeightSet 底层标识唯一 value 基于 Hash 实现，其冲突策略为线性探测法，查找策略基于二分查找法。

LightWeightSet 和 HashSet 两种容器均是用来存储键值的集合，但是 LightWeightSet 的优势是占用的内存更小。因此，当程序运行过程中需要存取某个集合或是对某个集合去重时，开发人员应当优先选择使用占用内存更小的 LightWeightSet。

对 LightWeightSet 中的数据进行处理(如增、删、改、查等操作)的常用 API 如表 9-13 所示。

表 9-13　LightWeightSet 中数据处理常用 API

操　作	描　述
增加元素	add(obj：T)函数，每次在 LightWeightSet 中增加一个值
访问元素	方式一：getIndexOf(key：T)函数，获取对应的 index 值
	方式二：values()函数，返回一个迭代器对象，包含 map 中的所有 value 值
	方式三：entries()函数，返回一个迭代器对象，包含 map 中的所有键值对
	方式四：getValueAt(index：number)函数，获取指定 index 对应的 value 值
	方式五：forEach(callbackFn：(value?：T，key?：T，set?：LightWeightSet＜T＞)＝＞void，thisArg?：Object)，访问整个 set 的元素
	方式六：[Symbol.iterator]()：IterableIterator＜T＞迭代器，进行数据访问
修改元素	forEach(callbackFn：(value?：T，key?：T，set?：LightWeightSet＜T＞)＝＞void，thisArg?：Object)，对 set 中的元素进行修改操作
删除元素	方式一：remove(key：K)函数，对 set 中匹配到的键值对进行删除操作
	方式二：removeAt(index：number)函数，对 set 中指定 index 的位置进行删除操作
	方式三：clear()函数，清空整个 set 集合

7. PlainArray

PlainArray 用来存储具有关联关系的键值对集合，存储元素中 key 是唯一的，并且对于 PlainArray 来说，其 key 的类型为 number 类型。每个 key 会对应一个 value 值，类型依据泛型的定义，PlainArray 采用更加轻量级的结构，集合中的 key 值的查找依赖于二分查找算法，然后映射到其他数组中的 value 值。

PlainArray 的初始默认容量大小为 16，每次扩容大小为原始容量的 2 倍。PlainArray 和 LightWeightMap 都是用来存储键值对，且均采用轻量级结构，但 PlainArray 的 key 值类型只能为 number 类型。因此，若程序运行过程中需要存储 key 值为 number 类型的键值对时，开发人员可以优先选择使用 PlainArray。

对 PlainArray 中的数据进行处理（如增、删、改、查等操作）的常用 API 如表 9-14 所示。

表 9-14　PlainArray 中数据处理常用 API

操　作	描　述
增加元素	add(key: number, value: T)函数，每次在 PlainArray 中增加一个键值对
访问元素	方式一：get(key: number)函数，获取 key 对应的 value 值
	方式二：getIndexOfKey(key: number)函数，获取 PlainArray 中指定 key 的 index
	方式三：getIndexOfValue(value: T)函数，获取 PlainArray 中指定 value 的 index
	方式四：getKeyAt(index: number)函数，获取指定 index 对应的 key 值
	方式五：getValueAt(index: number)函数，获取指定 index 对应的 value 值
	方式六：forEach(callbackFn: (value: T, index?: number, PlainArray?: PlainArray＜T＞) =＞ void, thisArg?: Object)，访问整个 PlainArray 的元素
	方式七：[Symbol.iterator](): IterableIterator＜[number, T]＞迭代器，进行数据访问
修改元素	方式一：setValueAt(index: number, value: T)函数，对指定 index 对应的 value 值进行修改操作
	方式二：forEach(callbackFn: (value: T, index?: number, PlainArray?: PlainArray＜T＞) =＞ void, thisArg?: Object)，对 PlainArray 中元素进行修改操作
删除元素	方式一：remove(key: number)函数，对 PlainArray 中匹配到的键值对进行删除操作
	方式二：removeAt(index: number)函数，对 PlainArray 中指定 index 的位置进行删除操作
	方式三：removeRangeFrom(index: number, size: number)函数，对 PlainArray 中指定范围内的元素进行删除操作
	方式四：clear()函数，清空整个 PlainArray 集合

8. 非线性容器的使用

例 9-2 列举了常用的非线性容器 HashMap、TreeMap、LightWeightMap、PlainArray 的使用示例，包括导入模块、增加元素、访问元素及修改等操作。

【例 9-2】　常用非线性容器的使用。

```
import HashMap from '@ohos.util.HashMap';                    //导入 HashMap 模块
import TreeMap from '@ohos.util.TreeMap';                    //导入 TreeMap 模块
import LightWeightMap from '@ohos.util.LightWeightMap';
                                                      //导入 LightWeightMap 模块
import PlainArray from '@ohos.util.PlainArray'               //导入 PlainArray 模块

//非线性容器 HashMap 及其操作
```

```
let hashMap01: HashMap<string, number> = new HashMap();
hashMap01.set('sd', 70);                                    //增加元素
let hashMap02: HashMap<number, number> = new HashMap();
hashMap02.set(70, 135);                                     //增加元素
console.info(`result: ${hashMap02.hasKey(70)}`);            //判断是否含有某元素
console.info(`result: ${hashMap01.get('sd')}`);             //访问元素


//非线性容器 TreeMap 及其操作
let treeMap0: TreeMap<string, number> = new TreeMap();
treeMap0.set('sd', 135);                                            //增加元素
treeMap0.set('upsl', 246);                                          //增加元素
console.info(`result: ${treeMap0.get('sd')}`);                      //访问元素
console.info(`result: ${treeMap0.getFirstKey()}`);                  //访问首元素
console.info(`result: ${treeMap0.getLastKey()}`);                   //访问尾元素

//非线性容器 LightWeightMap 及其操作
let lightWeightMap0: LightWeightMap<string, number> = new LightWeightMap();
lightWeightMap0.set('sd', 135);
lightWeightMap0.set('70', 246);                                     //增加元素
console.info(`result: ${lightWeightMap0.get('up')}`);               //访问元素
console.info(`result: ${lightWeightMap0.get('70')}`);               //访问元素
console.info(`result: ${lightWeightMap0.getIndexOfKey('sd')}`);     //访问元素


//非线性容器 PlainArray 及其操作
let plainArray0: PlainArray<string> = new PlainArray();
plainArray0.add(1, 'sd');
plainArray0.add(2, 'up');                                           //增加元素
console.info(`result: ${plainArray0.get(1)}`);                      //访问元素
console.info(`result: ${plainArray0.getKeyAt(1)}`);                 //访问元素
```

从上述示例代码可以看出，在使用非线性容器时，首先也是需要导入线性容器模块的。各容器的数据处理(增加元素、访问元素、删除元素等操作)参考相应容器的数据处理常用 API 即可。

9.4 XML 生成、解析与转换

XML 被设计用来传输和存储数据，是一种可扩展标记语言。XML 文档由元素(element)、属性(attribute)和内容(content)组成。其中，元素指的是标记对，包含文本、属性或其他元素，属性提供了有关元素的其他信息，内容则是元素包含的数据或子元素。

XML 可以作为数据交换格式，被各种系统和应用程序所支持。例如 Web 服务，可以将结构化数据以 XML 格式进行传递。XML 也可以作为消息传递格式，在分布式系统中用于不同节点之间的通信与交互。XML 的标签有两个特点：其一，XML 标签必须成对出现，生成开始标签就要生成结束标签；其二，XML 标签对大小写敏感，开始标签与结束标签大小

写要一致。

XML 还可以通过使用 XML Schema 或 DTD(文档类型定义)来定义文档结构。这些机制允许开发人员创建自定义规则以验证 XML 文档是否符合其预期的格式。

9.4.1 XML 生成

XML 模块提供 XmlSerializer 类来生成 XML 文件，输入为固定长度的 Arraybuffer 或 DataView 对象，该对象用于存放输出的 XML 数据。通过调用不同的方法来写入不同的内容，如 startElement(name: string)写入元素开始标记，setText(text: string)写入标签值。

第 1 步，引入模块。

```
import xml from '@ohos.xml';
import util from '@ohos.util';
```

第 2 步，创建缓冲区，构造 XmlSerializer 对象(可以基于 ArrayBuffer 构造 XmlSerializer 对象，也可以基于 DataView 构造 XmlSerializer 对象)。

```
//1.基于 ArrayBuffer 构造 XmlSerializer 对象
let arrayBuffer1 = new ArrayBuffer(2048);    //创建一个 2048B 的缓冲区
let thatSer2 = new xml.XmlSerializer(arrayBuffer1);
                                    //基于 ArrayBuffer 构造 XmlSerializer 对象

//2.基于 DataView 构造 XmlSerializer 对象
let arrayBuffer = new ArrayBuffer(2048); //创建一个 2048B 的缓冲区
let dataView = new DataView(arrayBuffer);
                                    //使用 DataView 对象操作 ArrayBuffer 对象
let thatSer = new xml.XmlSerializer(dataView);
                                    //基于 DataView 构造 XmlSerializer 对象
```

第 3 步，调用 XML 元素生成函数。

```
thatSer.setDeclaration();                            //写入 XML 的声明
thatSer.startElement('bookstore');                   //写入元素开始标记
thatSer.startElement('book');                        //嵌套元素开始标记
thatSer.setAttributes('category', 'COOKING');        //写入属性及属性值
thatSer.startElement('title');
thatSer.setAttributes('lang', 'en');
thatSer.setText('Everyday');                         //写入标签值
thatSer.endElement();                                //写入结束标记
thatSer.startElement('author');
thatSer.setText('Giada');
thatSer.endElement();
thatSer.startElement('year');
thatSer.setText('2005');
thatSer.endElement();
thatSer.endElement();
thatSer.endElement();
```

第 4 步，使用 Uint8Array 操作 ArrayBuffer，调用 TextDecoder 对 Uint8Array 解码后输出。

```
let view = new Uint8Array(arrayBuffer); //使用 Uint8Array 读取 arrayBuffer 的数据
let textDecoder = util.TextDecoder.create();   //调用 util 模块的 TextDecoder 类
let res = textDecoder.decodeWithStream(view); //对 view 解码
console.info(res);
```

最终的输出结果如下。

```
<?xml version="1.0" encoding="utf-8"?>
<bookstore>
    <book category="COOKING">
        <title lang="en">Everyday</title>
        <author>Giada</author>
        <year>2005</year>
    </book>
</bookstore>
```

9.4.2 XML 解析

对于以 XML 作为载体传递的数据，实际使用中需要对相关的节点进行解析，一般包括解析 XML 标签和标签值、解析 XML 属性和属性值、解析 XML 事件类型和元素深度三类场景。XML 模块提供 XmlPullParser 类对 XML 文件解析，输入为含有 XML 文本的 ArrayBuffer 或 DataView，输出为解析得到的信息。表 9-15 列出的是 XML 解析选项。

表 9-15　XML 解析选项

名　称	类　型	必填	说　明
supportDoctype	boolean	否	是否忽略文档类型。默认为 false，表示对文档类型进行解析
ignoreNameSpace	boolean	否	是否忽略命名空间。默认为 false，表示对命名空间进行解析
tagValueCallbackFunction	(name: string, value: string) => boolean	否	获取 tagValue 回调函数，打印标签及标签值。默认为 null，表示不进行 XML 标签和标签值的解析
attributeValueCallbackFunction	(name: string, value: string) => boolean	否	获取 attributeValue 回调函数，打印属性及属性值。默认为 null，表示不进行 XML 属性和属性值的解析
tokenValueCallbackFunction	(eventType: EventType, value: ParseInfo) => boolean	否	获取 tokenValue 回调函数，打印标签事件类型及 parseInfo 对应属性。默认为 null，表示不进行 XML 事件类型解析

下面示例解析 XML 标签和标签值。

第 1 步，引入模块。

```
import xml from '@ohos.xml';
import util from '@ohos.util';                    //需要使用 util 模块函数对文件编码
```

第 2 步，对 XML 文件编码后调用 XmlPullParser。可以基于 ArrayBuffer 构造 XmlPullParser 对象，也可以基于 DataView 构造 XmlPullParser 对象。

```
let strXml =
  '<?xml version="1.0" encoding="utf-8"?>' +
    '<note importance="high" logged="true">' +
    '<title>Play</title>' +
    '<lens>Work</lens>' +
    '</note>';
let textEncoder = new util.TextEncoder();
let arrBuffer = textEncoder.encodeInto(strXml); //对数据编码,防止包含中文字符乱码
//方式 1.基于 ArrayBuffer 构造 XmlPullParser 对象
let that1 = new xml.XmlPullParser(arrBuffer.buffer as object as ArrayBuffer,
'UTF-8');

//方式 2.基于 DataView 构造 XmlPullParser 对象
let dataView = new DataView(arrBuffer.buffer);
let that2 = new xml.XmlPullParser(dataView, 'UTF-8');
```

第 3 步，自定义回调函数，该例为打印出标签及标签值。

```
let str = '';
function func(name: string, value: string){
  str = name + value;
  console.info(str);
  return true;                              //true:继续解析 false:停止解析
}
```

第 4 步，设置解析选项，调用 parse 函数。

```
let options: xml.ParseOptions = {supportDoctype: true, ignoreNameSpace: true,
tagValueCallbackFunction:func};
that1.parse(options);
```

最终的输出结果如下。

```
note
title
Play
title
lens
Work
```

```
lens
note
```

下面示例解析 XML 属性和属性值。

第 1 步,引入模块。

```
import xml from '@ohos.xml';
import util from '@ohos.util';                    //需要使用 util 模块函数对文件编码
```

第 2 步,对 XML 文件编码后调用 XmlPullParser。

```
let strXml =
  '<?xml version="1.0" encoding="utf-8"?>' +
    '<note importance="high" logged="true">' +
    '    <title>Play</title>' +
    '    <title>Happy</title>' +
    '    <lens>Work</lens>' +
    '</note>';
let textEncoder = new util.TextEncoder();
let arrBuffer = textEncoder.encodeInto(strXml); //对数据编码,防止包含中文字符乱码
let that1 = new xml.XmlPullParser(arrBuffer.buffer as object as ArrayBuffer,
'UTF-8');
```

第 3 步,自定义回调函数,该例为打印出属性及属性值。

```
let str = '';
function func(name: string, value: string){
  str += name + ' ' + value + ' ';
  return true;                                    //true:继续解析;false:停止解析
}
```

第 4 步,设置解析选项,调用 parse 函数。

```
let options: xml.ParseOptions = {supportDoctype: true, ignoreNameSpace: true,
attributeValueCallbackFunction:func};
that1.parse(options);
console.info(str);                                //一次打印出所有的属性及其值
```

最终的输出结果如下。

```
importance high logged true                       //note 节点的属性及属性值
```

下面示例解析 XML 事件类型和元素深度。

第 1 步,引入模块。

```
import xml from '@ohos.xml';
import util from '@ohos.util';                    //需要使用 util 模块函数对文件编码
```

第 2 步，对 XML 文件编码后调用 XmlPullParser。

```
let strXml =
  '<?xml version="1.0" encoding="utf-8"?>' +
    '<note importance="high" logged="true">' +
    '<title>Play</title>' +
    '</note>';
let textEncoder = new util.TextEncoder();
let arrBuffer = textEncoder.encodeInto(strXml); //对数据编码,防止包含中文字符乱码
let that1 = new xml.XmlPullParser(arrBuffer.buffer as object as ArrayBuffer,
'UTF-8');
```

第 3 步，自定义回调函数，该例为打印元素事件类型及元素深度。

```
let str = '';
function func(name: xml.EventType, value: xml.ParseInfo) {
  str = name + ' ' + value.getDepth();              //getDepth 获取元素的当前深度
  console.info(str)
  return true;                                      //true:继续解析;false:停止解析
}
```

第 4 步，设置解析选项，调用 parse 函数。

```
let options: xml.ParseOptions = {supportDoctype: true, ignoreNameSpace: true,
tokenValueCallbackFunction:func};
that1.parse(options);
```

最终的输出结果如下。

```
0 0   //0:<?xml version="1.0" encoding="utf-8"?> 对应事件类型 START_DOCUMENT
//值为 0  0:起始深度为 0
2 1   //2:<note importance="high" logged="true"> 对应事件类型 START_TAG 值为 2
//1:深度为 1
2 2   //2:<title>对应事件类型 START_TAG 值为 2
//2:深度为 2
4 2   //4:Play 对应事件类型 TEXT 值为 4
//2:深度为 2
3 2   //3:</title>对应事件类型 END_TAG 值为 3
//2:深度为 2
3 1   //3:</note>对应事件类型 END_TAG 值为 3
//1:深度为 1(与<note 对应>)
1 0   //1:对应事件类型 END_DOCUMENT 值为 1
//0:深度为 0
```

下面示例调用所有解析选项，提供解析 XML 标签、属性和事件类型。示例代码如下。

```
import xml from '@ohos.xml';
import util from '@ohos.util';

let strXml =
```

```
  '<?xml version="1.0" encoding="UTF-8"?>' +
    '<book category="COOKING">' +
    '<title lang="en">Everyday</title>' +
    '<author>Giada</author>' +
    '</book>';
let textEncoder = new util.TextEncoder();
let arrBuffer = textEncoder.encodeInto(strXml);
let that = new xml.XmlPullParser(arrBuffer.buffer as object as ArrayBuffer, 'UTF-8');
let str = '';

function tagFunc(name: string, value: string) {
  str = name + value;
  console.info('tag-' + str);
  return true;
}

function attFunc(name: string, value: string) {
  str = name + ' ' + value;
  console.info('attri-' + str);
  return true;
}

function tokenFunc(name: xml.EventType, value: xml.ParseInfo) {
  str = name + ' ' + value.getDepth();
  console.info('token-' + str);
  return true;
}

let options: xml.ParseOptions = {
  supportDoctype: true,
  ignoreNameSpace: true,
  tagValueCallbackFunction: tagFunc,
  attributeValueCallbackFunction: attFunc,
  tokenValueCallbackFunction: tokenFunc
};

that.parse(options);
```

最终的输出结果如下。

```
tag-
token-0 0
tag-book
attri-category COOKING
token-2 1
tag-title
attri-lang en
token-2 2
tag-Everyday
```

```
token-4 2
tag-title
token-3 2
tag-author
token-2 2
tag-Giada
token-4 2
tag-author
token-3 2
tag-book
token-3 1
tag-
token-1 0
```

9.4.3 XML 转换

将 XML 文本转换为 JavaScript 对象可以更轻松地处理和操作数据，并且更适合在 JavaScript 应用程序中使用。基础类库中提供了 ConvertXML 类将 XML 文本转换为 JavaScript 对象，输入为待转换的 XML 字符串及转换选项，输出为转换后的 JavaScript 对象。

下面的示例为 XML 转换为 JavaScript 对象后获取其标签值。

第 1 步，引入模块。

```
import convertxml from '@ohos.convertxml';
```

第 2 步，输入待转换的 XML，设置转换选项。

```
let xml =
  '<?xml version="1.0" encoding="utf-8"?>' +
    '<note importance="high" logged="true">' +
    '    <title>Happy</title>' +
    '    <todo>Work</todo>' +
    '    <todo>Play</todo>' +
    '</note>';

let options: convertxml.ConvertOptions = {
  //trim: false 转换后是否删除文本前后的空格，否
  //declarationKey: "_declaration" 转换后文件声明使用_declaration 标识
  //instructionKey: "_instruction" 转换后指令使用_instruction 标识
  //attributesKey: "_attributes" 转换后属性使用_attributes 标识
  //textKey: "_text" 转换后标签值使用_text 标识
  //cdataKey: "_cdata" 转换后未解析数据使用_cdata 标识
  //docTypeKey: "_doctype" 转换后文档类型使用_doctype 标识
  //commentKey: "_comment" 转换后注释使用_comment 标识
  //parentKey: "_parent" 转换后父类使用_parent 标识
  //typeKey: "_type" 转换后元素类型使用_type 标识
  //nameKey: "_name" 转换后标签名称使用_name 标识
  //elementsKey: "_elements" 转换后元素使用_elements 标识
```

```
    trim: false,
    declarationKey: "_declaration",
    instructionKey: "_instruction",
    attributesKey: "_attributes",
    textKey: "_text",
    cdataKey: "_cdata",
    doctypeKey: "_doctype",
    commentKey: "_comment",
    parentKey: "_parent",
    typeKey: "_type",
    nameKey: "_name",
    elementsKey: "_elements"
}
```

第 3 步,调用转换函数,打印结果。

```
let conv = new convertxml.ConvertXML();
let result = conv.convertToJSObject(xml, options);
let strRes = JSON.stringify(result); //将 JS 对象转换为 JSON 字符串,用于显式输出
console.info(strRes);
```

最终的输出结果如下。

```
strRes:
{"_declaration":{"_attributes":{"version":"1.0","encoding":"utf-8"}},
"_elements":[{"_type":"element","_name":"note",
"_attributes":{"importance":"high","logged":"true"},"_elements":[{"_type":
"element","_name":"title",
"_elements":[{"_type":"text","_text":"Happy"}]},{"_type":"element","_name":
"todo",
"_elements":[{"_type":"text","_text":"Work"}]},{"_type":"element","_name":
"todo",
"_elements":[{"_type":"text","_text":"Play"}]}]}]}
```

◇ 小　结

本章深入地剖析了在 HarmonyOS 中,基于 ArkTS 的并发处理、容器类库以及 XML 解析、生成与转换等功能。开发人员能够充分利用多核处理器的优势,实现多线程编程和异步操作,能够选择合适的容器类型进行高效的数据处理,也简化了 XML 数据的处理过程,使其能够更加专注于业务逻辑的实现。这些基础类库提升了基于 ArkTS 开发语言的 HarmonyOS 应用编程的效率和稳定性,通过学习和掌握这些基础类库的使用方法,开发人员具备了更加丰富的工具和手段,能够编写出高效、稳定、可扩展的 HarmonyOS 应用程序,以应对各种复杂的编程场景。本章知识点的思维导图如图 9-3 所示。

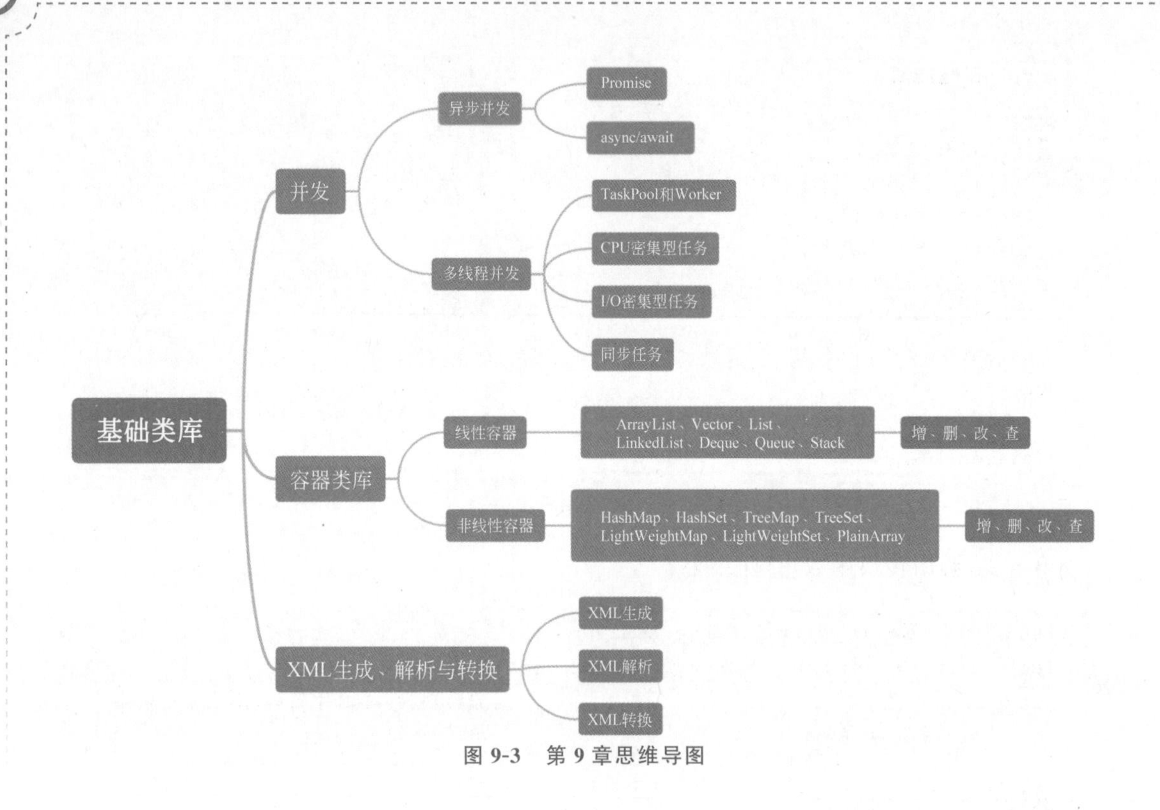

图 9-3　第 9 章思维导图

思考与实践

第一部分：练习题

练习 1. 提供异步并发能力，适用于单次 I/O 任务的开发场景的是(　　)。

A. async/await　　B. TaskPool　　C. Worker　　D. Process

练习 2. ArrayList 中，增加元素的函数是(　　)。

A. add(element: T)　　B. insert(element: T, index: number)

C. set(key: K, value: V)　　D. add(key: number, value: T)

练习 3. Promise 是一种用于处理异步操作的对象，可以将异步操作转换为类似于同步操作的风格，其具有的三种状态包括(　　)。

A. pending　　B. fulfilled　　C. rejected　　D. allowed

练习 4. 基础类库中提供了(　　)类将 XML 文本转换为 JavaScript 对象，输入为待转换的 XML 字符串及转换选项，输出为转换后的 JavaScript 对象。

A. ConvertXML　　B. TextDecoder　　C. XmlSerializer　　D. XmlPullParser

练习 5. 以下针对非线性容器的使用，程序书写有错误的是(　　)。

A.
```
import PlainArray from '@ohos.util.PlainArray'
let plainArray0: PlainArray<string> = new PlainArray();
plainArray0.add('sd');
```

B.
```
import HashMap from '@ohos.util.HashMap'
let hashMap01: HashMap<string, number> = new HashMap();
```

hashMap01.set('sd', 70);

C. import LightWeightMap from '@ohos.util.LightWeightMap';

let lightWeightMap0: LightWeightMap<string, number> = new LightWeightMap();

console.info(`result: ${lightWeightMap0.get('up')}`);

D. import TreeMap from '@ohos.util.TreeMap';

let treeMap0: TreeMap<string, number> = new TreeMap();

console.info(`result: ${treeMap0.get('sd')}`);

练习6. 并发是指在同一时间点，能够处理多个任务的能力。(　　)

练习7. 多线程并发允许在同一时间段内同时执行多段代码。(　　)

练习8. ArrayList也称为动态数组，是一种非线性容器。(　　)

练习9. HashMap底层基于红黑树实现，可以进行快速的插入和删除。(　　)

练习10. HarmonyOS提供了________和________两种并发处理策略。

练习11. XML文档由________、________和________组成。

第二部分：实践题

实践1. 尝试启动若干线程，并行访问同一个容器中的数据。保证获取容器中数据时没有数据错误，且线程安全。例如，售票、秒杀等业务。

实践2. 尝试开发一个应用程序，该应用需要管理用户的好友列表以及每个好友的聊天记录。每个好友都有一个唯一的ID，并且每个好友都有多条聊天记录。请设计该应用，实现的功能包括：

(1) 添加一个新的好友到好友列表中。

(2) 根据好友的ID查找好友。

(3) 删除指定ID的好友。

(4) 添加一条新的聊天记录到指定好友的聊天记录中。

(5) 根据好友的ID获取该好友的所有聊天记录。

(6) 列出所有好友的ID。

第3篇　高级应用篇

第10章

方舟开发框架

方舟开发框架(简称 ArkUI)为 HarmonyOS 应用的 UI 开发提供了完整的基础设施,包括简洁的 UI 语法、丰富的 UI 功能(组件、布局、动画以及交互事件),以及实时界面预览工具等,可以支持开发人员进行可视化界面开发。

10.1 ArkUI 概述

ArkUI 是一套构建分布式应用界面的声明式 UI 开发框架。它使用极简的 UI 信息语法、丰富的 UI 组件,以及实时界面预览工具,帮助提升 HarmonyOS 应用界面开发效率的 30%。只需要使用一套 ArkTS API,就能在多个 HarmonyOS 设备上提供生动而流畅的用户界面体验。针对不同的应用场景及技术背景,方舟开发框架提供了两种开发范式,分别是基于 ArkTS 的声明式开发范式(简称"声明式开发范式")和兼容 JS 的类 Web 开发范式(简称"类 Web 开发范式")。其中,声明式开发范式采用了基于 TypeScript 声明式 UI 语法扩展而来的 ArkTS 语言,从组件、动画和状态管理三个维度提供 UI 绘制能力。

类 Web 开发范式采用了经典的 HTML、CSS、JavaScript 三段式开发方式,即使用 HTML 标签文件搭建布局,使用 CSS 文件描述样式,使用 JavaScript 文件处理逻辑。类 Web 开发范式更符合 Web 前端开发人员的使用习惯,便于快速将已有的 Web 应用改造成方舟开发框架应用。但是,在开发一款新应用时,采用声明式开发范式来构建 UI 具有更大的优势,主要基于以下几点原因。

(1) 开发效率:声明式开发范式更接近自然语义的编程方式,开发人员可以直观地描述 UI,无须关心如何实现 UI 绘制和渲染,开发高效简洁。

(2) 应用性能:如图 10-1 所示,两种开发范式的 UI 后端引擎和语言运行时是共用的,但是相比类 Web 开发范式,声明式开发范式无须 JS 框架进行页面 DOM 管理,渲染更新链路更为精简,占用内存更少,应用性能更佳。

(3) 发展趋势:声明式开发范式将会作为 HarmonyOS 应用开发主推的开发范式持续演进,为开发人员提供更丰富、更强大的能力。

Stage 模型是当前 HarmonyOS 应用开发的首选推荐模型,它可以开发的页面形态包括应用或服务的页面,以及卡片。当开发应用或服务的页面时,Stage 模型支持的 UI 开发范式只有声明式开发范式;而当开发卡片时,目前 Stage 模型支持的 UI 开发范式有声明式开发范式和类 Web 开发范式。此外,声明式开发范式成为当前 HarmonyOS 应用开发的首选推荐方式。因此,本书仅对声明式开发范式做详细介绍。

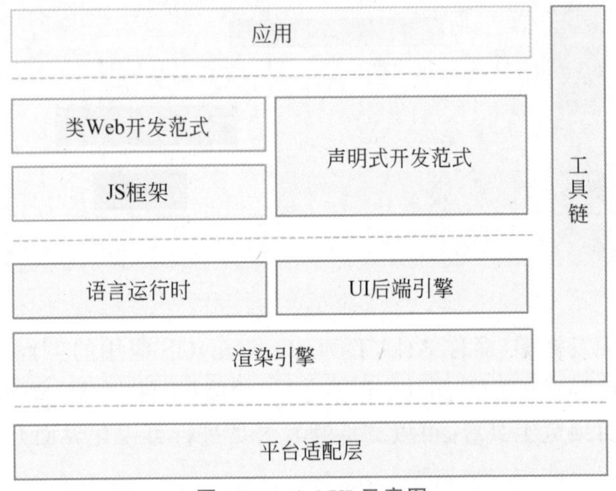

图 10-1　ArkUI 示意图

10.2　基于 ArkTS 的声明式开发范式

10.2.1　UI 开发概述

基于 ArkTS 的声明式开发范式的方舟开发框架是一套开发极简、高性能、支持跨设备的 UI 开发框架,提供了构建鸿蒙应用 UI 所必需的 UI 开发语言、布局、组件、页面路由和组件导航、图形、动画以及交互事件等能力。

1. 构建 HarmonyOS 应用 UI 所必需的能力

在 UI 开发语言方面,ArkTS 开发语言通过功能不同的装饰器给开发人员提供了清晰的页面更新渲染流程和管道,而 UI 组件状态和应用程序状态的协作可以使开发人员完整地构建整个应用的数据更新和 UI 渲染。

布局是 UI 的必要元素,它定义了组件在界面中的位置。在布局方面,ArkUI 框架提供了多种布局方式,除了基础的线性布局、层叠布局、弹性布局、相对布局、栅格布局外,也提供了相对复杂的列表、宫格、轮播。

组件也是 UI 的必要元素,它的存在形成了界面中的样子。HarmonyOS 应用开发人员可以通过链式调用的方式设置系统内置组件的渲染效果,也可以将系统内置组件组合为自定义组件,通过这种方式将页面组件转换为一个个独立的 UI 单元,实现页面不同单元的独立创建、开发和复用,具有更强的工程性。

在页面路由和组件导航方面,HarmonyOS 应用可以包含多个页面,可通过页面路由实现页面间的跳转。一个页面内可能存在组件间的导航如典型的分栏,可通过导航组件实现组件间的导航。

在图形方面,ArkUI 提供了多种类型图片的显示能力和多种自定义绘制的能力,以满足开发人员的自定义绘图需求,支持绘制形状、填充颜色、绘制文本、变形与裁剪、嵌入图片等。

动画是 UI 的重要元素之一，优秀的动画设计能够极大地提升用户体验。在动画方面，ArkUI 提供了丰富的动画能力，除了组件内置动画效果外，还包括属性动画、显式动画、自定义转场动画以及动画 API 等，鸿蒙开发人员可以通过封装的物理模型或者调用动画能力 API 来实现自定义动画轨迹。

交互事件是 UI 和用户交互的必要元素。在交互事件方面，ArkUI 提供了多种交互事件，除了触摸事件、鼠标事件、键盘按键事件、焦点事件等通用事件外，还包括基于通用事件进行进一步识别的手势事件。手势事件有单一手势如点击手势、长按手势、拖动手势、捏合手势、旋转手势、滑动手势，以及通过单一手势事件进行组合的组合手势事件。

2. 整体架构

图 10-2 展示了基于 ArkTS 的声明式开发范式整体架构。

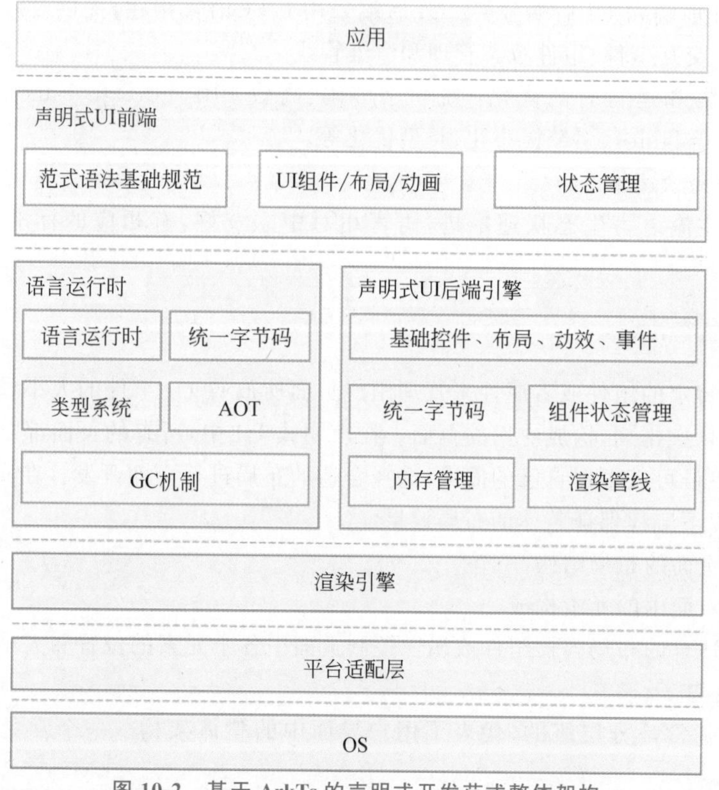

图 10-2　基于 ArkTs 的声明式开发范式整体架构

声明式 UI 前端提供了 UI 开发范式的基础语言规范，并提供内置的 UI 组件、布局和动画，提供了多种状态管理机制，为应用开发人员提供一系列接口支持。

选用的方舟语言运行时提供了针对 UI 范式语法的解析能力、跨语言调用支持的能力和 TS 语言高性能运行环境。

声明式 UI 后端引擎提供了兼容不同开发范式的 UI 渲染管线，提供多种基础组件、布局计算、动效、交互事件，提供了状态管理和绘制能力。

渲染引擎提供了高效的绘制能力，将渲染管线收集的渲染指令绘制到屏幕的能力。

平台适配层提供了对系统平台的抽象接口，具备接入不同系统的能力，如系统渲染管线、生命周期调度等。

3. 特点

基于以上 ArkUI 构建 HarmonyOS 应用 UI 所必需的能力和整体框架，ArkUI 所具有的特点如下。

1）开发效率高，开发体验好

代码简洁：通过接近自然语义的方式描述 UI，不必关心框架如何实现 UI 绘制和渲染。

数据驱动 UI 变化：让开发人员更专注自身业务逻辑的处理。当 UI 发生变化时，开发人员无须编写在不同的 UI 之间进行切换的 UI 代码，开发人员仅需要编写引起界面变化的数据，具体 UI 如何变化交给框架。

开发体验好：界面也是代码，让开发人员的编程体验得到提升。

2）性能优越

声明式 UI 前端和 UI 后端分层：UI 后端采用 C++ 语言构建，提供对应前端的基础组件、布局、动效、交互事件、组件状态管理和渲染管线。

语言编译器和运行时的优化：统一字节码、高效 FFI（Foreign Function Interface）、AOT（Ahead Of Time）、引擎极小化、类型优化等。

3）生态容易快速推进

能够借力主流语言生态快速推进，语言相对中立友好，有相应的标准组织可以逐步演进。

10.2.2 开发布局

布局指用特定的组件或者属性来管理用户页面所放置 UI 组件的大小和位置。组件按照布局的要求依次排列，构成应用的页面。在声明式 UI 中，所有的页面都是由自定义组件构成的，开发人员可以根据自己的需求，选择合适的布局进行页面开发。在实际的开发过程中，需要遵守以下流程保证整体的布局效果。

（1）确定页面的布局结构。

（2）分析页面中的元素构成。

（3）选用适合的布局容器组件或属性控制页面中各个元素的位置和大小约束。

1. 布局结构

布局结构通常是分层级的，代表了用户界面中的整体架构。一个常见的页面结构如图 10-3 所示。

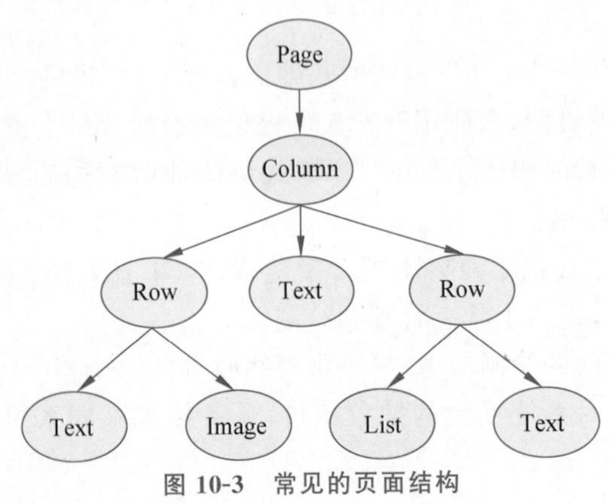

图 10-3 常见的页面结构

为实现图10-3所描绘的效果，开发人员需要在页面中声明对应的元素。其中，Page表示页面的根节点，Column/Row等元素为系统组件。针对不同的页面结构，ArkUI提供了不同的布局组件来帮助开发人员实现对应布局的效果，例如，Row用于实现线性布局等。

2. 布局元素的组成

布局相关的容器组件可形成对应的布局效果。例如，List组件可构成线性布局。图10-4展示了布局元素组成。组件区域表明组件的大小，width、height属性设置该区域的大小。组件内容区是组件区域大小减去组件的padding值，组件内容区大小会作为组件内容(或者子组件)进行大小测算时的布局测算限制。组件内容是组件内容本身占用的大小，如文本内容占用的大小。组件内容和组件内容区不一定匹配，如设置了固定的width和height，此时组件内容区大小就是设置的width和height减去padding值，但文本内容则是通过文本布局引擎测算后得到的大小，可能出现文本真实大小小于设置的组件内容区大小。当组件内容和组件内容区大小不一致时，align属性生效，定义组件内容在组件内容区的对齐方式，如居中对齐。组件通过margin属性设置外边距时，组件布局边界(虚线部分)就是组件区域加上margin的大小。

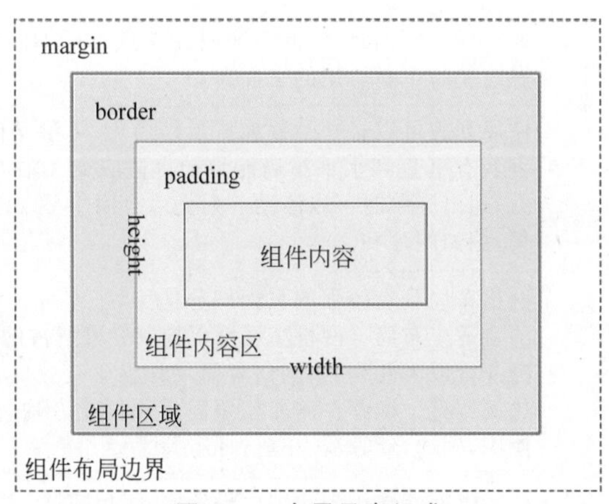

图10-4　布局元素组成

3. 选择布局

声明式UI提供了线性布局(Row、Column)、层叠布局(Stack)、弹性布局(Flex)、相对布局(RelativeContainer)、栅格布局(GridRow、GridCol)、媒体查询(@ohos.mediaquery)、列表(List)、网格(Grid)和轮播(Swiper)等常见布局，开发人员可根据实际应用场景选择合适的布局进行页面开发。具体各布局的应用场景如表10-1所示。

表10-1　声明式UI布局及应用

布局名称	布局组件	应用场景
线性布局	Row、Column	如果布局内子元素为复数个，且能够以某种方式线性排列时优先考虑此布局
层叠布局	Stack	组件需要有堆叠效果时优先考虑此布局，层叠布局的堆叠效果不会占用或影响其他同容器内子组件的布局空间。例如，Panel作为子组件弹出时将其他组件覆盖更为合理，则优先考虑在外层使用堆叠布局

续表

布局名称	布局组件	应用场景
弹性布局	Flex	弹性布局是与线性布局类似的布局方式。区别在于弹性布局默认能够使子组件压缩或拉伸。在子组件需要计算拉伸或压缩比例时优先使用此布局,可使得多个容器内子组件能有更好的视觉上的填充容器效果
相对布局	RelativeContainer	相对布局是在二维空间中的布局方式,不需要遵循线性布局的规则,布局方式更为自由。通过在子组件上设置锚点规则(AlignRules),子组件能够将自己在横轴、纵轴中的位置与容器或容器内其他子组件的位置对齐。设置的锚点规则可以天然支持子元素压缩、拉伸,堆叠或形成多行效果。在页面元素分布复杂或通过线性布局会使容器嵌套层数过深时推荐使用
栅格布局	GridRow、GridCol	栅格是多设备场景下通用的辅助定位工具,将空间分割为有规律的栅格。栅格不同于网格布局固定的空间划分,它可以实现不同设备下不同的布局,空间划分更随心所欲,从而显著降低适配不同屏幕尺寸的设计及开发成本,使得整体设计和开发流程更有秩序和节奏感,同时也保证多设备上应用显示的协调性和一致性,提升用户体验。推荐手机、大屏、平板等不同设备,内容相同但布局不同时使用
媒体查询	@ohos.mediaquery	媒体查询可根据不同设备类型或同设备不同状态修改应用的样式。例如,根据设备和应用的不同属性信息设计不同的布局,以及屏幕发生动态改变时更新应用的页面布局
列表	List	使用列表可以轻松高效地显示结构化、可滚动的信息。在 ArkUI 中,列表具有垂直和水平布局能力和自适应交叉轴方向上排列个数的布局能力,超出屏幕时可以滚动。列表适合用于呈现同类数据类型或数据类型集,例如图片和文本
网格	Grid	网格布局具有较强的页面均分能力、子组件占比控制能力,是一种重要的自适应布局。网格布局可以控制元素所占的网格数量,设置子组件横跨几行或者几列,当网格容器尺寸发生变化时,所有子组件以及间距等比例调整。推荐在需要按照固定比例或者均匀分配空间的布局场景下使用,例如,计算器、相册、日历等
轮播	Swiper	轮播组件通常用于实现广告轮播、图片预览、可滚动应用等

4. 布局位置

position、offset 等属性影响了布局容器相对于自身或其他组件的位置。具体的布局定位能力如表 10-2 所示。

表 10-2　声明式 UI 布局定位能力

定位能力	使用场景	实现方式
绝对定位	对于不同尺寸的设备,使用绝对定位的适应性会比较差,在屏幕的适配上有缺陷	使用 position 实现绝对定位,设置元素左上角相对于父容器左上角的偏移位置。在布局容器中,设置该属性不影响父容器布局,仅在绘制时进行位置调整
相对定位	相对定位不脱离文档流,即原位置依然保留,不影响元素本身的特性,仅相对于原位置进行偏移	使用 offset 可以实现相对定位,设置元素相对于自身的偏移量。设置该属性,不影响父容器布局,仅在绘制时进行位置调整

5. 对子元素的约束

对子元素的约束主要包括拉伸、缩放、占比和隐藏。具体的使用场景及实现方式如表 10-3 所示。

表 10-3　声明式 UI 对子元素的约束能力

对子元素的约束能力	使用场景	实现方式
拉伸	容器组件尺寸发生变化时，增加或减小的空间全部分配给容器组件内指定区域	flexGrow 和 flexShrink 属性：①flexGrow 基于父容器的剩余空间分配来控制组件拉伸。②flexShrink 设置父容器的压缩尺寸来控制组件拉伸
缩放	子组件的宽高按照预设的比例，随容器组件发生变化，且变化过程中子组件的宽高比不变	aspectRatio 属性指定当前组件的宽高比来控制缩放，公式为 aspectRatio＝width/height
占比	占比能力是指子组件的宽高按照预设的比例，随父容器组件发生变化	基于通用属性的两种实现方式： ① 将子组件的宽高设置为父组件宽高的百分比。 ② layoutWeight 属性，使得子元素自适应占满剩余空间
隐藏	隐藏能力是指容器组件内的子组件，按照其预设的显示优先级，随容器组件尺寸变化显示或隐藏，其中，相同显示优先级的子组件同时显示或隐藏	通过 displayPriority 属性来控制页面的显示和隐藏

6. 构建布局

本节选用线性布局(LinearLayout)示例如何构建布局。线性布局是开发中最常用的布局，通过线性容器 Row 和 Column 构建。线性布局是其他布局的基础，其子元素在线性方向上(水平方向和垂直方向)依次排列。线性布局的排列方向由所选容器组件决定，Column 容器内子元素按照垂直方向排列，如图 10-5 所示；Row 容器内子元素按照水平方向排列，如图 10-6 所示。根据不同的排列方向，开发人员可选择使用 Row 或 Column 容器创建线性布局。

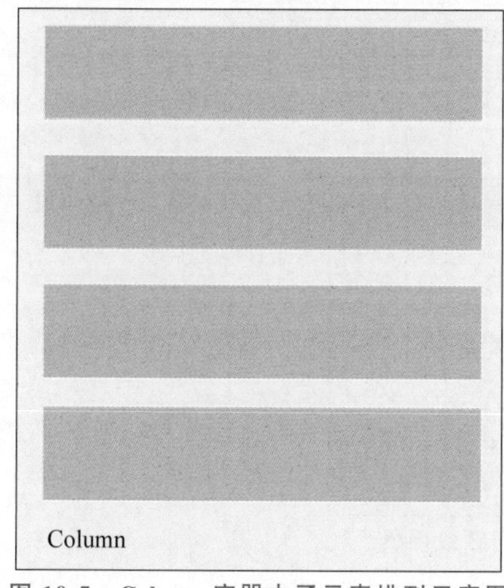

图 10-5　Column 容器内子元素排列示意图

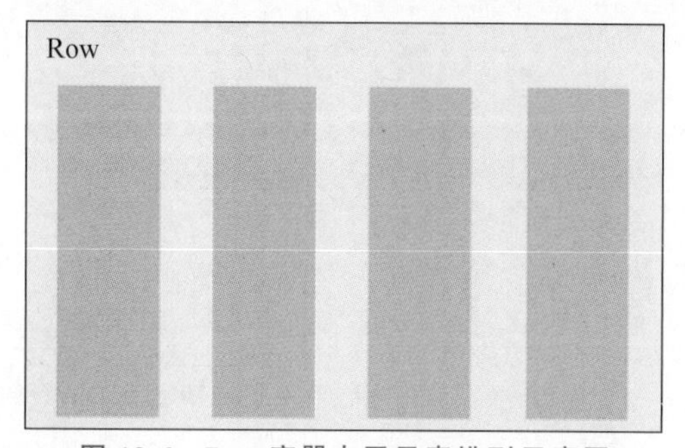

图 10-6　Row 容器内子元素排列示意图

布局容器是具有布局能力的容器组件，可以承载其他元素作为其子元素，布局容器会对其子元素进行尺寸计算和布局排列。而布局子元素是布局容器内部的元素。在布局容器内，可以通过 space 属性设置排列方向上子元素的间距，使各子元素在排列方向上有等间距效果。

以下代码片段中，Column 容器通过 space 属性设置了列方向上子元素的等距离间距为 20。实际效果如图 10-7 所示。

```
Column({ space: 20 }) {
  Text('space: 20').fontSize(15).fontColor(Color.Gray).width('90%')
  Row().width('90%').height(50).backgroundColor(0xF5DEB3)
  Row().width('90%').height(50).backgroundColor(0xD2B48C)
  Row().width('90%').height(50).backgroundColor(0xF5DEB3)
}.width('100%')
```

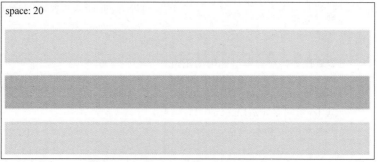

图 10-7 Column 容器设置间距效果图

以下代码片段中，Row 容器通过 space 属性设置了行方向上子元素的等距离间距为 35。实际效果如图 10-8 所示。

```
Row({ space: 35 }) {
  Text('space: 35').fontSize(15).fontColor(Color.Gray)
  Row().width('10%').height(150).backgroundColor(0xF5DEB3)
  Row().width('10%').height(150).backgroundColor(0xD2B48C)
  Row().width('10%').height(150).backgroundColor(0xF5DEB3)
}.width('90%')
```

图 10-8 Row 容器设置间距效果图

主轴是线性布局容器在布局方向上的轴线，子元素默认沿主轴排列。Row 容器主轴为横向，Column 容器主轴为纵向。而交叉轴是垂直于主轴方向的轴线。Row 容器交叉轴为纵向，Column 容器交叉轴为横向。在布局容器内，可以通过 alignItems 属性设置子元素在交叉轴上的对齐方式。且在各类尺寸屏幕中，表现一致。其中，交叉轴为垂直方向时，取值为 VerticalAlign 类型，水平方向取值为 HorizontalAlign。alignSelf 属性用于控制单个子元素在容器交叉轴上的对齐方式，其优先级高于 alignItems 属性，如果设置了 alignSelf 属性，则在单个子元素上会覆盖 alignItems 属性。以下代码片段中，Row 容器通过 alignItems 属性设置了子元素在垂直方向居中对齐。实际效果如图 10-9 所示。

```
Row({}) {
  Column() {
  }.width('20%').height(30).backgroundColor(0xF5DEB3)

  Column() {
  }.width('20%').height(30).backgroundColor(0xD2B48C)

  Column() {
  }.width('20%').height(30).backgroundColor(0xF5DEB3)
}.width('100%').height(200).alignItems(VerticalAlign.Center).backgroundColor
('rgb(242,242,242)')
```

图 10-9　子元素在垂直方向居中对齐

在布局容器内，也可以通过 justifyContent 属性设置子元素在容器主轴上的排列方式。可以从主轴起始位置开始排布，也可以从主轴结束位置开始排布，或者均匀分割主轴的空间。以下代码片段中，Column 容器的元素在主轴方向首端对齐，第一个元素与行首对齐，同时后续的元素与前一个对齐。实际效果如图 10-10 所示。

```
Column({}) {
  Column() {
  }.width('80%').height(50).backgroundColor(0xF5DEB3)

  Column() {
  }.width('80%').height(50).backgroundColor(0xD2B48C)

  Column() {
```

```
  }.width('80%').height(50).backgroundColor(0xF5DEB3)
}. width ( ' 100% ' ). height ( 300 ). backgroundColor ( ' rgb ( 242, 242, 242) ' ).
justifyContent(FlexAlign.Start)
```

图 10-10 Column 容器内子元素在主轴上的排列

Row 容器内子元素在主轴上的排列与 Column 容器内子元素在主轴上的排列类似。以下代码片段中，Row 容器的元素在主轴方向中心对齐，第一个元素与行首的距离与最后一个元素与行尾距离相同。实际效果如图 10-11 所示。

```
Row({}) {
  Column() {
  }.width('20%').height(30).backgroundColor(0xF5DEB3)

  Column() {
  }.width('20%').height(30).backgroundColor(0xD2B48C)

  Column() {
  }.width('20%').height(30).backgroundColor(0xF5DEB3)
}. width ( ' 100% ' ). height ( 200 ). backgroundColor ( ' rgb ( 242, 242, 242) ' ).
justifyContent(FlexAlign.Center)
```

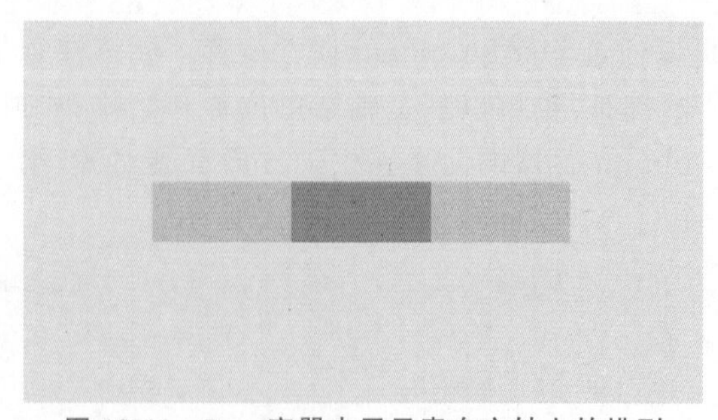

图 10-11 Row 容器内子元素在主轴上的排列

此外，在线性布局下，常用空白填充组件 Blank 在容器主轴方向自动填充空白空间，达到自适应拉伸效果。Row 和 Column 作为容器，只需要添加宽高为百分比，当屏幕宽高发生变化时，会产生自适应效果。

【例 10-1】　线性布局使用 Blank 组件。

```
//Index.ets
@Entry
@Component
struct BlankTest {
  build() {
    Column() {
      Row() {
        Text('WLAN').fontSize(18)
        Blank()
        Toggle({ type: ToggleType.Switch, isOn: true })
      }.backgroundColor(0xFFFFFF).borderRadius(15).padding({ left: 12 }).width
('100%')
    }.backgroundColor(0xEFEFEF).padding(20).width('100%')
  }
}
```

以上代码片段中,第 8 行添加了一个空白填充组件 Blank(),实现了在容器主轴方向自动填充空白空间,从而达到了自适应拉伸效果。具体效果分别如图 10-12 和图 10-13 所示。

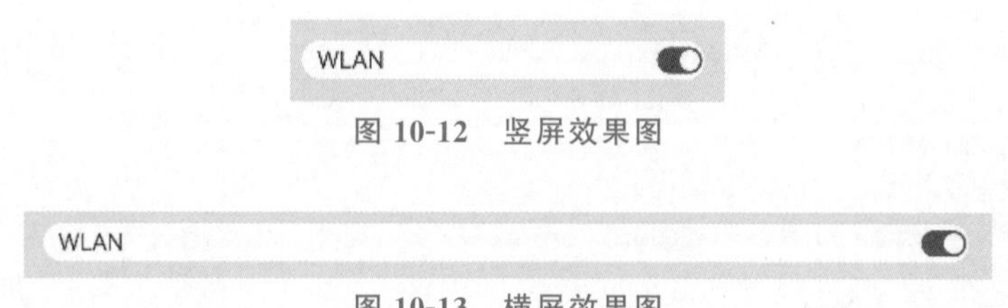

图 10-12　竖屏效果图

图 10-13　横屏效果图

在线性布局中,可以实现子组件随容器尺寸的变化而按照预设的比例自动调整尺寸,适应各种不同大小的设备,这种实现方式称为自适应缩放。实现自适应缩放的方式有以下两种。

(1) 父容器尺寸确定时,使用 layoutWeight 属性设置子组件和兄弟元素在主轴上的权重,忽略元素本身的尺寸设置,使它们在任意尺寸的设备下自适应占满剩余空间。

【例 10-2】　layoutWeight 属性设置子组件和兄弟元素在主轴上的权重。

```
//Index.ets
@Entry
@Component
struct layoutWeightExample {
  build() {
    Column() {
      Text('1:2:3').width('100%')
      Row() {
        Column() {
          Text('layoutWeight(1)')
            .textAlign(TextAlign.Center)
        }.layoutWeight(1).backgroundColor(0xF5DEB3).height('100%')

        Column() {
```

```
        Text('layoutWeight(2)')
          .textAlign(TextAlign.Center)
      }.layoutWeight(2).backgroundColor(0xD2B48C).height('100%')

      Column() {
        Text('layoutWeight(3)')
          .textAlign(TextAlign.Center)
      }.layoutWeight(3).backgroundColor(0xF5DEB3).height('100%')

    }.backgroundColor(0xffd306).height('30%')

    Text('2:5:3').width('100%')
    Row() {
      Column() {
        Text('layoutWeight(2)')
          .textAlign(TextAlign.Center)
      }.layoutWeight(2).backgroundColor(0xF5DEB3).height('100%')

      Column() {
        Text('layoutWeight(5)')
          .textAlign(TextAlign.Center)
      }.layoutWeight(5).backgroundColor(0xD2B48C).height('100%')

      Column() {
        Text('layoutWeight(3)')
          .textAlign(TextAlign.Center)
      }.layoutWeight(3).backgroundColor(0xF5DEB3).height('100%')
    }.backgroundColor(0xffd306).height('30%')
  }
 }
}
```

具体效果分别如图 10-14 和图 10-15 所示。

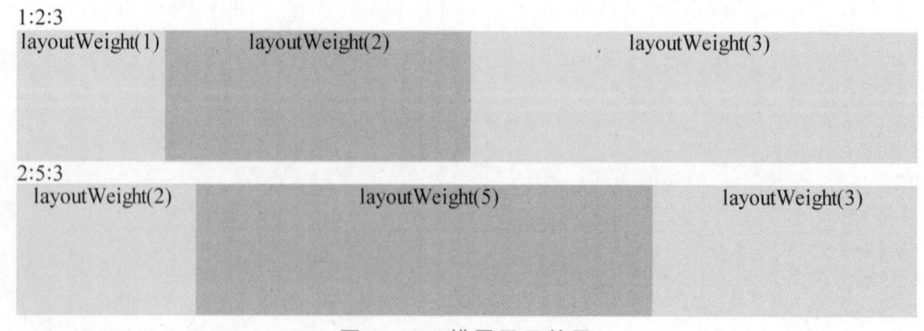

图 10-14 横屏显示效果

(2) 父容器尺寸确定时,使用百分比设置子组件和兄弟元素的宽度,使它们在任意尺寸的设备下保持固定的自适应占比。

【例 10-3】 使用百分比设置子组件和兄弟元素的宽度。

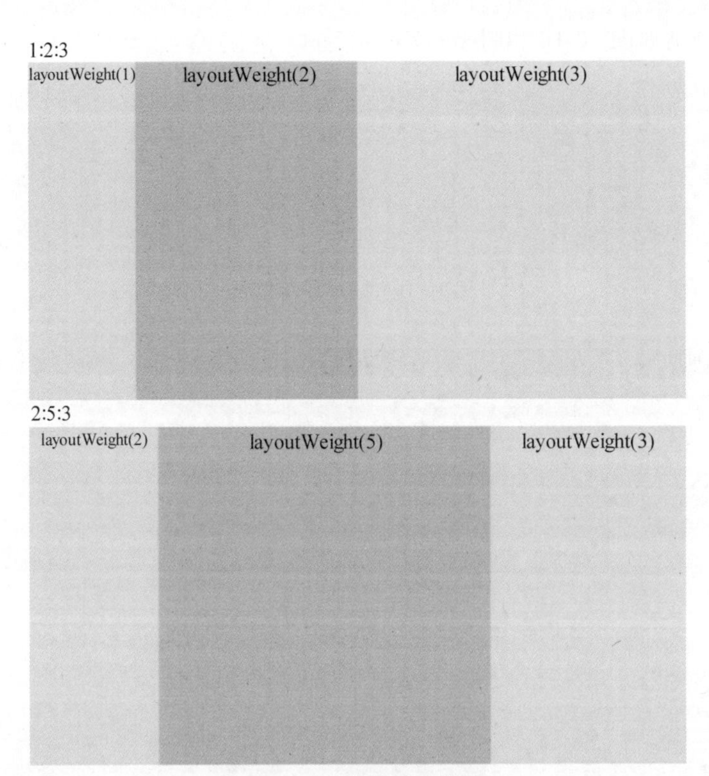

图 10-15　竖屏显示效果

```
//Index.ets
@Entry
@Component
struct WidthExample {
  build() {
    Column() {
      Row() {
        Column() {
          Text('left width 20%')
            .textAlign(TextAlign.Center)
        }.width('20%').backgroundColor(0xF5DEB3).height('100%')

        Column() {
          Text('center width 50%')
            .textAlign(TextAlign.Center)
        }.width('50%').backgroundColor(0xD2B48C).height('100%')

        Column() {
          Text('right width 30%')
            .textAlign(TextAlign.Center)
        }.width('30%').backgroundColor(0xF5DEB3).height('100%')
      }.backgroundColor(0xffd306).height('30%')
    }
  }
}
```

具体效果分别如图 10-16 和图 10-17 所示。

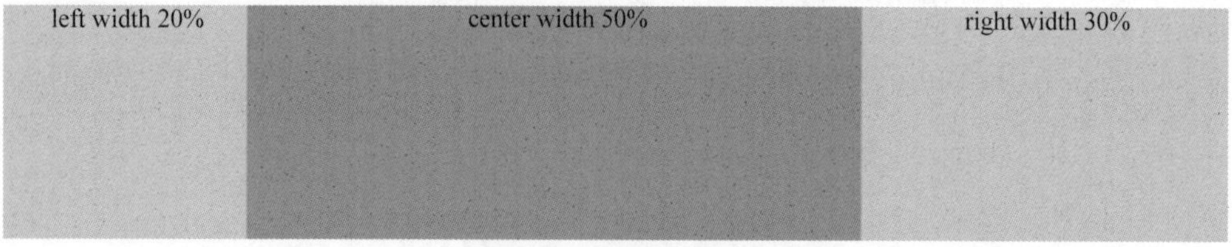

left width 20%　center width 50%　right width 30%

图 10-16　横屏显示效果

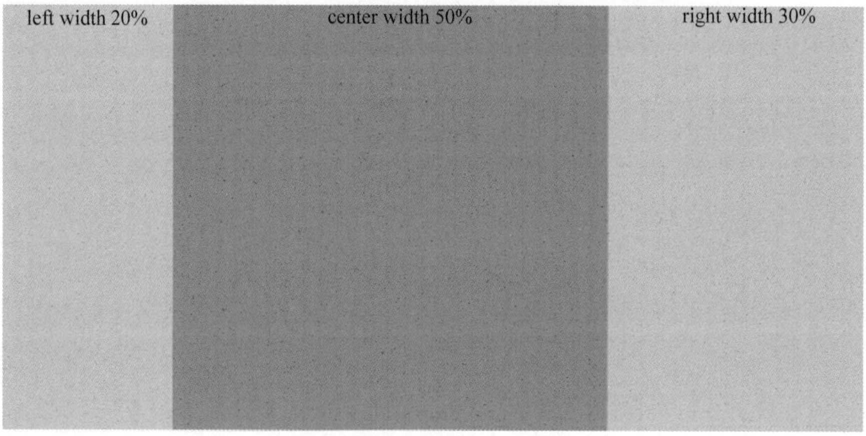

left width 20%　center width 50%　right width 30%

图 10-17　竖屏显示效果

在不同尺寸设备下，当页面的内容超出屏幕大小而无法完全显示时，可以通过滚动条进行拖动展示，这种实现方式称为自适应延伸。自适应延伸适用于线性布局中内容无法一屏展示的场景，通常有在 List 中添加滚动条和使用 Scroll 组件两种实现方式。在 List 中添加滚动条方式中，当 List 子项过多一屏放不下时，可以将每一项子元素放置在不同的组件中，通过滚动条进行拖动展示。可以通过 scrollBar 属性设置滚动条的常驻状态，edgeEffect 属性设置拖动到内容最末端的回弹效果。当一屏无法完全显示时，开发人员也可以在 Column 或 Row 组件的外层包裹一个可滚动的容器组件 Scroll 来实现可滑动的线性布局。

(1) 竖向布局中使用 Scroll 组件。

【例 10-4】 竖向布局中使用 Scroll 组件。

```
//Index.ets
@Entry
@Component
struct ScrollTest {
  scroller: Scroller = new Scroller();
  private arr: number[] = [0, 1, 2, 3, 4, 5, 6, 7, 8, 9];

  build() {
    Scroll(this.scroller) {
      Column() {
        ForEach(this.arr, (item?:number|undefined) => {
          if(item) {
```

```
            Text(item.toString())
              .width('90%')
              .height(150)
              .backgroundColor(0xFFFFFF)
              .borderRadius(15)
              .fontSize(16)
              .textAlign(TextAlign.Center)
              .margin({ top: 10 })
          }
        }, (item:number) => item.toString())
      }.width('100%')
    }
    .backgroundColor(0xDCDCDC)
    .scrollable(ScrollDirection.Vertical)        //滚动方向为垂直方向
    .scrollBar(BarState.On)                      //滚动条常驻显示
    .scrollBarColor(Color.Gray)                  //滚动条颜色
    .scrollBarWidth(10)                          //滚动条宽度
    .edgeEffect(EdgeEffect.Spring)               //滚动到边沿后回弹
  }
}
```

具体效果如图 10-18 所示。

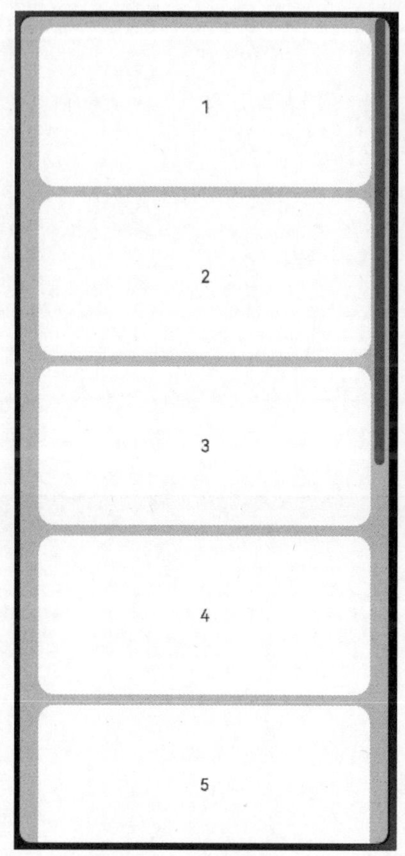

图 10-18　竖向布局中使用 Scroll 组件效果

（2）横向布局中使用 Scroll 组件。

【例 10-5】 横向布局中使用 Scroll 组件。

```
//Index.ets
@Entry
@Component
struct ScrollTest{
  scroller: Scroller = new Scroller();
  private arr: number[] = [0, 1, 2, 3, 4, 5, 6, 7, 8, 9];

  build() {
    Scroll(this.scroller) {
      Row() {
        ForEach(this.arr, (item?:number|undefined) => {
          if(item){
            Text(item.toString())
              .height('90%')
              .width(150)
              .backgroundColor(0xFFFFFF)
              .borderRadius(15)
              .fontSize(16)
              .textAlign(TextAlign.Center)
              .margin({ left: 10 })
          }
        })
      }.height('100%')
    }
    .backgroundColor(0xDCDCDC)
    .scrollable(ScrollDirection.Horizontal)     //滚动方向为水平方向
    .scrollBar(BarState.On)                     //滚动条常驻显示
    .scrollBarColor(Color.Gray)                 //滚动条颜色
    .scrollBarWidth(10)                         //滚动条宽度
    .edgeEffect(EdgeEffect.Spring)              //滚动到边沿后回弹
  }
}
```

具体效果如图 10-19 所示。

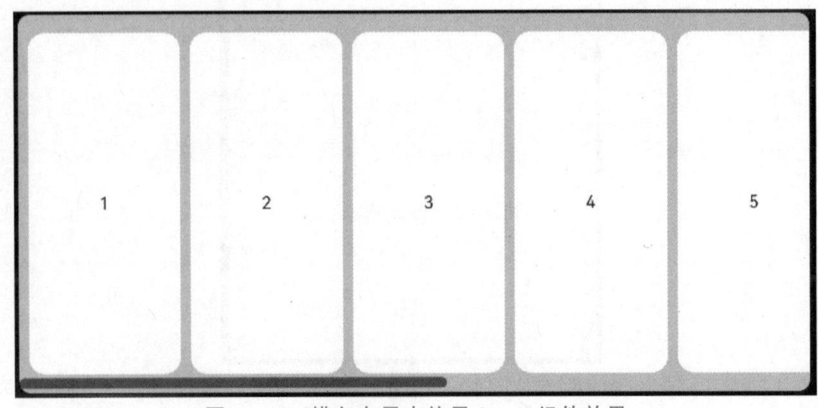

图 10-19　横向布局中使用 Scroll 组件效果

10.2.3　添加组件

1. 添加常用组件

1）按钮

Button 是按钮组件，通常用于响应用户的单击操作，其类型包括胶囊按钮、圆形按钮、普通按钮。Button 当作为容器使用时可以通过添加子组件实现包含文字、图片等元素的按钮。

如果创建不包含子组件的按钮，其格式如下。

```
Button(label?: string, options?: { type?: ButtonType, stateEffect?: boolean })
```

其中，label 用来设置按钮文字，type 用于设置 Button 类型，stateEffect 属性设置 Button 是否开启单击效果。

下面创建一个按钮文字为“OK”的普通按钮，该按钮开启单击效果，代码如下。

```
Button('Ok', { type: ButtonType.Normal, stateEffect: true })
  .borderRadius(8)
  .backgroundColor(0x317aff)
  .width(90)
  .height(40)
```

如果创建包含子组件的按钮，其格式如下。

```
Button(options?: {type?: ButtonType, stateEffect?: boolean})
```

其中，type 用于设置 Button 类型，stateEffect 属性设置 Button 是否开启单击效果。该接口只支持包含一个子组件，子组件可以是基础组件或者容器组件。

下面创建一个包含子组件的按钮，具体代码如下。

```
Button({ type: ButtonType.Normal, stateEffect: true }) {
  Row() {
    Image($r('app.media.loading')).width(20).height(40).margin({ left: 12 })
    Text('loading').fontSize(12).fontColor(0xffffff).margin({ left: 5, right:
12 })
  }.alignItems(VerticalAlign.Center)
}.borderRadius(8).backgroundColor(0x317aff).width(90).height(40)
```

上述代码中，新建的按钮包含一个 Row 子组件。该子组件包含两个组件，分别为 Image 组件和 Text 组件。最终效果如图 10-20 所示。

图 10-20　包含子组件的按钮

此外，按钮有三种可选择的类型，分别为 Capsule（胶囊按钮）、Circle（圆形按钮）和 Normal（普通按钮），可以通过 type 进行设置。其中，胶囊按钮为按钮的默认类型，此类型按钮的圆角自动设置为高度的一半。胶囊按钮和圆形按钮均不支持通过 borderRadius 属性重新设置圆角，普通按钮可以支持通过 borderRadius 属性重新设置圆角。

按钮可以由开发人员自定义样式,如设置边框弧度、设置文本样式、设置背景颜色、用作功能型按钮等。在设置边框弧度时,一般使用通用属性来自定义按钮样式,例如,通过borderRadius属性设置按钮的边框弧度。在设置文本样式时,可以通过添加文本样式设置按钮文本的展示样式。在设置背景颜色时,添加backgroundColor属性设置按钮的背景颜色。在用作功能型按钮时,可以为删除操作创建一个按钮,示例代码如下。

```
Button({ type: ButtonType.Circle, stateEffect: true }) {
  Image($r('app.media.ic_public_delete_filled')).width(30).height(30)
}.width(55).height(55).margin({ left: 20 }).backgroundColor(0xF55A42)
```

按钮效果如图10-21所示。

Button组件通常用于触发某些操作,可以绑定onClick事件来响应单击操作后的自定义行为。

```
Button('Ok', { type: ButtonType.Normal, stateEffect: true })
  .onClick(()=>{
    console.info('Button onClick')
  })
```

图10-21 删除按钮

上述代码片段中,新建一个普通样式的按钮,按钮文字显示为"OK",该按钮开启单击效果。当单击该按钮时,控制台会输出"Button onClick"。

2) 单选框

Radio是单选框组件,通常用于提供相应的用户交互选择项,同一组的Radio中只有一个可以被选中。

Radio通过调用接口来创建,接口调用形式如下。

```
Radio(options: {value: string, group: string})
```

该接口用于创建一个单选框,其中,value是单选框的名称,group是单选框的所属群组名称。

下面创建两个单选框,所属群组均为"radioGroup",单选框名称分别为"Radio1"和"Radio2",代码如下。

```
Radio({ value: 'Radio1', group: 'radioGroup' })
  .checked(false)
Radio({ value: 'Radio2', group: 'radioGroup' })
  .checked(true)
```

上述代码中,checked属性用于设置单选框的状态,状态分别为false和true。当设置为true时,表示单选框被选中。Radio仅支持选中(checked属性设置为true)和未选中(checked属性设置为false)两种样式,不支持自定义颜色和形状。

除支持通用事件外,Radio通常用于选中后触发某些操作,可以绑定onChange事件来响应选中操作后的自定义行为。

【例10-6】 Radio组件绑定onChange事件。

```
//Index.ets
import promptAction from '@ohos.promptAction';

@Entry
@Component
struct RadioTest {
  build() {
    Row() {
      Column() {
        Radio({ value: 'Radio01', group: 'radGroup' }).checked(true)
          .height(50)
          .width(50)
          .onChange((isChecked: boolean) => {
            if(isChecked) {
              //切换为响铃模式
              promptAction.showToast({ message: 'It is ringing mode.' })
            }
          })
        Text('Ring')
      }
      Blank()
      Column() {
        Radio({ value: 'Radio02', group: 'radGroup' })
          .height(50)
          .width(50)
          .onChange((isChecked: boolean) => {
            if(isChecked) {
              //切换为振动模式
              promptAction.showToast({ message: 'It is vibration mode.' })
            }
          })
        Text('Vib')
      }
    }.height('100%').width('100%').justifyContent(FlexAlign.Center)
  }
}
```

上述代码片段中，分别为“Radio01”和“Radio02”添加了 onChange 事件，实现了通过单击 Radio 切换声音模式的效果示例。当单击 Radio01 单选框时，模拟声音模式切换为“响铃模式”并弹出“It is ringing mode”的提示信息；当单击 Radio02 单选框时，模拟声音模式切换为“振动模式”，并弹出“It is vibration mode”的提示信息。

3）切换按钮

Toggle 组件提供状态按钮样式、勾选框样式及开关样式，一般用于两种状态之间的切换。

Toggle 通过调用接口来创建，接口调用形式如下。

```
Toggle(options: { type: ToggleType, isOn?: boolean })
```

该接口用于创建切换按钮，其中，ToggleType 为开关类型，包括 Button、Checkbox 和 Switch，isOn 为切换按钮的状态。

如果创建不包含子组件的 Toggle，则 ToggleType 可以选择为 Checkbox 或 Switch。具体代码示例如下。

```
Toggle({ type: ToggleType.Checkbox, isOn: false })
Toggle({ type: ToggleType.Checkbox, isOn: true })
Toggle({ type: ToggleType.Switch, isOn: false })
Toggle({ type: ToggleType.Switch, isOn: true })
```

上述代码效果如图 10-22 所示。

如果创建包含子组件的 Toggle，则 ToggleType 可以选择为 Button。此时只能包含一个子组件，如果子组件有文本设置，则相应的文本内容会显示在按钮内部。

```
Toggle({ type: ToggleType.Button, isOn: false }) {
  Text('status button')
    .fontColor('#182431')
    .fontSize(12)
}.width(100)
Toggle({ type: ToggleType.Button, isOn: true }) {
  Text('status button')
    .fontColor('#182431')
    .fontSize(12)
}.width(100)
```

上述代码的效果如图 10-23 所示。

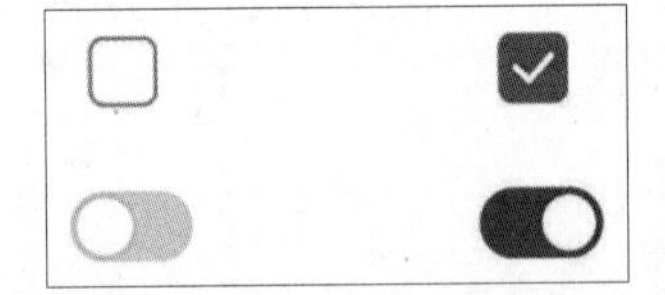

图 10-22　不包含子组件的 Toggle 效果

status button　　status button

图 10-23　包含子组件的 Toggle 效果

切换按钮 Toggle 可以由开发人员自定义样式，如设置选中后的背景颜色、Switch 类型的圆形滑块颜色等。在设置选中后的背景颜色时，通常使用 selectedColor 属性进行设置。而设置 Switch 类型的圆形滑块颜色时，通常使用 switchPointColor 属性进行设置，且该属性仅对 type 为 ToggleType.Switch 是生效的。

除支持通用事件外，Toggle 通常用于选中和取消选中后触发某些操作，可以绑定 onChange 事件来响应操作后的自定义行为。

【例 10-7】 Toggle 组件绑定 onChange 事件。

```
//Index.ets
import promptAction from '@ohos.promptAction';

@Entry
@Component
```

```
struct ToggleTest {
  build() {
    Column() {
      Row() {
        Text("Wi-Fi Mode")
          .height(50)
          .fontSize(16)
      }
      Row() {
        Text("Wi-Fi")
          .height(50)
          .padding({left: 10})
          .fontSize(16)
          .textAlign(TextAlign.Start)
          .backgroundColor(0xFFFFFF)
        Toggle({ type: ToggleType.Switch })
          .margin({left: 200, right: 10})
          .onChange((isOn: boolean) => {
            if(isOn) {
              promptAction.showToast({ message: 'Bluetooth turned on.' })
            } else {
              promptAction.showToast({ message: 'Bluetooth turned off.' })
            }
          })
      }
      .backgroundColor(0xFFFFFF)
    }
    .padding(10)
    .backgroundColor(0xDCDCDC)
    .width('100%')
    .height('100%')
  }
}
```

以上代码片段中，新建了一个Switch类型的Toggle组件，实现了通过单击Toggle切换Wi-Fi开关状态的效果示例。当单击Toggle切换按钮时，模拟打开或关闭Wi-Fi开关，并分别弹出“Bluetooth turned on.”和“Bluetooth turned off.”的提示信息。

4) 进度条

Progress是进度条显示组件，显示内容通常为某次目标操作的当前进度。

Progress通过调用接口来创建，接口调用形式如下。

```
Progress(options: {value: number, total?: number, type?: ProgressType})
```

该接口用于创建type样式的进度条，其中，value用于设置初始进度值，total用于设置进度总长度，type决定Progress样式。

Progress有5种可选类型(即type的样式有5种)，在创建时通过设置ProgressType枚举类型给type可选项指定Progress类型。其分别为ProgressType.Linear(线性样式)、

ProgressType.Ring（环形无刻度样式）、ProgressType.ScaleRing（环形有刻度样式）、ProgressType.Eclipse（圆形样式）和 ProgressType.Capsule（胶囊样式）。

以下代码示例了一个类型为 Eclipse（圆形样式）的进度条，演示了例如应用安装等的当前进度更新。

【例 10-8】 Progress 组件使用示例。

```
//Index.ets
@Entry
@Component
struct ProgressCapsuleTest {
  @State progressValue: number = 0                    //设置进度条初始值为 0

  build() {
    Column() {
      //添加了一个圆形样式类型的进度条
      Progress({ value: 0, total: 100, type: ProgressType.Eclipse }).width(200).
height(50)
        .style({ strokeWidth: 50 }).value(this.progressValue)
      Row().width('100%').height(5)
      Button("进度条+7")
        .onClick(() => {
          this.progressValue += 7
          if (this.progressValue > 100) {
            this.progressValue = 0
          }
        })
    }.width('100%').height('100%')
  }
}
```

上述代码片段中，实现了每单击一次 Button，progressValue 的值增加 7，Progress 组件的.value()属性将 progressValue 设置给 Progress 组件，进度条组件即会触发刷新，更新当前进度。

5）文本输入

TextInput、TextArea 是输入框组件，通常用于响应用户的输入操作，如评论区的输入、聊天框的输入、表格的输入等，也可以结合其他组件构建功能页面，例如，登录或注册页面、信息录入页面等。

TextInput 为单行输入框，TextArea 为多行输入框，分别通过如下接口来创建。TextArea 多行输入框中输入的文字超出一行时会自动折行。

```
TextInput(value?:{placeholder?: ResourceStr, text?: ResourceStr, controller?:
TextInputController})
TextArea(value?:{placeholder?: ResourceStr, text?: ResourceStr, controller?:
TextAreaController})
```

TextInput 有 5 种可选类型，通过 type 属性进行设置，分别是：Normal 基本输入模式、

Password 密码输入模式、Email 邮箱地址输入模式、Number 纯数字输入模式、PhoneNumber 电话号码输入模式。其中，默认类型为基本输入模式。

如果想要新建一个样式为密码输入模式的单行输入框，代码片段如下。

```
TextInput()
  .type(InputType.Password)
```

上述代码片段的效果如图 10-24 所示。

图 10-24　密码输入模式的单行输入框效果

文本输入框可以由开发人员自定义样式，如设置无输入时的提示文本、设置输入框当前的文本内容、改变输入框的背景颜色等。

```
TextInput({placeholder:'我是提示文本',text:'我是当前文本内容'})
  .backgroundColor(Color.Pink)
```

上述代码片段中，placeholder 中设置了单行输入框在无输入时的提示文本为“我是提示文本”，text 中设置了单行输入框的当前文本内容为“我是当前文本内容”，通过 backgroundColor 属性将该单行输入框的背景颜色更改为 Color.Pink。

文本输入框主要用于获取用户输入的信息，把信息处理成数据后传送至后台服务器执行下一步操作，绑定 onChange 事件可以获取输入框内改变的内容。用户也可以使用通用事件来进行相应的交互操作。

【例 10-9】　TextInput 单行输入框使用示例。

```
//Index.ets
@Entry
@Component
struct TextInputSample {
  build() {
    Column() {
      TextInput({ placeholder: 'input your username' }).margin({ top: 20 })
        .onSubmit((EnterKeyType)=>{
          console.info(EnterKeyType+'输入法 Enter 键的类型值')
        })
       TextInput ({ placeholder: ' input your password ' }). type (InputType.
Password).margin({ top: 20 })
        .onSubmit((EnterKeyType)=>{
          console.info(EnterKeyType+'输入法 Enter 键的类型值')
        })
      Button('Sign in').width(150).margin({ top: 20 })
    }.padding(20)
  }
}
```

上述代码片段示例了 TextInput 单行输入框用于表单的提交，用户登录/注册页面使用输入框，完成用户的登录或注册的输入操作。新建了两个单行输入框，在无输入时显示的提示文本分别为“input your username”和“input your password”，第 1 个输入框的类型为基本输入模式，第 2 个输入框的类型为密码输入模式。

6）自定义弹窗

自定义弹窗（CustomDialog）可用于广告、中奖、警告、软件更新等与用户交互响应操作。开发人员可以通过 CustomDialogController 类显示自定义弹窗。

创建自定义弹窗的步骤如下。

第 1 步：使用@CustomDialog 装饰器装饰自定义弹窗，装饰器内的内容（即弹框内容）需开发人员自行定义。

```
@CustomDialog
struct DialogExample {
  controller: CustomDialogController = new CustomDialogController({
    builder: DialogExample({}),
  })

  build() {
    Column() {
      Text('显示内容')
        .fontSize(20)
        .margin({ top: 10, bottom: 10 })
    }
  }
}
```

第 2 步：创建构造器，与装饰器呼应相连。

```
@Entry
@Component
struct CustomDialogUser {
  dialogController: CustomDialogController = new CustomDialogController({
    builder: DialogExample(),
  })

  build() {
  }
}
```

第 3 步：单击与 onClick 事件绑定的组件，使得弹窗弹出。

```
Button('click me')
    .onClick(() => {
      this.dialogController.open()
    })
}.width('100%').margin({ top: 5 })
```

将以上代码片段添加至 CustomDialogUser 自定义组件的 build()函数中，完成单击与 onClick 事件绑定的组件。当单击名称为“click me”的按钮时，对话框弹出，显示的内容为“显示内容”。

此外,弹窗还可以用于数据交互,完成用户一系列响应操作。步骤如下。

第 1 步:在@CustomDialog 装饰器内添加按钮,同时添加数据函数。

```
@CustomDialog
struct DialogExample {
  cancel?: () => void
  confirm?: () => void
  controller: CustomDialogController

  build() {
    Column() {
      Text('显示内容').fontSize(20).margin({ top: 10, bottom: 10 })
      Flex({ justifyContent: FlexAlign.SpaceAround }) {
        Button('取消')
          .onClick(() => {
            this.controller.close()
            if (this.cancel) {
              this.cancel()
            }
          }).backgroundColor(0xffffff).fontColor(Color.Black)
        Button('确认')
          .onClick(() => {
            this.controller.close()
            if (this.confirm) {
              this.confirm()
            }
          }).backgroundColor(0xffffff).fontColor(Color.Red)
      }.margin({ bottom: 10 })
    }
  }
}
```

以上代码片段中,@CustomDialog 修饰 CustomDialogExample 结构体,实现了弹窗的自定义,并且在该弹窗中自行定义了一个文本组件显示内容为"显示内容")和两个按钮(名称分别为"取消"和"确认")。

第 2 步:页面内需要在构造器内进行接收,同时创建相应的函数操作。

```
@Entry
@Component
struct CustomDialogUser {
  dialogController: CustomDialogController = new CustomDialogController({
    builder: DialogExample({
      cancel: ()=> { this.onCancel() },
      confirm: ()=> { this.onAccept() },
    }),
  })

  onCancel() {
    console.info('Callback when the left button is clicked')
```

```
  }

  onAccept() {
    console.info('Callback when the right button is clicked')
  }

  build() {
    Column() {
      Button('click me')
        .onClick(() => {
          this.dialogController.open()
        })
    }.width('100%').margin({ top: 5 })
  }
}
```

执行上述示例代码，单击页面中的 click me 按钮后，在页面底部弹出“显示内容”弹窗。弹窗中除了包含“显示内容”文本组件外，还包含“取消”按钮和“确认”按钮。单击“取消”按钮后，弹窗关闭，控制台显示了“Callback when the left button is clicked”；单击“确认”按钮后，控制台显示了“Callback when the right button is clicked”。

7）视频播放

Video 组件用于播放视频文件并控制其播放状态，通常使用 Video 组件开发短视频类 App、App 内部的视频列表页面。当视频完整出现时会自动播放，用户单击视频区域则会暂停播放，同时显示播放进度条，通过拖动播放进度条指定视频播放到具体位置。

Video 通过调用接口来创建，接口调用形式如下。

```
Video(value: {src?: string | Resource, currentProgressRate?: number | string |
PlaybackSpeed, previewUri?: string | PixelMap | Resource, controller?:
VideoController})
```

该接口用于创建视频播放组件。其中，src 指定视频播放源的路径，currentProgressRate 用于设置视频播放倍速，previewUri 指定视频未播放时的预览图片路径，controller 设置视频控制器，用于自定义控制视频。

Video 组件支持加载本地视频、沙箱路径视频和网络视频。加载本地视频时，如果是普通本地视频，需要首先在本地 rawfile 目录指定对应的文件，再使用资源访问符 $rawfile() 引用视频资源。如果是 Data Ability 提供的视频，则路径带有 dataability://前缀，使用时确保对应视频资源存在即可。加载沙箱路径视频时，支持 file:///data/storage 路径前缀的字符串，用于读取应用沙箱路径内的资源。需要保证应用沙箱目录路径下的文件存在并且有可读权限。加载网络视频时，需要申请权限 ohos.permission.INTERNET，Video 的 src 属性为网络视频的链接。

以加载普通本地视频为例，示例代码如下。

```
@Component
export struct VideoPlayer{
```

```
  private controller:VideoController | undefined;
  private previewUris: Resource = $r ('app.media.preview');
  private innerResource: Resource = $rawfile('videoTest.mp4');
  build(){
    Column() {
      Video({
        src: this.innerResource,
        previewUri: this.previewUris,
        controller: this.controller
      })
    }
  }
}
```

以上代码片段示例了加载普通本地视频的方式，此时要求在程序目录的 resources 目录下的 rawfile 文件夹中有一个名为 videoTest.mp4 的视频文件。

为了能够设置视频的播放形式，Video 组件有许多可以设置播放形式的属性，例如，可以设置视频播放是否静音、播放时是否显示控制条等。

```
@Component
export struct VideoPlayer {
  private controller: VideoController | undefined;

  build() {
    Column() {
      Video({
        controller: this.controller
      })
        .muted(false)                    //设置是否静音
        .controls(false)                 //设置是否显示默认控制条
        .autoPlay(false)                 //设置是否自动播放
        .loop(false)                     //设置是否循环播放
        .objectFit(ImageFit.Contain)     //设置视频适配模式
    }
  }
}
```

以上示例代码中，通过 muted 属性可以设置 Video 组件是否静音，controls 属性可以设置 Video 组件是否显示默认控制条，autoPlay 属性可以设置 Video 组件是否自动播放，loop 属性可以设置 Video 组件是否循环播放，objectFit 属性可以设置 Video 组件的视频适配模式。

Video 组件回调事件主要为播放开始、暂停结束、播放失败、视频准备和操作进度条等事件，除此之外，Video 组件也支持通用事件的调用，如单击、触摸等事件的调用。

【例 10-10】 Video 组件加载普通本地视频示例。

```
//Index.ets
@Entry
```

```
@Component
struct VideoTest{
  private controller:VideoController | undefined;
  private previewUris: Resource = $r ('app.media.preview');
  private innerResource: Resource = $rawfile('videoTest.mp4');
  build(){
    Column() {
      Video({
        src: this.innerResource,
        previewUri: this.previewUris,
        controller: this.controller
      })
        .onUpdate((event) => {                              //更新事件回调
          console.info("Video update.");
        })
        .onPrepared((event) => {                            //准备事件回调
          console.info("Video prepared.");
        })
        .onError(() => {                                    //失败事件回调
          console.info("Video error.");
        })
    }
  }
}
```

以上示例代码示例了加载普通本地视频的方式，此时要求在程序目录的 resources 目录下的 rawfile 文件夹中有一个名为 videoTest.mp4 的视频文件。该示例代码添加了三个事件，其中，onUpdate 是在播放进度变化时触发该事件，单位为 s；onPrepared 是视频准备完成时触发该事件，单位为 s；onError 是播放失败时触发该事件。

Video 组件已经封装好了视频播放的基础能力，开发人员无须进行视频实例的创建、视频信息的设置获取，只需要设置数据源以及基础信息即可播放视频，相对扩展能力较弱。

8）XComponent

XComponent 组件作为一种绘制组件，通常用于满足开发人员较为复杂的自定义绘制需求，例如，相机预览流的显示和游戏画面的绘制。其可通过指定其 type 字段来实现不同的功能，主要有 “surface”和“component”两个字段可供选择。对于“surface”类型，开发人员可将相关数据传入 XComponent 单独拥有的“surface”来渲染画面。对于“component”类型则主要用于实现动态加载显示内容的目的。

2. 添加气泡和菜单

1）气泡提示

Popup 属性可绑定在组件上显示气泡弹窗提示，设置弹窗内容、交互逻辑和显示状态。主要用于屏幕录制、信息弹出提醒等显示状态。

气泡分为两种类型：一种是系统提供的气泡 PopupOptions，通过配置 primaryButton、secondaryButton 来设置带按钮的气泡；另一种是开发人员可以自定义的气泡 CustomPopupOptions，通过配置 builder 参数来设置自定义的气泡。

```
      Button('CustomPopupOptions')
        .position({x:100,y:200})
        .onClick(() => {
          this.customPopup = !this.customPopup
        })
        .bindPopup(this.customPopup, {
          builder: this.popupBuilder,                    //气泡的内容
          placement:Placement.Bottom,                    //气泡的弹出位置
          popupColor:Color.Pink                          //气泡的背景色
        })
    }
    .height('100%')
  }
}
```

2）菜单

Menu 是菜单接口，一般用于鼠标右键弹窗、单击弹窗等。

调用 bindMenu 接口可以实现创建默认样式的菜单。bindMenu 响应绑定组件的单击事件，绑定组件后手势单击对应组件后即可弹出。

```
Button('click for Menu')
  .bindMenu([
    {
      value: 'Menu1',
      action: () => {
        console.info('handle Menu1 select')
      }
    }
  ])
```

以上示例代码片段展示了为 Button 绑定了一个 bindMenu 事件，当单击 Button 时会弹出一个默认样式的菜单，该菜单只有一个 Meun1 选项。单击该选项，控制台输出“handle Menu1 select”。具体效果如图 10-28 所示。

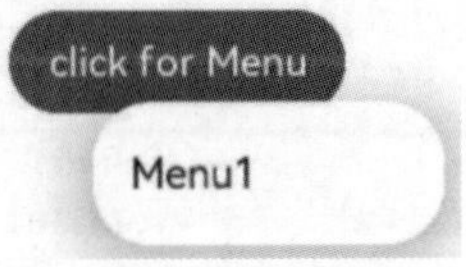

图 10-28　默认样式菜单效果图

当默认样式不满足开发需求时，可使用@Builder 自定义菜单内容。可通过 bindMenu 接口进行菜单的自定义。以下代码片段示例了如何自定义菜单。首先使用@Builder 开发菜单内的内容，然后通过 bindMenu 属性将该自定义菜单绑定至相关组件上。

（1）@Builder 开发菜单内的内容。

```
class Tmp {
  iconStr2: ResourceStr = $r("app.media.view_list_filled")

  set(val: Resource) {
    this.iconStr2 = val
  }
```

```
}

//程序入口
@Entry
@Component
struct Index {
  @State select: boolean = true
  private iconStr: ResourceStr = $r("app.media.view_list_filled")
  private iconStr2: ResourceStr = $r("app.media.view_list_filled")

  @Builder
  SubMenu() {
    Menu() {
      MenuItem({ content: "复制", labelInfo: "Ctrl+C" })
      MenuItem({ content: "粘贴", labelInfo: "Ctrl+V" })
    }
  }

  @Builder
  MenuTest() {
    Menu() {
      MenuItem({ startIcon: $r("app.media.icon"), content: "菜单选项" })
      MenuItem({ startIcon: $r("app.media.icon"), content: "菜单选项" }).enabled
(false)
      MenuItem({
        startIcon: this.iconStr,
        content: "菜单选项",
        endIcon: $r("app.media.arrow_right_filled"),
        //当 builder 参数进行配置时,表示与 menuItem 项绑定了子菜单。鼠标 hover 在该菜
//单项时,会显示子菜单
        builder: this.SubMenu
      })
      MenuItemGroup({ header: '小标题' }) {
        MenuItem({ content: "菜单选项" })
          .selectIcon(true)
          .selected(this.select)
          .onChange((selected) => {
            console.info("menuItem select" + selected);
            let Str: Tmp = new Tmp()
            Str.set($r("app.media.icon"))
          })
        MenuItem({
          startIcon: $r("app.media.view_list_filled"),
          content: "菜单选项",
          endIcon: $r("app.media.arrow_right_filled"),
          builder: this.SubMenu
        })
      }

      MenuItem({
```

```
          startIcon: this.iconStr2,
          content: "菜单选项",
          endIcon: $r("app.media.arrow_right_filled")
        })
      }
    }

    build() {
      //…
    }
  }
```

（2）bindMenu 属性绑定组件。

```
Button('click for Menu')
  .bindMenu(this.MenuTest)
```

将以上代码片段放至 Index 自定义组件的 build 函数内，实现为应用程序添加一个名称为“click for Menu”的按钮。

程序运行后，当单击页面中的按钮后，弹出弹框。最终的效果如图 10-29 所示。

如果让上述自定义的菜单支持右击或长按操作，可以通过 bindContextMenu 接口进行菜单的自定义及菜单弹出的触发方式，使用 bindContextMenu 弹出的菜单项是在独立子窗口内的，可显示在应用窗口外部。例如，为上述自定义菜单添加支持右键弹出菜单，则需要改写第(2)步(bindMenu 属性绑定组件)的代码，将其代码修改如下。

图 10-29　自定义菜单效果图

```
Button('click for Menu')
  .bindContextMenu(this.MenuTest, ResponseType.RightClick)
```

10.2.4　设置页面路由和组件导航

1. 页面路由

页面路由指在应用程序中实现不同页面之间的跳转和数据传递。HarmonyOS 提供了 Router 模块，通过不同的 URL 地址，可以方便地进行页面路由，轻松地访问不同的页面。

在使用页面路由 Router 相关功能之前，需要在代码中先导入 Router 模块。导入代码如下。

```
import router from '@ohos.router';
import { BusinessError } from '@ohos.base';
import promptAction from '@ohos.promptAction';
```

1）页面跳转

页面跳转是开发过程中的一个重要组成部分。在使用应用程序时，通常需要在不同的页面之间跳转，有时还需要将数据从一个页面传递到另一个页面。

Router 模块提供了两种跳转模式，分别是 router.pushUrl()和 router.replaceUrl()。这两种模式决定了目标页是否会替换当前页。router.pushUrl()跳转模式下，目标页不会替换当前页，而是压入页面栈(页面栈的最大容量为 32 个页面。如果超过这个限制，可以调用 router.clear()方法清空历史页面栈，释放内存空间)。这样可以保留当前页的状态，并且可以通过返回键或者调用 router.back()方法返回到当前页。router.replaceUrl()跳转模式下，目标页会替换当前页，并销毁当前页。这样可以释放当前页的资源，并且无法返回到当前页。

同时，Router 模块提供了两种实例模式，分别是 Standard 和 Single。这两种模式决定了目标 URL 是否会对应多个实例。Standard 是标准实例模式，也是默认情况下的实例模式。每次调用该方法都会新建一个目标页，并压入栈顶。Single 是单实例模式。即如果目标页的 URL 在页面栈中已经存在同 URL 页面，则离栈顶最近的同 URL 页面会被移动到栈顶，并重新加载；如果目标页的 URL 在页面栈中不存在同 URL 页面，则按照标准模式跳转。

(1) 不带参数传递的页面跳转的应用场景。

场景 1：有两个页面，分别为主页(Home)和详情页(Detail)，其中，主页中展示的是商品的列表，而详情页中是每个商品的详细信息。我们希望从主页中选择一个商品并单击，跳转到详情页。同时，需要保留主页在页面栈中，以便返回时恢复状态。在这种场景下，可以使用 pushUrl()方法，并且使用 Standard 实例模式(或者省略)。具体的 Home 页面的示例代码如下。

```
//在 Home 页面中
function onJumpClick(): void {
  router.pushUrl({
    url: 'pages/Detail'                                   //目标 URL
  }, router.RouterMode.Standard, (err) => {
    if (err) {
      console.error(`Invoke pushUrl failed, code is ${err.code}, message is
${err.message}`);
      return;
    }
    console.info('Invoke pushUrl succeeded.');
  });
}
```

场景 2：有两个页面，分别为登录页(Login)和个人中心页(Profile)，我们希望从登录页成功登录后，跳转到个人中心页。同时，登录成功后销毁登录页，在返回时直接退出应用。在这种场景下，可以使用 replaceUrl()方法，并且使用 Standard 实例模式(或者省略)。具体的 Login 页面的示例代码如下。

```
//在 Login 页面中
function onJumpClick(): void {
```

```
    router.replaceUrl({
      url: 'pages/Profile'                                    //目标 URL
    }, router.RouterMode.Standard, (err) => {
      if (err) {
        console.error(`Invoke replaceUrl failed, code is ${err.code}, message is
${err.message}`);
        return;
      }
      console.info('Invoke replaceUrl succeeded.');
    })
  }
```

场景 3：有两个页面，分别为设置页(Setting)和主题切换页(Theme)，我们希望从设置页单击主题选项，跳转到主题切换页。同时，需要保证每次只有一个主题切换页存在于页面栈中，在返回时直接回到设置页。在这种场景下，可以使用 pushUrl()方法，并且使用 Single 实例模式。具体的 Setting 页面的示例代码如下。

```
//在 Setting 页面中
function onJumpClick(): void {
  router.pushUrl({
    url: 'pages/Theme'                                    //目标 url
  }, router.RouterMode.Single, (err) => {
    if (err) {
      console.error(`Invoke pushUrl failed, code is ${err.code}, message is
${err.message}`);
      return;
    }
    console.info('Invoke pushUrl succeeded.');
  });
}
```

场景 4：有两个页面，分别为搜索结果列表页(SearchResult)和搜索结果详情页(SearchDetail)，我们希望从搜索结果列表页单击某一项结果，跳转到搜索结果详情页。同时，如果该结果已经被查看过，则不需要再新建一个详情页，而是直接跳转到已经存在的详情在页。在这种场景下，可以使用 replaceUrl()方法，并且使用 Single 实例模式。具体的 SearchResult 页面的示例代码如下。

```
//在 SearchResult 页面中
function onJumpClick(): void {
  router.replaceUrl({
    url: 'pages/SearchDetail'                                    //目标 RUL
  }, router.RouterMode.Single, (err) => {
    if (err) {
      console.error(`Invoke replaceUrl failed, code is ${err.code}, message is
${err.message}`);
      return;
    }
```

```
    console.info('Invoke replaceUrl succeeded.');})
}
```

以上 4 个应用场景进行页面跳转时均未传递参数，分别展示了使用两种跳转模式和两种实例模式的具体场景。

(2) 带参数传递的页面跳转的应用场景。

在实际应用环境中，经常需要在页面跳转时将本页面中的某些数据传递给目标页，此时需要首先在当前页面调用 Router 模块的方法时，添加一个 params 属性，并指定一个对象作为参数。然后在目标页面中，通过调用 Router 模块的 getParams()方法来获取传递过来的参数。

① 当前页面添加 params 属性，并为其指定一个 DataModel 对象作为参数。示例代码如下。

```
import router from '@ohos.router';

class DataModelInfo {
  age: number = 0;
}

class DataModel {
  id: number = 0;
  info: DataModelInfo|null = null;
}

function onJumpClick(): void {
  //在 Home 页面中
  let paramsInfo: DataModel = {
    id: 123,
    info: {
      age: 20
    }
  };

  router.pushUrl({
    url: 'pages/Detail',                    //目标 url
    params: paramsInfo                      //添加 params 属性，传递自定义参数
  }, (err) => {
    if (err) {
      console.error(`Invoke pushUrl failed, code is ${err.code}, message is ${err.message}`);
      return;
    }
    console.info('Invoke pushUrl succeeded.');
  })
}
```

② 目标页面调用 Router 模块的 getParams()方法来获取传递过来的参数。示例代码

如下。

```
import router from '@ohos.router';

class InfoTmp {
  age: number = 0
}

class RouTmp {
  id: object = () => {
  }
  info: InfoTmp = new InfoTmp()
}

const params: RouTmp = router.getParams() as RouTmp;    //获取传递过来的参数对象
const id: object = params.id                            //获取 id 属性的值
const age: number = params.info.age                     //获取 age 属性的值
```

以上代码片段放置在 pages 目录下的 Detail.ets 文件中。

2）页面返回

当用户在一个页面上完成操作后，通常需要返回到上一个页面或者指定页面，这就需要用到页面返回功能。在返回的过程中，可能需要将数据传递给目标页，这就需要用到数据传递功能。

页面返回有三种方式：返回到上一页面、返回到指定页面和返回到指定页面并传递自定义参数信息。其中，返回到上一页面（即上一个页面栈中的位置）时，代码为 router.back()；此时上一个页面必须存在于页面栈中才能够返回，否则该方法将无效。返回到指定页面时，需要指定目标页的路径，而目标页必须存在于页面栈中才能够返回。返回到指定页面的代码为

```
router.back({
  url: 'pages/Index'
});
```

当返回到指定页面且传递自定义参数信息时，不仅可以返回到指定页面，还可以在返回的同时传递自定义参数信息。这些参数信息可以在目标页面中通过调用 router.getParams()方法进行获取和解析。返回到指定页面且传递自定义参数信息的代码为

```
router.back({
  url: 'pages/Index',
  params: {
    info: '来自 Detail 页面'
  }
});
```

在目标页中，在需要获取参数的位置调用 router.getParams()方法即可，例如，在 onPageShow()生命周期回调中：

```
import router from '@ohos.router';

@Entry
@Component
struct Index {
  @State message: string = 'Hello ArkTS';

  onPageShow() {
    const params = router.getParams() as Record<string, string>;
                                                    //获取传递过来的参数对象
    if (params) {
      const info: string = params.info as string;           //获取 info 属性的值
    }
  }

  build() {
    //…
  }
}
```

3）页面返回前增加一个询问框

在开发应用时，为了避免用户误操作或者丢失数据，有时候需要在用户从一个页面返回到另一个页面之前，弹出一个询问框，让用户确认是否要执行这个操作。而询问框有系统默认询问框和自定义询问框两种。

为了实现系统默认询问框这个功能，可以使用页面路由 Router 模块提供的两个方法 router.showAlertBeforeBackPage()和 router.back()来实现这个功能。

如果想要在目标界面开启页面返回询问框，则需要在调用 router.back()方法之前，通过调用 router.showAlertBeforeBackPage()方法设置返回询问框的信息。例如，在支付页面中定义一个返回按钮的单击事件处理函数，示例代码如下。

```
import router from '@ohos.router';

//定义一个返回按钮的单击事件处理函数
function onBackClick(): void {
  //调用 router.showAlertBeforeBackPage()方法，设置返回询问框的信息
  try {
    router.showAlertBeforeBackPage({
      message: '您还没有完成支付，确定要返回吗？'      //设置询问框的内容
    });
  } catch (err) {
    console.error(`Invoke showAlertBeforeBackPage failed, code is ${err.code},
message is ${err.message}`);
  }

  //调用 router.back()方法，返回上一个页面
  router.back();
}
```

以上示例代码中，router.showAlertBeforeBackPage()方法接收一个对象作为参数，该对象包含一个string类型的属性message，用于显示询问框的内容。如果调用成功，则会在目标界面开启页面返回询问框；如果调用失败，则会抛出异常，并通过err.code和err.message获取错误码和错误信息。当用户想要返回上一个页面并单击返回按钮时，会弹出确认对话框，询问用户是否确认返回。用户单击“取消”按钮后确认对话框消失并继续停留在当前支付页面；用户单击“确认”按钮后将触发router.back()方法，并根据参数决定如何执行跳转。

为了实现自定义询问框这个功能，可以使用弹窗或者自定义弹窗实现。这样可以让应用界面与系统默认询问框有所区别，提高应用的用户体验度。本节以弹窗为例，示例如何实现自定义询问框。在事件回调中，调用弹窗的promptAction.showDialog()方法，示例代码如下。

```
import router from '@ohos.router';
import { BusinessError } from '@ohos.base';
import promptAction from '@ohos.promptAction';

function onBackClick() {
  //弹出自定义的询问框
  promptAction.showDialog({
    message: '您还没有完成支付,确定要返回吗?',
    buttons: [
      {
        text: '取消',
        color: '#FF0000'
      },
      {
        text: '确认',
        color: '#0099FF'
      }
    ]
  }).then((result:promptAction.ShowDialogSuccessResponse) => {
    if (result.index === 0) {
      //用户单击了"取消"按钮
      console.info('User canceled the operation.');
    } else if (result.index === 1) {
      //用户单击了"确认"按钮
      console.info('User confirmed the operation.');
      //调用 router.back()方法,返回上一个页面
      router.back();
    }
  }).catch((err: BusinessError) => {
    console.error(`Invoke showDialog failed, errcode is ${err.code}, err message
is ${err.message}`);
  })
}
```

当用户想要返回到上一个页面并单击返回按钮，会弹出自定义的询问框，询问用户是否

确认返回。用户单击“取消”按钮后确认对话框消失并继续停留在当前支付页面;用户单击“确认”按钮后将触发 router.back()方法,并根据参数决定如何执行跳转。

2. 组件导航

Navigation 组件一般作为页面的根容器,包括单页面、分栏和自适应三种显示模式。Navigation 组件适用于模块内页面切换,一次开发、多端部署场景。通过组件级路由能力实现更加自然流畅的转场体验,并提供多种标题栏样式来呈现更好的标题和内容联动效果。一次开发、多端部署场景下,Navigation 组件能够自动适配窗口显示大小,在窗口较大的场景下自动切换分栏展示效果。

Navigation 组件的页面包含主页和内容页。主页由标题栏、内容区和工具栏组成,可在内容区中使用 NavRouter 子组件实现导航栏功能。内容页主要显示 NavDestination 子组件中的内容。

NavRouter 是配合 Navigation 使用的特殊子组件,默认提供单击响应处理,开发人员无须再自定义单击事件逻辑。NavRouter 有且仅有两个子组件,其中第二个子组件必须是 NavDestination。NavDestination 是配合 NavRouter 使用的特殊子组件,用于显示 Navigation 组件的内容页。当开发人员单击 NavRouter 组件时,会跳转到对应的 NavDestination 内容区。

1) 设置页面显示模式

Navigation 组件通过 mode 属性设置页面的显示模式。其中,mode 属性主要有自适应模式(NavigationMode.Auto)、单页面模式(NavigationMode.Stack)、分栏模式(NavigationMode.Split)。Navigation 组件在默认状态下是自适应模式,此时 mode 属性默认为 NavigationMode.Auto。在自适应模式下,当设备宽度大于 520vp 时,Navigation 组件采用分栏模式(示意效果如图 10-30 所示),反之采用单页面模式(示意效果如图 10-31 所示)。语法格式如下。

```
Navigation() {
  //...
}
.mode(NavigationMode.Auto)
```

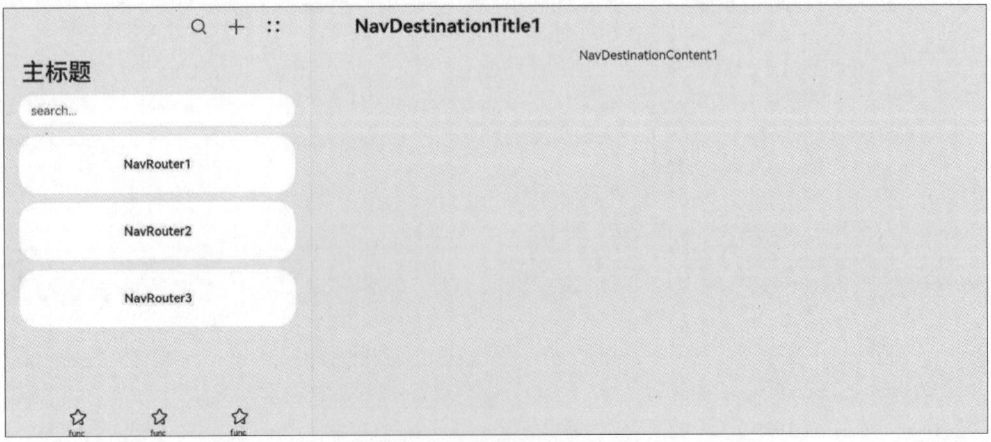

图 10-30 分栏模式示意图

图 10-31　单页面模式示意图

2）设置标题栏模式

标题栏在界面顶部，用于呈现界面名称和操作入口，Navigation 组件通过 titleMode 属性设置标题栏模式。其中，titleMode 属性主要有普通型（NavigationTitleMode.Mini）、强调型（NavigationTitleMode.Full）。普通型标题栏，用于一级页面不需要突出标题的场景。强调型标题栏，用于一级页面需要突出标题的场景。

3）设置菜单栏

菜单栏位于 Navigation 组件的右上角，开发人员可以通过 menus 属性进行设置。menus 支持 Array<NavigationMenuItem>和 CustomBuilder 两种参数类型。使用 Array<NavigationMenuItem>类型时，竖屏最多支持显示 3 个图标，横屏最多支持显示 5 个图标，多余的图标会被放入自动生成的更多图标。以下示例代码中，为 Navigation 组件添加了 3 个 NavigationMenuItem 类型的图标。

```
let TooTmp: NavigationMenuItem = {'value': "", 'icon': "./image/ic_public_
highlights.svg", 'action': ()=> {}}
Navigation() {
  //…
}
.menus([TooTmp,
  TooTmp,
  TooTmp])
```

4）设置工具栏

工具栏位于 Navigation 组件的底部，开发人员可以通过设置 Navigation 的 toolBar 属性来设置工具栏。以下示例代码中，为 Navigation 组件添加了 3 个工具栏图标。

```
let TooTmp: ToolbarItem = {'value': "func", 'icon': "./image/ic_public_
highlights.svg", 'action': ()=> {}}
```

```
let TooBar: ToolbarItem[] = [TooTmp,TooTmp,TooTmp]
Navigation() {
  //…
}
.toolbarConfiguration(TooBar)
```

5）设置子页面的类型

NavDestination 作为子页面的根容器，用于显示 Navigation 的内容区，其 mode 属性可以设置子页面的类型。其中，Mode 属性主要有标准类型（NavDestinationMode.STANDARD）和弹窗类型（NavDestinationMode.DIALOG）。NavDestination 组件默认为标准类型，标准类型 NavDestination 的生命周期跟随 NavPathStack 栈中标准 Destination 的变化而改变。当 NavDestination 组件设置为弹窗类型时，整个组件是透明的。此时，需要通过给组件添加背景等，实现想要的弹窗效果。

【例 10-14】 Navigation 应用示例。

```
//Index.ets
@Component
struct Page1 {
  @Consume('pageInfos') pageInfos: NavPathStack;

  build() {
    NavDestination() {
      Button('push Page1')
        .width('80%')
        .onClick(() => {
          this.pageInfos.pushPathByName('Page1', '');
        })
        .margin({top: 10, bottom: 10})
      Button('push Dialog1')
        .width('80%')
        .onClick(() => {
          this.pageInfos.pushPathByName('Dialog1', '');
        })
        .margin({top: 10, bottom: 10})
    }
    .title('Page1')
  }
}

@Component
struct Dialog1 {
  @Consume('pageInfos') pageInfos: NavPathStack;

  build() {
    NavDestination() {
      Stack() {
        Column()
```

```
          .width('100%')
          .height('100%')
          .backgroundColor(Color.Gray)
          .opacity(0.1)
          .onClick(() => {
            this.pageInfos.pop();
          })
        //添加业务处理组件
        Column() {
          Text('Dialog!!')
            .fontSize(30)
            .fontWeight(2)
          Button('push Page1')
            .width('80%')
            .onClick(() => {
              this.pageInfos.pushPathByName('Page1', '');
            })
            .margin({top: 10, bottom: 10})
          Button('push Dialog1')
            .width('80%')
            .onClick(() => {
              this.pageInfos.pushPathByName('Dialog1', '');
            })
            .margin({top: 10, bottom: 10})
          Button('pop')
            .width('80%')
            .onClick(() => {
              this.pageInfos.pop();
            })
            .margin({top: 10, bottom: 10})
        }
        .padding(10)
        .width(250)
        .backgroundColor(Color.White)
        .borderRadius(10)
      }
    }
    .hideTitleBar(true)
    //将此 NavDestination 的模式属性设置为弹窗类型
    .mode(NavDestinationMode.DIALOG)
  }
}

//页面入口
@Entry
@Component
struct Index {
  @Provide('NavPathStack') pageInfos: NavPathStack = new NavPathStack()
  isLogin: boolean = false;
```

```
  @Builder
  PagesMap(name: string) {
    if (name == 'Page1') {
      Page1()
    } else if (name == 'Dialog1') {
      Dialog1()
    }
  }

  build() {
    Navigation(this.pageInfos) {
      Button('push Page1')
        .width('80%')
        .onClick(() => {
          this.pageInfos.pushPathByName('Page1', '');
        })
    }
    .mode(NavigationMode.Stack)
    .titleMode(NavigationTitleMode.Mini)
    .title('主页')
    .navDestination(this.PagesMap)
  }
}
```

以上示例代码运行后的效果如图 10-32 所示。

3. 选项卡

当页面信息较多时，为了让用户能够聚焦于当前显示的内容，需要对页面内容进行分类，提高页面空间利用率。Tabs 组件可以在一个页面内快速实现视图内容的切换，一方面提升查找信息的效率，另一方面精减用户单次获取到的信息量。Tabs 组件的页面组成包含两部分：TabContent 和 TabBar。其中，TabContent 是内容页，而 TabBar 是导航标签栏。根据不同的导航类型，布局会有区别，可以分为底部导航、顶部导航、侧边导航，其导航栏分别位于底部、顶部和侧边。此外，TabContent 组件不支持设置通用宽度属性时，它的宽度默认填充满 Tabs 父组件。同时，TabContent 组件也不支持设置通用高度属性，它的高度由 Tabs 父组件高度与 TabBar 组件高度决定。

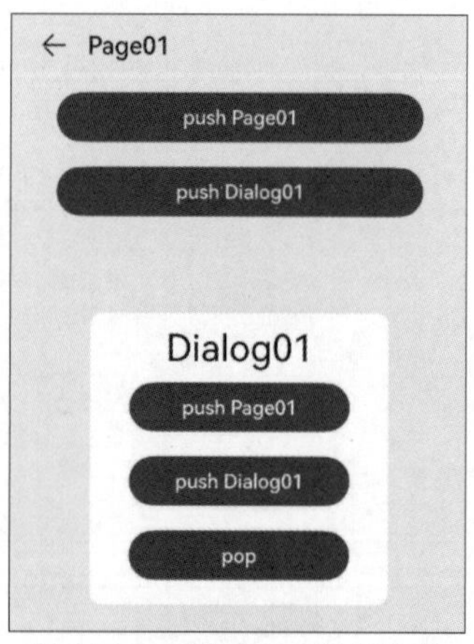

图 10-32　例 10-14 运行效果

1）导航栏位置

导航栏位置使用 Tabs 的 barPosition 参数进行设置。默认情况下，导航栏位于顶部，此时，barPosition 为 BarPosition.Start。设置为底部导航时，需要将 barPosition 设置为 BarPosition.End。以下代码示例中，分别设置了底部导航和顶部导航。

```
//底部导航
Tabs({ barPosition: BarPosition.End }) {
```

```
  //TabContent 的内容
  //…
}

//顶部导航
Tabs({ barPosition: BarPosition.Start }) {
  //TabContent 的内容
  //…
}
```

此外,侧边导航是应用较为少见的一种导航模式,更多适用于横屏界面,用于对应用进行导航操作,由于用户的视觉习惯是从左到右,侧边导航栏默认为左侧边栏。以下代码示例中,通过将 Tabs 的 vertical 属性设置为 true,从而设置实现了侧边导航。其中,vertical 属性默认值为 false,表明内容页和导航栏是垂直方向排列的。

```
Tabs({ barPosition: BarPosition.Start }) {
  //TabContent 的内容
  //…
}
.vertical(true)
.barWidth(100)
.barHeight(200)
```

2) 自定义导航栏

对于底部导航栏,一般作为应用主页面功能区分。为了提供给用户更优的体验,需要组合文字以及对应语义图标表示标签内容。在这种情况下,需要开发人员自定义导航标签的样式。系统默认情况下采用了下画线标识当前活跃的标签,而自定义导航栏(如图 10-33 所示)需要自行实现相应的样式,用于区分当前活跃标签和未活跃标签。

图 10-33　自定义导航栏

设置自定义导航栏需要使用 tabBar 的参数,以其支持的 CustomBuilder 的方式传入自定义的函数组件样式。以下示例代码中,声明了名为 tabBuilder 的自定义函数组件,传入的参数包括标签文字 title、对应位置 index,以及选中状态和未选中状态的图片资源。通过当前活跃的 currentIndex 和标签对应的 targetIndex 匹配与否,决定 UI 显示的样式。

```
@Builder tabBuilder(title: string, targetIndex: number, selectedImg: Resource,
normalImg: Resource) {
  Column() {
    Image(this.currentIndex === targetIndex ? selectedImg : normalImg)
      .size({ width: 25, height: 25 })
    Text(title)
      .fontColor(this.currentIndex === targetIndex ? '#1698CE' : '#6B6B6B')
```

```
    }
    .width('100%')
    .height(50)
    .justifyContent(FlexAlign.Center)
  }
```

然后，在 TabContent 对应 tabBar 属性中传入自定义函数组件，并传递相应的参数。

```
TabContent() {
  Column(){
    Text('显示内容')
  }
  .width('100%')
  .height('100%')
  .backgroundColor('#007DFF')
}
.tabBar(this.tabBuilder('我的', 0, $r('app.media.mine_selected'), $r('app.
media.mine_normal')))
```

10.2.5 显示图片

开发人员经常需要在应用中显示一些图片，例如，按钮中的 logo、网络图片、本地图片等。在应用中显示图片需要使用 Image 组件实现，Image 支持多种图片格式，包括 PNG、JPG、BMP、SVG 和 GIF。

Image 通过调用接口来创建，接口调用形式如下。

```
Image(src: string | Resource | media.PixelMap)
```

该接口通过图片数据源获取图片，支持本地图片和网络图片的渲染展示。其中，src 是图片的数据源。

1. 加载图片资源

Image 支持加载存档图、多媒体像素图两种类型，本节仅示例 Image 组件如何加载存档图类型数据源。

存档图类型的数据源可以分为本地资源、网络资源、Resource 资源、媒体库资源和 Base64。对于本地资源，首先创建文件夹，将本地图片放入 ets 文件夹下的任意位置。然后在 Image 组件中引入本地图片路径，即可显示图片（根目录为 ets 文件夹）。对于网络资源，在引入网络图片时需申请权限 ohos.permission.INTERNET，Image 组件的 src 参数为网络图片的链接。对于 Resource 资源，使用资源格式可以跨包/跨模块引入图片，resources 文件夹下的图片都可以通过 $r 资源接口读取到并转换到 Resource 格式。对于媒体库 file://data/storage 资源，支持 file://路径前缀的字符串，用于访问通过媒体库提供的图片路径。对于 Base64 资源，路径格式为 data: image/[png|jpeg|bmp|webp];base64,[base64 data]，其中，[base64 data]为 Base64 字符串数据。Base64 格式字符串可用于存储图片的像素数据，在网页上使用较为广泛。以下示例代码为各类数据源中资源获取的方式。

```
//本地图片引入方式,创建文件夹后将本地图片放置在 ets 文件夹下的任意位置
Image('images/view.jpg')
  .width(200)

//网络资源,实际使用时请替换为真实地址
Image('https://www.example.com/example.JPG')

//Resource 资源,icon.png 图片放置于 resources→base ? media 目录下
Image($r('app.media.icon'))

//Resource 资源,snap.png 图片放置于 resources ? rawfile 目录下
Image($rawfile('example1.png'))

//支持 file://路径前缀的字符串,用于访问通过媒体库提供的图片路径
Image('file://media/Photos/5')
  .width(200)
```

例 10-15 的示例代码实现了调用接口获取图库的照片 URL。

【例 10-15】 调用接口获取图库的照片 URL 示例。

```
//Index.ets
import picker from '@ohos.file.picker';
import { BusinessError } from '@ohos.base';

@Entry
@Component
struct Index {
  @State imgDatas: string[] = [];
  //获取照片 URL 集
  getAllImg() {
    try {
      let PhotoSelectOptions:picker.PhotoSelectOptions = new picker.
PhotoSelectOptions();
      PhotoSelectOptions.MIMEType = picker.PhotoViewMIMETypes.IMAGE_TYPE;
      PhotoSelectOptions.maxSelectNumber = 5;
      let photoPicker:picker.PhotoViewPicker = new picker.PhotoViewPicker();
      photoPicker.select(PhotoSelectOptions).then((PhotoSelectResult:picker.
PhotoSelectResult) => {
        this.imgDatas = PhotoSelectResult.photoUris;
        console.info('PhotoViewPicker.select successfully, PhotoSelectResult
uri: ' + JSON.stringify(PhotoSelectResult));
      }).catch((err:Error) => {
        let message = (err as BusinessError).message;
        let code = (err as BusinessError).code;
        console.error(`PhotoViewPicker.select failed with. Code: ${code},
message: ${message}`);
      });
    } catch (err) {
      let message = (err as BusinessError).message;
```

```
      let code = (err as BusinessError).code;
      console.error(`PhotoViewPicker failed with. Code: ${code}, message:
${message}`);     }
  }

  //aboutToAppear 中调用上述函数,获取图库的所有图片 RUL,存在 imgDatas 中
  async aboutToAppear() {
    this.getAllImg();
  }
  //使用 imgDatas 的 URL 加载图片
  build() {
    Column() {
      Grid() {
        ForEach(this.imgDatas, (item:string) => {
          GridItem() {
            Image(item)
              .width(200)
          }
        }, (item:string):string => JSON.stringify(item))
      }
    }.width('100%').height('100%')
  }
}
```

2. 显示矢量图

Image 组件可显示矢量图(SVG 格式的图片),支持的 SVG 标签为 svg、rect、circle、ellipse、path、line、polyline、polygon 和 animate。SVG 格式的图片可以使用 fillColor 属性改变图片的绘制颜色。

将一幅 Color.Black 的矢量图的绘制颜色更改为 Color.Blue,示例代码如下。

```
Image($r('app.media.cloud'))
  .width(50)
  .fillColor(Color.Blue)
```

3. 添加属性

给 Image 组件设置属性可以使图片显示更灵活,达到一些自定义的效果。常用的属性包括设置图片缩放类型、图片插值、设置图片重复样式、设置图片渲染模式、设置图片解码尺寸、为图片添加滤镜效果、同步加载图片等。设置图片缩放类型时,通过 objectFit 属性使图片缩放到高度和宽度确定的框内。当原图分辨率较低并且放大显示时,图片会模糊出现锯齿。这时可以使用 interpolation 属性对图片进行插值,使图片显示得更清晰。通过 objectRepeat 属性设置图片的重复样式方式。通过 renderMode 属性设置图片的渲染模式为原色或黑白。通过 colorFilter 修改图片的像素颜色,为图片添加滤镜。一般情况下,图片加载流程会异步进行,以避免阻塞主线程,影响 UI 交互。但是特定情况下,图片刷新时会出现闪烁,这时可以使用 syncLoad 属性,使图片同步加载,从而避免出现闪烁。但是,若图片加载较长时间时不建议使用 syncLoad,因为会导致页面无法响应。

4. 事件调用

通过在 Image 组件上绑定 onComplete 事件,图片加载成功后可以获取图片的必要信息。如果图片加载失败,则可以通过绑定 onError 回调来获得结果。

【例 10-16】 Image 组件上绑定 onComplete 事件示例。

```
//Index.ets
@Entry
@Component
struct Index {
  @State widthValue: number = 0
  @State heightValue: number = 0
  @State componentWidth: number = 0
  @State componentHeight: number = 0

  build() {
    Column() {
      Row() {
        Image($r('app.media.ic_img'))
          .width(200)
          .height(150)
          .margin(15)
          .onComplete(msg => {
            if(msg) {
              this.widthValue = msg.width
              this.heightValue = msg.height
              this.componentWidth = msg.componentWidth
              this.componentHeight = msg.componentHeight
            }
          })
            //图片获取失败,打印结果
          .onError(() => {
            console.info('load image fail')
          })
          .overlay('\nwidth: ' + String(this.widthValue) + ', height: ' + String
(this.heightValue) + '\ncomponentWidth: ' + String(this.componentWidth) +
'\ncomponentHeight: ' + String(this.componentHeight), {
            align: Alignment.Bottom,
            offset: { x: 0, y: 60 }
          })
      }
    }
  }
}
```

以上代码利用 onError 事件实现了若图片加载失败时,控制台会输出“load image fail”,同时利用 onComplete 事件实现了图片加载成功后获取图片的加载前后的宽和高。

10.2.6 使用动画

动画的原理是在一个时间段内,多次改变 UI 外观,由于人眼会产生视觉暂留,所以最终看到的就是一个“连续”的动画。UI 的一次改变称为一个动画帧,对应一次屏幕刷新,而决定动画流畅度的一个重要指标就是帧率(Frame Per Second,FPS),即每秒的动画帧数,帧率越高则动画就会越流畅。

ArkUI 中,产生动画的方式是改变属性值且指定动画参数。动画参数包含如动画时长、变化规律(即曲线)等参数。当属性值发生变化后,按照动画参数,从原来的状态过渡到新的状态,即形成一个动画。

ArkUI 提供的动画能力按照页面的分类方式,可分为页面内的动画和页面间的动画,具体分类如图 10-34 所示。页面内的动画指在一个页面内即可发生的动画,页面间的动画指两个页面跳转时才会发生的动画。

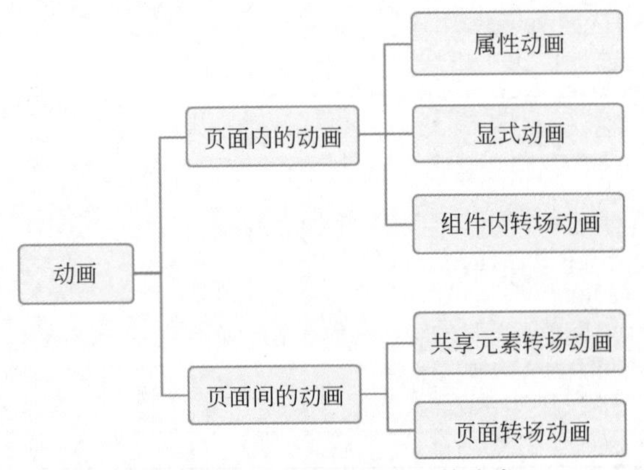

图 10-34 动画能力按页面的分类

如果按照基础能力分,ArkUI 提供的动画能力可分为属性动画、显式动画、转场动画三部分,具体分类如图 10-35 所示。

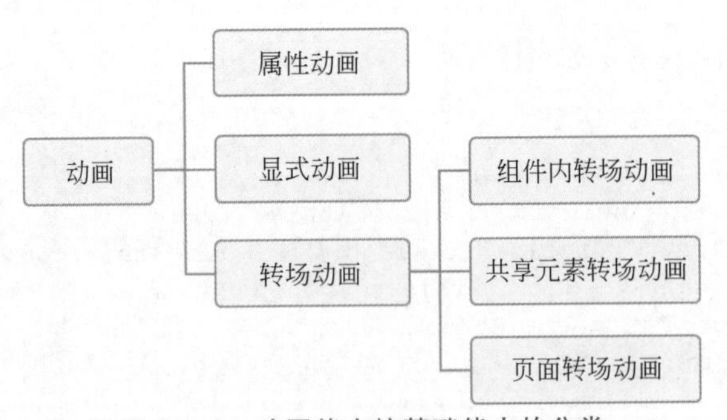

图 10-35 动画能力按基础能力的分类

10.2.7 支持交互事件

交互事件按照触发类型来分类,包括触屏事件、键鼠事件和焦点事件。触屏事件指的是手指或手写笔在触屏上的单指或单笔操作。键鼠事件包括外设鼠标或触控板的操作事件和外设键盘的按键事件。鼠标事件是指通过连接和使用外设鼠标/触控板操作时所响应的事件。按键事件是指通过连接和使用外设键盘操作时所响应的事件。焦点事件指的是通过以上方式控制组件焦点的能力和响应的事件。

手势事件由绑定手势方法和绑定的手势组成,绑定的手势可以分为单一手势和组合手势两种类型,根据手势的复杂程度进行区分。绑定手势方法指的是用于在组件上绑定单一手势或组合手势，并声明所绑定的手势的响应优先级。单一手势是手势的基本单元，是所有复杂手势的组成部分。组合手势是由多个单一手势组合而成，可以根据声明的类型将多个单一手势按照一定规则组合成组合手势，并进行使用。

小　结

本章介绍了方舟开发框架(即 ArkUI)，主要介绍了基于 ArkTS 的声明式开发范式，对 HarmonyOS 应用 UI 所必需的 UI 开发语言、布局、组件、页面路由和组件导航、图形、动画以及交互事件等内容进行了详细介绍，是后续基于 ArkTS 的应用开发的基础内容。本章知识点的思维导图如图 10-36 所示。

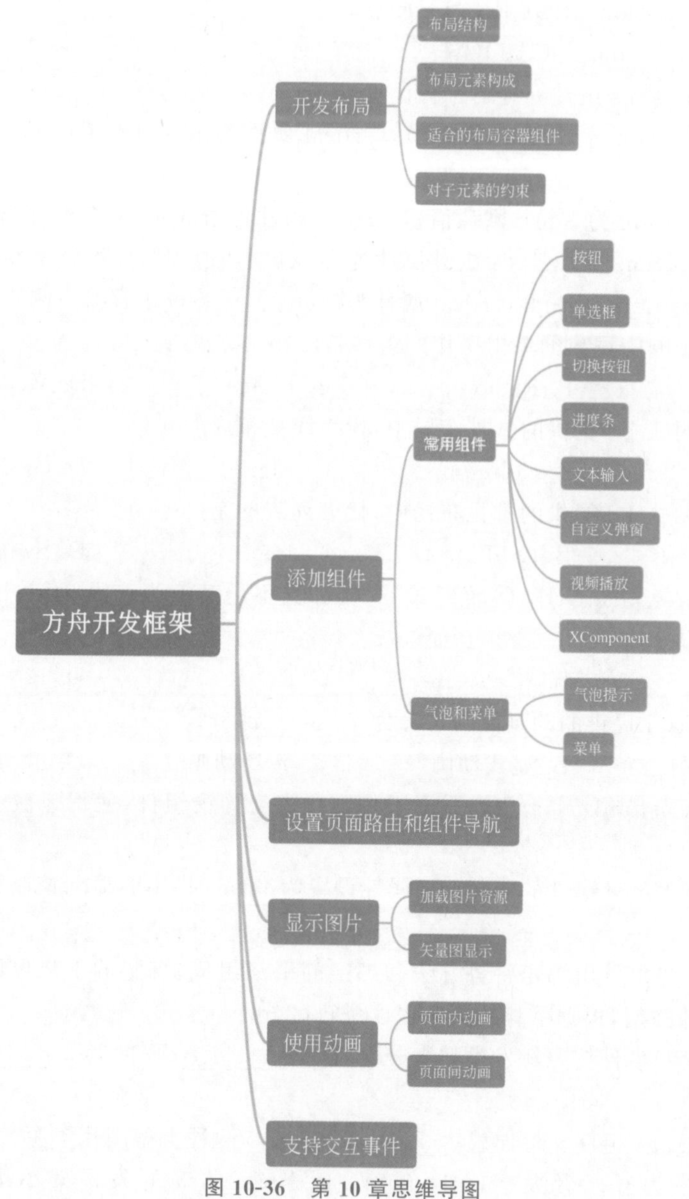

图 10-36　第 10 章思维导图

思考与实践

第一部分：练习题

练习 1. 使用 TextInput 完成一个密码输入框，推荐设置 type 属性为下面哪个值？（　　）

A. InputType.Normal　　B. InputType.Password

C. InputType.Email　　D. InputType.Number

练习 2. 加载网络视频时，需要申请以下哪种权限？（　　）

A. ohos.permission.USE_BLUETOOTH

B. ohos.permission.INTERNET

C. ohos.permission.REQUIRE_FORM

D. ohos.permission.LOCATION

练习 3. 关于 Tabs 组件标签的位置设置，下面描述正确的有（　　）。

A. 当 barPosition 为 Start（默认值），vertical 属性为 false 时（默认值），标签位于容器顶部

B. 当 barPosition 为 Start（默认值），vertical 属性为 true 时，标签位于容器左侧

C. 当 barPosition 为 End，vertical 属性为 false（默认值）时，标签位于容器底部

D. 当 barPosition 为 End，vertical 属性为 true 时，标签位于容器右侧

练习 4. 用于响应用户的单击操作的组件是（　　）。

A. Button　　B. Radio　　C. Image　　D. Menu

练习 5. 声明式 UI 提供的常见布局中，代表线性布局的有（　　）。

A. Row　　B. Column　　C. Flex　　D. GridCol

练习 6. 声明式 UI 提供的常见布局中，代表列表的是（　　）。

A. Stack　　B. Grid　　C. List　　D. Swiper

练习 7. router.pushUrl()跳转模式下，目标页不会替换当前页，而是压入页面栈。其中，页面栈的最大容量为（　　）个页面。

A. 16　　B. 32　　C. 64　　D. 128

练习 8. ArkUI 提供的动画能力可分为（　　）三部分。

A. 属性动画　　B. 显式动画　　C. 转场动画　　D. 滑动动画

练习 9. @CustomDialog 装饰器用于装饰自定义弹窗组件，使得弹窗可以自定义内容及样式。（　　）

练习 10. 将 Video 组件的 controls 属性设置为 false 时，不会显示控制视频播放的控制栏。（　　）

练习 11. 手势事件由绑定手势方法和绑定的手势组成，绑定的手势可以分为单一手势和组合手势两种类型，根据手势的复杂程度进行区分。（　　）

练习 12. 交互事件按照触发类型来分类，包括________事件、________事件和________事件。

练习 13. Image 组件支持加载________、________两种类型图片资源。

练习 14. 华为开发者大会（HDC2021）上发布了方舟开发框架 ArkUI，备受关注。

ArkUI 框架中,引入了基于 TypeScript 扩展的声明式开发范式。采用声明式开发范式来构建 UI 具有哪些优势?

练习 15. 简述 ArkUI 中布局元素的组成。

第二部分:实践题

尝试实现一个城市选择组件,实现的功能为可以定位当前城市,且使用 LocalStorage 存储上次定位的城市和最近选择过的城市。同时,还可以按照输入的字母或者是文字筛选出想要查找的城市。可以参照如图 10-37 所示的样式进行设计。

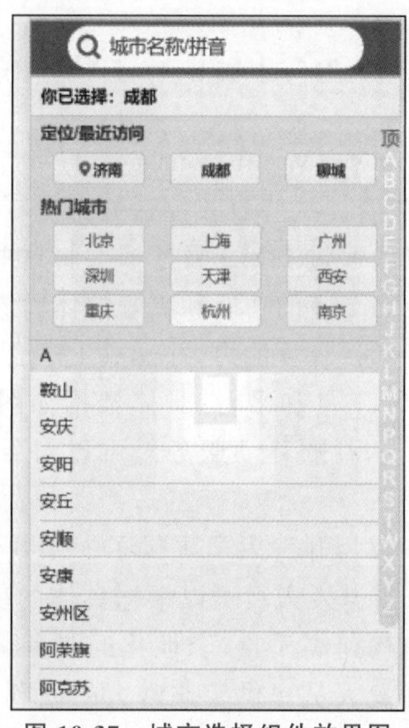

图 10-37　城市选择组件效果图

第11章

基于 ArkTS 的 HarmonyOS 应用开发

11.1 HMS 简介

华为移动服务(Huawei Mobile Services,HMS),是华为为其用户提供的一系列云端和本地服务的集合。这些服务包括数据分析、推送通知、应用程序内支付、云存储等,开发人员可以通过 HMS 服务框架将这些服务集成到他们的应用程序中,从而为用户提供更加丰富的功能和更好的体验。HMS 以及 HMS 应用程序集成了华为的芯片、设备和云计算能力,并形成了一套用于 IDE 开发和测试的 HMS 核心服务(HMS Core)、工具和平台,具体架构如图 11-1 所示。HMS 对标 GMS (Google Mobile Service,谷歌移动服务),可以对谷歌的一系列服务和应用形成替代。

HMS 服务框架不仅为开发人员提供了一站式的服务接入,还具有高度可扩展性和灵活性,这意味着开发人员可以根据具体的应用场景以及自己的需求自由选择和组合服务,快速构建高质量、个性化的服务。此外,HMS 服务框架还支持多平台和多语言,为开发人员提供了非常大的便利性。无论是智能家居、智能驾驶还是智慧城市,都可以利用 HMS 服务框架来优化和提升服务。例如,在智能家居领域,HMS 服务框架可以用于构建语音助手、智能照明、智能安防等,提升家居生活的便利性和安全性。在智能驾驶领域,HMS 服务框架可以用于实现自动驾驶、智能导航、车辆健康监控等功能,提升驾驶体验和安全性。

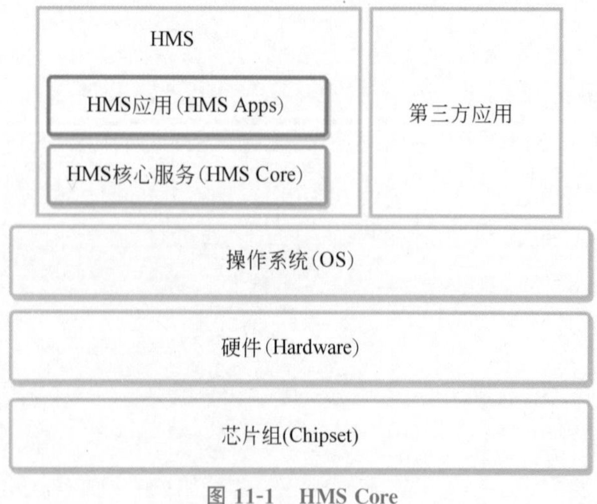

图 11-1 HMS Core

11.1.1　HMS服务框架优势

HMS服务框架的应用非常广泛，它可以帮助开发人员实现以下功能。

(1) 增强应用程序的功能。通过集成HMS服务框架，开发人员可以在应用程序中添加各种服务，例如，推送通知、云存储、社交分享等，从而丰富应用的功能，提升用户体验。HMS Core 4.0版可提供的服务内容如图11-2所示。未来的HMS Core版本中，还将会加入更多的服务内容。

华为账号服务	游戏服务	近距离通信服务
广告服务	运动健康服务	全景服务
分析服务	用户身份服务	推送服务
情景感知服务	应用内支付服务	安全检测服务
云空间服务	定位服务	统一扫码服务
动态标签管理器服务	地图服务	位置服务
线上快速身份验证服务	机器学习服务	钱包服务

图11-2　HMS Core 4.0完整服务内容

(2) 实现个性化定制。HMS服务框架支持个性化定制，开发人员可以根据用户需求和偏好，为用户提供定制化的服务，提高用户满意度。

(3) 优化应用程序性能。HMS服务框架提供了一系列优化工具和服务，例如，性能监控、错误跟踪等，可以帮助开发人员优化应用程序性能，提高应用程序的稳定性和流畅度。

(4) 增强应用程序的安全性。HMS服务框架提供了全面的安全机制，可以帮助开发人员保护应用程序的数据和隐私，确保用户信息的安全。

此外，HMS Core 4.0提供了开发、增长以及商业变现三大服务，除了已经运营多年的华为账号、云空间、游戏等服务外，还包括机器学习服务、安全检测服务、线上快速身份验证服务、位置服务、快应用服务、数字版权服务、运动健康服务、用户身份服务等，旨在帮助开发人员低成本快速构建优质应用；提供的增长服务包含分析服务、动态标签管理器服务以及推送服务，旨在提升应用的用户数和活跃度；提供的商业变现服务包含广告服务、应用内支付服务以及钱包服务三类，旨在帮助实现多渠道商业变现。

11.1.2　HMS服务框架使用流程

使用HMS服务框架并不复杂。假如要使用HMS服务框架开发一个智能助手应用。主要流程如下。

(1) 注册华为开发者账号。需要注册一个华为开发者账号，以便获得使用HMS服务框架的权限。

(2) 创建HMS应用程序。在华为开发者平台上创建一个新的HMS应用程序，然后使用提供的API和SDK，并为其添加所需的服务。

(3) 集成服务。可以根据需求，选择语音识别、自然语言处理、任务调度等模块，还可以通过云服务获取更多扩展功能，将其集成到自己的应用程序中。

(4) 测试和发布。完成集成后，需要对应用程序进行测试以确保一切功能正常。测试完成后，可以将应用程序发布到华为应用市场或其他应用商店。

该过程相对简单，且开发周期较短，非常适合快速原型设计和迭代开发。

11.2 HarmonyOS 应用/服务开发流程

使用 DevEco Studio，只需要按照如图 11-3 所示的四步，即可轻松开发并上架一个 HarmonyOS 应用/服务到华为应用市场。

图 11-3 HarmonyOS 应用/服务开发流程

1. 开发准备

按 2.2 节要求，在适合的开发机器中下载开发工具，按开发环境搭建流程，完成开发环境的安装与准备。

2. 开发应用/服务

DevEco Studio 中集成了手机、智慧屏、智能穿戴等设备的典型场景模板，在第 5 章中已经详细介绍了如何通过工程向导轻松地创建一个新的工程。后续，还需要定义应用/服务的 UI、开发业务功能等编码工作。

在开发代码的过程中，可以使用预览器(Previewer)查看应用/服务效果，支持实时预览、动态预览、双向预览等功能，使编码的过程更高效，具体使用方法将在 11.4 节中介绍。

3. 运行、调试和测试应用/服务

应用/服务开发完成后，可以使用真机进行调试(需要申请调测证书进行签名)或者使用模拟器进行调试，支持单步调试、跨设备调试、跨语言调试、变量可视化等调试手段，使得应用/服务调试更加高效。具体操作步骤将在 11.5 节中介绍。

HarmonyOS 应用/服务开发完成后，在发布到应用/服务市场前，还需要对应用进行测试，主要包括漏洞、隐私、兼容性、稳定性、性能等进行测试，确保 HarmonyOS 应用/服务纯净、安全，给用户带来更好的使用体验。具体操作步骤将在 11.5 节中介绍。

4. 发布应用/服务

HarmonyOS 应用/服务开发、测试完成后，需要将应用/服务发布至应用市场，以便应用市场对应用/服务进行分发，普通消费者可以通过应用市场或服务中心获取到对应的 HarmonyOS 应用/服务。需要注意的是，发布到华为应用市场或服务中心的 HarmonyOS 应用/服务，必须使用应用市场颁发的发布证书进行签名。具体操作步骤将在 11.8 节中介绍。

11.3 ArkTS 工程相关概念

11.3.1 HarmonyOS 应用模型

应用模型是系统为开发人员提供的应用程序所需能力的抽象提炼，它提供了应用程序必备的组件和运行机制。有了应用模型，开发人员可以基于一套统一的模型进行应用开发，使应用开发更简单、高效。随着系统的演进发展，HarmonyOS 先后提供了 FA(Feature Ability)和 Stage 两种应用模型。其中，FA 模型已经不再主推。Stage 模型是目前主推且会长期演进的模型。在该模型中，由于提供了 AbilityStage、WindowStage 等类作为应用组件和 Window 窗口的“舞台”，因此称这种应用模型为 Stage 模型。

应用模型的构成要素包括以下 5 部分。

(1) 应用组件。应用组件是应用的基本组成单位，是应用的运行入口。用户启动、使用和退出应用过程中，应用组件会在不同的状态间切换，这些状态称为应用组件的生命周期。应用组件提供生命周期的回调函数，开发人员通过应用组件的生命周期回调感知应用的状态变化。应用开发人员在编写应用时，首先需要编写的就是应用组件，同时还需编写应用组件的生命周期回调函数，并在应用配置文件中配置相关信息。这样，操作系统在运行期间通过配置文件创建应用组件的实例，并调度它的生命周期回调函数，从而执行开发人员的代码。

Stage 模型将组件分为 UIAbility 组件和 ExtensionAbility 组件。UIAbility 组件包含 UI，提供展示 UI 的能力，主要用于和用户交互。ExtensionAbility 组件提供特定场景(如卡片、输入法)的扩展能力，满足更多的使用场景。在开发方式方面，Stage 模型采用面向对象的方式，将应用组件以类接口的形式开放给开发人员，可以进行派生，利于扩展能力。

(2) 应用进程模型。应用进程模型定义应用进程的创建和销毁方式，以及进程间的通信方式。

Stage 模型包含主进程、ExtensionAbility 进程和渲染进程三类进程。其中，应用中(同一 Bundle 名称)的所有 UIAbility、ServiceExtensionAbility 和 DataShareExtensionAbility 均是运行在同一个独立进程(主进程)中，而应用中(同一 Bundle 名称)的所有同一类型 ExtensionAbility(除 ServiceExtensionAbility 和 DataShareExtensionAbility 外)均是运行在一个独立进程中，WebView 则拥有独立的渲染进程。

(3) 应用线程模型。应用线程模型定义应用进程内线程的创建和销毁方式、主线程和

UI 线程的创建方式、线程间的通信方式。

Stage 模型中一个进程可以运行多个应用组件实例，所有应用组件实例共享一个 ArkTS 引擎实例，ArkTS 引擎实例在主线程上创建。Stage 模型下的线程主要有主线程、TaskPool Worker 线程和 Worker 线程。主线程主要负责执行 UI 绘制；管理主线程的 ArkTS 引擎实例，使多个 UIAbility 组件能够运行在其之上；管理其他线程的 ArkTS 引擎实例，例如，使用 TaskPool（任务池）创建任务或取消任务、启动和终止 Worker 线程；分发交互事件；处理应用代码的回调，包括事件处理和生命周期管理；接收 TaskPool 以及 Worker 线程发送的消息。TaskPool Worker 线程用于执行耗时操作，支持设置调度优先级、负载均衡等功能。Worker 线程用于执行耗时操作，支持线程间通信。Stage 模型支持进程内对象共享。

（4）应用任务管理模型（仅对系统应用开放）。应用任务管理模型定义任务（Mission）的创建和销毁方式，以及任务与组件间的关系。所谓任务，即用户使用一个应用组件实例的记录。每次用户启动一个新的应用组件实例，都会生成一个新的任务。例如，用户启动一个视频应用，此时在“最近任务”界面，将会看到视频应用这个任务，当用户单击这个任务时，系统会把该任务切换到前台，如果这个视频应用中的视频编辑功能也是通过应用组件编写的，那么在用户启动视频编辑功能时，会创建视频编辑的应用组件实例，在“最近任务”界面中，将会展示视频应用、视频编辑两个任务。

（5）应用配置文件。每个应用项目的代码目录下必须包含应用配置文件，应用配置文件中包含应用配置信息、应用组件信息、权限信息、开发者自定义信息等，这些信息在编译构建、分发和运行阶段分别提供给编译工具、应用市场和操作系统使用。

Stage 模型使用 app.json5 描述应用信息，module.json5 描述 HAP 信息、应用组件信息。

11.3.2 低代码开发模式

HarmonyOS 低代码开发模式指的是部分模板中支持低代码开发。低代码开发模式下具有丰富的 UI 界面编辑功能，例如，基于图形化的自由拖曳、数据的参数化配置等，通过可视化界面开发方式快速构建布局，可有效降低用户的时间成本和提升用户构建 UI 界面的效率。若在创建新工程时打开了 Enable Super Visual 开关，则完成工程创建后的低代码开发界面如图 11-4 所示。

（1）**Components**：UI 控件栏，可以将相应的组件选中并拖动到画布（Canvas）中，实现控件的添加。

（2）**Component Tree**：组件树，在低代码开发界面中，开发人员可以直观地看到组件的层级结构、摘要信息以及错误提示。开发人员可以通过选中组件树中的组件（画布中对应的组件被同步选中），实现画布内组件的快速定位；单击组件后的图标，可以隐藏/显示相应的组件。

（3）**Panel**：功能面板，包括常用的画布缩小/放大、撤销、显示/隐藏组件虚拟边框、设备切换、明暗模式切换、Media query 切换、可视化布局界面一键转换为 HTML 和 CSS 文件等。

（4）**Canvas**：画布，开发人员可在此区域对组件进行拖曳、拉伸等可视化操作，构建 UI 布局效果。

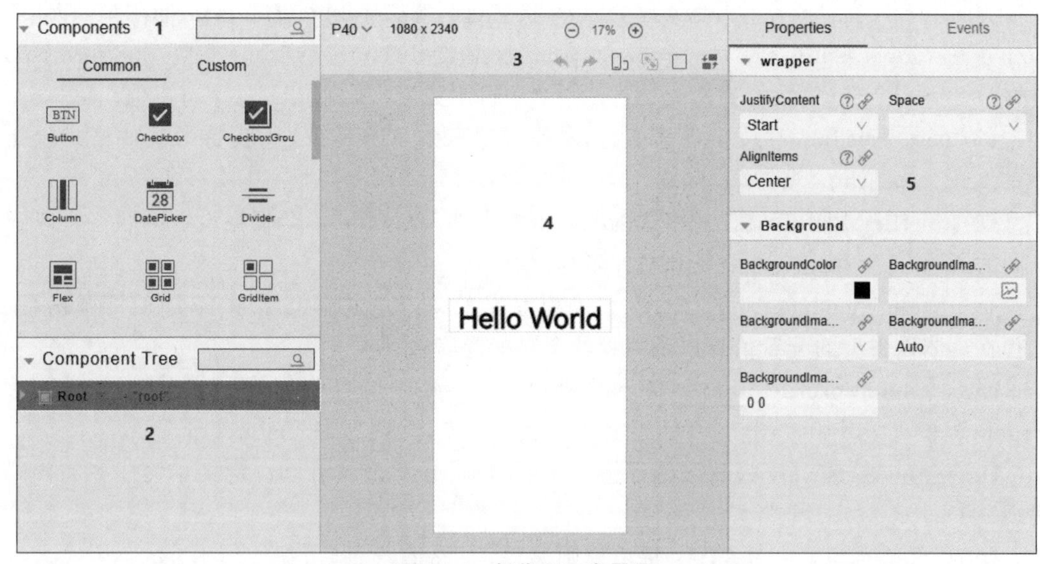

图 11-4　低代码开发界面

（5）**Attributes & Styles**：属性样式栏，选中画布中的相应组件后，在右侧属性样式栏可以对该组件的属性样式进行配置。

11.4　ArkTS 工程目录结构分析

11.4.1　ArkTS 工程目录结构

本节将介绍 HarmonyOS App 的工程结构，以便快速掌握开发方法。图 11-5 为 ArkTS 语言的工程目录结构，主要包括 AppScope、entry、hvigor、oh_modules、build-profile.json5、hvigorfile.ts 等部分。下面将详细介绍各部分的含义及涵盖的内容。

AppScope→app.json5：应用的全局配置信息，包含应用的 Bundle 名称、开发厂商、版本号等基本信息。此外，还包括特定设备类型的配置信息。

entry：HarmonyOS 工程模块，编译构建生成一个 HAP（HarmonyOS Ability Package，HarmonyOS 应用程序包，HarmonyOS 中应用程序的打包格式）包。一个 HAP 文件包含应用的所有内容，由代码、资源、第三方库及应用配置文件组成，其文件扩展名为.hap。

src→main→ets：用于存放 ArkTS 源码。

src→main→ets→entryability：工程的入口。

src→main→ets→pages：工程包含的页面。

src→main→resources：用于存放工程模块所用到的资源文件，如图形、多媒体、字符串、布局文件等。

（1）**base→element**：包括字符串、整型数、颜色、样式

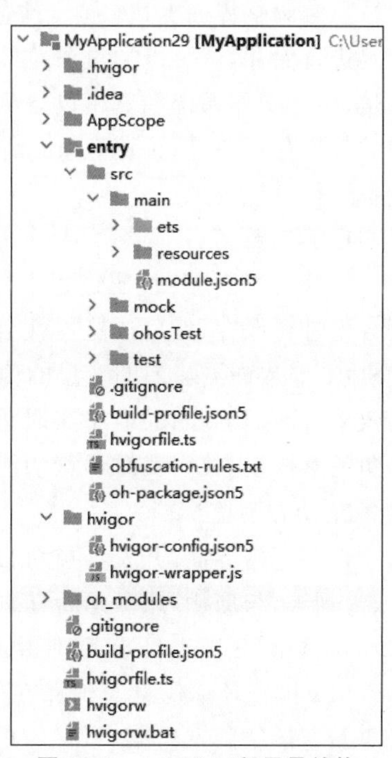

图 11-5　ArkTS 工程目录结构

等资源的 JSON 文件。每个资源均由 JSON 格式进行定义，如 boolean.json（布尔型）、color.json（颜色）、float.json（浮点型）、intarray.json（整型数组）、integer.json（整型）、pattern.json（样式）、plural.json（复数形式）、strarray.json（字符串数组）、string.json（字符串值）。

（2）**base→media**：存放多媒体文件，如图形、视频、音频等文件，支持的文件格式包括.png、.gif、.mp3、.mp4 等。

（3）**rawfile**：用于存储任意格式的原始资源文件。rawfile 不会根据设备的状态去匹配不同的资源，需要指定文件路径和文件名进行引用。

src→main→module.json5：Stage 模型模块配置文件。主要包含 HAP 包的配置信息、工程在具体设备上的配置信息以及工程的全局配置信息。

entry→build-profile.json5：当前的模块信息、编译信息配置项，包括 buildOption、targets 配置等。其中，targets 中可配置当前运行环境，默认为 HarmonyOS。

entry→hvigorfile.ts：模块级编译构建任务脚本，开发人员可以自定义相关任务和代码实现。

entry→obfuscation-rules.txt：混淆规则文件，当混淆开启后，在使用 Release 模式进行编译时，会对代码进行编译、混淆以及压缩处理，保护代码资产。

entry→oh-package.json5：配置第三方包声明文件的入口及包名。

oh_modules：用于存放第三方库依赖信息，包含工程所依赖的第三方库文件。

build-profile.json5：应用级配置信息，包括签名、产品配置等。

hvigorfile.ts：应用级编译构建任务脚本。

11.4.2 预览效果

DevEco Studio 为开发人员提供了 UI 界面预览功能，可以查看 UI 界面效果，方便开发人员随时调整界面 UI 布局。预览器支持界面代码的实时或动态预览，只需要将开发的源代码进行保存，就可以通过预览器实时查看组件/界面运行效果，方便开发者随时调整代码。但是，由于操作系统和真机设备的差异，在预览界面中可能出现字体、颜色等与真机设备运行的效果存在差异，预览效果仅作为组件/界面开发过程中的参考，实际最终效果请以真机设备运行效果为准。

1. 实时预览

在开发界面 UI 代码过程中，如果添加或删除了 UI 组件，开发人员只需同时按 Ctrl+S 组合键进行保存，然后预览器就会立即刷新预览结果。如果修改了组件的属性或修改了如@State 等装饰器装饰的变量的值，则预览器会实时（亚秒级）刷新预览结果，达到极速预览的效果。DevEco Studio 中实时预览是默认开启的，如果不需要实时预览，请单击预览器右上角的按钮，关闭实时预览功能。

2. 动态预览

在预览器界面，开发人员可以在预览器中操作应用/服务的界面交互动作，如单击、跳转、滑动等，与应用/服务运行在真机设备上的界面交互体验一致。

在 ArkTS 工程目录下，使用预览器的步骤如下。

（1）检查环境信息。确保在 File→Settings→SDK 中，已下载 Previewer 资源，且 SDK 已更新至最新版本。

(2) 在工程目录下，打开任意一个.ets 文件。

(3) 打开预览器开关。方式一：通过菜单栏，依次单击 View→Tool Windows→Previewer 打开预览器。方式二：在编辑窗口右上角的侧边工具栏，单击 Previewer，打开预览器。

DevEco Studio 的预览器支持组件预览。组件预览支持实时预览，不支持动态图和动态预览。组件预览通过在组件前添加注解@Preview 实现，在单个源文件中，最多可以使用 10 个@Preview 装饰自定义组件。

【例 11-1】 组件预览示例代码片段。

```
@Preview({
  title: 'FoodImage'
})
@Component
struct FoodImageDisplayPreview {
  build() {
    Flex() {
      FoodImageDisplay({ foodItem: getDefaultFoodData() })
    }
  }
}
```

在以上示例代码所在的 ets 文件中，首先要选中以上代码片段，然后在 DevEco Studio 的 Previewer 预览器中，单击右侧上方的图标(Component Mode)，最终的组件预览效果如图 11-6 所示。

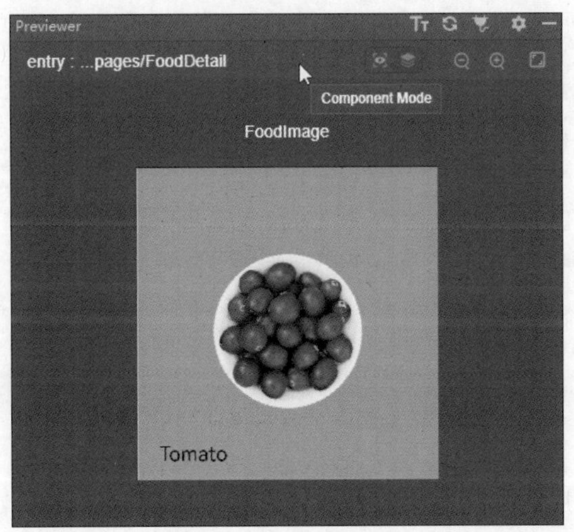

图 11-6　组件预览效果

如果被预览的组件是依赖参数注入的组件，建议的预览方式是：定义一个组件片段，在该片段中声明将要预览的组件，以及该组件依赖的入参，并在组件片段上标注@Preview 注解，以表明将预览该片段中的内容。

片段：被预览的自定义组件。

```
@Component
struct Title {
  @Prop context: string;
  build() {
    Text(this.context)
  }
}
```

建议采用的预览方式如下。

```
@Preview
@Component                                    //定义组件片段 TitlePreview
struct TitlePreview {
  build() {
    Title({ context: 'MyTitle' })             //在该片段中声明将要预览的组件 Title,以及该
//组件依赖的入参 {context: 'MyTitle'}
  }
}
```

需要注意的是,组件预览默认的预览设备为 Phone,如果开发人员需要查看不同设备下的预览效果,或者是在不同屏幕形状下的预览效果,或者是不同设备语言等情况下的组件预览效果,开发人员可以设置@Preview 的参数,指定预览设备的相关属性(例 11-1 中设置了预览组件的名称为 FoodImage)。如果未设置@Preview 的参数,则默认的设备属性设置为

```
@Preview({
  title: 'Component1',          //预览组件的名称
  deviceType: 'phone',          //指定当前组件预览渲染的设备类型,默认为 Phone
  width: 1080,                  //预览设备的宽度,单位:px
  height: 2340,                 //预览设备的高度,单位:px
  colorMode: 'light',           //显示的亮暗模式,当前支持取值为 light
  dpi: 480,                     //预览设备的屏幕 DPI 值
  locale: 'zh_CN',              //预览设备的语言,如 zh_CN、en_US 等
  orientation: 'portrait',      //预览设备的横竖屏状态,取值为 portrait 或 landscape
  roundScreen: false            //设备的屏幕形状是否为圆形
})
```

11.5 调试概述

DevEco Studio 提供了丰富的 HarmonyOS 应用/服务调试能力,支持 ArkTS 单语言调试和 ArkTS + C/C++ 跨语言调试能力,并且支持第三方库源码调试,帮助开发人员更方便、高效地调试应用/服务。HarmonyOS 应用/服务调试支持使用真机设备、模拟器、预览器调试。使用真机或模拟器进行调试时,修改后的代码需要经过较长时间的编译和安装过程,才能刷新至调试环境。使用预览器进行调试,可快速地修改代码和运行应用,在 DevEco Studio 中直接查看修改后的界面显示效果。开发人员可以使用预览器运行调试 Ability 生命周期代码和界面代码,预览器调试支持基础 Debug 能力,包括断点、调试执行、变量查看等。本节将以使用真

机设备为例详细地说明调试流程。真机设备调试的流程如图 11-7 所示。

1. 配置签名信息

使用真机设备进行调试前需要对 HAP 进行签名。使用模拟器和预览器调试无须签名。

针对应用/服务的签名，DevEco Studio 为开发人员提供了自动签名方案，帮助开发人员高效进行调试。也可选择手动方式对应用/服务进行签名。本节仅介绍如何进行自动签名。

1）连接真机设备

确保 DevEco Studio 与真机设备已完成连接，真机连接成功后如图 11-8 所示。如果同时连接多个设备，那么使用自动化签名时，会同时将多个设备的信息写到证书文件中。

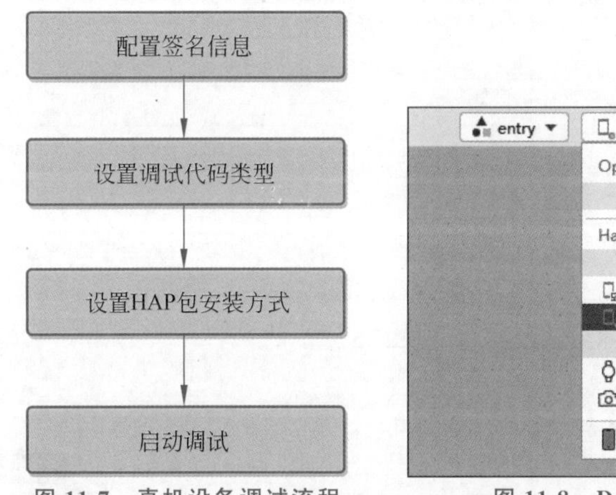

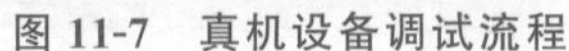

图 11-7　真机设备调试流程

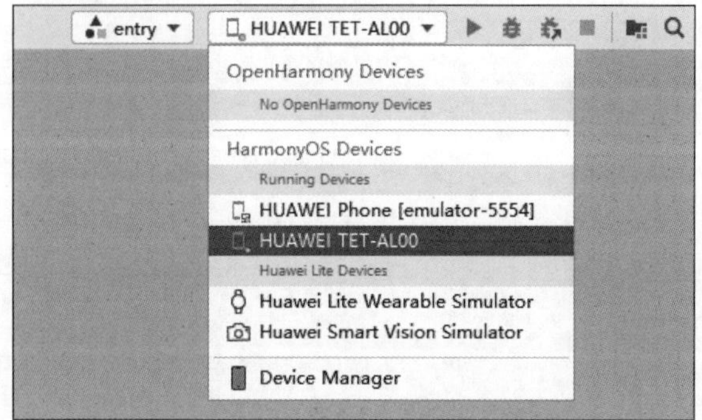

图 11-8　DevEco Studio 与真机设备连接

2）自动签名

进入 File→Project Structure→Project→Signing Configs 界面（如图 11-9 所示），勾选 Automatically generate signature 复选框，即可完成签名。如果没有登录，请先单击 Sign In 按钮进行登录，然后自动完成签名。

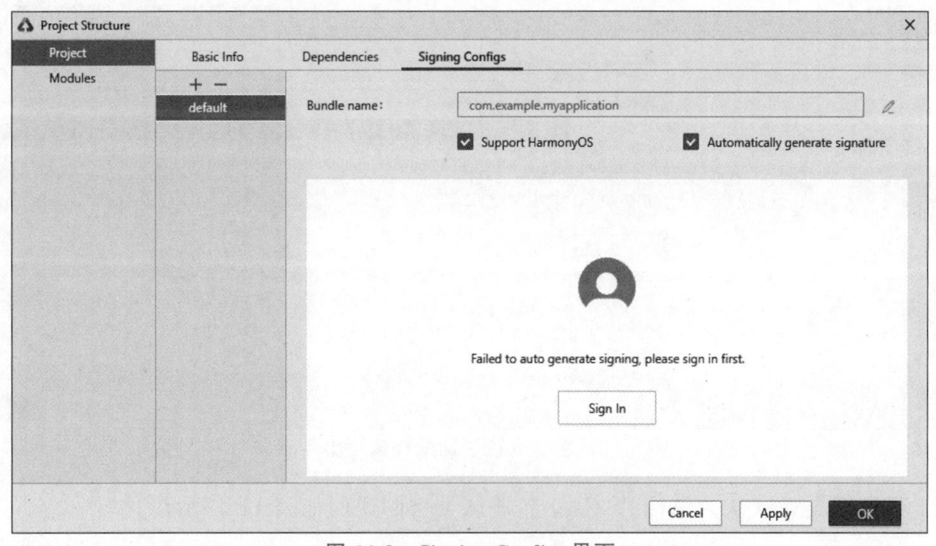

图 11-9　Signing Configs 界面

3）签名完成

签名完成后，如图 11-10 所示。

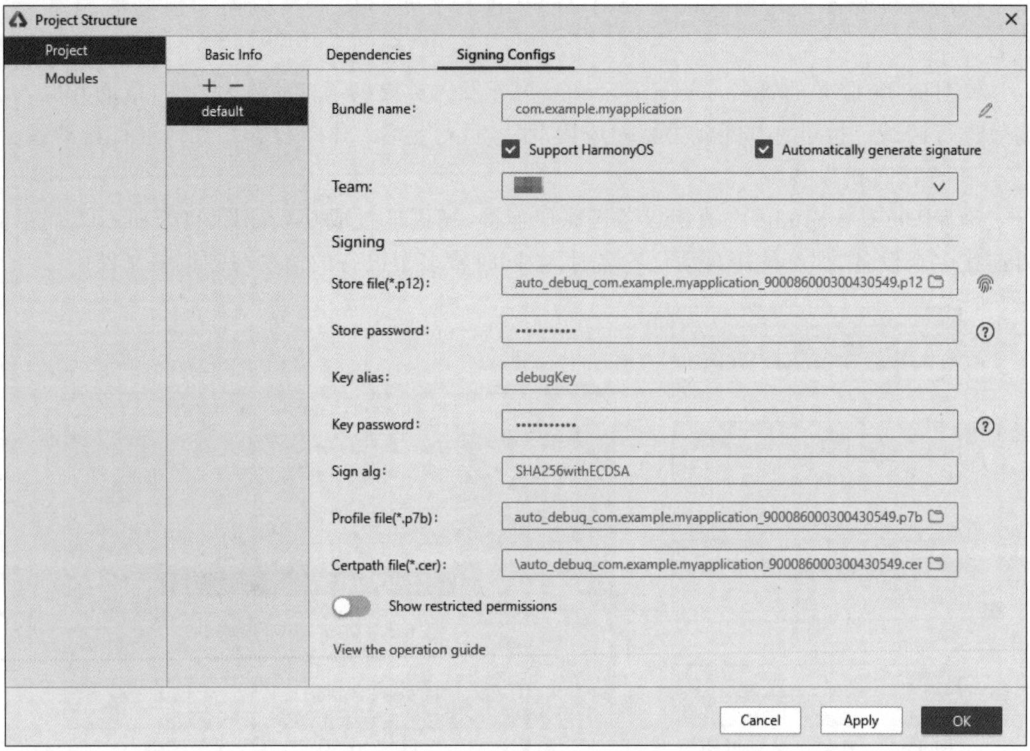

图 11-10　自动签名完成

2. 设置调试代码类型

在 DevEco Studio 中依次单击 Run→Edit Configurations→Debugger（如图 11-11 所示），在界面左侧选择相应模块，然后在右侧设置 Debug type 即可。

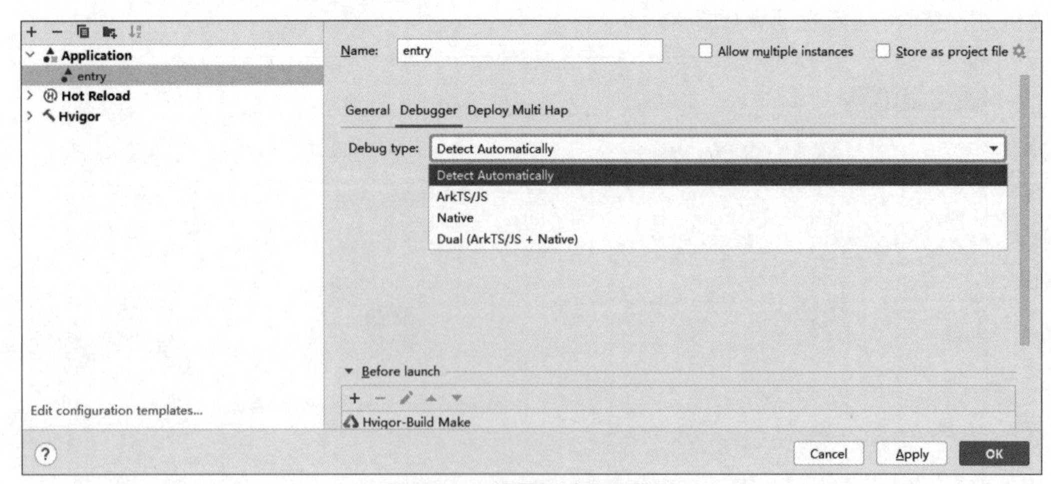

图 11-11　设置调试代码类型

工程调试类型默认为 ArkTS/JS。各调试类型的说明如表 11-1 所示。

表 11-1　调试类型说明

调试类型	调试代码
Detect Automatically	根据调试的工程类型,自动启动对应的调试器
ArkTS/JS	新建工程默认调试器选项 调试 ArkTS 代码 调试 JS 代码
Native	仅调试 C/C++ 代码
Dual(ArkTS/JS + Native)	调试 C/C++ 工程的 ArkTS/JS 和 C/C++ 代码

3. 设置 HAP 安装方式

在调试阶段,HAP 在设备上的安装方式有两种,分别为先卸载应用/服务后再重新安装和覆盖安装,开发人员可以根据实际需要进行设置。

方式 1:先卸载应用/服务后再重新安装。该方式会清除设备上的所有应用/服务缓存数据(默认安装方式)。当代码无变化时,不进行推包安装。即根据模块有无变化来判断是否重新推送安装模块包,在运行调试时仅将有变化的模块及依赖它的模块重新推送安装至设备上。例如,entry 依赖了 HSP 模块,当 HSP 模块有变化,运行调试时将同时推送安装 HSP 模块和 entry 模块。

方式 2:覆盖安装。该方式不卸载应用/服务,会保留应用/服务的缓存数据。由于 DevEco Studio 默认的安装方式是先卸载应用/服务后再重新安装,若需要采用覆盖安装的方式,则需要手动设置。设置方法为:依次单击 Run→Edit Configurations,设置指定模块的 HAP 安装方式,勾选 Keep Application Data 复选框(如图 11-12 所示),则表示采用覆盖安装方式,保留应用/服务缓存数据。

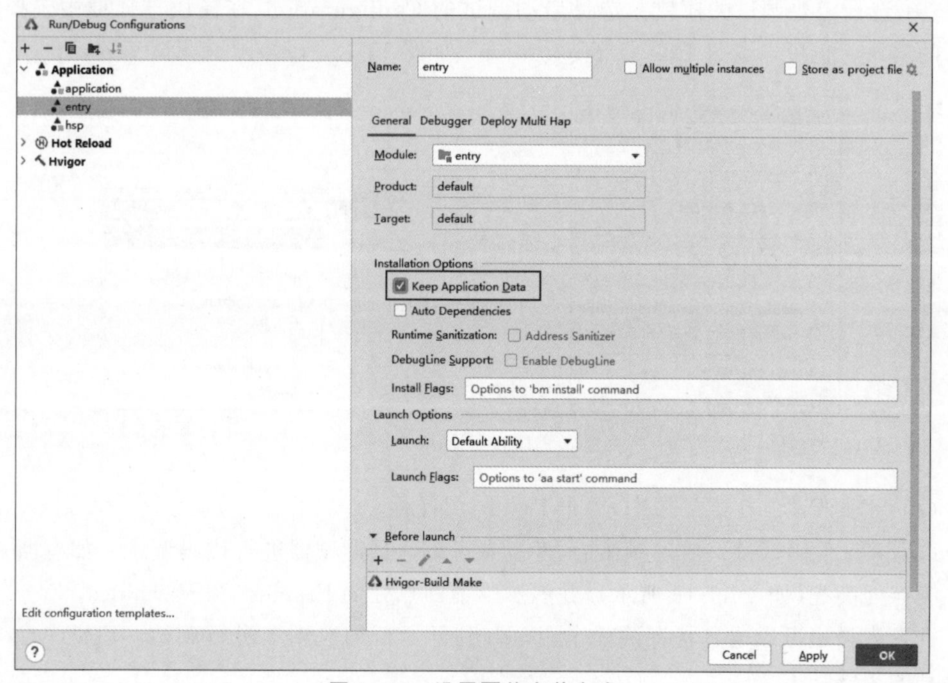

图 11-12　设置覆盖安装方式

4. 启动调试

在完成相关的配置信息后，可以启动 Debug 调试或 Attach 调试。Attach 调试和 Debug 调试的区别在于，Attach 调试可以先运行应用/服务，然后再启动调试，或者直接启动设备上已安装的应用/服务进行调试；而 Debug 调试是直接运行应用/服务后立即启动调试。

启动 Debug 调试会话的步骤如下。

（1）设置断点。如果需要设置断点调试，找到需要暂停的代码片段，单击该代码行的左侧边线，或将光标置于该行上并按 Ctrl+F8 组合键，完成断点设置。设置断点后，调试能够在正确的断点处中断，并高亮显示该行，设置断点后的具体效果如图 11-13 所示。

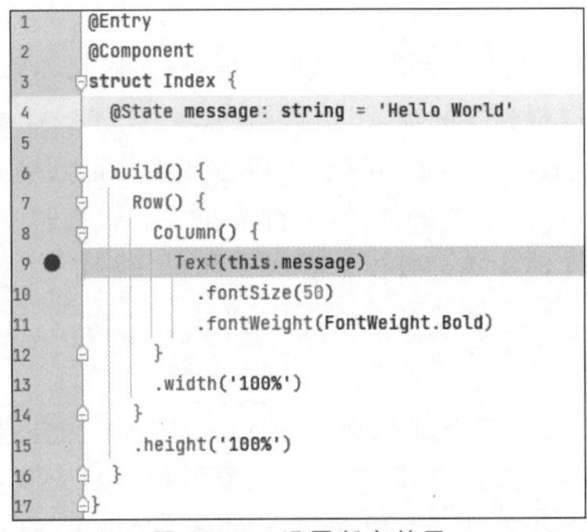

图 11-13　设置断点效果

（2）选择调试设备。在设备选择框（如图 11-14 所示）中，选择调试的设备。

（3）选择需要调试的模块。选择启动调试的 Configuration，在模块选择框中选择需要调试的模块。也可以通过 Edit Configurations（如图 11-15 所示）配置调试参数。

图 11-14　选择调试设备

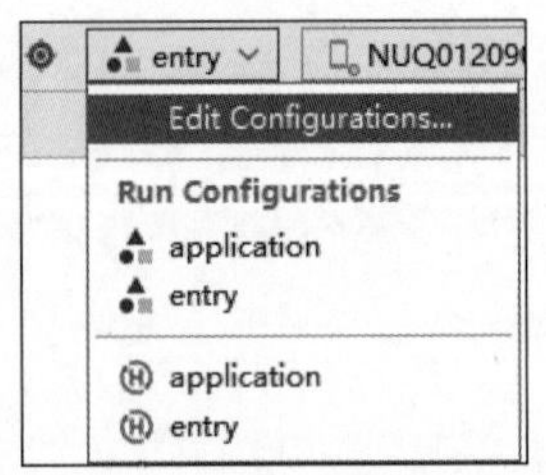

图 11-15　配置调试参数

（4）启动调试。在工具栏中，单击 Debug 图标。

（5）进行代码调试。启动调试后，开发者可以通过调试器进行代码调试。如有断点，则会在断点处高亮（如图 11-16 所示），并展示当前断点处的 Framest 和 Variables。

开发人员也可以通过将调试程序 attach 到已运行的应用上进行调试。启动 Attach 调试会话的步骤如下。

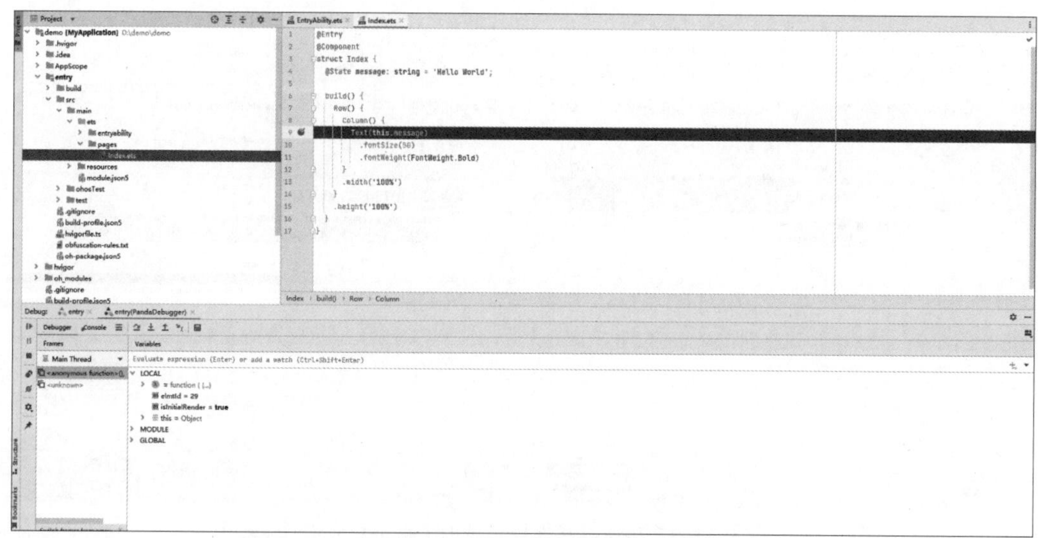

图 11-16　代码调试界面

(1) 在工具栏中，选择调试的设备，并单击 Attach Debugger to Process 图标（如图 11-17 所示）启动调试。

图 11-17　Attach Debugger to Process 图标

(2) 选择要调试的设备及应用进程，若应用 bundlename 与当前工程不一致，则需勾选 Show all processes 复选框（如图 11-18 所示）。

(3) 选择需要使用的调试配置（如图 11-19 所示），或者使用默认配置。

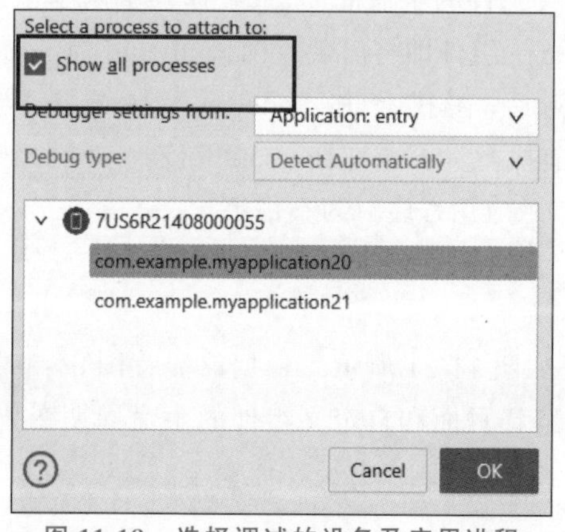

图 11-18　选择调试的设备及应用进程

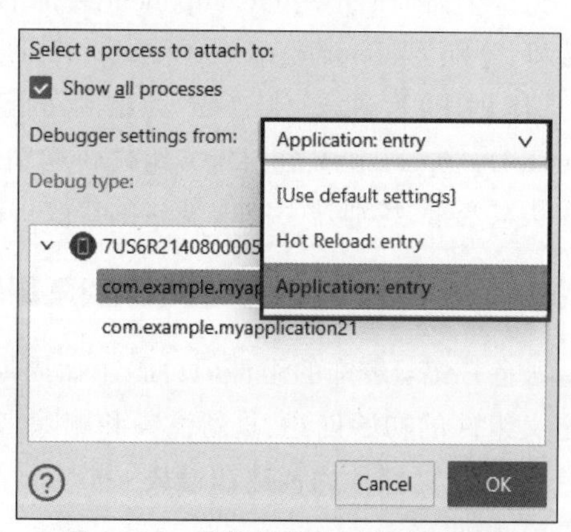

图 11-19　选择需要使用的调试配置

(4) 选择需要调试的 Debug type，具体效果如图 11-20 所示。若选择已创建的 Run/Debug configuration 进行 attach 调试，此时 Debug type 不可改变，只可在 Run/Debug configuration 界面修改。

(5) 单击右下角的 OK 按钮，开始 Attach 调试。

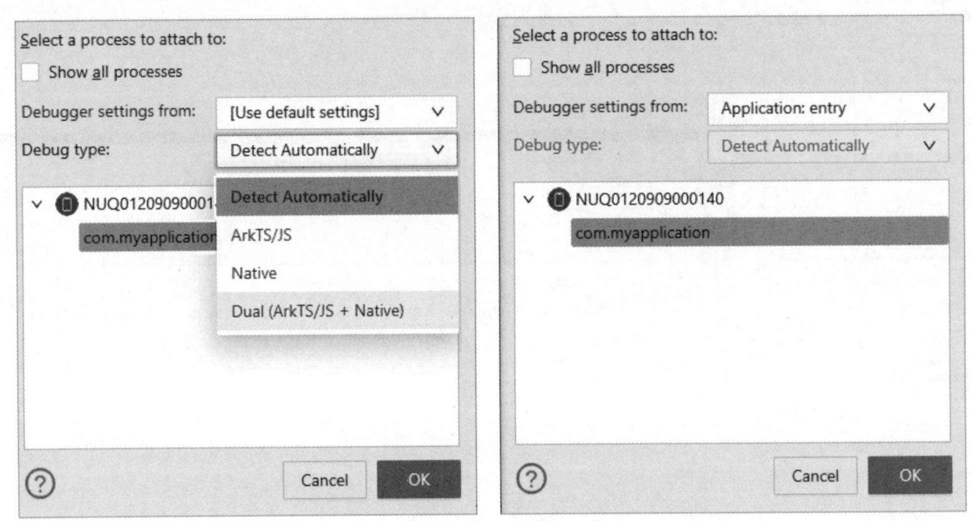

图 11-20 选择需要调试的 Debug type

11.6 页面和自定义组件的生命周期

页面生命周期是被@Entry 装饰的组件生命周期，系统提供了三个生命周期接口，分别为 onPageShow、onPageHide 和 onBackPress，三个接口均仅对@Entry 装饰的自定义组件生效。页面每次显示时触发一次 onPageShow，包括路由过程、应用进入前台等场景。页面每次隐藏时触发一次 onPageHide，包括路由过程、应用进入后台等场景。当用户单击返回按钮时触发 onBackPress。

组件生命周期是用@Component 装饰的自定义组件的生命周期，系统提供了两个生命周期接口，分别为 aboutToAppear 和 aboutToDisappear。组件即将出现时回调 aboutToAppear 接口，具体时机为在创建自定义组件的新实例后，在执行其 build() 函数之前执行。aboutToDisappear 函数在自定义组件析构销毁之前执行。不允许在 aboutToDisappear 函数中改变状态变量，特别是@Link 变量的修改可能会导致应用程序行为不稳定。

11.6.1 页面和自定义组件的生命周期变化

被@Entry 装饰的组件（页面）生命周期流程如图 11-21 所示。根据该流程图，本节将从自定义组件的初始创建、重新渲染和删除来详细解释页面和自定义组件的生命周期变化。

1. 自定义组件的创建和渲染

流程如下。

(1) 自定义组件的创建：自定义组件的实例由 ArkUI 框架创建。

(2) 初始化自定义组件的成员变量：通过本地默认值或者构造方法传递参数来初始化自定义组件的成员变量，初始化顺序为成员变量的定义顺序。

(3) 如果开发人员定义了 aboutToAppear，则执行 aboutToAppear 方法。

(4) 在首次渲染的时候，执行 build 方法渲染系统组件，如果子组件为自定义组件，则创建自定义组件的实例。在首次渲染的过程中，框架会记录状态变量和组件的映射关系，当状

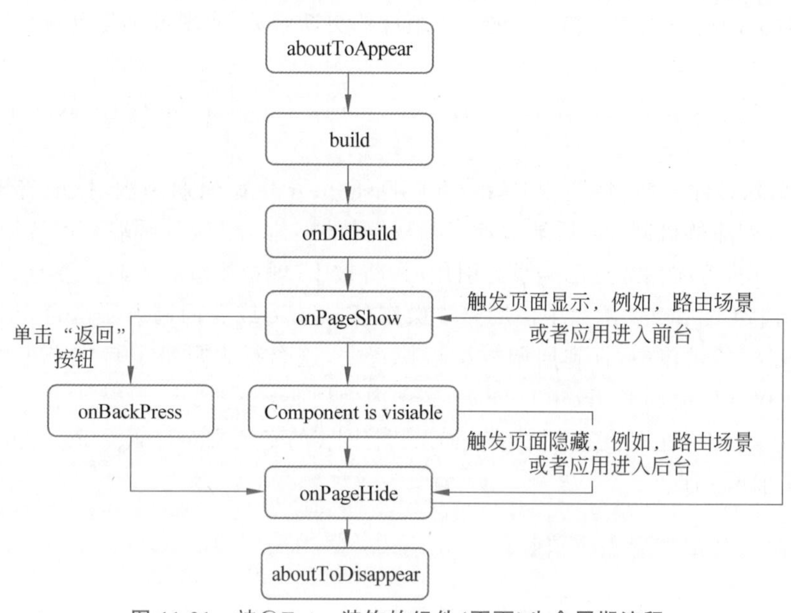

图 11-21　被@Entry 装饰的组件(页面)生命周期流程

态变量改变时，驱动其相关的组件刷新。在执行 build()函数的过程中，框架会观察每个状态变量的读取状态，将保存以下两个 map。

① 状态变量→UI 组件(包括 ForEach 和 if)。

② UI 组件→此组件的更新函数，即一个 Lambda 方法，作为 build()函数的子集，创建对应的 UI 组件并执行其属性方法。示例如下。

```
build() {
  ...
  this.observeComponentCreation(() => {
    Button.create();
  })

  this.observeComponentCreation(() => {
    Text.create();
  })
  ...
}
```

当应用在后台启动时，此时应用进程并没有销毁，所以仅需要执行 onPageShow。

(5) 如果开发者定义了 onDidBuild，则执行 onDidBuild 方法。

2. 自定义组件重新渲染

当事件句柄被触发(比如设置了单击事件，即触发单击事件)从而致使状态变量发生改变时，或者 LocalStorage / AppStorage 中的属性更改并导致绑定的状态变量更改其值时，流程如下。

(1) 框架观察到了变化，将启动重新渲染。

(2) 根据框架持有的两个 map，框架可以知道该状态变量管理了哪些 UI 组件，以及这些 UI 组件对应的更新函数。执行这些 UI 组件的更新函数,实现最小化更新。

3. 自定义组件的删除

如果 if 组件的分支发生了改变,或者 ForEach 循环渲染中数组的个数发生了改变,组件将被删除。流程如下。

(1) 在删除组件之前,将调用其 aboutToDisappear 生命周期函数,标记着该节点将要被销毁。节点删除的机制为:后端节点直接从组件树上摘下,然后后端节点被销毁,然后对前端节点解引用,若前端节点已经没有引用时,将被 JS 虚拟机垃圾回收。注意,如果在生命周期的 aboutToDisappear 函数中使用异步操作(Promise 或者回调方法),自定义组件将被保留在 Promise 的闭包中,直到回调方法被执行完,这个行为阻止了自定义组件的垃圾回收,因此不建议在生命周期 aboutToDisappear 内使用 async/await。

(2) 自定义组件和它的变量将被删除,如果其有同步的变量,如@Link、@Prop、@StorageLink,将从同步源上取消注册。

11.6.2 生命周期的调用时机

【例 11-2】 生命周期的调用时机示例展示。

```
//Index.ets
import router from '@ohos.router';

@Entry
@Component
struct ParentComponent {
  @State showChild: boolean = true;
  @State btnColor:string = "#FF007DFF"

  //只有被@Entry 装饰的组件才可以调用页面的生命周期
  onPageShow() {
    console.info('Index onPageShow');
  }
  //只有被@Entry 装饰的组件才可以调用页面的生命周期
  onPageHide() {
    console.info('Index onPageHide');
  }

  //只有被@Entry 装饰的组件才可以调用页面的生命周期
  onBackPress() {
    console.info('Index onBackPress');
    this.btnColor ="#FFEE0606"
    return true //返回 true 表示页面自己处理返回逻辑,不进行页面路由;返回 false 表示
//使用默认的路由返回逻辑,不设置返回值按照 false 处理
  }

  //组件生命周期
  aboutToAppear() {
    console.info('MyComponent aboutToAppear');
  }
```

```
  //组件生命周期
  onDidBuild() {
    console.info('MyComponent onDidBuild');
  }

  //组件生命周期
  aboutToDisappear() {
    console.info('MyComponent aboutToDisappear');
  }

  build() {
    Column() {
      //this.showChild 为 true,创建 Child 子组件,执行 Child aboutToAppear
      if (this.showChild) {
        Child()
      }
      //this.showChild 为 false,删除 Child 子组件,执行 Child aboutToDisappear
      Button('delete Child')
        .margin(20)
        .backgroundColor(this.btnColor)
        .onClick(() => {
          this.showChild = false;
        })
      //push 到 page 页面,执行 onPageHide
      Button('push to next page')
        .onClick(() => {
          router.pushUrl({ url: 'pages/page' });
        })
    }

  }
}

@Component
struct Child {
  @State title: string = 'Hello ArkTS';
  //组件生命周期
  aboutToDisappear() {
    console.info('[lifeCycle] Child aboutToDisappear')
  }

  //组件生命周期
  onDidBuild() {
    console.info('[lifeCycle] Child onDidBuild');
  }

  //组件生命周期
  aboutToAppear() {
    console.info('[lifeCycle] Child aboutToAppear')
```

```
  }

  build() {
    Text(this.title).fontSize(50).margin(20).onClick(() => {
      this.title = 'Welcome to the ArkTS world';
    })
  }
}


//第二个页面:page.ets
@Entry
@Component
struct page {
  @State textColor: Color = Color.Black;
  @State num: number = 0

  //页面生命周期函数,只有被@Entry 装饰的组件才可以调用页面的生命周期
  onPageShow() {
    this.num = 5
  }

  //页面生命周期函数,只有被@Entry 装饰的组件才可以调用页面的生命周期
  onPageHide() {
    console.log("page onPageHide");
  }

  //页面生命周期函数,只有被@Entry 装饰的组件才可以调用页面的生命周期
  onBackPress() {                                    //不设置返回值按照 false 处理
    this.textColor = Color.Grey
    this.num = 0
  }

  //组件生命周期函数
  aboutToAppear() {
    this.textColor = Color.Blue
  }

  build() {
    Column() {
      Text(`The value of num is: ${this.num}`)
        .fontSize(30)
        .fontWeight(FontWeight.Bold)
        .fontColor(this.textColor)
        .margin(20)
        .onClick(() => {
          this.num += 5
        })
    }
    .width('100%')
```

```
    }
  }
```

以上示例代码中，第一个页面(Index 页面)中包含两个自定义组件：一个是被@Entry 装饰的 ParentComponent，该组件是页面的入口组件，即页面的根节点；一个是 Child，该组件是 ParentComponent 的子组件。由于只有被@Entry 装饰的节点才可以使页面级别的生命周期方法生效，因此在 ParentComponent 中声明了当前页面(Index 页面)的页面生命周期函数(onPageShow、onPageHide、onBackPress)。ParentComponent 和其子组件 Child 分别声明了各自的组件级别生命周期函数(aboutToAppear 和 aboutToDisappear)。

(1) 应用冷启动的初始化流程为：第 1 步，ParentComponent 组件中的 aboutToAppear 组件生命周期函数执行；第 2 步，ParentComponent 组件中的 build()函数执行；第 3 步，ParentComponent 组件中的 onDidBuild()函数执行；第 4 步，Child 子组件中的 aboutToAppear 组件生命周期函数执行；第 5 步，Child 子组件中的 build()函数执行；第 6 步，Child 子组件中的 onDidBuild()函数执行；第 7 步，Index 页面的 onPageShow 页面生命周期函数执行。

(2) 当单击 Index 页面中的名为"Delete Child"的按钮时，if 绑定的 this.showChild 的值改变为 false，删除 Child 子组件，此时将会执行 Child 子组件中的 aboutToDisappear 组件生命周期函数。

(3) 当单击 Index 页面中的名为"Push to next page"的按钮时，调用 router.pushUrl 接口，跳转到另外一个页面(Page 页面)，当前 Index 页面隐藏，执行 Index 页面的 onPageHide 页面生命周期函数(此处调用的是 router.pushUrl 接口，Index 页面并没有被销毁，仅被隐藏，所以只调用 onPageHide)。跳转到新页面(Page 页面)后，将重新执行初始化新页面的生命周期的流程。

(4) 假如单击 Index 页面中名为"Push to next page"的按钮后调用的是 router.replaceUrl 接口，那么当前页面(Index 页面)将会被销毁，执行的生命周期流程将变为：第 1 步，Index 页面的 onPageHide 页面生命周期函数执行；第 2 步，ParentComponent 组件的 aboutToDisappear 组件生命周期函数执行；第 3 步，Child 子组件的 aboutToDisappear 组件生命周期函数执行。由于组件的销毁是从组件树上直接摘下子树，所以先调用父组件的 aboutToDisappear 组件生命周期函数，再调用子组件的 aboutToDisappear 组件生命周期函数，然后执行初始化新页面的生命周期流程。

(5) 当在 Index 页面中单击返回按钮时，将会触发 Index 页面中的 onBackPress 页面生命周期函数，且触发返回一个页面后会导致当前的 Index 页面被销毁。

(6) 当在 Index 页面中最小化应用或者应用进入后台，将会触发 Index 页面中的 onPageHide 页面生命周期函数。当前的 Index 页面没有被销毁，所以并不会执行组件的 aboutToDisappear 组件生命周期函数。当应用重新回到前台时，将会执行 Index 页面的 onPageShow 页面生命周期函数。

(7) 当在 Index 页面中退出应用时，执行的生命周期流程为：第 1 步，执行 Index 页面的 onPageHide 页面生命周期函数；第 2 步，执行 ParentComponent 组件的 aboutToDisappear 组件生命周期函数；第 3 步，执行 Child 子组件的 aboutToDisappear 组件生命周期函数。

11.7 运行工程

11.7.1 使用本地真机运行工程

在手机真机和平板电脑真机中运行 HarmonyOS 工程的操作方法一致，可以采用 USB 连接方式或者无线调试的连接方式。两种连接方式是互斥的，只能采用其中一种，无法同时使用两种方式运行工程。

在手机真机和平板电脑真机中运行 HarmonyOS 工程前，首先需要在真机的“设置”→“通用”→“开发者模式”中，打开“开发者模式”开关。该开关开启后，真机设备将自动重启，等待设备完成重启。此外，在真机设备上运行工程需要提前对工程进行签名(签名过程参考 11.5 节)。

1. 使用 USB 连接方式

流程如下。

(1) 使用 USB 方式，将手机真机或平板电脑真机与 HarmonyOS 工程所在的计算机进行连接。

(2) 在真机的“开发者模式”中，打开“USB 调试”开关。

(3) 在手机真机或平板电脑真机中会弹出“允许‘USB 调试’?”的弹框，单击弹框右下角的“允许”按钮。

(4) 在 DevEco Studio 的菜单栏中，依次单击 Run→Run '模块名称'，或者单击▶图标，或者使用默认快捷键 Shift+F10，运行工程。

(5) DevEco Studio 启动 HAP 的编译构建和安装。安装成功后，设备会自动运行安装的 HarmonyOS 工程。

2. 使用无线调试连接方式

流程如下。

(1) 将手机真机或平板电脑真机与 HarmonyOS 工程所在的计算机连接到同一个 WLAN。

(2) 在真机的“开发者模式”中，打开“无线调试”开关(如图 11-22 所示)，并获取手机真机或平板电脑真机端的 IP 地址和端口号。

(3) 使用 HDC 工具进行设备连接。在 HarmonyOS 工程所在的计算机中使用快捷键 Win+R，打开运行窗口。在运行窗口中输入“cmd”，然后按 Enter 键，打开 Windows 终端窗口。在终端窗口中输入“hdc tconn 设备 IP 地址：端口号”(上一步获取的 IP 地址和端口号)命令，按 Enter 键，界面中出现“Connect OK”，完成设备连接。

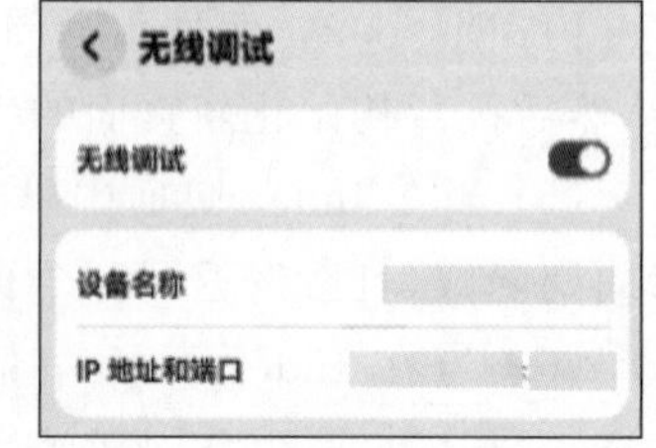

图 11-22 真机“无线调试”界面

(4) 在 DevEco Studio 的菜单栏中依次单击 Run→Run '模块名称'，或者单击▶图标，或者使用默认快捷键 Shift+F10，运行工程。

(5) DevEco Studio 启动 HAP 的编译构建和安装。安装成功后，设备会自动运行安装的 HarmonyOS 工程。

11.7.2　使用模拟器运行工程

DevEco Studio 提供本地模拟器(Local Emulator)供开发人员运行和调试 HarmonyOS 工程。本地模拟器在本地计算机上创建和运行,但不支持在虚拟机系统中运行本地模拟器。在运行和调试工程时可以保持良好的流畅性和稳定性,但是需要耗费一定的计算机资源,具体的资源及约束要求见表 11-2。

表 11-2　模拟器在本地计算机上创建和运行具体的资源及约束要求

系统类型	使用约束
Windows	系统版本:Windows 10 企业版、专业版或教育版及以上。 CPU 要求:具有二级地址转换(SLAT)的 64 位处理器;支持 AES 指令集;支持 VM 监视器模式扩展(Intel CPU 的 VT-c 技术)。 内存大小:推荐 16GB 及以上。 分辨率要求:1280×800px 以上
macOS	系统版本:12.5 及以上版本。 内存大小:推荐 8GB 及以上。 分辨率要求:1280×800px 以上

此外,需要注意的是,本地模拟器与真机设备在规格上存在差异,因此,推荐使用真机运行工程。

使用模拟器运行工程的流程如下。

(1) 依次单击 DevEco Studio→Preferences→SDK,在下拉框中选择 HarmonyOS,切换至 Tools 标签,勾选并下载 System-image 和 Emulator 资源。

(2) 依次单击菜单栏中的 Tools→Device Manager,在 Local Emulator 选项卡中,登录已实名认证过的华为账号。

(3) 账号登录成功后,单击界面右下方的 Edit 按钮,设置本地模拟器的存储路径 Local emulator location。其中,Mac 默认存储在~/.Huawei/Emulator/deployed 下,Windows 默认存储在 C:\Users\xxx\AppData\Local\Huawei\Emulator\deployed 下。

(4) 在 Local Emulator 选项卡中,单击界面右下角的 New Emulator 按钮,创建一个本地模拟器。

(5) 在创建模拟器界面,可以选择一个默认的设备模板。

(6) 单击图 11-23 中右下角的 Next 按钮,核实确定需要创建的模拟器信息。同时,也可以单击图 11-24 中左下方的 Show Advanced Settings 按钮显示高级设置,在该界面修改模拟器信息,然后单击右下角的 Finish 按钮,创建本地模拟器。

(7) 在如图 11-25 所示的设备管理器界面,单击▶图标,启动模拟器。

(8) 在 DevEco Studio 的菜单栏中依次单击 Run→Run '模块名称',或者单击▶图标,或者使用默认快捷键 Control+R,运行工程。

(9) DevEco Studio 会启动工程的编译构建,完成后工程即可运行在 Local Emulator 上。

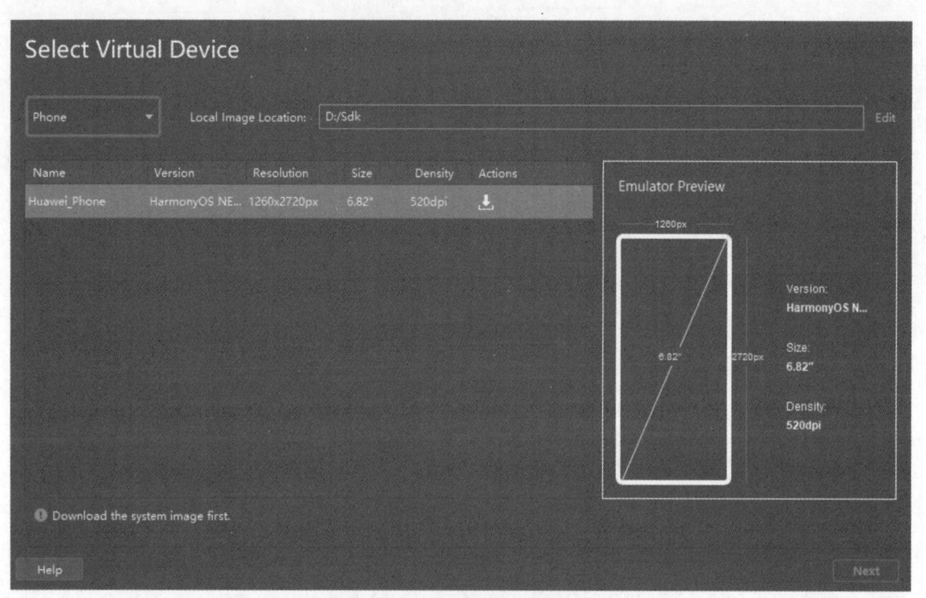

图 11-23 创建模拟器界面

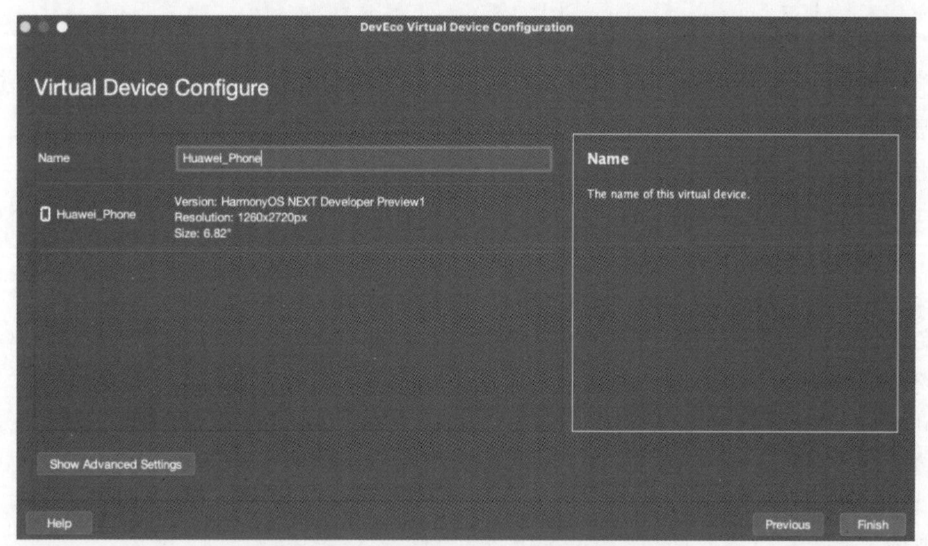

图 11-24 Virtual Device Configure 界面

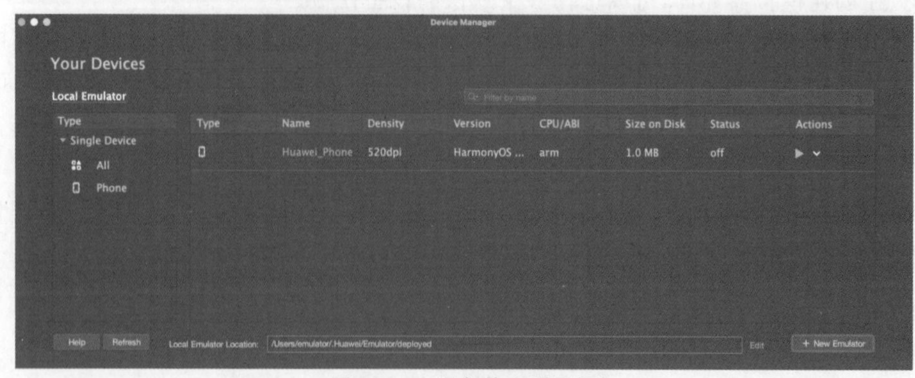

图 11-25 设备管理器界面

小结

本章介绍了基于ArkTS的HarmonyOS应用开发相关内容，主要包括HMS、应用/服务开发流程、ArkTS工程的相关概念、ArkTS工程目录结构、程序调试与运行、页面和自定义组件的生命周期等。HMS作为应用背后的强大支撑，为开发人员提供了丰富的云服务、定位服务、推送服务等，进一步增强了应用的功能性和用户体验。而HarmonyOS应用开发涉及多方面，需要开发人员具备对HarmonyOS特性的深入理解和扎实的编程基础。完成本章的学习后，开发人员对HarmonyOS应用有了全局的认识和理解，可以开发出高质量、用户体验优秀的HarmonyOS应用。本章工作任务与知识点关系的思维导图如图11-26所示。

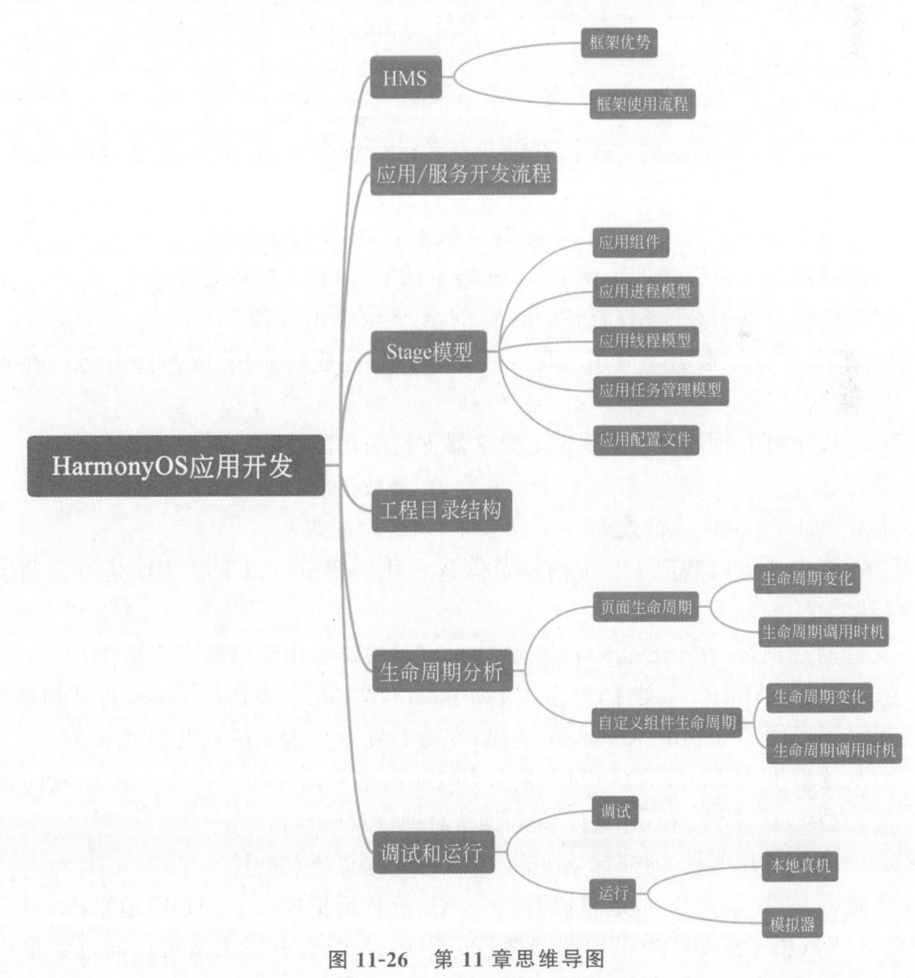

图11-26 第11章思维导图

思考与实践

第一部分：练习题

练习1. 下面哪些函数是自定义组件的生命周期函数？（ ）

A. aboutToAppear　　B. aboutToDisappear

C. onPageShow　　D. onPageHide

E. onBackPress

练习 2. ArkTS Stage 模型支持 API Version 11，以下关于其工程目录结构说法正确的是（　　）。

A. oh-package.json5 用于存放应用级配置信息，包括签名、产品配置等

B. build-profile.json5 用于配置三方包声明文件的入口及包名

C. module.json5 包含 HAP 的配置信息、应用在具体设备上的配置信息以及应用的全局配置信息

D. app.json5 用于编写应用级编译构建任务脚本

练习 3. 在 Stage 模型中，下列配置文件属于 AppScope 文件夹的是（　　）。

A. main_pages.json　　B. module.json5

C. app.json5　　D. package.json

练习 4. DevEco Studio 提供模拟器供开发者运行和调试 HarmonyOS 应用/服务，以下说法错误的是（　　）。

A. 本地模拟器是创建和运行在本地计算机上的，需要登录授权

B. 本地模拟器支持音量大小调节、电池电量调节、屏幕旋转等功能

C. 向本地模拟器安装应用/服务的时候，不需要给应用签名

D. DevEco Studio 会启动应用/服务的编译构建，完成后应用/服务即可运行在本地模拟器上

练习 5. 以下哪几项属于 Previewer 预览器支持的功能？（　　）

A. 动态预览　　B. 播放语音

C. 查看 ArkTS 组件预览效果　　D. 播放视频

练习 6. 开发者可以利用工具中的预览器进行代码调试。以下哪几项是对预览器功能的正确描述？（　　）

A. 支持动态预览，在 Previewer 中预览时，可以操作应用简单的交互动作

B. 选定 EntryAbilty.ts 文件，单击 View→Tool Windows→Previewer，打开预览器

C. 预览器提供了 Profile Manager 功能，支持开发者自定义预览设备 Profile

D. 预览器提供 HarmonyOS 应用/服务的 UI 预览界面与源代码文件间的双向预览功能，支持.ets 文件、.html 文件预览器界面进行双向预览

练习 7. 以下哪几项是 DevEco Studio 提供的调试与开发工具？（　　）

A. 预览器　　B. 本地模拟器　　C. 远程模拟器　　D. 本地真机

练习 8. DevEco Studio 提供模拟器进行应用运行调试，开发人员可以通过菜单栏中的 Tools 栏，找到 Device Manager 来打开模拟器。以下哪些选项是 DevEco Studio 支持提供的模拟器类型？（　　）

A. 本地模拟器　　B. 远程模拟器

C. 超级终端远程模拟器　　D. 远程真机

练习 9. 在使用 ArkTS 语言开发界面 UI 代码的过程中，如果添加或删除了 UI 组件，则会实时（亚秒级）刷新预览结果，达到极速预览的效果。（　　）

练习 10. 在使用物理真机运行应用前需要对应用进行签名，开发人员可以使用 IDE 工具提供的自动化签名方案，在打开 Project Structure 界面后，单击 Signing Configs，勾选 Automatically generate signature 复选框，等待自动签名完成即可。（　　）

练习 11. 某开发人员在使用远程真机进行运行时，不需要对应用进行签名；在使用本地真机运行应用时，必须对应用进行签名。（　　）

练习 12. HMS Core 4.0 提供的商业变现服务包含________、________以及________三类，旨在帮助实现多渠道商业变现。

练习 13. 在 ArkTS 工程的目录结构中，包括特定设备类型的配置信息的文件为 Scope 目录下的________文件。

练习 14. 说明 HarmonyOS 应用开发的流程。

练习 15. 简述 ArkTS 项目中，自定义组件的生命周期变化过程。

练习 16. 简单介绍 HarmonyOS 低代码开发模式。

第二部分：实践题

ArkTS 低代码是一种用于快速开发应用程序的开发方法，它使用简单易懂的图形化界面和可视化工具，而不是烦琐的编码，来构建应用程序的不同模块，使开发者能够通过简单的拖曳和连接的方式，将各个模块组合在一起，更快地构建应用程序。这些模块可以是数据库操作、用户界面设计、业务逻辑等。通过这种方式，开发人员可以快速地构建出一个功能完善的应用程序，无须编写大量的代码。请尝试将第 8 章的项目案例通过低代码的开发方式重新实现。

第 4 篇　项目实践篇

第12章

应用开发综合案例

12.1 总体设计

12.1.1 系统架构

本案例基于 ArkTS 实现了一个登录功能的应用，主要用于呈现 ArkUI 的基本能力，包括自定义组件的基本用法以及装饰器、状态管理、渲染控制的使用。

12.1.2 系统流程

打开应用时进入启动页，首次打开应用，启动页等待 3s 后加载轮播图，单击按钮跳转登录页面，非首次打开应用，启动页等待 3s 后，自动跳转登录页面。在登录页面单击“注册”按钮，跳转注册成功页面。在登录页面单击“遇见问题”，跳转联系客服页。在登录页面单击“隐私说明”，跳转隐私说明页。在登录页面输入账号、密码，单击“登录”按钮，跳转首页面。

首页面实现底部导航栏效果，可以滑动页面或者单击导航栏按钮实现切换不同页面效果。

12.2 编程实现

12.2.1 环境要求

1. 开发软件环境

DevEco Studio 版本：DevEco Studio NEXT Developer Preview1 及以上。

HarmonyOS SDK 版本：HarmonyOS NEXT Developer Preview1 SDK 及以上。

2. 调试硬件环境

设备类型：华为手机。

HarmonyOS 系统：HarmonyOS NEXT Developer Preview1 及以上。

12.2.2 代码结构

本节仅展示该案例的核心代码，对于案例的完整代码，在源码下载中提供。

```
├───entry/src/main/ets                                  //代码区
│   ├───activity
│   │   └───ActivityView.ets                            //首页面活动页组件
│   ├───challenge
│   │   └───ChallengeView.ets                           //首页面挑战页组件
│   ├───discover
│   │   └───DiscoverView.ets                            //首页面探索页组件
│   ├───entryability
│   │   └───EntryAbility.ets                            //程序入口类
│   ├───learning
│   │   └───LearningView.ets                            //首页面学习页组件
│   ├───mine
│   │   └───MineView.ets                                //首页面我的页组件
│   ├───pages
│   │   ├───CustomerServicePage.ets                     //首页面
│   │   ├───HomePage.ets                                //首页面
│   │   ├───LoginPage.ets                               //登录页
│   │   ├───PrivacyPage.ets                             //隐私说明页
│   │   ├───RegistrationSuccessPage.ets                 //注册成功页
│   │   └───SplashPage.ets                              //启动页
│   ├───utils
│   │   ├───Logger.ets                                  //日志打印工具类
│   │   └───WindowUtil.ets                              //窗口设置工具类
│   ├───view
│   │   ├───CustomTabBar.ets                            //底部导航栏组件
│   │   ├───LoginComponent.ets                 //登录页用户名、密码输入框、登录、注册按钮组件
│   │   ├───MyTitle.ets                                 //顶部标题栏组件
│   │   └───PrivacyStatementComponent.ets               //登录页遇见问题、隐私说明按钮组件
│   ├───viewmodel
│   │   ├───ContactItem.ets                             //联系方式类
│   │   ├───ContactViewModel.ets                        //联系方式信息
│   │   ├───SplashSource.ets                            //轮播图数据封装类
│   │   ├───SplashViewModel.ets                         //轮播图信息类
│   │   └───TabBarModel.ets                             //首页面底部导航栏信息
└───entry/src/main/resources                            //资源文件目录
```

12.2.3 核心代码

第 1 步，在 EntryAbility.ets 文件的 onWindowStageCreate 生命周期函数中配置启动页入口。核心代码如下。

```
//EntryAbility.ets
...
import { WindowUtil } from '../utils/WindowUtil';
...
onWindowStageCreate(windowStage: window.WindowStage): void {
  ...
  //AppStorage:应用全局的 UI 状态存储:初始化 statusBarHeight
  AppStorage.setOrCreate<number>('statusBarHeight', 80)
```

```
    //设置屏幕全屏显示配置
    WindowUtil.requestFullScreen(windowStage, this.context)
    //配置启动页入口
    windowStage.loadContent('pages/SplashPage', (err, data) => {
      …
    });
  }
```

窗口设置工具类所在的文件 WindowUtil.ets 的核心代码如下。

```
//WindowUtil.ets
import { window } from '@kit.ArkUI'
import { common } from '@kit.AbilityKit'
import { BusinessError } from '@kit.BasicServicesKit'
import Logger from './Logger'

const TAG: string = '[WindowUtil]'

/**
 * Window 设置工具类
 * /
export class WindowUtil {
  //设置状态栏文字、图标颜色
  public static updateStatusBarColor (context: common. BaseContext, isDark:
boolean) {
    window.getLastWindow(context).then((windowClass: window.Window) => {
      try {
          windowClass. setWindowSystemBarProperties ({ statusBarContentColor:
isDark ? '#FFFFFF' : '#000000' }, (err) => {
          if (err.code) {
            Logger.error(TAG, 'Failed to set the system bar properties. Cause: '
+ JSON.stringify(err))
            return
          }
          Logger.info(TAG, 'Succeeded in setting the system bar properties.')
        })
      } catch (exception) {
        Logger.error(TAG, 'Failed to set the system bar properties. Cause: ' +
JSON.stringify(exception))
      }
    })
  }

  //设置屏幕全屏显示配置
  public static requestFullScreen (windowStage: window. WindowStage, context:
Context): void {
    windowStage.getMainWindow((err: BusinessError, data: window.Window) => {
      if (err.code) {
        Logger.error(TAG, 'Failed to obtain the main window. Cause: ' + JSON.
stringify(err))
```

```
        return
      }
      let windowClass: window.Window = data
      Logger.info(TAG, 'Succeeded in obtaining the main window. Data: ' + JSON.
stringify(data))

      //Realize the immersive effect
      let isLayoutFullScreen = true
      try {
        //Get status bar height.
        let area: window.AvoidArea = windowClass.getWindowAvoidArea(window.
AvoidAreaType.TYPE_SYSTEM)
        let naviBarArea: window.AvoidArea = windowClass.getWindowAvoidArea
(window.AvoidAreaType.TYPE_NAVIGATION_INDICATOR)
        Logger.info(TAG, 'Succeeded get the window navigation indicator HEIGHT:
' + px2vp(naviBarArea.bottomRect.height) + ' area: ' + JSON.stringify
(naviBarArea))
        WindowUtil.getDeviceSize(context, area, naviBarArea)
        if (area.topRect.height > 0) {
          let promise: Promise<void> = windowClass.setWindowLayoutFullScreen
(isLayoutFullScreen)
          promise.then(() => {
            Logger.info(TAG, 'Succeeded in setting the window layout to full-
screen mode.')
          }).catch((err: BusinessError) => {
            Logger.error(TAG, 'Failed to set the window layout to full-screen
mode. Cause:' + JSON.stringify(err))
          })
        }
      } catch {
        Logger.error(TAG, 'Failed to set the window layout to full-screen mode. ')
      }
    })
  }

  //获取设备屏幕尺寸,并存储
  static getDeviceSize(context: Context, area: window.AvoidArea, naviBarArea:
window.AvoidArea): void {
    window.getLastWindow(context).then((data: window.Window) => {
      let properties = data.getWindowProperties()
      AppStorage.setOrCreate<number>('statusBarHeight', px2vp(area.topRect.
height))
      AppStorage.setOrCreate<number>('naviIndicatorHeight', px2vp
(naviBarArea.bottomRect.height))
      AppStorage.setOrCreate<number>('deviceHeight', px2vp(properties.
windowRect.height))
      AppStorage.setOrCreate<number>('deviceWidth', px2vp(properties.
windowRect.width))
    })
  }
}
```

日志打印工具类所在的文件 Logger.ets 的核心代码如下。

```
//Logger.ets
import { hilog } from '@kit.PerformanceAnalysisKit'

/**
 * 日志打印工具类
 */
class Logger {
  private domain: number
  private prefix: string
  private format: string = "%{public}s, %{public}s"

  constructor(prefix: string) {
    this.prefix = prefix
    this.domain = 0xFF00
  }

  debug(…args: Object[]): void {
    hilog.debug(this.domain, this.prefix, this.format, args)
  }

  info(…args: Object[]): void {
    hilog.info(this.domain, this.prefix, this.format, args)
  }

  warn(…args: Object[]): void {
    hilog.warn(this.domain, this.prefix, this.format, args)
  }

  error(…args: Object[]): void {
    hilog.error(this.domain, this.prefix, this.format, args)
  }
}

export default new Logger('[HMOSWorld]')
```

第 2 步，为实现启动页显示 logo 图片及文字，在 SplashPage.ets 文件的 aboutToAppear 生命周期内初始化延时任务，实现 3s 后执行。此外，首次登录加载轮播图，单击“开始学习之旅”按钮后修改标识并跳转登录页，再次打开应用，直接跳转登录页。具体实现的核心代码如下。

```
//SplashPage.ets
import { router } from '@kit.ArkUI'
import { WindowUtil } from '../utils/WindowUtil'
import { SplashSource } from '../viewmodel/SplashSource'
import splashViewModel from '../viewmodel/SplashViewModel'

//PersistentStorage:持久化存储 UI 状态;isFirstStart 为是否首次打开应用
```

```
PersistentStorage.persistProp('isFirstStart', true)

@Component
struct SplashComponent {
  //无参数类型,指向的 BuilderFunction 也是无参数类型:@Require 修饰 @BuilderParam,
//参数不可省略
  @Require @BuilderParam customBuilderParam: () => void
  //有参数类型,指向的 GlobalBuilderFunction 也是有参数类型的方法:参数可省略
  @BuilderParam customOverBuilderParam: (title: string, tip: string) => void
= GlobalBuilderFunction
  @Prop title: string = 'HarmonyOS 世界'
  //@Require 修饰 @Prop 参数不可省略
  @Require @Prop tip: string

  build() {
    Column() {
      //显示 logo 图片
      this.customBuilderParam()
      Blank()
      //显示底部文字
      this.customOverBuilderParam(this.title, this.tip)
    }
  }
}

//全局自定义构建函数:创建底部文字
@Builder
function GlobalBuilderFunction(title: string, tip: string) {
  Column() {
    Text(title)
      .fontColor(Color.White)
      .fontSize('24fp')
      .fontWeight(500)

    Text(tip)
      .fontSize('16fp')
      .fontColor(Color.White)
      .opacity(0.7)
      .fontWeight('400fp')
      .margin({
        top: '5vp'
      })
  }
}

@Entry
@Component
struct SplashPage {
  //@StorageLink(key)是和 AppStorage 中 key 对应的属性建立双向数据同步
  @StorageLink('isFirstStart') isFirstStart: boolean = true
```

```
  //@State 装饰器:组件内状态,当状态改变时,UI 会发生对应的渲染改变
  @State showSwiper: boolean = false
  private swiperController: SwiperController = new SwiperController()
  private data: SplashSource = new SplashSource()

  onPageShow() {
    //设置顶部状态栏文字颜色为白色
    WindowUtil.updateStatusBarColor(getContext(this), true)
  }

  onPageHide() {
    //设置顶部状态栏文字颜色为黑色
    WindowUtil.updateStatusBarColor(getContext(this), false)
  }

  aboutToAppear(): void {
    //初始化轮播图数据
    this.data.setDataArray(splashViewModel.getSplashArray())
    //开启延时任务,3s 后执行
    setTimeout(() => {
      //判断是否为首次打开应用
      if (this.isFirstStart) {
        //首次打开应用,显示轮播图页面,改变状态变量 this.showSwiper 属性值,改变 UI
        this.showSwiper = true
      } else {
        //否则,非首次打开,3s 后跳转登录页
        this.jump()
      }
    }, 3000)
  }

  jump() {
    //修改 isFirstStart 值,并同步 PersistentStorage,再次打开应用不再展示轮播图,直
//接跳转登录页
    this.isFirstStart = false
    //跳转登录页面
    router.replaceUrl({
      url: 'pages/LoginPage'
    })
  }

  //组件内自定义构建函数:创建顶部 logo 图片
  @Builder
  BuilderFunction() {
    Column() {
      Image($r('app.media.ic_splash')).width('300')
    }
    .width('100%')
    .aspectRatio(2 / 3)
    .backgroundImage($r('app.media.bg_splash'))
```

```
    .backgroundImageSize({
      width: '225%',
      height: '100%'
    })
    .backgroundImagePosition(Alignment.Center)
    .justifyContent(FlexAlign.Center)
  }

  build() {
    //层叠布局(Stack)子元素重叠显示
    Stack({ alignContent: Alignment.Bottom }) {
      //轮播图
      Swiper(this.swiperController) {
        LazyForEach(this.data, (item: Resource) => {
          Image(item)
            .width('100%')
            .height('100%')
            .objectFit(ImageFit.Cover)
        })
      }
      .width('100%')
      .height('100%')
      .cachedCount(this.data.totalCount() - 1)
      .visibility(this.showSwiper ? Visibility.Visible : Visibility.Hidden)
      .loop(true)
      .autoPlay(true)
      .indicator(Indicator.dot()
        .bottom(AppStorage.get<number>('naviIndicatorHeight'))
        .itemWidth('5vp')
        .itemHeight('5vp')
        .selectedItemWidth('5vp')
        .selectedItemHeight('5vp')
        .color(Color.Gray)
        .selectedColor(Color.White))
      .displayArrow(false)
      .curve(Curve.Linear)

      //按钮组件,显示在轮播图上面,单击按钮跳转登录页
      Button({ type: ButtonType.Capsule, stateEffect: true }) {
        Text('开始学习之旅')
          .fontColor(Color.White)
          .fontSize('16fp')
          .fontWeight(500)
          .opacity(0.8)
      }
      .visibility(this.showSwiper ? Visibility.Visible : Visibility.Hidden)
      .backgroundColor('#3FFF')
      .width('50%')
      .height('40vp')
      .onClick(() => this.jump())
```

```
        .borderRadius('20vp')
        .backdropBlur(250)
        .margin({ bottom: 64 })

        //显示欢迎页面图片及文字
        Column() {
          SplashComponent({
            //引用组件内自定义构建函数,显示图片:@Require 修饰 @BuilderParam,参数不可
//省略
            customBuilderParam: this.BuilderFunction,
            //引用全局自定义构建函数,显示文字,参数可省略
            //customOverBuilderParam: GlobalBuilderFunction,
            //@Require 修饰 @Prop,参数不可省略
            tip: '欢迎来到 HarmonyOS 开发者世界'
          })
        }
        .width('100%')
        .height('100%')
        .visibility(this.showSwiper ? Visibility.Hidden : Visibility.Visible)
        .backgroundColor('#0A59F7')
        .padding({
          top: 20,
          bottom: 40
        })
      }.width('100%')
      .height('100%')
    }
  }
```

其中,轮播图数据封装类 SplashSource 所在的 SplashSource.ets 文件的核心代码如下。

```
//SplashSource.ets
/**
 * 轮播图数据封装类
 */
export class SplashSource implements IDataSource {
  private splashArray: Resource[] = [];
  private listeners: DataChangeListener[] = [];

  public setDataArray(dataArray: Resource[]): void {
    this.splashArray = dataArray;
  }

  totalCount(): number {
    return this.splashArray.length;
  }

  getData(index: number): Resource {
    return this.splashArray[index];
```

```
  }

  registerDataChangeListener(listener: DataChangeListener): void {
    if (this.listeners.indexOf(listener) < 0) {
      this.listeners.push(listener);
    }
  }

  unregisterDataChangeListener(listener: DataChangeListener): void {
    let pos: number = this.listeners.indexOf(listener);
    if (pos >= 0) {
      this.listeners.splice(pos, 1);
    }
  }
}
```

轮播图信息 SplashViewModel 所在的 SplashViewModel.ets 文件的核心代码如下。

```
//SplashViewModel.ets
/**
* 轮播图信息
* /
class SplashViewModel {
  getSplashArray(): Resource[] {
    let splashListItems: Resource[] = [
      $r('app.media.ic_splash1'),
      $r('app.media.ic_splash2'),
      $r('app.media.ic_splash3')
    ]
    return splashListItems
  }
}

let splashViewModel = new SplashViewModel()

export default splashViewModel as SplashViewModel
```

第 3 步,登录页引用 LoginComponent 组件,显示"用户名""密码"输入框、"登录""注册"按钮,引用 PrivacyStatementComponent 组件,显示"遇见问题""隐私说明"按钮。登录页所在的 LoginPage.ets 文件的核心代码如下。

```
//LoginPage.ets
import { WindowUtil } from '../utils/WindowUtil'
import { LoginComponent } from '../view/LoginComponent'
import { PrivacyStatementComponent } from '../view/PrivacyStatementComponent'

/**
* 登录页
* /
```

```
@Entry
@Component
struct LoginPage {

  onPageShow() {
    WindowUtil.updateStatusBarColor(getContext(this), true)
  }

  onPageHide() {
    WindowUtil.updateStatusBarColor(getContext(this), false)
  }

  build() {
    Stack() {
      Image($r("app.media.ic_splash1"))
        .width('100%')
        .height('100%')
        .syncLoad(true)
      Column() {
        Blank()
        //用户名、密码输入框,登录、注册按钮组件
        LoginComponent()
        Blank()
        //遇见问题、隐私说明按钮组件
        PrivacyStatementComponent()
      }.width('100%')
      .height('100%')
      .backgroundColor('#99182431')
    }.width('100%')
    .height('100%')
  }
}
```

LoginComponent 组件会校验用户名、密码的合法性,合法的“登录”按钮可单击,否则不可单击。单击“登录”按钮,跳转首页面。单击“注册”按钮,跳转注册成功页面。LoginComponent 组件所在的 LoginComponent.ets 文件的核心代码如下。

```
//LoginComponent.ets
import { router } from '@kit.ArkUI'

//@Extend 装饰器:定义扩展组件样式
@Extend(Text)
function myText() {
  .fontSize('14fp')
  .fontColor('#07F')
  .padding('5vp')
}

//@Styles 装饰器:定义组件重用样式
```

```
@Styles
function myButton() {
  .width('100%')
  .height('40vp')
  .borderRadius('20vp')
  .margin({ top: '10vp' })
}

/**
 * 登录页用户名、密码输入框,登录、注册按钮组件
 */
@Component
export struct LoginComponent {
  @State userName: string = ''
  @State password: string = ''
  @State isRememberPassword: boolean = false

  //@Styles 和 stateStyles 联合使用
  @Styles
  normalStyle() {
    .backgroundColor('#0000')
  }

  @Styles
  pressedStyle() {
    .backgroundColor(Color.Red)
  }

  build() {
    Column() {
      //$$语法:内置组件双向同步,输入框输入内容与变量 this.userName 状态保持同步
      TextInput({ text: $$this.userName, placeholder: '手机号/邮箱地址/账号名' })
        .width('100%')
        .height('50vp')
        .margin('5vp')
        .placeholderColor('#99182431')
        .placeholderFont({ size: '16fp' })
        .backgroundColor(Color.White)
        .fontSize('16fp')
        .border({
          width: '1vp',
          color: '#0A59F7',
          radius: '5vp'
        })
      TextInput({ text: $$this.password, placeholder: '密码' })
        .width('100%')
        .height('50vp')
        .margin('5vp')
        .placeholderColor('#99182431')
        .placeholderFont({ size: '16fp' })
```

```
          .backgroundColor(Color.White)
          .fontSize('16fp')
          .border({
            width: '1vp',
            color: '#0A59F7',
            radius: '5vp'
          })
          .type(InputType.Password)
        Row() {
          Row({ space: 5 }) {
            Toggle({ type: ToggleType.Checkbox, isOn: this.isRememberPassword })
              .onChange((isOn: boolean) => {
                this.isRememberPassword = isOn
              })

            Text('记住密码')
              .myText()
              .fontWeight(FontWeight.Bold)
          }

          Blank()
          Text('忘记密码')
            .myText()
            .stateStyles({
              //stateStyles:多态样式;@Styles 和 stateStyles 联合使用,按压时显示红色
//背景
              normal: this.normalStyle,
              pressed: this.pressedStyle,
            })
        }.width('100%')
        .margin('5vp')

        //账号、密码校验都不为空后,"登录"按钮可单击
        Button('登录')
          .myButton()
          .fontSize('16fp')
          .fontColor(isLoginButtonClickable(this.userName, this.password) ?
Color.White : '#6FFF')
          .fontWeight(500)
          .enabled(isLoginButtonClickable(this.userName, this.password))
          .backgroundColor(isLoginButtonClickable(this.userName, this.password)
? '#07F' : '#A07F')
          .onClick(() => {
            router.replaceUrl({
              url: 'pages/HomePage'
            })
          })

        Button('注册')
          .myButton()
```

```
          .fontSize('16fp')
          .fontColor('#07F')
          .fontWeight(500)
          .backgroundColor('#AFFF')
          .onClick(() => {
            router.pushUrl({
              url: 'pages/RegistrationSuccessPage'
            })
          })
      }.padding('40vp')
    }
  }

  //校验账号、密码是否合法
  function isLoginButtonClickable(userName: string, password: string): boolean {
    return userName !== '' && password !== ''
  }
```

PrivacyStatementComponent 组件显示遇见问题、隐私说明。单击“遇见问题”按钮，跳转联系客服页。单击“隐私说明”按钮，跳转隐私说明页。PrivacyStatementComponent 组件所在的 PrivacyStatementComponent.ets 文件的核心代码如下。

```
//PrivacyStatementComponent.ets
import { router } from '@kit.ArkUI'

/**
 * 登录页遇见问题、隐私说明按钮组件
 */
@Component
export struct PrivacyStatementComponent {
  build() {
    Row({ space: 10 }) {
      Text('遇见问题')
        .fontSize('14fp')
        .fontColor('#07F')
        .textAlign(TextAlign.Center)
        .onClick(() => {
          router.pushUrl({
            url: 'pages/CustomerServicePage'
          })
        })

      Text('隐私说明')
        .fontSize('14fp')
        .fontColor('#07F')
        .textAlign(TextAlign.Center)
        .onClick(() => {
          router.pushUrl({
            url: 'pages/PrivacyPage'
```

```
          })
        })
      }.margin({ bottom: '24vp' })
    }
  }
```

第 4 步，注册成功页引用 MyTitle()组件，显示顶部标题栏，加载 Image 组件、Text 组件显示注册成功，单击返回。注册成功页所在的 RegistrationSuccessPage.ets 的核心代码如下。

```
//RegistrationSuccessPage.ets
import { router } from '@kit.ArkUI'
import { MyTitle } from '../view/MyTitle'

/**
 * 注册成功页:登录页单击"注册"按钮跳转至注册成功页
 */
@Entry
@Component
struct RegistrationSuccessPage {
  build() {
    Column() {
      MyTitle({ title: '注册成功' })

      Scroll() {
        Column() {
          Image($r("app.media.ic_registration_success"))
            .objectFit(ImageFit.Contain)
            .width('72vp')
            .height('72vp')

          Text('注册成功')
            .width('200vp')
            .height('20vp')
            .textAlign(TextAlign.Center)
            .fontSize('14fp')
            .fontColor('#E000')
            .margin({ top: '10vp' })

          Text('单击返回')
            .width('200vp')
            .height('20vp')
            .textAlign(TextAlign.Center)
            .fontSize('12fp')
            .fontColor('#07F')
        }
        .width('100%')
        .height('100%')
        .justifyContent(FlexAlign.Center)
```

```
        .onClick(() => {
          router.back()
        })
      }.layoutWeight(1)
    }
  }
}
```

顶部标题栏组件显示返回按钮及 title 标题，单击“返回”按钮，返回上一页面。顶部标题栏组件所在的 MyTitle.ets 文件的核心代码如下。

```
//MyTitle.ets
import { router } from '@kit.ArkUI'

/**
 * 顶部标题栏组件
 */
@Component
export struct MyTitle {
  private title: ResourceStr = $r('app.string.app_name')

  build() {
    Column() {
      Row() {
        Image($r('app.media.ic_back'))
          .width('24vp')
          .height('24vp')
          .margin({
            left: '24vp',
            right: '16vp'
          })
          .onClick(() => {
            router.back()
          })

        Text(this.title)
          .fontSize('20vp')
          .fontColor('#182431')
          .fontWeight(500)
      }.width('100%')
      .height('56vp')
    }.padding({
      //AppStorage:应用全局的 UI 状态存储,从 AppStorage 中获取 statusBarHeight 属性
      top: AppStorage.get<number>('statusBarHeight')
    })
  }
}
```

第 5 步，联系客服页使用 ForEach 循环渲染联系方式实现，其所在的 CustomerServicePage.

ets 文件的核心代码如下。

```
//CustomerServicePage.ets
import { WindowUtil } from '../utils/WindowUtil'
import { MyTitle } from '../view/MyTitle'
import { ContactItem } from '../viewmodel/ContactItem'
import ContactViewModel from '../viewmodel/ContactViewModel'

/**
 * 联系客服页:登录页单击"遇见问题"按钮跳转至联系客服页
 */
@Entry
@Component
struct CustomerServicePage {
  onPageShow() {
    WindowUtil.updateStatusBarColor(getContext(this), true)
  }

  onPageHide() {
    WindowUtil.updateStatusBarColor(getContext(this), false)
  }

  build() {
    Column() {
      MyTitle({ title: '联系客服' })

      List() {
        //ForEach:循环渲染:显示联系方式
        ForEach(ContactViewModel.getContactListItems(), (item: ContactItem) =
> {
          ListItem() {
            //条目组件
            ContactComponent({ item: item })
          }
        }, (item: ContactItem, index?: number) => index + JSON.stringify(item))
      }
      .divider({
        strokeWidth: '0.5vp',
        color: '#3000'
      })
      .padding('10vp')
      .margin('10vp')
      .backgroundColor('#F1F3F5')
      .borderRadius('20vp')
    }.width('100%')
    .height('100%')
    .backgroundColor(Color.White)
  }
}
```

```
/**
 * 条目组件
 */
@Component
struct ContactComponent {
  @Prop item: ContactItem

  build() {
    Row() {
      Text(this.item.title)
        .fontSize('16fp')
        .fontColor('#182461')
      Blank()
      Text(this.item.summary)
        .fontSize('14fp')
        .fontColor('#182461')
    }.width('100%')
    .height('48vp')
  }
}

    //ContactItem.ets
/**
 * 联系方式类
 */
export class ContactItem {

  title: ResourceStr = ''

  summary: ResourceStr = ''

  constructor(title: ResourceStr,summary: ResourceStr) {
    this.title = title
    this.summary = summary
  }
}

    //ContactViewModel.ets
import { ContactItem } from './ContactItem'

/**
 * 联系方式信息
 */
class ContactViewModel {
  getContactListItems(): Array<ContactItem> {
    let contactListItems: Array<ContactItem> = []
    contactListItems.push(new ContactItem('官方网址', 'https://xxx.com'))
    contactListItems.push(new ContactItem('客服热线', '123xxxxx'))
    contactListItems.push(new ContactItem('官方邮箱', 'xxx@yyy.com'))
    return contactListItems
```

```
  }
}

let contactViewModel = new ContactViewModel()

export default contactViewModel as ContactViewModel
```

第 6 步，隐私说明页使用 Web 组件加载本地 HTML 文件，其所在的 PrivacyPage.ets 文件的核心代码如下。

```
//PrivacyPage.ets
import { webview } from '@kit.ArkWeb'
import { MyTitle } from '../view/MyTitle'

/**
 * 隐私说明页:登录页单击'隐私说明'按钮跳转至隐私说明页
 */
@Entry
@Component
struct PrivacyPage {
  webController: WebviewController = new webview.WebviewController()

  build() {
    Column() {
      MyTitle({ title: '' })

      Image($r('app.media.ic_public_privacy'))
        .width('32vp')
        .height('32vp')
        .objectFit(ImageFit.Contain)
        .margin({
          top: '32vp',
          bottom: '32vp'
        })
      Web({
        src: $rawfile('privacy.html'),
        controller: this.webController
      })
    }
  }
}
```

第 7 步，首页面由 Navigation 组件、Tabs 组件、CustomTabBar 自定义组件构成，实现页面导航功能。首页面由 5 个页面构成：探索、学习、挑战、活动、我的。可以通过页面滑动或者单击导航栏按钮实现页面切换。首页面所在的 HomePage.ets 文件的核心代码如下。

```
//HomePage.ets
import { ActivityView } from '../activity/ActivityView'
import { ChallengeView } from '../challenge/ChallengeView'
```

```
import { DiscoverView } from '../discover/DiscoverView'
import { LearningView } from '../learning/LearningView'
import { MineView } from '../mine/MineView'
import { CustomTabBar } from '../view/CustomTabBar'
import { TabBarType } from '../viewmodel/TabBarModel'

/**
 * 首页面
 */
@Entry
@Component
struct HomePage {
  //@State 与 @Link 装饰器实现父子双向同步,父组件修改同步子组件,子组件修改同步父组件
  @State currentIndex: TabBarType = TabBarType.DISCOVER

  build() {
    Navigation() {
      Flex({ direction: FlexDirection.Column, }) {
        Tabs({ index: this.currentIndex }) {
          TabContent() {
            DiscoverView()
          }

          TabContent() {
            LearningView()
          }

          TabContent() {
            ChallengeView()
          }

          TabContent() {
            ActivityView()
          }

          TabContent() {
            MineView()
          }
        }.layoutWeight(1)
        .barHeight(0)
        .scrollable(true)
        .onChange((index) => {
          //this.currentIndex 在父组件中的修改可以同步给子组件
          this.currentIndex = index
        })

        //底部导航栏组件
        CustomTabBar({
          //CustomTabBar 中 currentIndex 使用 @Link 装饰器,可以实现父子双向同步
          currentIndex: this.currentIndex
```

```
        })
      }.width('100%')
      .height('100%')
      .backgroundColor('#F1F3F5')
    }.hideTitleBar(true)
    .mode(NavigationMode.Stack)
  }
}
```

CustomTabBar 组件实现底部导航栏切换功能，其所在的 CustomTabBar.ets 文件的核心代码如下。

```
//CustomTabBar.ets
import Logger from '../utils/Logger'
import { WindowUtil } from '../utils/WindowUtil'
import { TabBarData, TabBarType, TabsInfo } from '../viewmodel/TabBarModel'

/**
 * 底部导航栏组件
 */
@Component
export struct CustomTabBar {
  //@Link 装饰器:父子双向同步,父组件修改同步子组件,子组件修改同步父组件
  @Link @Watch('onWatch') currentIndex: TabBarType
  @StorageProp('naviIndicatorHeight') naviIndicatorHeight: number = 0

  onChange(index: TabBarType): void {
    //this.currentIndex 在子组件(CustomTabBar)中的修改可以同步给父组件(HomePage)
    //this.currentIndex 在父组件(CustomTabBar)中的修改可以同步给子组件(TabItem)
    this.currentIndex = index
    Logger.error('CustomTabBar', 'onChange: this.currentIndex = ' + this.
currentIndex)
  }

  //@Watch 回调
  onWatch(name: string): void {
    if (this.currentIndex === TabBarType.MINE) {
      WindowUtil.updateStatusBarColor(getContext(this), true)
    } else {
      WindowUtil.updateStatusBarColor(getContext(this), false)
    }
  }

  build() {
    Flex({
      direction: FlexDirection.Row,
      alignItems: ItemAlign.Center,
      justifyContent: FlexAlign.SpaceAround
    }) {
```

```
      ForEach(TabsInfo, (item: TabBarData) => {
        TabItem({
          index: item.id,
          //TabItem 中 selectedIndex 使用 @Prop 装饰器,可以实现父组件的修改向子组件
//的同步
          selectedIndex: this.currentIndex,
          onChange: (index: number) => this.onChange(index)
        })
      }, (item: TabBarData) => item.id.toString())
    }
    .backgroundColor('#F1F3F5')
    .backgroundBlurStyle(BlurStyle.NONE)
    .border({
      width: {
        top: '0.5vp'
      },
      color: '#0D182431'
    })
    .padding({ bottom: this.naviIndicatorHeight })
    .clip(false)
    .height(56 + (this.naviIndicatorHeight || 0))
    .width('100%')
  }
}

@Component
struct TabItem {
  @Prop index: number
  //@Prop 装饰器:父子单向同步,TabItem 中未做修改,但父组件的修改会同步给 TabItem 中
//的 selectedIndex
  @Prop selectedIndex: number
  onChange: (index: number) => void = () => {
  }

  build() {
    Column() {
        Image(this.selectedIndex === this.index ? TabsInfo[this.index].
activeIcon : TabsInfo[this.index].defaultIcon)
        .size(this.index === TabBarType.CHALLENGE ?
          { width: '40vp', height: '50vp' } :
          { width: '22vp', height: '22vp' })
        .margin({ top: this.index === TabBarType.CHALLENGE ? '-15vp' : 0 })
      Text(TabsInfo[this.index].title)
        .fontSize('10fp')
        .margin({ top: '5vp' })
        .fontWeight(600)
        .fontColor(this.index === this.selectedIndex ?(this.index ==
TabBarType.CHALLENGE ? '#00CCD7' : '#0A59F7') : '#9000')
    }
    .clip(false)
```

```
    .padding({ left: '12vp', right: '12vp' })
    .size({ height: '100%' })
    .justifyContent(FlexAlign.Center)
    .onClick(() => this.onChange(this.index))
  }
}
```

首页面底部导航栏信息 TabBarModel.ets 文件的核心代码如下。

```
//TabBarModel.ets
export interface TabBarData {
  id: TabBarType
  title: ResourceStr
  activeIcon: ResourceStr
  defaultIcon: ResourceStr
}

export enum TabBarType {
  DISCOVER = 0,
  LEARNING,
  CHALLENGE,
  ACTIVITY,
  MINE
}

/**
 * 首页面底部导航栏信息
 */
export const TabsInfo: TabBarData[] = [
  {
    id: TabBarType.DISCOVER,
    title: '探索',
    activeIcon: $r('app.media.ic_explore_on'),
    defaultIcon: $r('app.media.ic_explore_off')
  },
  {
    id: TabBarType.LEARNING,
    title: '学习',
    activeIcon: $r('app.media.ic_study_on'),
    defaultIcon: $r('app.media.ic_study_off')
  },
  {
    id: TabBarType.CHALLENGE,
    title: '挑战',
    activeIcon: $r('app.media.ic_challenge_on'),
    defaultIcon: $r('app.media.ic_challenge_off')
  },
  {
    id: TabBarType.ACTIVITY,
```

```
    title: '活动',
    activeIcon: $r('app.media.ic_activity_on'),
    defaultIcon: $r('app.media.ic_activity_off')
  },
  {
    id: TabBarType.MINE,
    title: '我的',
    activeIcon: $r('app.media.ic_mine_on'),
    defaultIcon: $r('app.media.ic_mine_off')
  }
]
```

DiscoverView 组件、LearningView 组件、ChallengeView 组件、ActivityView 组件、MineView 组件显示文字信息，用文字来区分。DiscoverView.ets 文件的核心代码如下(其他 4 个组件同)。

```
//DiscoverView.ets
/**
 * 首页加载探索组件
 */
@Component
export struct DiscoverView {
  build() {
    Text('探索')
      .fontSize('20fp')
      .fontColor(Color.Red)
  }
}
```

12.3 应用调试与运行

12.3.1 程序调试

完成开发后，若使用真机设备进行调试，则需在调试前对 HAP 进行签名；若使用模拟器和预览器调试，则无须签名。

在 DevEco Studio 的菜单栏中，依次单击 Run→Run '模块名称'，或者单击▶图标，或者使用默认快捷键 Shift+F10(Windows 开发环境下)，运行工程。

12.3.2 结果展示

1. 启动页

启动应用程序后，首次启动将显示如图 12-1 所示界面，3s 之后跳转至如图 12-2 所示的轮播图界面。

2. 登录页

单击如图 12-2 所示界面的"开始学习之旅"按钮后，跳转至如图 12-3 所示的界面。

图 12-1　首次启动页

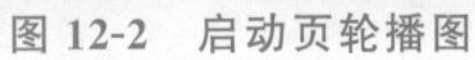
图 12-2　启动页轮播图

图 12-3　应用登录页面

3. 注册成功页

在图 12-3 界面中输入手机号/邮箱地址/账号名和密码后，单击“注册”按钮，跳转至如图 12-4 所示的界面。

4. 联系客服页

单击图 12-3 下方的“遇到问题”按钮，跳转至如图 12-5 所示的界面。

图 12-4　注册成功页面

图 12-5　联系客服页面

5. 隐私说明页

单击图 12-3 下方的“隐私说明”按钮，跳转至如图 12-6 所示的界面。

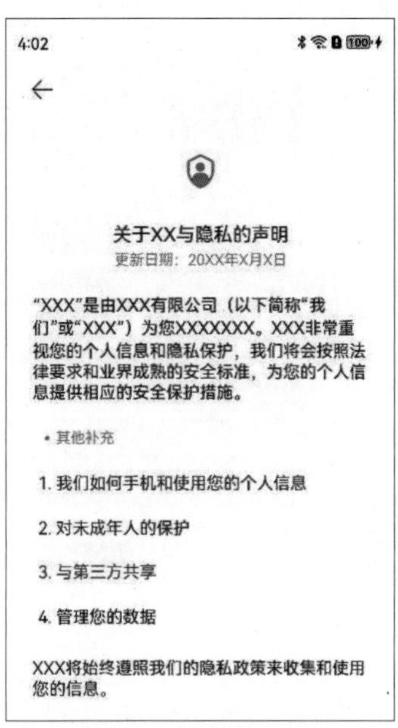

图 12-6　隐私说明页面

6. 首页面

在图 12-3 界面中输入手机号/邮箱地址/账号名和密码后，单击“登录”按钮，跳转至如图 12-7 所示的首页面。

图 12-7　首页面

小　结

本章主要基于 ArkTS 程序设计语言，设计了一个应用开发综合案例。借助完整的应用开发案例以及应用开发过程，可以帮助读者有效地回顾前面学习到的 ArkTS 程序设计相关知识以及 HarmonyOS 应用开发的相关过程，进一步掌握 HarmonyOS 应用开发方方面面的技能。然而学习之路任重道远，只有通过不断地实践练习，才可以不断提高职业素养，逐步积累职业岗位能力与经验。本章工作任务与知识点关系的思维导图如图 12-8 所示。

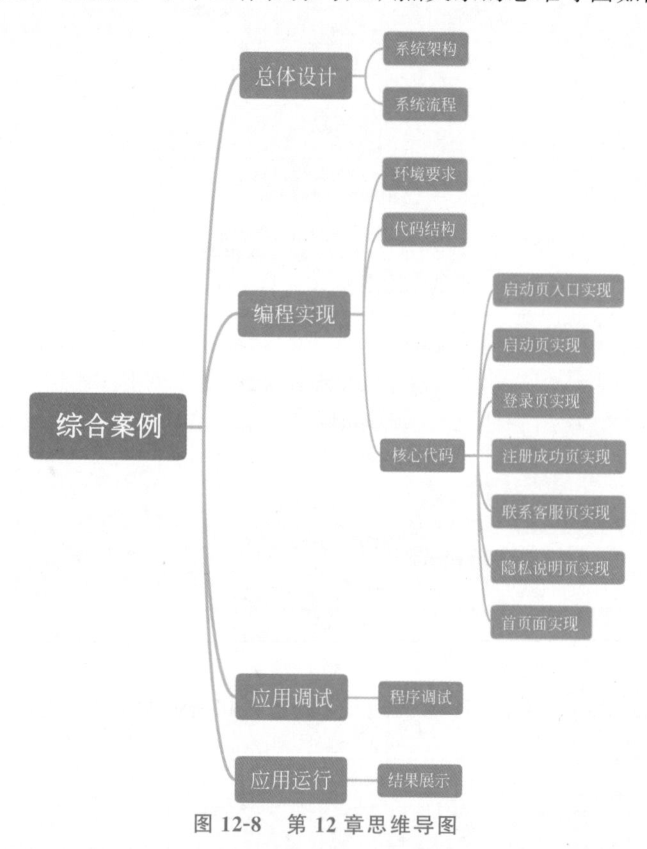

图 12-8 第 12 章思维导图

思考与实践

第一部分：练习题

练习 1. 简述项目分析的内容和步骤。

练习 2. 总结代码注释的原则。

练习 3. 简述项目的测试与调试方法。

第二部分：实践题

参考本章实现的开发案例，结合本书前面的工作任务，结合华为应用市场 APP 的“我的”子页面的样式，为系统设计一个完整的“我的”模块。

参考文献

[1] 董昱. 鸿蒙应用程序开发[M]. 北京：清华大学出版社，2021.

[2] 华为终端有限公司. 鸿蒙生态应用开发白皮书 V2.0[EB/OL]. 深圳：华为开发者联盟，2024-04-08[2024-04-08]. https://developer.huawei.com/consumer/cn/doc/guidebook/harmonyecoapp-guidebook-0000001761818040.

[3] 陈美汝，郑森文. HarmonyOS应用开发实践[M]. 北京：清华大学出版社，2021.

[4] 刘安战，余雨萍，陈争艳，等. HarmonyOS移动应用开发(ArkTS版)[M]. 北京：清华大学出版社，2023.

[5] 柳伟卫. 鸿蒙 HarmonyOS应用开发入门[M]. 北京：清华大学出版社，2024.

图书资源支持

感谢您一直以来对清华版图书的支持和爱护。为了配合本书的使用，本书提供配套的资源，有需求的读者请扫描下方的“书圈”微信公众号二维码，在图书专区下载，也可以拨打电话或发送电子邮件咨询。

如果您在使用本书的过程中遇到了什么问题，或者有相关图书出版计划，也请您发邮件告诉我们，以便我们更好地为您服务。

我们的联系方式：

清华大学出版社计算机与信息分社网站：https://www.shuimushuhui.com/

地　　址：北京市海淀区双清路学研大厦 A 座 714

邮　　编：100084

电　　话：010-83470236　010-83470237

客服邮箱：2301891038@qq.com

QQ：2301891038（请写明您的单位和姓名）

资源下载：关注公众号“书圈”下载配套资源。

资源下载、样书申请

书圈

图书案例

清华计算机学堂

观看课程直播